미분기하학

현진오 · 강승필 지음

KM 경문사

머리말

기하학의 목적은 Euclid 공간에 있는 사물의 형태와 성질을 규명하는데 있다. 특히, 미분기하학은 Euclid 기하학과 비 Euclid 기하학 모델들의 성질을 규명하기 위해 그 대상을 미분을 이용해서 세분하여 국소적인 면을 보고, 적분을 통하여 대역적 차원에서 그 대상의 형태와 성질을 규명하는 분야이다. 그러기 때문에 우리가 일상생활에서 가장 쉽게 접할 수 있는 곡선과 곡면이 기하학의 주요한 대상이 된다.

이 책은 미분기하학의 여러 가지 주제 중에서 $\mathbb{R}^3$ 상의 곡선과 곡면의 국소적인 성질과 대역적인 성질을 연구하는데 필요한 입문서이다. 미분적분학, 선형대수학, 미분방정식, 벡터해석 등을 한 학기 이상을 수강하면 이해할 수 있을 정도의 내용을 저자가 여러 해 동안 강의했던 내용과 Richard S. Millman과 George D. Parker의 저서 "Elements of Differential Geometry"의 내용을 중심으로 두 학기 강의용 교재로 제작되었다. 특히, 기존에 쓰이고 있는 여러 가지 표현방법을 비교하면서 소개하였고, 가능한 많은 그림을 삽입하므로써 내용을 이해하는데 도움을 주려고 노력하였다.

제1장에서는 미분적분학, 선형대수학, 벡터해석에서 다루는 내용 중 이 책을 공부하는데 필요한 기초지식에 대해 다룬다. 특히, 미분적분학의 다변수함수에 대한 기본적인 지식이 필요하다.

제2장에서는 공간곡선의 국소적이론에서 가장 기본적이면서 중요한 Frenet-Serret의 정리에 대해 알아보고 이 정리에서 파생되어진 여러 가지 결과를 알아본다. 그리고 상미분방정식 이론을 바탕으로 평행이동과 회전이동을 무시하면 공간곡선은 곡률과 열률에 의해 완전히 결정된다는 곡선의 기본정리에 대해 알아본다.

제3장에서는 평면곡선의 대역적 성질에 대해 다룬다. 여기서는 등주부등식, 회전수 정리, 네 정점 정리, 상수두께를 가지는 곡선 등 평면곡선에서 중요한 내용을 자세한 증명과 함께 공부한다. 그리고 이해를 돕기 위해 예제를 이용하여 이러한 정리를

자세히 설명하였다.

제4장에서는 공간곡면의 국소적 이론에 대해 다룬다. $\mathbb{R}^3$의 곡면을 정의하고 곡면에 대한 제1기본형식, $\mathbb{R}^3$에서 곡면이 얼마나 굽어있는가를 측정하는 법곡률과 곡면 위의 곡선이 얼마나 굽어있는가를 측정하는 측지곡률에 대해 공부하고 Gauss 공식 등을 이용하여 곡면의 국소적 성질에 대해 공부한다. 그리고 평면에서 직선의 성질과 유사한 곡면 위의 곡선인 측지선에 대한 여러 가지 성질을 알아보고 벡터의 평행이동에 대해 알아본다.

제5장에서는 곡면에 대한 제2기본형식을 정의하고 Weingarten 사상에 대해 알아본다. 법곡률은 곡면 위의 곡선의 접방향으로 얼마나 굽어있는가를 측정하는 도구이다. 그러므로 법곡률 만으로 곡면이 얼마나 굽어있는가를 측정하는 것을 불충분하다. 방향에 관계없이 곡면이 얼마나 굽어있는가를 측정하기 위해 Weingarten 사상을 도입한다. 그리고 이것은 Gauss 곡률과 평균곡률에 관계있다.

뿐만 아니라 내재적 불변량인 Riemann 곡률에 대해 알아보고, 이것을 이용하여 Gauss 방정식과 Codazzi-Mainardi 방정식을 얻는다. 그리고 이 사실을 이용하여 Gauss 곡률이 내재적이라는 놀라운 사실을 증명한다. 그리고 마지막으로 Gauss 곡률이 상수인 곡면을 분류한다.

제6장에서는 공간곡선의 회전수정리인 Fenchel 정리와 미분기하학에서 가장 중요한 정리 중 하나인 Gauss-Bonet 정리에 대해 알아본다. 그리고 위상학적 불변량인 Euler 표수에 대해 알아본다.

너무 복잡하거나 어려운 증명은 정리만 언급하고 자세한 증명은 여기에 수록되어 있는 참고문헌을 참고하도록 하였다. 생략된 증명에 관심있는 독자께서는 참고문헌을 참고하기 바란다.

끝으로 부족한 점이 많음에도 흔쾌히 출판을 허락하여 주신 경문사 박문규 사장님과 출판과정에 많은 도움을 주신 경문사 가족 여러분께 감사드린다.

2011년 9월 저자

차 례

제 1 장

기본개념

곡선과 곡면에 대한 미분기하학에는 국소적인 측면과 대역적인 측면이 있다. 곡선과 곡면의 국소적 성질과 대역적 성질의 연구는 기초 미분적분학과 선형대수학에 바탕을 둔다.

이 장에서는 선형대수학과 벡터해석의 기본적인 개념을 복습하고 몇 가지 새로운 개념을 소개한다.

1.1 벡터와 변환

집합 V가 있다고 하자. V의 원소들 사이에 덧셈과 스칼라체 F의 원소와 V의 원소들 사이에 곱이 정의되었을 때 다음 관계를 만족하면 V를 F 위에서 **벡터공간** (vector space)이라 한다.

v1. $\mathbf{u}, \mathbf{v}, \mathbf{w} \in V$에 대해 $(\mathbf{u}+\mathbf{v})+\mathbf{w} = \mathbf{u}+(\mathbf{v}+\mathbf{w})$.

v2. $\mathbf{u} \in V$이면 $\mathbf{u}+\mathbf{0} = \mathbf{0}+\mathbf{u} = \mathbf{u}$인 $\mathbf{0} \in V$이 존재한다.

v3. $\mathbf{u} \in V$이면 $\mathbf{u}+\mathbf{v} = \mathbf{0}$인 $\mathbf{v} \in V$가 존재한다.

v4. $\mathbf{u}, \mathbf{v} \in V$이면 $\mathbf{u}+\mathbf{v} = \mathbf{v}+\mathbf{u}$.

v5. $\alpha \in F$이면 $\alpha(\mathbf{u}+\mathbf{v}) = \alpha\mathbf{u}+\alpha\mathbf{v}$.

v6. $\alpha, \beta \in F$이고 $\mathbf{u} \in V$이면 $(\alpha+\beta)\mathbf{u} = \alpha\mathbf{u}+\beta\mathbf{u}$.

v7. $\alpha, \beta \in F$이고 $\mathbf{u} \in V$이면$\alpha(\beta\mathbf{u}) = (\alpha\beta)\mathbf{u}$.

v8. $1\mathbf{u} = \mathbf{u}$인 $1 \in F$가 존재한다.

이때 V의 원소를 **벡터**(vector), F의 원소를 **스칼라**(scalar)라 한다. 그리고 V가 벡터공간이고 $W \subset V$일 때 W가 벡터공간이면 W을 V의 **부분공간**(subspace)이라 한다.

예제 1.1.1 $\mathbb{R}^n (n \geq 1)$는 실수체 위에서 벡터공간이고, 실계수 다항식들의 집합 $\mathbb{R}[x]$는 실수체 위에서 벡터공간이다. 여기서 $\mathbb{R}$은 실수 전체집합이다.

정의 1.1.1

$\{\mathbf{v}_i : i \in I\}$가 벡터공간 V의 부분집합일 때

$$\sum_{i \in I} a_i \mathbf{v}_i = 0 \Longrightarrow a_i = 0 \ (i \in I)$$

을 만족하면 $\{\mathbf{v}_i : i \in I\}$을 **일차독립**(linearly independent)이라 한다. 일차독립이 아니면 **일차종속**(linearly dependent)이라 한다.

따라서 $\{\mathbf{v}_i : i \in I\}$가 일차종속이면 $\sum_{i \in I} a_i \mathbf{v}_i = 0$이지만 $a_k \neq 0$인 $k \in I$가 존재한다.

정의 1.1.2

$A = \{\mathbf{v}_1, \ldots, \mathbf{v}_n\}$가 벡터공간 V의 부분집합일 때, 각 $\mathbf{u} \in V$에 대해 $\mathbf{u} = \sum_{i=1}^{n} a_i \mathbf{v}_i$인 실수 $a_1, \ldots, a_n$이 존재하면 A는 V를 **생성한다**(span)고 한다. 만일 A가 일차독립이면 A를 V의 **기저**(basis)라 한다.

예를 들어 $\{\mathbf{e}_1, \ldots, \mathbf{e}_n\}$은 유클리드 n차원 공간 $\mathbb{R}^n$의 기저이다. 여기서

$$\mathbf{e}_i = (0, \ldots, 0, 1, 0, \ldots, 0\} \in \mathbb{R}^n$$

는 i번째 항이 1이다. 특히 $n = 3$일 때

$$\mathbf{i} = (1, 0, 0), \quad \mathbf{j} = (0, 1, 0), \quad \mathbf{k} = (0, 0, 1)$$

로 나타내기도 한다.

정리 1.1.3

V가 벡터공간이면 V의 기저가 존재한다. 임의의 두 개의 기저는 원소의 갯수가 같거나 또는 무한히 많은 원소를 갖는다.

증명 자세한 증명은 참고문헌 [10]을 참고하라. ■

만일 벡터공간 V의 기저의 갯수가 유한하면 기저의 갯수를 벡터공간 V의 **차원**(dimension)이라 하고 $\dim(V)$로 나타낸다.

예제 1.1.2 $\mathbb{R}^3$의 차원은 3이다.

정의 1.1.4

V가 벡터공간일 때 모든 벡터 $\mathbf{u}, \mathbf{v}, \mathbf{w} \in V$와 $r, s \in \mathbb{R}$에 대해 다음을 만족하는 함수

$$< \ , \ >: V \times V \longrightarrow \mathbb{R}$$

을 **내적**(inner product)이라 한다.

(1) $< \mathbf{u}, \mathbf{v} >=< \mathbf{v}, \mathbf{u} >$.

(2) $< \mathbf{u}, r\mathbf{v} + s\mathbf{w} >= r < \mathbf{u}, \mathbf{v} > +s < \mathbf{u}, \mathbf{w} >$.

(3) $< \mathbf{u}, \mathbf{u} >\geq 0$이고 $\mathbf{u} = \mathbf{0}$일 때만 등호가 성립한다.

예제 1.1.3 $\mathbb{R}^n$에서 $\mathbf{u} = (a_1, a_2, \ldots, a_n), \mathbf{v} = (b_1, b_2, \ldots, b_n)$일 때

$$\mathbf{u} \cdot \mathbf{v} = a_1 b_1 + a_2 b_2 + \cdots + a_n b_n$$

을 $\mathbf{u}$와 $\mathbf{v}$의 **점곱**(dot product)이라 한다. $\mathbb{R}^n$에서 점곱은 내적이다.

지금부터 모든 벡터공간은 실수체 $\mathbb{R}$ 위에서의 벡터공간 $V = \mathbb{R}^n$ $(n \geq 1)$으로 한정하자. 그리고 V에서 내적은 점곱으로 정의한다.

만일 $\{\mathbf{v}_i : i \in I\}$가 벡터공간 V의 기저이면 모든 벡터 $\mathbf{u} \in V$는 $\mathbf{v}_i$들의 선형결합 $\mathbf{u} = \sum a_i \mathbf{v}_i$로 유일하게 나타낼 수 있다. 이때 각 a_i을 $\mathbf{v}$의 **성분**(component)이라 한다. 예를 들어 $\mathbf{u} = (a_1, a_2, \ldots, a_n) \in \mathbb{R}^n$이면 유일하게 $\mathbf{u} = \sum_{i=1}^{n} a_i \mathbf{e}_i$로 나타낼 수 있다. 이 경우 $a_i =< \mathbf{u}, \mathbf{e}_i > (i = 1, 2, \ldots, n)$이고

$$\mathbf{u} = \sum_{i=1}^{n} < \mathbf{u}, \mathbf{e}_i > \mathbf{e}_i =< \mathbf{u}, \mathbf{e}_1 > \mathbf{e}_1 + < \mathbf{u}, \mathbf{e}_2 > \mathbf{e}_2 + \cdots + < \mathbf{u}, \mathbf{e}_n > \mathbf{e}_n$$

으로 나타낼 수 있다.

정의 1.1.5

$<\ ,\ >$가 벡터공간 V에서 내적이고 $\mathbf{v} \in V$일 때

$$|\mathbf{v}| = \sqrt{< \mathbf{v}, \mathbf{v} >}$$

을 $\mathbf{v}$의 **길이**(length)라 한다.

예제 1.1.4 $\mathbf{v} = (a_1, a_2, a_3) \in \mathbb{R}^3$일 때

$$|\mathbf{v}| = \sqrt{< \mathbf{v}, \mathbf{v} >} = \sqrt{a_1^2 + a_2^2 + a_3^2}$$

이다.

보조정리 1.1.6 **Cauchy-Schwarz 부등식**

V가 벡터공간이고 $\mathbf{u}, \mathbf{v} \in V$일 때

$$|< \mathbf{u}, \mathbf{v} >| \leq |\mathbf{u}||\mathbf{v}|$$

이고 $\mathbf{u}$와 $\mathbf{v}$가 일차종속일 필요충분조건은

$$|< \mathbf{u}, \mathbf{v} >| = |\mathbf{u}||\mathbf{v}|$$

이 성립하는 것이다.

따라서 $|\mathbf{u}||\mathbf{v}| \neq 0$ 이면, 즉 $|\mathbf{u}| \neq 0, |\mathbf{v}| \neq 0$ 이면

$$-1 \leq \frac{<\mathbf{u},\mathbf{v}>}{|\mathbf{u}||\mathbf{v}|} \leq 1$$

이 성립한다. 이때

$$\cos\theta = \frac{<\mathbf{u},\mathbf{v}>}{|\mathbf{u}||\mathbf{v}|}$$

을 만족하는 θ $(0 \leq \theta \leq \pi)$ 을 $\mathbf{u}$ 와 $\mathbf{v}$ 의 **사잇각**이라 정의한다.

만일 $\mathbf{u}$ 또는 $\mathbf{v}$ 가 영벡터이면 $\mathbf{u}$ 와 $\mathbf{v}$ 의 사잇각이 정의되지 않지만, $\mathbf{u}$ 와 $\mathbf{v}$ 가 영벡터가 아닐 경우 다음과 같은 결과를 얻을 수 있다.

보조정리 1.1.7

V 가 벡터공간일 때 $\mathbf{u},\mathbf{v} \in V$ 에 대해

$$<\mathbf{u},\mathbf{v}> = |\mathbf{u}||\mathbf{v}|\cos\theta$$

이 성립한다. 여기서 θ 는 $\mathbf{u}$ 와 $\mathbf{v}$ 의 사잇각이다.

보조정리 1.1.8 **삼각부등식**

V 가 벡터공간일 때 $\mathbf{u},\mathbf{v} \in V$ 이면

$$|\mathbf{u}+\mathbf{v}| \leq |\mathbf{u}| + |\mathbf{v}| \tag{1.1}$$

이고, 식 (1.1) 에서 등호는 $\mathbf{u}$ 와 $\mathbf{v}$ 가 일차종속일 때만 성립한다.

증명 보조정리 1.1.6에 의해서

$$\begin{aligned}|\mathbf{u}+\mathbf{v}|^2 &= <\mathbf{u}+\mathbf{v},\mathbf{u}+\mathbf{v}> \\ &= <\mathbf{u},\mathbf{u}> +2<\mathbf{u},\mathbf{v}> + <\mathbf{v},\mathbf{v}> \\ &\leq |\mathbf{u}|^2 + 2|\mathbf{u}||\mathbf{v}| + |\mathbf{v}|^2 = (|\mathbf{u}|+|\mathbf{v}|)^2.\end{aligned}$$

$\mathbf{u}$ 와 $\mathbf{v}$ 가 일차종속이면 등호가 성립한다. ■

정의 1.1.9

만일 $<\mathbf{u}, \mathbf{v}> = 0$ 이면 벡터 $\mathbf{u}$와 $\mathbf{v}$는 **직교**(orthogonal, perpendicular)한다고 한다. 만일 $\mathbf{u}$와 $\mathbf{v}$가 직교하고 $|\mathbf{u}| = |\mathbf{v}| = 1$ 이면 $\mathbf{u}$와 $\mathbf{v}$는 **정규직교**(orthonormal)라 한다.

$\mathbf{u}_1, \mathbf{u}_2, \ldots, \mathbf{u}_n$ 을 내적이 정의된 공간 V의 기저라 하자. 만일 $\mathbf{u}, \mathbf{v} \in V$ 이면 어떤 $a_i, b_j \in \mathbb{R}$ $(i, j = 1, \ldots, n)$에 대해

$$\mathbf{u} = \sum_{i=1}^{n} a_i \mathbf{u}_i, \quad \mathbf{v} = \sum_{j=1}^{n} b_j \mathbf{u}_j$$

로 나타낼 수 있다. 이때

$$\begin{aligned} <\mathbf{u}, \mathbf{v}> &= \left\langle \sum_{i=1}^{n} a_i \mathbf{u}_i, \sum_{j=1}^{n} b_j \mathbf{u}_j \right\rangle \\ &= \sum_{i,j=1}^{n} a_i b_j <\mathbf{u}_i, \mathbf{u}_j> = \sum_{i,j=1}^{n} a_i b_j g_{ij}. \end{aligned}$$

여기서 $g_{ij} = <\mathbf{u}_i, \mathbf{u}_j>$ 이다.

만일 $\{\mathbf{v}_1, \mathbf{v}_2, \ldots, \mathbf{v}_n\}$ 이 V의 또 다른 기저이면

$$\begin{aligned} \mathbf{u}_1 &= a_{11}\mathbf{v}_1 + a_{12}\mathbf{v}_2 + \cdots + a_{1n}\mathbf{v}_n, \\ \mathbf{u}_2 &= a_{21}\mathbf{v}_1 + a_{22}\mathbf{v}_2 + \cdots + a_{2n}\mathbf{v}_n, \\ &\vdots \\ \mathbf{u}_n &= a_{n1}\mathbf{v}_1 + a_{n2}\mathbf{v}_2 + \cdots + a_{nn}\mathbf{v}_n \end{aligned}$$

을 만족하는 $a_{ij}(i, j = 1, 2, \ldots, n)$ 이 존재한다. 따라서

$$\begin{pmatrix} \mathbf{u}_1 \\ \mathbf{u}_2 \\ \vdots \\ \mathbf{u}_n \end{pmatrix} = A \begin{pmatrix} \mathbf{v}_1 \\ \mathbf{v}_2 \\ \vdots \\ \mathbf{v}_n \end{pmatrix} \tag{1.2}$$

로 나타낼 수 있다. 여기서 $A = (a_{ij})$ 이다.

정의 1.1.10

벡터공간 V의 두 기저 $X = \{\mathbf{u}_1, \mathbf{u}_2, \ldots, \mathbf{u}_n\}, Y = \{\mathbf{v}_1, \mathbf{v}_2, \ldots, \mathbf{v}_n\}$이 식 (1.2)를 만족할 때, 만일 $\det A > 0$이면 X와 Y는 V에 **같은방향을 준다**고 하고, 만일 $\det A < 0$이면 X와 Y는 V에 **반대방향을 준다**고 한다.

$\overline{g}_{\alpha\beta} =< \mathbf{v}_\alpha, \mathbf{v}_\beta >$라 하자. 그러면

$$\begin{aligned} g_{ij} =< \mathbf{u}_i, \mathbf{u}_j > &= \left\langle \sum_\alpha a_{\alpha i}\mathbf{v}_\alpha, \sum_\beta a_{\beta j}\mathbf{v}_\beta \right\rangle \\ &= \sum a_{\alpha i}a_{\beta j} < \mathbf{v}_\alpha, \mathbf{v}_\beta >= \sum a_{\alpha i}a_{\beta j}\overline{g}_{\alpha\beta} \end{aligned}$$

또는

$$(g_{ij}) = (a_{\alpha i})^t \left(\overline{g}_{\alpha\beta}\right)(a_{\beta j}).$$

만일 $n = 2$이면

$$\begin{pmatrix} g_{11} & g_{12} \\ g_{21} & g_{22} \end{pmatrix} = \begin{pmatrix} a_{11} & a_{12} \\ a_{21} & a_{22} \end{pmatrix}^t \begin{pmatrix} \overline{g}_{11} & \overline{g}_{12} \\ \overline{g}_{21} & \overline{g}_{22} \end{pmatrix} \begin{pmatrix} a_{11} & a_{12} \\ a_{21} & a_{22} \end{pmatrix}$$

이다.

정의 1.1.11

V, W를 벡터공간이라 하자. 모든 $a, b \in \mathbb{R}$과 $\mathbf{u}, \mathbf{v} \in V$에 대해

$$T(a\mathbf{u} + \mathbf{v}) = aT(\mathbf{u}) + bT(\mathbf{v})$$

을 만족하는 $T : V \longrightarrow W$을 **선형변환**이라 한다.

$\mathbf{v}_1, \mathbf{v}_2, \ldots, \mathbf{v}_n$이 벡터공간 V의 기저이고 $\mathbf{w}_1, \mathbf{w}_2, \ldots, \mathbf{w}_n$이 벡터공간 W의 기저라 하자. 만일 $T : V \longrightarrow W$가 선형변환이면 $T(\mathbf{v}_j) = \sum T_{ij}\mathbf{w}_i$을 만족하는 $T_{ij} \in \mathbb{R}$ $(i, j = 1, 2, \ldots, n)$가 존재한다. 만일 $\mathbf{v} = \sum a_j\mathbf{v}_j \in V$이면

$$T(\mathbf{v}) = \sum \left(\sum T_{ij} a_j \right) \mathbf{w}_i.$$

$T : V \longrightarrow V$가 선형변환이고 V의 기저 $\mathbf{u}_1, \mathbf{u}_2, \ldots, \mathbf{u}_n$과 $\mathbf{v}_1, \mathbf{v}_2, \ldots, \mathbf{v}_n$는 $\mathbf{u}_i = \sum a_{\alpha i} \mathbf{v}_\alpha$인 관계가 있다고 하자. 만일 (T_{ij})가 $\mathbf{u}_i$에 관계된 변환 T를 나타내는 행렬이라 하고 $(\overline{T}_{\alpha\beta})$는 $\mathbf{v}_\alpha$에 관계된 변환 T를 나타내는 행렬이라 하면

$$T(\mathbf{u}_j) = \sum_{i=1}^{n} T_{ij} \mathbf{u}_i,$$
$$T(\mathbf{v}_\alpha) = \sum_{\beta=1}^{n} \overline{T}_{\alpha\beta} \mathbf{v}_\beta$$

로 나타낼 수 있고, 그러면

$$T(\mathbf{u}_j) = \sum_i T_{ij} \mathbf{u}_i = \sum_i T_{ij} \left(\sum_\alpha a_{\alpha i} \mathbf{v}_\alpha \right) = \sum_{i,\alpha} (T_{ij} a_{\alpha i}) \mathbf{v}_\alpha,$$
$$T(\mathbf{u}_j) = T \left(\sum_\beta a_{\beta j} \mathbf{v}_\beta \right) = \sum_\beta a_{\beta j} T(\mathbf{v}_\beta) = \sum_{\alpha,\beta} \left(a_{\beta j} \overline{T}_{\alpha\beta} \right) \mathbf{v}_\alpha$$

이 된다. 따라서 각 $\alpha = 1, 2, \ldots, n$에 대해

$$\sum_i T_{ij} a_{\alpha i} = \sum_\beta \left(\overline{T}_{\alpha\beta} \right) (a_{\beta j})$$

또는

$$(a_{\alpha i})(T_{ij}) = \left(\overline{T}_{\alpha\beta} \right) (a_{\beta j}). \tag{1.3}$$

식 (1.3)은 기저가 변할 때 선형변환이 나타내는 행렬 사이의 관계를 보여준다.

정의 1.1.12

$T : V \longrightarrow V$를 선형변환이라 하자. $\mathbf{v} \in V$가 영벡터가 아니고 $T(\mathbf{v}) = \lambda \mathbf{v}$ $(\lambda \in \mathbb{R})$이면 λ를 $\mathbf{v}$의 **고유치**(eigenvalue)라 하고 $\mathbf{v}$를 T의 **고유벡터**(eigenvector)라 한다.

만일 $T = (T_{ij})$이면 T의 고유치는 방정식

$$\det(T - \lambda I) = 0 \tag{1.4}$$

의 해이다. 여기서 I는 n차 단위행렬이다.

방정식 (1.4)를 T의 **고유방정식**(characteristic equation)이라 한다.

예제 1.1.5 $T : \mathbb{R}^2 \longrightarrow \mathbb{R}^2$는 선형변환이고, 선형변환 T를 표준기저 $\{(1,0),(0,1)\}$에 대해 나타낸 것을 다음과 같다고 하자.

$$T = \begin{pmatrix} 3 & 2 \\ -1 & 0 \end{pmatrix}.$$

이때 T의 고유치와 고유벡터를 구해보자. T의 고유방정식은

$$\begin{aligned} \det(T - \lambda I) &= \det\left\{\begin{pmatrix} 3 & 2 \\ -1 & 0 \end{pmatrix} - \lambda\begin{pmatrix} 1 & 0 \\ 0 & 1 \end{pmatrix}\right\} \\ &= \det\begin{pmatrix} 3-\lambda & 2 \\ -1 & -\lambda \end{pmatrix} = \lambda^2 - 3\lambda + 2 = 0 \end{aligned}$$

이 되므로 T의 고유치는 1,2이다. 그리고 이 고유치에 대한 고유벡터는

$$\begin{pmatrix} 3 & 2 \\ -1 & 0 \end{pmatrix}\begin{pmatrix} x \\ y \end{pmatrix} = 1\begin{pmatrix} x \\ y \end{pmatrix} \Longrightarrow \begin{pmatrix} x \\ y \end{pmatrix} = \alpha\begin{pmatrix} 1 \\ -1 \end{pmatrix} \quad (\alpha \in \mathbb{R}, \alpha \neq 0),$$
$$\begin{pmatrix} 3 & 2 \\ -1 & 0 \end{pmatrix}\begin{pmatrix} x \\ y \end{pmatrix} = 2\begin{pmatrix} x \\ y \end{pmatrix} \Longrightarrow \begin{pmatrix} x \\ y \end{pmatrix} = \beta\begin{pmatrix} 2 \\ -1 \end{pmatrix} \quad (\beta \in \mathbb{R}, \beta \neq 0)$$

이다. 따라서 T의 고유벡터는 0이 아닌 실수 α, β에 대해

$$\alpha\begin{pmatrix} 1 \\ -1 \end{pmatrix}, \quad \beta\begin{pmatrix} 2 \\ -1 \end{pmatrix}$$

이다.

정의 1.1.13

다음과 같이 정의된 δ_{ij}을 Kronecker **기호**라 한다.

$$\delta_{ij} = \begin{cases} 1, & i = j, \\ 0, & i \neq j. \end{cases}$$

연습문제 1.1

1.1.1 $\mathbb{R}^3$에서 표준내적을 기저 $\{(1,0,1),(0,1,1),(1,-2,3)\}$에 대한 것으로 나타내어라.

1.1.2 보조정리 1.1.6을 증명하라.

1.1.3 선형변환 $T : V \longrightarrow V$는 다음과 같다.

$$T = \begin{pmatrix} 3 & 2 \\ -1 & 0 \end{pmatrix}.$$

(1) T를 기저 $\{(1,1),(1-1)\}$에 대해 표현하라.

(2) T를 고유벡터의 기저 $\{(1,-1),(2,-1)\}$에 대해 표현하라.

1.1.4 선형변환 $T : \mathbb{R}^2 \longrightarrow \mathbb{R}^2$가

$$T = \begin{pmatrix} -2 & -1 \\ 5 & 2 \end{pmatrix}$$

로 주어졌을 때 T의 고유치와 고유벡터를 구하여라.

1.1.5 $T : \mathbb{R}^3 \longrightarrow \mathbb{R}^2$가 다음을 만족하는 변환이라 하자.

$$T\begin{pmatrix} 1 \\ 0 \\ 0 \end{pmatrix} = \begin{pmatrix} 1 \\ 1 \end{pmatrix}, T\begin{pmatrix} 0 \\ 1 \\ 0 \end{pmatrix} = \begin{pmatrix} 3 \\ 0 \end{pmatrix}, T\begin{pmatrix} 0 \\ 0 \\ 1 \end{pmatrix} = \begin{pmatrix} 4 \\ -7 \end{pmatrix}.$$

(1) 변환 T를 나타내는 행렬을 구하여라.

(2) $T\begin{pmatrix} 1 \\ 3 \\ 8 \end{pmatrix}$을 구하여라.

(3) $T\begin{pmatrix} x \\ y \\ z \end{pmatrix}$을 구하여라.

1.2 직선, 평면과 등위집합

직선은 직선 위의 한 점과 그 직선과 평행한 벡터에 의해 결정된다. 그리고 평면은 그 평면 위의 한 점과 그 평면에 수직인 벡터에 의해 결정된다.

점 $\mathbf{x_0} = (x_0, y_0, z_0) \in \mathbb{R}^3$을 지나고 벡터 $\mathbf{v} = (v_1, v_2, v_3) \neq \mathbf{0}$에 평행한 직선의 방정식은

$$\boldsymbol{\alpha}(t) = \mathbf{x_0} + t\mathbf{v} \ (-\infty < t < \infty)$$

또는

$$\frac{x - x_0}{v_1} = \frac{y - y_0}{v_2} = \frac{z - z_0}{v_3}$$

로 주어진다. (그림 1.1) 그리고 두 점 $\mathbf{x_1}, \mathbf{x_2} \in \mathbb{R}^2$을 지나는 직선의 방정식은

$$\boldsymbol{\alpha}(t) = \mathbf{x}_1 + t(\mathbf{x}_2 - \mathbf{x}_1) \ (-\infty < t < \infty)$$

이다.

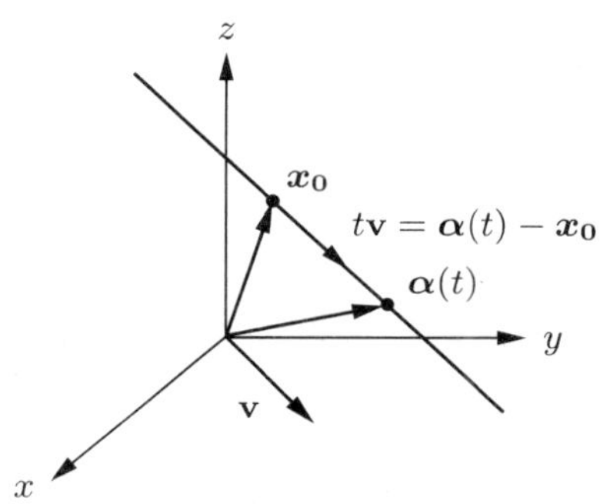

그림 1.1

예제 1.2.1 점 $\mathbf{x}_0 = (1, 2, 0)$을 지나고 $\mathbf{v} = (1, 0, -1)$에 평행한 직선의 방정식은

$$\mathbf{x} = \mathbf{x}_0 + t\mathbf{v} = (1 + t, 2, -t) \ (-\infty < t < \infty)$$

또는

$$x = 1 + t, \quad y = 2, \quad z = -t \ (-\infty < t < \infty)$$

이다.

정의 1.2.1

$\mathbf{u} = (a_1, a_2, a_3)$, $\mathbf{v} = (b_1, b_2, b_3)$ 가 $\mathbb{R}^3$ 의 영벡터가 아닌 임의의 벡터일 때

$$\mathbf{u} \times \mathbf{v} = \begin{vmatrix} \mathbf{i} & \mathbf{j} & \mathbf{k} \\ a_1 & a_2 & a_3 \\ b_1 & b_2 & b_3 \end{vmatrix} = (a_2b_3 - a_3b_2, a_3b_1 - a_1b_3, a_1b_2 - a_2b_1)$$

을 $\mathbf{u}$와 $\mathbf{v}$의 **외적**(cross product)이라 한다.

예제 1.2.2 만일 $\mathbf{u} = (1, -1, 1), \mathbf{v} = (-2, 3, 1)$ 이라 하면

$$\mathbf{u} \times \mathbf{v} = \begin{vmatrix} \mathbf{i} & \mathbf{j} & \mathbf{k} \\ 1 & -1 & 1 \\ -2 & 3 & 1 \end{vmatrix} = (-4, -3, 1)$$

이다.

성질 1.2.2

$\mathbb{R}^3$ 의 두 벡터 $\mathbf{u}, \mathbf{v}$ 로 만들어지는 평행사변형의 면적은 $|\mathbf{u} \times \mathbf{v}|$ 이다.

증명 $\mathbb{R}^3$ 에 있는 임의의 두 벡터 $\mathbf{u}$와 $\mathbf{v}$에 대하여

$$(|\mathbf{u}||\mathbf{v}|)^2 = (\mathbf{u} \cdot \mathbf{v})^2 + |\mathbf{u} \times \mathbf{v}|^{\mathbf{2}}$$

을 만족하므로, 만일 $\mathbf{u}$와 $\mathbf{v}$가 이루는 각이 θ $(0 \le \theta \le \pi)$ 이면

$$|\mathbf{u} \times \mathbf{v}|^2 = (|\mathbf{u}||\mathbf{v}|)^2 - (\mathbf{u} \cdot \mathbf{v})^2 = (|\mathbf{u}||\mathbf{v}|)^2 \left(1 - \cos^2 \theta\right) = (|\mathbf{u}||\mathbf{v}| \sin \theta)^2 .$$

따라서 $|\mathbf{u} \times \mathbf{v}| = |\mathbf{u}||\mathbf{v}| \sin \theta$ 이고, 이것은 $\mathbf{u}$와 $\mathbf{v}$로 만들어지는 평행사변형의 면적이다. ■

$\mathbf{u}, \mathbf{v}, \mathbf{w}$를 $\mathbb{R}^3$의 임의의 벡터라 하자. 만일 $\mathbf{u} \cdot (\mathbf{v} \times \mathbf{w}) > 0$이면 $\mathbf{u}, \mathbf{v}, \mathbf{w}$는 **양의 방향**으로 향해있다고 하고, $\mathbf{u} \cdot (\mathbf{v} \times \mathbf{w}) < 0$이면 $\mathbf{u}, \mathbf{v}, \mathbf{w}$는 **음의 방향**으로 향해있다고 한다. 이 경우 $\mathbf{u}, \mathbf{v}, \mathbf{w}$는 일차독립이다.

$\mathbf{u}$와 $\mathbf{v}$의 외적 $\mathbf{u} \times \mathbf{v}$는 $\mathbf{u}$와 $\mathbf{v}$에 수직인 벡터이고

$$\mathbf{u} \cdot (\mathbf{u} \times \mathbf{v}) = \mathbf{v} \cdot (\mathbf{u} \times \mathbf{v}) = 0$$

이 된다. 또한 $\mathbf{u}, \mathbf{v}, \mathbf{u} \times \mathbf{v}$는 양의 방향으로 향해있으며 $\mathbf{u} \times \mathbf{v}$의 크기는 벡터 $\mathbf{u}$와 벡터 $\mathbf{v}$에 의해 만들어 지는 평행사변형의 면적, 즉 $|\mathbf{u} \times \mathbf{v}| = |\mathbf{u}||\mathbf{v}| \sin\theta$이다. (그림 1.2)

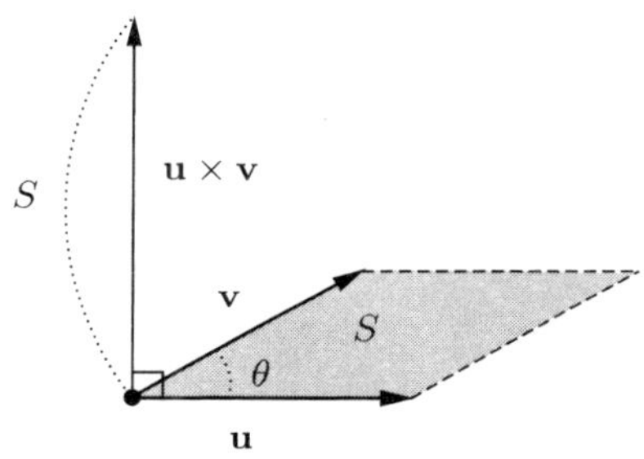

그림 1.2

따라서 $\mathbf{x}_0 \in \mathbb{R}^3$을 지나고 독립인 두 벡터 $\mathbf{u}, \mathbf{v}$로 만들어지는 평면에 평행한 평면의 방정식은 다음과 같다. (그림 1.3)

$$< \mathbf{x} - \mathbf{x}_0, \mathbf{u} \times \mathbf{v} >= 0.$$

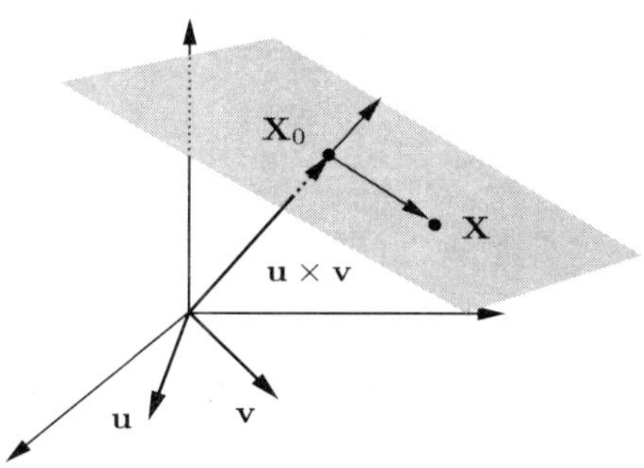

그림 1.3

정의 1.2.3

세 벡터 $\mathbf{u}, \mathbf{v}, \mathbf{w}$에 대해

$$[\mathbf{u}, \mathbf{v}, \mathbf{w}] = \mathbf{u} \cdot (\mathbf{v} \times \mathbf{w})$$

를 $\mathbf{u}, \mathbf{v}, \mathbf{w}$의 **삼중적**(triple product)이라 한다.

만일 $\mathbf{u} = (a_1, a_2, a_3),\ \mathbf{v} = (b_1, b_2, b_3),\ \mathbf{w} = (c_1, c_2, c_3)$ 이면

$$\begin{aligned}\mathbf{u} \cdot (\mathbf{v} \times \mathbf{w}) &= (a_1, a_2, a_3) \cdot (a_2b_3 - a_3b_2, a_3b_1 - a_1b_3, a_1b_2 - a_2b_1)\\ &= a_1b_2c_3 - a_1b_3c_2 + a_2b_3c_1 - a_2b_1c_3 + a_3b_1c_2 - a_3b_2c_1\end{aligned}$$

이므로

$$[\mathbf{u}, \mathbf{v}, \mathbf{w}] = \mathbf{u} \cdot (\mathbf{v} \times \mathbf{w}) = \det \begin{pmatrix} a_1 & a_2 & a_3 \\ b_1 & b_2 & b_3 \\ c_1 & c_2 & c_3 \end{pmatrix}.$$

만일 $\mathbb{R}^3$의 세 벡터 $\mathbf{u}, \mathbf{v}, \mathbf{w}$가 양의 방향으로 향해있으면 이 세 벡터로 만들어 지는 평행육면체의 부피는 $[\mathbf{u}, \mathbf{v}, \mathbf{w}]$이다. (그림 1.4)

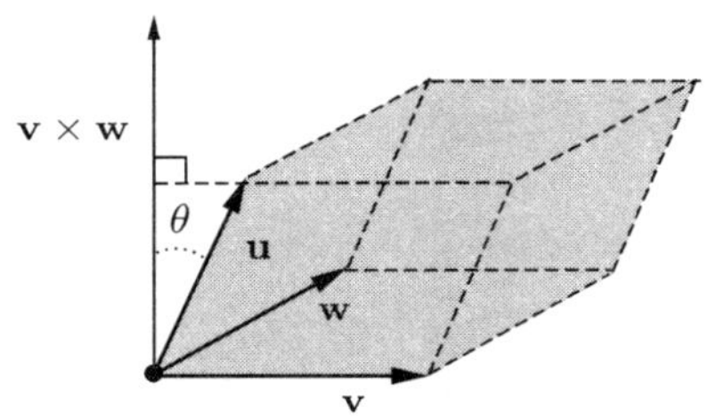

그림 1.4

왜냐하면 세 벡터 $\mathbf{u}, \mathbf{v}, \mathbf{w}$로 만들어지는 평행육면체의 부피는 벡터 $\mathbf{u}, \mathbf{v}$로 만들어 지는 평행사변형의 면적($|\mathbf{u} \times \mathbf{v}|$)에 높이($|\mathbf{u}|\cos\theta$, 단 θ는 벡터 $\mathbf{u}$와 벡터 $\mathbf{v} \times \mathbf{w}$가 이루는 각)를 곱한 것이므로 $|\mathbf{u}||\mathbf{v} \times \mathbf{w}|\cos\theta$이다. 따라서 다음을 알 수 있다.

$$\text{평행육면체의 부피} = |\mathbf{u}||\mathbf{v} \times \mathbf{w}|\cos\theta = \mathbf{u} \cdot (\mathbf{v} \times \mathbf{w}) = [\mathbf{u}, \mathbf{v}, \mathbf{w}].$$

마찬가지로 $\mathbf{u}, \mathbf{v}, \mathbf{w}$가 음의 방향으로 향해있으면 이 세 벡터로 만들어 지는 평행육

면체의 부피는 $-[\mathbf{u},\mathbf{v},\mathbf{w}]$이다. 따라서 다음 결과를 얻을 수 있다.

성질 1.2.4

$\mathbb{R}^3$의 벡터 $\mathbf{u},\mathbf{v},\mathbf{w}$로 만들어지는 평행육면체의 부피는 다음과 같다.

$$\big|[\mathbf{u},\mathbf{v},\mathbf{w}]\big| = \big|\mathbf{u}\cdot(\mathbf{v}\times\mathbf{w})\big|.$$

예제 1.2.3 세 벡터 $\mathbf{u}=(1,2,-1)$, $\mathbf{v}=(3,-1,2)$, $\mathbf{w}=(1,3,-4)$로 이루어지는 평행육면체의 부피는

$$\big|[\mathbf{u},\mathbf{v},\mathbf{w}]\big| = \det\begin{pmatrix} 1 & 2 & -1 \\ 3 & -1 & 2 \\ 1 & 3 & -4 \end{pmatrix} = 16$$

이다.

성질 1.2.5

$\mathbb{R}^3$에서 일직선 위에 있지 않은 세 점 $\mathbf{x}_1=(x_1,x_2,x_3)$, $\mathbf{x}_2=(y_1,y_2,y_3)$, $\mathbf{x}_3=(z_1,z_2,z_3)$을 지나는 평면의 방정식은

$$\det\begin{pmatrix} x-x_1 & y-y_1 & z-z_1 \\ x_2-x_1 & y_2-y_1 & z_2-z_1 \\ x_3-x_1 & y_3-y_1 & z_3-z_1 \end{pmatrix} = 0.$$

증명 $\mathbf{x}=(x,y,z)$가 평면 위의 점이면 성질 1.2.4에 의해 세 벡터 $\mathbf{x}-\mathbf{x}_1$, $\mathbf{x}_2-\mathbf{x}_3$, $\mathbf{x}_3-\mathbf{x}_1$으로 만들어지는 평행육면체의 부피는 0이다. (그림 1.5) 따라서

$$(\mathbf{x}-\mathbf{x}_1)\cdot[(\mathbf{x}_2-\mathbf{x}_1)\times(\mathbf{x}_3-\mathbf{x}_1)] = \det\begin{pmatrix} x-x_1 & y-y_1 & z-z_1 \\ x_2-x_1 & y_2-y_1 & z_2-z_1 \\ x_3-x_1 & y_3-y_1 & z_3-z_1 \end{pmatrix} = 0$$

이다. ■

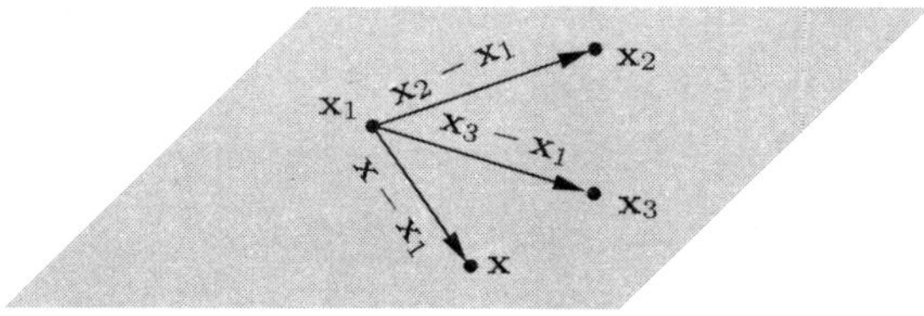

그림 1.5

정리 1.2.6

$\mathbb{R}^3$ 에서 중심이 $\mathbf{m}$ 이고 반지름이 r 인 구의 방정식은

$$< \mathbf{x} - \mathbf{m}, \mathbf{x} - \mathbf{m} >= r^2$$

이다.

증명 증명은 간단하므로 생략한다. ■

예제 1.2.4 $\mathbf{m} = (a, b, c)$ 이고 $\mathbf{x} = (x, y, z)$ 이면 중심이 $\mathbf{m}$ 이고 반지름이 r 인 구의 방정식은

$$(x-a)^2 + (y-b)^2 + (z-c)^2 = r^2$$

이다.

등위집합(level set)은 다변수 실가함수를 이해하는데 많은 도움이 된다.

정의 1.2.7

$D \subset \mathbb{R}^n$ 과 함수 $f : D \longrightarrow \mathbb{R}$ 에 대해

$$f^{-1}(c) = \{(x_1, x_2, \ldots, x_n) \in D : f(x_1, x_2, \ldots, x_n) = c\} \ (c \in \mathbb{R})$$

을 c-**등위집합**(level set)이라 한다. 그리고 c를 등위집합의 **높이**(height)라 한다.

정의 1.2.8

$D \subset \mathbb{R}^n$과 함수 $f : D \longrightarrow \mathbb{R}$에 대해

$$\{(x_1, \ldots, x_{n+1}) \in \mathbb{R}^{n+1} : (x_1, \ldots, x_n) \in D, x_{n+1} = f(x_1, \ldots, x_n)\}$$

을 f의 **그래프**(graph)라 한다.

예제 1.2.5 함수 $f(x_1, x_2, \ldots, x_n) = x_1^2 + x_2^2 + \cdots + x_n^2$에서 $n = 1, 2$일 때 그래프는 다음과 같다.

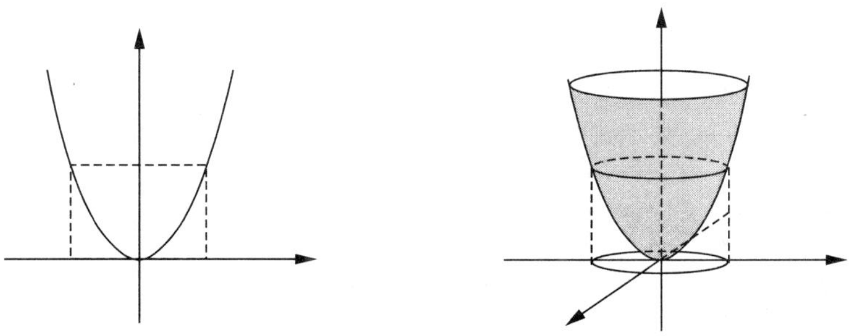

(1) $f(x_1) = x_1^2$ (2) $f(x_1, x_2) = x_1^2 + x_2^2$

그림 1.6

예제 1.2.6 함수 $f(x_1, \ldots, x_n) = x_1^2 + \cdots + x_n^2$에 대해 $n = 1, 2, 3$일 때 등위집합은 다음과 같다.

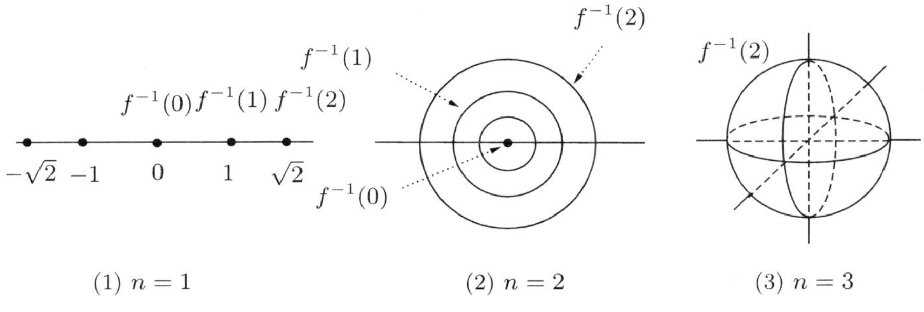

(1) $n = 1$ (2) $n = 2$ (3) $n = 3$

그림 1.7

연습문제 1.2

1.2.1 $\mathbf{a} = (2, 1, -3), \mathbf{b} = (1, 0, 1), \mathbf{c} = (0, -1, 3)$ 이라 하자. 다음 식을 구하여라.

(1) $\mathbf{b}$와 $\mathbf{c}$을 지나는 직선의 방정식.

(2) $\mathbf{b}$을 지나고 $\mathbf{a}$에 수직인 평면의 방정식.

(3) $\mathbf{c}$를 지나고 $\mathbf{a}$와 $\mathbf{b}$에 평행한 평면의 방정식.

(4) 중심이 $\mathbf{a}$이고 반지름이 2인 구의 방정식.

1.2.2 벡터 $\mathbf{a} = (2, 3, 6)$ 에 수직이고 벡터 $\mathbf{b} = (1, 5, 3)$의 종점을 지나는 평면의 방정식을 구하여라.

1.2.3 $\mathbf{x}_1 = (2, -3, 4)$, $\mathbf{x}_2 = (1, 2, -1)$, $\mathbf{x}_3 = (3, -1, 2)$ 라 하자.

(1) 세 벡터로 만들어지는 평행육면체의 부피를 구하여라.

(2) $\mathbf{x}_1, \mathbf{x}_2, \mathbf{x}_3$ 을 지나는 평면의 방정식을 구하여라.

1.2.4 $\mathbf{a}, \mathbf{b}, \mathbf{c}, \mathbf{d} \in \mathbb{R}^3$ 에 대해 다음을 보여라.

(1) $\mathbf{a} \times (\mathbf{b} \times \mathbf{c}) = <\mathbf{a}, \mathbf{c}> \mathbf{b} - <\mathbf{a}, \mathbf{b}> \mathbf{c}$

(2) $(\mathbf{a} \times \mathbf{b}) \times (\mathbf{c} \times \mathbf{d}) = [\mathbf{a}, \mathbf{b}, \mathbf{d}]\mathbf{c} - [\mathbf{a}, \mathbf{b}, \mathbf{c}]\mathbf{d}$.

1.2.5 $\mathbf{u}_1, \mathbf{u}_2, \mathbf{u}_3, \mathbf{v}_1, \mathbf{v}_2, \mathbf{v}_3 \in \mathbb{R}^3$ 이고 $a_{ij} = <\mathbf{u}_i, \mathbf{v}_j>$ 라 하자. 이때

$$\det(a_{ij}) = [\mathbf{u}_1, \mathbf{u}_2, \mathbf{u}_3][\mathbf{v}_1, \mathbf{v}_2, \mathbf{v}_3]$$

임을 보여라.

1.2.6 다음 벡터장을 그려라.

(1) $\mathbf{V}(x, y) = (x, y)$

(2) $\mathbf{V}(x, y) = (-x, -y)$

(3) $\mathbf{V}(x, y, z) = (x, y, z)$

1.3 벡터함수

V를 벡터공간이라 하고 $\{\mathbf{v}_1, \mathbf{v}_2, \ldots, \mathbf{v}_n\}$를 V의 기저라 하자.

만일 $\mathbf{f} : \mathbb{R} \longrightarrow V$ 이면 $\mathbf{f}$는 다음과 같이 주어진다.

$$\mathbf{f} = \sum_{i=1}^{n} f_i \mathbf{v}_i.$$

여기서 $f_i : \mathbb{R} \longrightarrow \mathbb{R}(i = 1, 2, \ldots, n)$ 이다. 이때, 각 성분 f_i가 미분가능하거나 적분가능하면 $\mathbf{f}$을 **미분가능** 또는 **적분가능**이라 한다. 그리고 미분과 적분은 다음과 같이 정의한다.

$$\frac{d\mathbf{f}}{dt} = \sum_{i=1}^{n} \frac{df_i}{dt}\mathbf{v}_i, \quad \int_a^b \mathbf{f}\, dt = \sum_{i=1}^{n} \left(\int_a^b f_i dt \right) \mathbf{v}_i.$$

보조정리 1.3.1

내적이 정의된 벡터공간 V에 대해 $\mathbf{f} : \mathbb{R} \longrightarrow V$라 하자. 그러면

$$\frac{d}{dt} < \mathbf{f}, \mathbf{g} > = \left\langle \frac{d\mathbf{f}}{dt}, \mathbf{g} \right\rangle + \left\langle \mathbf{f}, \frac{d\mathbf{g}}{dt} \right\rangle.$$

특히, $|\mathbf{f}|$가 상수이면 $\frac{d\mathbf{f}}{dt}$와 $\mathbf{f}$는 수직이다.

증명 증명은 연습문제로 남긴다. ■

보조정리 1.3.2

$\mathbf{f}, \mathbf{g} : \mathbb{R} \longrightarrow \mathbb{R}^3$ 이면

$$\frac{d}{dt}(\mathbf{f} \times \mathbf{g}) = \frac{d\mathbf{f}}{dt} \times \mathbf{g} + \mathbf{f} \times \frac{d\mathbf{g}}{dt}$$

이다.

증명 증명은 연습문제로 남긴다. ■

$\mathbf{x} = \mathbf{x}(u_1, u_2, \ldots, u_n)$ 이고 $u_i = u_i(v_1, v_2, \ldots, v_m)$ 이면 연쇄법칙에 의해

$$\frac{\partial \mathbf{x}}{\partial v_\alpha} = \sum_{i=1}^{n} \frac{\partial \mathbf{x}}{\partial u_i} \frac{\partial u_i}{\partial v_\alpha} \ (\alpha = 1, 2, \ldots, m)$$

이다. 따라서 $n = m = 2$ 이면

$$\frac{\partial \mathbf{x}}{\partial v_\alpha} = \frac{\partial \mathbf{x}}{\partial u_1} \frac{\partial u_1}{\partial v_\alpha} + \frac{\partial \mathbf{x}}{\partial u_2} \frac{\partial u_2}{\partial v_\alpha} \ (\alpha = 1, 2)$$

이고, $n = 2, m = 1$ 이면

$$\frac{d\mathbf{x}}{dt} = \frac{\partial \mathbf{x}}{\partial u_1} \frac{du_1}{dt} + \frac{\partial \mathbf{x}}{\partial u_2} \frac{du_2}{dt}$$

이다.

정의 1.3.3

만일 $f : \mathbb{R} \longrightarrow \mathbb{R}$ 의 k 계도함수가 존재하고 연속이면 f 를 C^k-**급 함수**라 한다. 만일 $f : \mathbb{R}^n \longrightarrow \mathbb{R}(n \geq 2)$ 의 모든 k 계편도함수가 존재하고 연속이면 f 를 C^k-급 함수라 한다. 그리고 만일 $\mathbf{f}$가 주어진 기저에 대한 성분함수가 C^k-급인 함수이면 $\mathbf{f}$를 C^k-급 벡터함수라 한다.

따라서 f 가 C^k-급 함수이면 f 는 C^{k-1}-급 함수이다.

정의 1.3.4

V 가 벡터공간이고 $\mathbf{A}, \mathbf{B}(\neq \mathbf{0}) \in V$ 라 하자. $\mathbf{A} \cdot \mathbf{b}$를 벡터 $\mathbf{A}$의 벡터 $\mathbf{B}$ 방향으로의 **성분**(component)이라 하고 $(\mathbf{A} \cdot \mathbf{b})\mathbf{b}$을 벡터 $\mathbf{A}$의 벡터 $\mathbf{B}$로의 **벡터 정사영**(vector projection)이라 한다. 여기서 $\mathbf{b}$는 $\mathbf{B}$ 방향으로의 단위벡터 $\dfrac{\mathbf{B}}{|\mathbf{B}|}$ 이다. (그림 1.8)

예제 1.3.1 $\mathbf{A} = (1, -2, 1), \mathbf{B} = (4, -4, 7)$ 이라 하자. $\mathbf{B}$ 방향의 단위벡터는

$$\mathbf{b} = \frac{\mathbf{B}}{|\mathbf{B}|} = \frac{1}{9}(4, -4, 7)$$

이므로 $\mathbf{B}$ 방향으로의 $\mathbf{A}$의 성분은 $\mathbf{A} \cdot \mathbf{b} = \dfrac{19}{9}$ 이다.

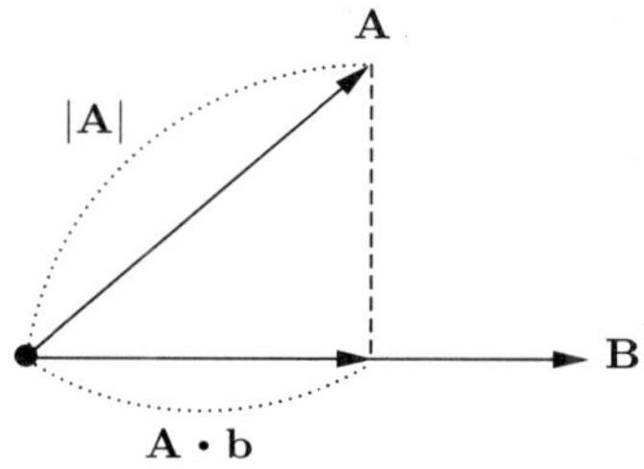

그림 1.8

정의 1.3.5

벡터미분작용소 ∇을 다음과 같이 정의한다.

$$\nabla = \frac{\partial}{\partial x}\mathbf{i} + \frac{\partial}{\partial y}\mathbf{j} + \frac{\partial}{\partial z}\mathbf{k}.$$

∇은 Hamilton **작용소**(Hamilton operator)라 한다.

정의 1.3.6

$\phi(x, y, z)$를 $\mathbb{R}^3$의 어떤 영역 Ω에서 정의된 미분가능한 함수라 하자. 이때

$$\nabla\phi = \left(\frac{\partial}{\partial x}\mathbf{i} + \frac{\partial}{\partial y}\mathbf{j} + \frac{\partial}{\partial z}\mathbf{k}\right)\phi = \left(\frac{\partial\phi}{\partial x}, \frac{\partial\phi}{\partial y}, \frac{\partial\phi}{\partial z}\right)$$

을 ϕ의 **그래디언트**(gradient)라 한다.

정의 1.3.7

$\mathbf{V}(x, y, z) = (v_1, v_2, v_3)$을 영역 $\Omega \subset \mathbb{R}^3$의 각 점 (x, y, z)에서 미분가능한 벡터장이라 하자. 이때 $\mathbf{V}$의 **발산**(divergence)은 다음과 같이 정의한다.

$$\nabla \cdot \mathbf{V} = \left(\frac{\partial}{\partial x}\mathbf{i} + \frac{\partial}{\partial y}\mathbf{j} + \frac{\partial}{\partial z}\mathbf{k}\right) \cdot (v_1\mathbf{i} + v_2\mathbf{j} + v_3\mathbf{k}) \quad = \frac{\partial v_1}{\partial x} + \frac{\partial v_2}{\partial y} + \frac{\partial v_3}{\partial z}.$$

만일 $\nabla \cdot \mathbf{V} = 0$이면 $\mathbf{V}$을 **비압축장**(incompressible field)이라 한다.

예제 1.3.2 $\phi(x,y,z) = x^2y - y^3z^2$ 이면

$$\nabla\phi(x,y,z) = (2xy, x^2 - 3y^2z^2, -2y^3z)$$

이다.

정의 1.3.8

$\mathbf{V}(x,y,z)$가 미분가능한 벡터장이면 $\mathbf{V}$의 **회전**(curl, rotation)은 다음과 같이 정의한다.

$$\nabla \times \mathbf{V} = \begin{vmatrix} \mathbf{i} & \mathbf{j} & \mathbf{k} \\ \dfrac{\partial}{\partial x} & \dfrac{\partial}{\partial y} & \dfrac{\partial}{\partial z} \\ v_1 & v_2 & v_3 \end{vmatrix} = \left(\frac{\partial v_3}{\partial y} - \frac{\partial v_2}{\partial z}, \frac{\partial v_1}{\partial z} - \frac{\partial v_3}{\partial x}, \frac{\partial v_2}{\partial x} - \frac{\partial v_1}{\partial y}\right).$$

만일 $\nabla \times \mathbf{V} = \mathbf{0}$ 이면 $\mathbf{V}$을 **비회전장**(irrotational field)이라 한다.

예제 1.3.3 $\mathbf{V}(x,y,z) = (x, xy, z)$ 이면 F의 회전과 발산은 각각

$$\nabla \times \mathbf{V} = (0,0,y), \quad \nabla \cdot \mathbf{V} = 2 + x$$

이다.

$\mathbf{p} = (p_1, p_2, p_3), \mathbf{v_p} = (v_1, v_2, v_3)$라 하자. 그러면 $\mathbb{R}^3$에서 정의된 함수 f에 대해

$$f(\mathbf{p} + t\mathbf{v}) = f(p_1 + tv_1, p_2 + tv_2, p_3 + tv_3)$$

로 나타낼 수 있다.

정의 1.3.9

f가 미분가능한 실함수이고 $\mathbf{v_p}$를 $\mathbf{p}$에서 접벡터라 하자. 이때

$$\mathbf{v_p}[f] = \frac{d}{dt} f(\mathbf{p} + t\mathbf{v})\Big|_{t=0}$$

를 $\mathbf{p}$에서 $\mathbf{v_p}$에 대한 f의 **방향도함수**(directional derivative)라 한다.

예제 1.3.4 $\mathbf{v} = (1, -2, 0), \mathbf{p} = (1, 1, 1), f(x, y, z) = xy^2z$ 라 하자. 그러면

$$\mathbf{p} + t\mathbf{v} = (1, 1, 1) + t(1, -2, 0) = (1 + t, 1 - 2t, 1).$$

따라서 $\mathbf{v_p}$ 에 대한 f 의 방향미분은

$$\mathbf{v_p}[f] = \left.\frac{d}{dt}f(\mathbf{p} + t\mathbf{v})\right|_{t=0} = \left.12t^2 - 3\right|_{t=0} = -3$$

이다.

정리 1.3.10

$\mathbf{v_p} = (v_1, v_2, v_3)$ 을 $\mathbb{R}^3$ 에서 접벡터라 하자. 그러면

$$\mathbf{v_p}[f] = \sum v_i \frac{\partial f}{\partial x_i}(\mathbf{p}) = \nabla f(P) \cdot \mathbf{v}$$

가 성립한다.

증명 $\mathbf{p} = (p_1, p_2, p_3)$ 이면 $f(\mathbf{p} + t\mathbf{v}) = f(p_1 + tv_1, p_2 + tv_2, p_3 + tv_3)$ 이므로

$$\begin{aligned}
\mathbf{v_p}[f] &= \left.\frac{d}{dt}f(\mathbf{p} + t\mathbf{v})\right|_{t=0} \\
&= \left.\sum \frac{\partial}{\partial x_i}f(\mathbf{p} + t\mathbf{v})\frac{dx_i}{dt}\right|_{t=0} \\
&= \left.\sum \frac{\partial}{\partial x_i}f(\mathbf{p} + t\mathbf{v})\frac{d}{dt}(p_i + tv_i)\right|_{t=0} = \sum v_i \frac{\partial}{\partial x_i}f(p)
\end{aligned}$$

이 성립한다. ■

예제 1.3.5 예제 1.3.4에서 $\mathbf{v_p}[f]$ 를 다음과 같이 구할 수도 있다.

$$\nabla f = (y^2z, 2xyz, xy^2)$$

이므로

$$\mathbf{v_p}[f] = \nabla f \cdot \mathbf{v} = (1, 2, 1) \cdot (1, -2, 0) = -3$$

이다.

연습문제 1.3

1.3.1 보조정리 1.3.1을 증명하라.

1.3.2 보조정리 1.3.2를 증명하라.

1.3.3 제2절 연습문제 1.2.2에서 원점에서 평면까지 거리를 구하여라.

1.3.4 $f(x,y,z)=3x^2y-y^2z^2$ 일 때 $\nabla f(1,2,1)$ 을 구하여라.

1.3.5 $\mathbf{v}=(x^2z,-2y^3z^2,xy^2z)$ 일 때 $(1,-1,1)$ 에서 $\nabla\cdot\mathbf{v}$를 구하여라.

1.3.6 연습문제 1.3.5에서 $\nabla\times\mathbf{v}$를 구하여라.

1.3.7 $\mathbf{v}=(2,-1,3),\mathbf{p}=(2,0,-1)$ 이라 하자. $f(x,y,z)=xy^2z$ 일 때 $\mathbf{v_p}$ 에 대한 f 의 방향미분을 구하여라.

1.3.8 $\nabla\phi$는 곡면 $\phi(x,y,z)=c$ 에 수직인 벡터임을 보여라.

1.4 미분형식과 쐐기곱

f 가 $\mathbb{R}^3$ 에서 정의된 실가함수이면

$$df=\frac{\partial f}{\partial x}dx+\frac{\partial f}{\partial y}dy+\frac{\partial f}{\partial z}dz$$

를 f 의 **전미분**(total derivative)이라 한다.

이런 형식적 표현의 덧셈, 곱셈과 미분에 대해 알아보자.

정의 1.4.1

ϕ가 $\mathbb{R}^3$ 의 모든 접벡터에서 정의된 선형인 실가함수이면 ϕ를 $\mathbb{R}^3$ 에서 **1차미분형식**(differential 1-form) 또는 **1-형식**이라 한다.

즉, 임의의 실수 a, b와 접벡터 $\mathbf{u}, \mathbf{v}$에 대해

$$\phi(a\mathbf{u} + b\mathbf{v}) = a\phi(\mathbf{u}) + b\phi(\mathbf{v})$$

을 만족하는 실가함수 ϕ를 1-형식이라 한다.

ϕ와 ψ가 1차미분형식이라 하고 $\mathbf{v_p}$를 접벡터라 하자. 그러면 실가함수 f에 대해

$$(\phi + \psi)(\mathbf{v_p}) = \phi(\mathbf{v_p}) + \psi(\mathbf{v_p}),$$

$$(f\phi)(\mathbf{v_p}) = f(\mathbf{p})\phi(\mathbf{v_p})$$

로 정의한다.

ϕ가 1차미분형식이고 $\mathbf{v}$가 벡터장이면 $\phi(\mathbf{v})$는 실가함수이다. 그리고 각 점 $\mathbf{p}$에서 $\phi(\mathbf{v})$의 값은 $\phi(\mathbf{v_p})$이다. 그러므로 1차미분형식에 의해 벡터장은 실가함수로 바뀐다.

함수 f, g에 대해 $\phi(\mathbf{v})$는 ϕ와 $\mathbf{v}$에 대해 선형사상이다. 즉,

$$\phi(f\mathbf{v} + g\mathbf{w}) = f\phi(\mathbf{v}) + g\phi(\mathbf{w}),$$

$$(f\phi + g\psi)(\mathbf{v}) = f\psi(\mathbf{v}) + g\psi(\mathbf{v})$$

이 성립한다.

이번에는 함수를 1-형식으로 바꾸는 방법을 정의하자.

정의 1.4.2

f가 $\mathbb{R}^3$에서 미분가능한 실함수일 때 모든 접벡터 $\mathbf{v_p}$에 대해

$$df(\mathbf{v_p}) = \mathbf{v_p}[f]$$

가 되는 1차미분형식 df를 f의 **미분**이라 한다.

예제 1.4.1 (1) 좌표함수 x_1, x_2, x_3의 미분은 각각 dx_1, dx_2, dx_3이고

$$dx_i(\mathbf{v_p}) = \mathbf{v_p}[x_i] = \sum_j v_j \frac{\partial x_i}{\partial x_j}(\mathbf{p}) = \sum_j v_j \delta_{ij} = v_i.$$

(2) $\psi = f_1 dx_1 + f_2 dx_2 + f_3 dx_3$라 하자. dx_i가 1차미분형식이므로 임의의 f_i에 대해 ψ는1차미분형식이고, 임의의 접벡터 $\mathbf{v_p}$에서 ψ의 값은

$$\psi(\mathbf{v}) = \left(\sum f_i dx_i\right)(\mathbf{v_p}) = \sum f_i(p) dx_i(\mathbf{v}) = \sum f_i(\mathbf{p}) v_i.$$

$\mathbb{R}^3$ 에서 미분가능한 함수 $f : \mathbb{R}^3 \longrightarrow \mathbb{R}$ 을 **0차미분형식** 또는 **0-형식**이라 한다.

$\mathbb{R}^3$ 에서 미분가능한 함수 f, g, h 을 계수로 하는 dx_1, dx_2, dx_3 의 일차결합이 1차미분형식이다. 따라서 $\mathbb{R}^3$ 에서 1차미분형식은 $\mathbb{R}^3$ 에서 미분가능한 함수 f, g, h 에 대해

$$\phi = f dx_1 + g dx_2 + h dx_3$$

형태이다.

$\mathbb{R}^3$ 에서 미분가능한 함수를 계수로 하는 $dx_i dx_j (i \neq j, i, j = 1, 2, 3)$ 의 일차결합을 **2차미분형식** 또는 **2-형식**이라 하고 $dx_i dx_j dx_k (i \neq j \neq k, i, j, k = 1, 2, 3)$ 의 일차결합을 **3차미분형식** 또는 **3-형식**이라 한다. 따라서 $x_1 = x, x_2 = y, x_3 = z$ 이면 미분가능한 함수 f, g, h 와 $p = 0, 1, 2, 3$ 에 대해 p**차미분형식** 또는 p-**형식**은 다음과 같다.

0-형식	: f, g, h
1-형식	: $f dx + g dy + h dz$
2-형식	: $f dx dy + g dy dz + h dz dx$
3-형식	: $f dx dy dz$

$p = 1, 2, 3$ 에 대해 p 차미분형식 사이의 덧셈은 대응하는 계수끼리 더하는 것으로 정의한다. 따라서 미분형식의 덧셈은 같은 차수의 미분형식 사이에서만 정의된다. 예를 들어 1차미분형식 $\phi = \sum_{i=1}^{3} f_i dx_i, \psi = \sum_{i=1}^{3} g_i dx_i$ 에 대해

$$\phi + \psi = \sum_{i=1}^{3} (f_i + g_i)\, dx_i,$$

2차미분형식 $\phi = \sum_{i,j=1}^{3} f_{ij} dx_i dx_j, \psi = \sum_{i,j=1}^{3} g_{ij} dx_i dx_j$ 에 대해

$$\phi + \psi = \sum_{i,j=1}^{3} (f_{ij} + g_{ij})\, dx_i dx_j,$$

3차미분형식 $\phi = \sum_{i,j,k=1}^{3} f_{ijk} dx_i dx_j dx_k, \psi = \sum_{i,j,k=1}^{3} g_{ijk} dx_i dx_j dx_k$ 에 대해

$$\phi + \psi = \sum_{i,j,k=1}^{3} (f_{ijk} + g_{ijk})\, dx_i dx_j dx_k$$

으로 정의한다.

다음은 미분형식의 곱에 대해 알아보자. 미분형식의 곱을 **쇄기곱**(wedge product)이라 하고 $\wedge$로 나타낸다.

정의 1.4.3

$\mathbb{R}^3$의 1차미분형식 dx_1, dx_2, dx_3와 $\mathbb{R}^3$의 접벡터 $\mathbf{u}, \mathbf{v}$에 대해

$$dx_i \wedge dx_j(\mathbf{u}, \mathbf{v}) = dx_i(\mathbf{u})dx_j(\mathbf{v}) - dx_i(\mathbf{v})dx_j(\mathbf{u})$$

로 정의하고 이를 쇄기곱이라 한다.

정의 1.4.3에서 다음 사실을 알 수 있다.

1. $dx_i \wedge dx_j = -dx_j \wedge dx_i (i = 1, 2, 3)$: **교대법칙**
2. $dx_i \wedge dx_i = 0$.

$\mathbb{R}^3$에서 dx_1, dx_2, dx_3 사이의 쇄기곱을 나타낼 때는 기호 $\wedge$을 생략하자. 예를 들어

$$dx_1 \wedge dx_2 = dx_1 dx_2$$

로 나타내자. 그러면 dx_i와 dx_j의 쇄기곱은 0 또는 2차미분형식이다.

dx_i들의 쇄기곱과 마찬가지로 일반적인 1차미분형식의 쇄기곱도 비슷하게 정의한다. 그러나 정의 1.4.3과 같은 엄밀한 정의보다 곱의 형식만 정의하자.

정의 1.4.4

$\mathbb{R}^3$에서 1차미분형식 $\phi = \sum_{i=1}^{3} f_i dx_i, \psi = \sum_{j=1}^{3} g_j dx_j$에 대해

$$\phi \wedge \psi = \sum_{i=1}^{3}\sum_{j=1}^{3} f_i g_j dx_i dx_j. \tag{1.5}$$

교대법칙을 이용해서 식 (1.5)를 계산하면

$$\phi \wedge \psi = (f_1 g_2 - f_2 g_1)\, dx_1 dx_2 + (f_2 g_3 - f_3 g_2)\, dx_2 dx_3 + (f_1 g_3 - f_3 g_1)\, dx_1 dx_3$$

이다. 따라서 1차미분형식과 1차미분형식의 쐐기곱은 0 또는 2차미분형식이다.

예제 1.4.2 $\phi = xdx - ydy, \psi = zdx + xdz$ 라 하자. 그러면

$$\begin{aligned}\phi \wedge \psi &= (xdx - ydy) \wedge (zdx + xdz) \\ &= xzdxdx + x^2 dxdz - yzdydx - yxdydz.\end{aligned}$$

그런데

$$dxdx = 0, \quad dydx = -dxdy$$

이므로

$$\phi \wedge \psi = yzdxdy + x^2 dxdz - xydydz$$

이 된다.

정의 1.4.5

$\mathbb{R}^3$ 에서 1차미분형식 $\phi = \sum_{i=1}^{3} f_i dx_i$ 와 2차미분형식 $\psi = \sum_{i,j=1}^{3} g_{jk} dx_j dx_k$ 의 쐐기곱은 다음과 같다.

$$\phi \wedge \psi = \sum_{i=1}^{3} \sum_{j,k=1}^{3} f_i g_{jk} dx_i dx_j dx_k. \tag{1.6}$$

교대법칙을 이용해서 식 (1.6)을 계산하면

$$\phi \wedge \psi = (f_1 g_{23} - f_2 g_{13} + f_3 g_{12})\, dx_1 dx_2 dx_3$$

이다. 따라서 1차미분형식과 2차미분형식의 쐐기곱은 0 또는 3차미분형식이다.

예제 1.4.3 $\phi = xdx - ydy, \psi = ydxdz + xdydz$ 라 하자. 그러면

$$\phi \wedge \psi = (x^2 + y^2) dxdydz$$

이다. 여기에서 1차미분형식과 2차미분형식의 쐐기곱은 3차미분형식이다.

성질 1.4.6

ϕ와 ψ가 1차미분형식이면

$$\phi \wedge \psi = -\psi \wedge \phi$$

이다.

증명 $\phi = \sum f_i dx_i, \psi = \sum g_j dx_j$ 라 하자. 그러면 교대법칙에 의해서

$$\phi \wedge \psi = \left(\sum f_i dx_i\right)\left(\sum g_j dx_j\right) = -\sum g_j f_i dx_j dx_i = -\psi \wedge \phi$$

이 성립한다. ■

예제 1.4.4 $\phi = xdx - ydy, \psi = zdx + xdx, \theta = zdy$ 라 하자. $dydydz = dydxdy = 0$ 이므로

$$\phi \wedge \theta \wedge \psi = x^2 zdxdydz$$

이 된다.

정의 1.4.7

$\mathbb{R}^3$ 에서 2차미분형식 $\phi = \sum_{1 \le i < j \le 3} f_{ij} dx_i dx_j$, $\psi = \sum_{1 \le k < \ell \le 3} g_{k\ell} dx_k dx_\ell$ 에 대해

$$\phi \wedge \psi = \sum_{1 \le i < j \le 3} f_{ij} \left[\sum_{1 \le k < \ell \le 3} g_{k\ell}\right] dx_i dx_j dx_k dx_\ell \tag{1.7}$$

로 정의한다.

모든 $i, j, k, \ell (1 \le i < j \le 3, 1 \le k < \ell \le 3)$ 에 대해

$$dx_i dx_j dx_k dx_\ell = 0$$

이므로 정의 1.4.7에서 $\phi \wedge \psi = 0$ 이다.

일반적으로 다음이 성립한다.

성질 1.4.8

p 차미분형식과 q 차미분형식의 쐐기곱은 0 또는 $p+q$ 차미분형식이다.

증명 쐐기곱의 정의에서 쉽게 보일 수 있다. ■

정의 1.4.9

$\phi = \sum f_i dx_i$ 가 1-형식이면 2-형식

$$d\phi = \sum df_i \wedge dx_i$$

를 ϕ의 **외미분**(exterior derivative)이라 한다.

예를 들어 만일

$$\phi = f_1 dx_1 + f_2 dx_2 + f_3 dx_3$$

가 1-형식이면 ϕ의 외미분은

$$\begin{aligned} d\phi &= d\left(f_1 dx_1 + f_2 dx_2 + f_3 dx_3\right) \\ &= df_1 \wedge dx_1 + df_2 \wedge dx_2 + df_3 \wedge dx_3 \\ &= \left(\sum \frac{\partial f_1}{\partial x_i} dx_i\right) dx_1 + \left(\sum \frac{\partial f_2}{\partial x_i} dx_i\right) dx_2 + \left(\sum \frac{\partial f_3}{\partial x_i} dx_i\right) dx_3 \\ &= \left(\frac{\partial f_2}{\partial x_1} - \frac{\partial f_1}{\partial x_2}\right) dx_1 dx_2 + \left(\frac{\partial f_3}{\partial x_1} - \frac{\partial f_1}{\partial x_3}\right) dx_1 dx_3 + \left(\frac{\partial f_3}{\partial x_2} - \frac{\partial f_2}{\partial x_3}\right) dx_2 dx_3. \end{aligned}$$

예제 1.4.5 $\phi = xydx + x^2dz$ 라 하자. ϕ의 외미분은

$$\begin{aligned} d\phi &= d(xy) \wedge dx + d(x^2) \wedge dz \\ &= (ydx + xdy) \wedge dx + 2xdxdz = -xdxdy + 2xdxdz \end{aligned}$$

이다.

정리 1.4.10

f와 g가 함수이고 ϕ와 ψ가 1-형식이면 다음이 성립한다.

(1) $d(fg) = (df)g + fdg$

(2) $d(f\phi) = df \wedge \phi + fd\phi$

(3) $d(\phi \wedge \psi) = d\phi \wedge \psi - \phi \wedge d\psi$ (Leibniz 공식)

증명 $\phi = \sum f_i dx_i, \psi = \sum g_j dx_j$ 라 하자. f가 함수이면

$$df = \sum \frac{\partial f}{\partial x_i} dx_i$$

이다.

(1) f와 g가 함수이므로

$$\begin{aligned} d(fg) &= \sum \frac{\partial (fg)}{\partial x_i} dx_i \\ &= \sum \left(\frac{\partial f}{\partial x_i} g + f \frac{\partial g}{\partial x_i} \right) dx_i \\ &= \left(\sum \frac{\partial f}{\partial x_i} dx_i \right) g + f \left(\sum \frac{\partial g}{\partial x_i} dx_i \right) = (df)g + f(dg) \end{aligned}$$

이다.

(2) f가 함수이고 ϕ가 1-형식이므로

$$\begin{aligned} d(f\phi) &= d\left(\sum f f_i dx_i \right) \\ &= \sum d(ff_i) \wedge dx_i \\ &= \sum ((df)f_i + fdf_i) \wedge dx_i = df \wedge \sum f_i dx_i + f \sum (df_i \wedge dx_i) . \end{aligned}$$

(3) ϕ와 ψ가 1-형식이므로

$$\begin{aligned} d(\phi \wedge \psi) &= d\left(\sum f_i dx_i \wedge \sum g_j dx_j \right) \\ &= d\left(\sum f_i g_j dx_i dx_j \right) = \sum ((df_i)g_j + f_i dg_j) \wedge dx_i dx_j \\ &= \left(\sum df_i \wedge dx_i \right) \wedge \left(\sum g_j dx_j \right) - \left(\sum f_i dx_i \right) \wedge \left(\sum dg_j \wedge dx_j \right) \\ &= d\phi \wedge \psi - \phi \wedge d\psi \end{aligned}$$

이다. ■

정리 1.4.11

$f : \mathbb{R}^3 \longrightarrow \mathbb{R}, h : \mathbb{R} \longrightarrow \mathbb{R}$이 미분가능한 함수이면

$$d(h(f)) = h'(f)df$$

이 성립한다.

증명 연쇄법칙에 의해

$$d(h(f)) = \sum \frac{\partial(h(f))}{\partial x_i}dx_i = \sum h'(f)\frac{\partial f}{\partial x_i}dx_i = h'(f)df$$

이 성립한다. ■

성질 1.4.12

f와 g가 $\frac{\partial f}{\partial z} = \frac{\partial g}{\partial z} = 0$인 실가함수이면

$$df \wedge dg = \det \begin{pmatrix} \frac{\partial f}{\partial x} & \frac{\partial f}{\partial y} \\ \frac{\partial g}{\partial x} & \frac{\partial g}{\partial y} \end{pmatrix} dxdy$$

이 성립한다.

증명 $\frac{\partial f}{\partial z} = \frac{\partial g}{\partial z} = 0$이므로

$$\begin{aligned} df &= \frac{\partial f}{\partial x}dx + \frac{\partial f}{\partial y}dy, \\ dg &= \frac{\partial g}{\partial x}dx + \frac{\partial g}{\partial y}dy. \end{aligned}$$

따라서

$$df \wedge dg = \left(\frac{\partial f}{\partial x}\frac{\partial g}{\partial y} - \frac{\partial f}{\partial y}\frac{\partial g}{\partial x}\right)dxdy = \det \begin{pmatrix} \frac{\partial f}{\partial x} & \frac{\partial f}{\partial y} \\ \frac{\partial g}{\partial x} & \frac{\partial g}{\partial y} \end{pmatrix} dxdy$$

이 성립한다. ■

연습문제 1.4

1.4.1 $\mathbf{v} = (1, 2, -3), \mathbf{p} = (0, -2, 1)$ 이라 하자. 접벡터 $\mathbf{v_p}$ 에서 다음 1-형식의 값을 계산하라.

(1) $zdy + ydz$

(2) $(z^2 - 1)dx - dy + x^2dx$

1.4.2 다음 벡터장에서 1-형식 $\phi = x^2dx - y^2dz$ 를 계산하라.

(1) $\mathbf{V} = x\mathbf{i} + y\mathbf{j} + z\mathbf{k}$

(2) $\mathbf{V} = xy(\mathbf{i} - \mathbf{k}) + yz(\mathbf{i} - \mathbf{j})$

1.4.3 $\phi = yzdx + dz, \psi = \sin zdx + \cos zdy, w = dy + zdz$ 라 하자. 다음을 구하여라.

(1) $\phi \wedge \psi$, $w \wedge \phi$

(2) $d\phi, d\psi$

1.4.4 임의의 함수 f 에 대해 $d(df) = 0$ 임을 보여라. 그리고

$$d(fdg) = df \wedge dg$$

임을 보여라.

1.4.5 임의의 1-형식 $\phi_i = \sum f_{ij}dx_j (i = 1, 2, 3)$ 에 대해 다음을 보여라.

$$\phi_1 \wedge \phi_2 \wedge \phi_3 = \det \begin{pmatrix} f_{11} & f_{12} & f_{13} \\ f_{21} & f_{22} & f_{23} \\ f_{31} & f_{32} & f_{33} \end{pmatrix} dx_1dx_2dx_3$$

제 2 장

곡선의 국소적 이론

미분기하는 곡선이나 곡면의 국소적 또는 대역적 성질을 미분이나 적분을 이용하여 연구하는 학문이다. 그 중에서도 곡선이나 곡면 상의 어떤 점 근방의 변화에 주안점을 두는 성질을 **국소적 성질**이라 한다. 이런 이유 때문에 미분기하에서 다루어지는 곡선과 곡면은 미분가능한 함수에 의해 정의된다.

이 장에서는 3차원 유클리드 공간 $\mathbb{R}^3$에 있는 곡선의 성질에 대해 알아 볼 것이다.

우선 곡선을 두 가지 관점에서 살펴보기로 한다. 첫 번째는 곡선을 점들의 집합 또는 자취로 보는 것이다. 이 경우 곡선의 기하학적인 형태에 주목한다. 직관적으로 곡선을 $\mathbb{R}^3$에서 어떤 입자가 움직일 때 그려지는 자취로 여기는 것이다.

두 번째 관점은 곡선을 어떤 매개변수 t(시간)의 함수로 여기는 것이다. 입자가 어디로 움직이는지 알고 싶지만 직관적으로 그것을 안다는 것은 충분하지 않다. 만일 곡선의 기하학적 움직임을 나타내기 위해 미분의 기술을 적용하려면 곡선을 바라보는 두 번째 관점이 필수적이다. 이것은 곡선을 어떻게 매개화해야 하는지 신중히 해야한다는 것을 의미한다. 그러나 곡선은 그 형태뿐만 아니라 곡선의 기하학적 성질에도 많은 관심을 가지고 살펴봐야 한다. 그러므로 매개화에 의존하는 곡선의 구성과 그것을 표현하는 연구가 필요하다.

2.1 정칙곡선

지금부터 $\mathbb{R}^3$의 어떤 특정한 부류의 곡선으로 제한하여 그 곡선들의 성질에 대해 알아보자.

정의 2.1.1

열린 구간 $I = (a,b)$에 대해 함수 $\boldsymbol{\alpha} : I \longrightarrow \mathbb{R}^3$을 $\mathbb{R}^3$에서 **매개곡선**(parametric curve)이라 한다.

곡선은 각 $t \in I$을 $\mathbb{R}^3$의 점 $\boldsymbol{\alpha}(t) = (x(t), y(t), z(t))$로 사상하는 변환이다. 만일 $x(t), y(t), z(t)$가 미분가능하면 $\boldsymbol{\alpha}$을 **미분가능한 곡선**이라 한다.

정의 2.1.2

미분가능한 매개곡선 $\boldsymbol{\alpha} : I \longrightarrow \mathbb{R}^3$가 C^k $(k \geq 1)$-급이고, 각 t에 대해 $\dfrac{d\boldsymbol{\alpha}}{dt} \neq \mathbf{0}$이면 $\boldsymbol{\alpha}$을 $\mathbb{R}^3$에서 **정칙곡선**(regular curve)이라 한다.

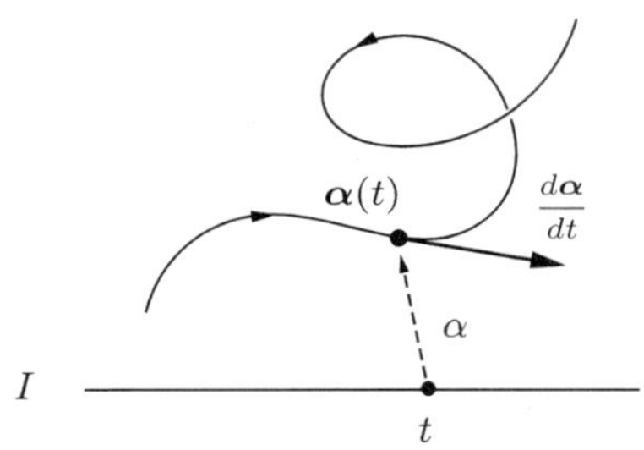

그림 2.1

예제 2.1.1 $\boldsymbol{\alpha}(t) = (t, |t|)$이면 $\boldsymbol{\alpha} : \mathbb{R} \longrightarrow \mathbb{R}^2$는 $|t|$가 $t = 0$에서 미분가능하지 않으므로 $\boldsymbol{\alpha}$는 정칙곡선이 아니다. (그림 2.2)

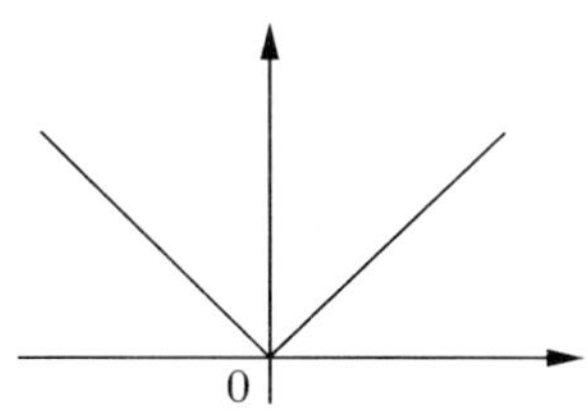

그림 2.2

예제 2.1.2 $\boldsymbol{\alpha}(t) = (t^3, t^2)$ $(t \in \mathbb{R})$은 미분가능한 매개곡선이지만 $t = 0$에서 $\dfrac{d\boldsymbol{\alpha}}{dt} = \mathbf{0}$ 이므로 $\boldsymbol{\alpha}$는 정칙곡선이 아니다. (그림 2.3)

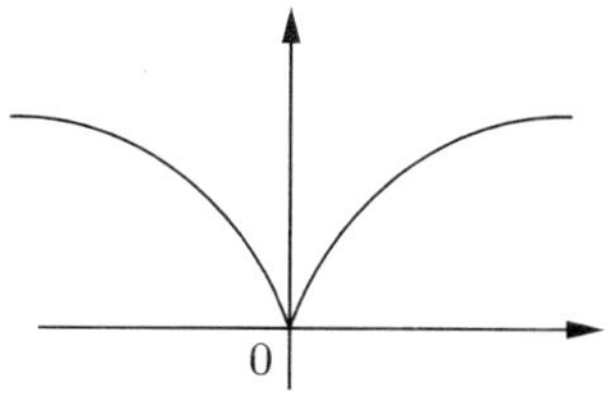

그림 2.3

정의 2.1.3

$\boldsymbol{\alpha}$를 정칙곡선이라 하자. 이때 $\dfrac{d\boldsymbol{\alpha}}{dt}(t_0)$을 $t = t_0$에서 **속도벡터**(velocity vector)라 하고 $\left|\dfrac{d\boldsymbol{\alpha}}{dt}(t_0)\right|$을 $t = t_0$에서 **속력**(speed)이라 한다. 그리고 벡터함수 $\dfrac{d\boldsymbol{\alpha}}{dt}$을 **속도벡터장**(velocity vector field)이라 한다.

정의 2.1.4

$\boldsymbol{\alpha}$가 정칙곡선일 때

$$\mathbf{T}(t) = \frac{d\boldsymbol{\alpha}}{dt} \bigg/ \left|\frac{d\boldsymbol{\alpha}}{dt}\right|$$

을 **접벡터장**(tangent vector field)이라 한다.

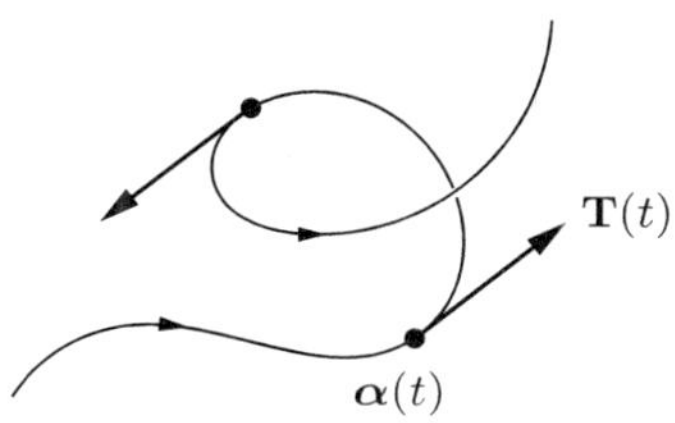

그림 2.4

$|\mathbf{T}(t)| = \left|\dfrac{d\boldsymbol{\alpha}}{dt}\Big/\left|\dfrac{d\boldsymbol{\alpha}}{dt}\right|\right| = 1$ 이므로 접벡터장은 단위벡터장이다.

정의 2.1.5

$\boldsymbol{\alpha}$가 정칙곡선일 때 직선

$$\ell = \{\boldsymbol{w} \in \mathbb{R}^3 : \boldsymbol{w} = \boldsymbol{\alpha}(t_0) + \lambda\mathbf{T}(t_0), \lambda \in \mathbb{R}\}$$

을 $t = t_0$ 에서 $\boldsymbol{\alpha}$의 **접선**(tangent line)이라 한다.

이 책에서는 특별한 언급이 없으면 정칙곡선은 C^3-급으로 가정한다.

예제 2.1.3 $\boldsymbol{\alpha} : \mathbb{R} \longrightarrow \mathbb{R}^3$ 가 $\boldsymbol{\alpha}(t) = (t^3 + t, 0, 0)$ 으로 정의되었다 하자. 그러면 모든 t에 대하여

$$\frac{d\boldsymbol{\alpha}}{dt} = (3t^2 + 1, 0, 0) \neq \mathbf{0}$$

이므로 $\boldsymbol{\alpha}$는 정칙곡선이다. 그리고 접벡터장은

$$\mathbf{T}(t) = \frac{d\boldsymbol{\alpha}}{dt}\Big/\left|\frac{d\boldsymbol{\alpha}}{dt}\right| = \frac{(3t^2+1,0,0)}{3t^2+1} = (1,0,0)$$

이다.

예제 2.1.4 $\boldsymbol{\alpha} : \mathbb{R} \longrightarrow \mathbb{R}^3$ 가 $\boldsymbol{\alpha}(t) = (r\cos t, r\sin t, ht)(r > 0)$ 으로 정의되었다 하자. 만일 $h > 0$ 이면 $\boldsymbol{\alpha}$를 **우원주나선**(right circular helix)이라 하고 $h < 0$ 이면 **좌원주나선**(left circular helix)이라 한다. (그림 2.5)

모든 t에 대해

$$\frac{d\boldsymbol{\alpha}}{dt} = (-r\sin t, r\cos t, h) \neq \mathbf{0}$$

이므로 $\boldsymbol{\alpha}$는 정칙곡선이다. 그리고 접벡터장은

$$\mathbf{T}(t) = \frac{(-r\sin t, r\cos t, h)}{\sqrt{r^2+h^2}}$$

이다.

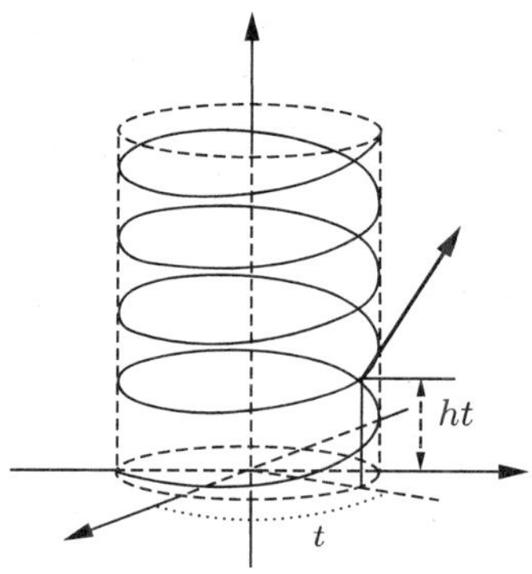

그림 2.5

정의 2.1.6

일대일 대응함수 $g:(c,d) \longrightarrow (a,b)$와 g의 역함수 g^{-1}가 C^k $(k \geq 1)$-급이면 g를 곡선 $\boldsymbol{\alpha}:(a,b) \longrightarrow \mathbb{R}^3$의 **재매개화**(reparametrization)라 한다.

g가 $\boldsymbol{\alpha}$의 재매개화이면 새로운 곡선 $\boldsymbol{\beta} = \boldsymbol{\alpha} \circ g$를 얻는다. (그림 2.6)

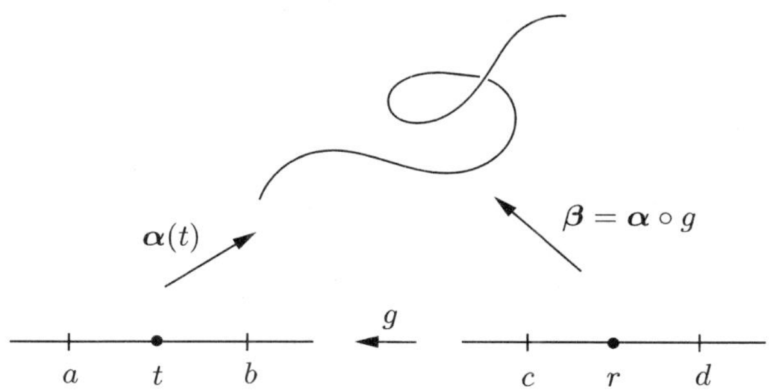

그림 2.6

$t \in (a,b)$에 대해 $r = f(t) = g^{-1}(t)$이면 $\boldsymbol{\beta}(r) = (\boldsymbol{\alpha} \circ g)(r) = \boldsymbol{\alpha}(g(r)) = \boldsymbol{\alpha}(t)$이므로

$$\frac{d\boldsymbol{\beta}}{dr} = \frac{d}{dr}(\boldsymbol{\alpha} \circ g)(r) = \frac{d\boldsymbol{\alpha}}{dt}\frac{dg}{dr}$$

이 된다.

참고 1. $(g^{-1}\circ g)(r) = r$ 이므로 $\dfrac{dg^{-1}}{dt}\dfrac{dg}{dr} = 1$. 따라서 $\dfrac{dg}{dr} \neq 0$ 이다. 즉, $\dfrac{d\boldsymbol{\alpha}}{dt} \neq \mathbf{0}$ 이면 $\dfrac{d\boldsymbol{\beta}}{dr} \neq \mathbf{0}$ 이다. 그러므로 $\boldsymbol{\alpha}$가 정칙곡선이고 g가 $\boldsymbol{\alpha}$의 재매개화이면 $\boldsymbol{\beta}$도 정칙곡선이다.

2. $\boldsymbol{\alpha} \in C^m, g \in C^k$ 이면 $\boldsymbol{\beta} \in C^n$ $(n = \min\{k, m\})$ 이다.

성질 2.1.7

$\boldsymbol{\alpha} : (a,b) \longrightarrow \mathbb{R}^3$ 을 정칙곡선이라 하고 $g : (c,d) \longrightarrow (a,b)$ 을 $\boldsymbol{\alpha}$의 재매개화라 하자. 그리고 $\boldsymbol{\beta} = \boldsymbol{\alpha}\circ g$라 하자. 만일 $t_0 = g(r_0)$ 이면 t_0 에서 $\boldsymbol{\alpha}$의 접벡터 $\mathbf{T}$와 r_0 에서 $\boldsymbol{\beta}$의 접벡터 $\widetilde{\mathbf{T}}$ 사이에 $\widetilde{\mathbf{T}} = \pm\mathbf{T}$ 이 성립한다.

증명

$$\begin{aligned}\widetilde{\mathbf{T}} &= \frac{d\boldsymbol{\beta}}{dr}\Big/\left|\frac{d\boldsymbol{\beta}}{dr}\right| \\ &= \frac{d\boldsymbol{\alpha}}{dt}\frac{dg}{dr}\Big/\left|\frac{d\boldsymbol{\alpha}}{dt}\frac{dg}{dr}\right| \\ &= \frac{d\boldsymbol{\alpha}}{dt}\Big/\left|\frac{d\boldsymbol{\alpha}}{dt}\right|\cdot\frac{dg}{dr}\Big/\left|\frac{dg}{dr}\right| = \pm\mathbf{T}\end{aligned}$$

이다. ■

따라서 $\dfrac{dg}{dr} > 0$ 이면 $\widetilde{\mathbf{T}} = \mathbf{T}$ 이고 $\dfrac{dg}{dr} < 0$ 이면 $\widetilde{\mathbf{T}} = -\mathbf{T}$ 이다. $\dfrac{dg}{dr} > 0$ 이면 g를 $\boldsymbol{\alpha}$의 **동향재매개화**, $\dfrac{dg}{dr} < 0$ 이면 g를 $\boldsymbol{\alpha}$의 **역향재매개화**라 한다.

연습문제 2.1

2.1.1 $\boldsymbol{\alpha}(t) = (\sin 3t\cos t, \sin 3t\sin t, 0)$ 라 하자.

(1) $\boldsymbol{\alpha}(t)$는 정칙곡선임을 보여라.

(2) 속도벡터를 구하여라.

(3) 접벡터를 구하여라.

(4) $t = \dfrac{\pi}{3}$ 에서 접선의 방정식을 구하여라.

2.1.2 $\boldsymbol{\alpha}(t) = (t^2, t^3, 0)(t \in \mathbb{R})$ 이라 하자.

(1) $\boldsymbol{\alpha}$ 는 C^1-급이지만 정칙곡선이 아님을 보여라.

(2) $\boldsymbol{\alpha}$ 의 그래프를 그려서 $\boldsymbol{\alpha}$ 의 상에는 뾰족한 부분이 있음을 보여라.

2.1.3 $\boldsymbol{\alpha}$ 가 우원주나선이라 하자.

(1) $t = t_0$ 에서 접선의 방정식을 구하여라.

(2) $\mathbf{u} = (0, 0, 1)$ 과 $\dfrac{d\boldsymbol{\alpha}}{dt}$ 사잇각이 상수임을 보여라.

2.1.4 $\boldsymbol{\alpha}(t) = (e^t \cos t, e^t \sin t, 0)$ 이라 하자. $\boldsymbol{\alpha}$ 와 $\mathbf{T}$ 사이의 각을 구하여라.

2.1.5 $f(t) = \tan\left(\dfrac{\pi}{2}t\right)$ 로 주어진 $f : (-1, 1) \longrightarrow \mathbb{R}$ 은 재매개화임을 보여라.

2.1.6 $\boldsymbol{\alpha}(t)$ 는 정칙곡선이라 하자. 그리고 모든 t 에 대해 $\boldsymbol{\alpha}(t) - \mathbf{a}$ 와 $\mathbf{T}(t)$ 가 수직이 되는 점 $\mathbf{a} \in \mathbb{R}^3$ 가 존재한다고 하자. 그러면 $\boldsymbol{\alpha}(t)$ 는 구 위에 놓임을 보여라.

2.1.7 a, b $(a > 0, b < 0)$ 가 상수이고 $\boldsymbol{\alpha}(t) = (ae^{bt} \cos t, ae^{bt} \sin t)$ $(t \in \mathbb{R})$ 을 매개화된 곡선이라 하자. $t \to +\infty$ 이면 $\boldsymbol{\alpha}(t)$ 는 나선형을 따라 $\mathbf{0} = (0, 0)$ 으로 가까워짐을 보여라. (그림 2.7) $\boldsymbol{\alpha}(t)$ 를 **로그형 나선**(logarithmic spiral)이라 한다.

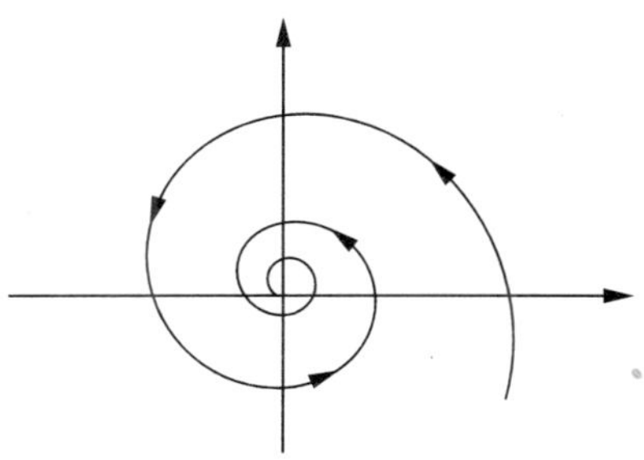

그림 2.7

2.2 호의 길이

폐구간에서 정의된 양 끝점이 있는 곡선에 대해 알아보자.

정의 2.2.1

$\boldsymbol{\gamma} : (c, d) \longrightarrow \mathbb{R}^3$는 정칙곡선이고 $[a, b] \subset (c, d)$이라고 하자. 만일 $\boldsymbol{\alpha} : [a, b] \longrightarrow \mathbb{R}^3$이고 모든 $t \in [a, b]$에 대해 $\boldsymbol{\alpha}(t) = \boldsymbol{\gamma}(t)$이면 $\boldsymbol{\alpha}$을 **정칙곡선부분**(regular curve segment)이라 한다.

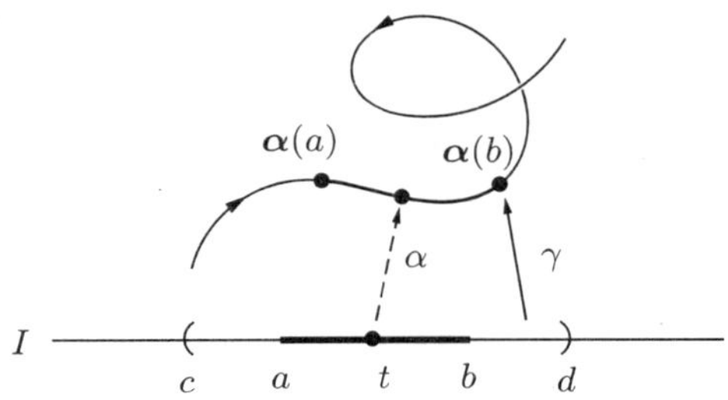

그림 2.8

이 경우 다음과 같이 정의하면 양 끝점에서 미분을 정의할 수 있다.

$$\frac{d\boldsymbol{\alpha}}{dt}(a) = \frac{d\boldsymbol{\gamma}}{dt}(a), \quad \frac{d\boldsymbol{\alpha}}{dt}(b) = \frac{d\boldsymbol{\gamma}}{dt}(b).$$

주어진 구간에서 어떤 곡선의 길이를 정의하자.

정의 2.2.2

정칙곡선부분 $\boldsymbol{\alpha} : [a, b] \longrightarrow \mathbb{R}^3$의 길이 L은

$$L = \int_a^b \left| \frac{d\boldsymbol{\alpha}}{dt} \right| dt$$

로 정의한다.

곡선을 재매개화했을 때 곡선의 길이에 대해 알아보자. 곡선의 길이는 매개화하는

방법에 관계가 없는 기하학적인 성질이다. 이 사실을 보이자.

성질 2.2.3

$g : [c,d] \longrightarrow [a,b]$을 정칙곡선부분 $\boldsymbol{\alpha} : [a,b] \longrightarrow \mathbb{R}^3$의 재매개화라 하자. 그러면 $\boldsymbol{\alpha}$의 길이와 $\boldsymbol{\beta} = \boldsymbol{\alpha} \circ g$의 길이는 같다.

증명 $\boldsymbol{\beta}$의 길이는

$$\int_c^d \left|\frac{d\boldsymbol{\beta}}{dr}\right| dr = \int_c^d \left|\frac{d\boldsymbol{\alpha}}{dt}\frac{dg}{dr}\right| dr = \int_c^d \left|\frac{d\boldsymbol{\alpha}}{dt}\right|\left|\frac{dg}{dr}\right| dr.$$

만일 $\dfrac{dg}{dr} > 0$이면

$$\left|\frac{dg}{dr}\right| = \frac{dg}{dr}, \quad g(c) = a, \quad g(d) = b$$

이므로

$$\int_c^d \left|\frac{d\boldsymbol{\alpha}}{dt}\right|\left|\frac{dg}{dr}\right| dr = \int_c^d \left|\frac{d\boldsymbol{\alpha}}{dt}\right| \frac{dg}{dr} dr = \int_a^b \left|\frac{d\boldsymbol{\alpha}}{dt}\right| dt.$$

만일 $\dfrac{dg}{dr} < 0$이면 $\left|\dfrac{dg}{dr}\right| = -\dfrac{dg}{dr}, g(c) = b, g(d) = a$이므로

$$\int_c^d \left|\frac{d\boldsymbol{\alpha}}{dt}\right|\left|\frac{dg}{dr}\right| dr = -\int_c^d \left|\frac{d\boldsymbol{\alpha}}{dt}\right| \frac{dg}{dr} dr = \int_a^b \left|\frac{d\boldsymbol{\alpha}}{dt}\right| dt.$$

따라서

$$\int_a^b \left|\frac{d\boldsymbol{\alpha}}{dt}\right| dt = \int_c^d \left|\frac{d\boldsymbol{\beta}}{dr}\right| dr$$

이 되므로 g가 $\boldsymbol{\alpha}$의 재매개화일 때 $\boldsymbol{\alpha}$의 길이와 $\boldsymbol{\beta} = \boldsymbol{\alpha} \circ g$의 길이가 같다. ■

곡선의 길이에 대한 개념을 이용하면 곡선을 재매개화하는 중요한 방법을 찾을 수 있다. 즉, 임의의 정칙곡선은 어떤 점에서 정의된 호의 길이로 재매개화되어질 수 있다.

$\boldsymbol{\alpha} : (a,b) \longrightarrow \mathbb{R}^3$을 정칙곡선이라 하고 $t_0 \in (a,b)$라 하자. 그리고

$$h(t) = \int_{t_0}^t \left|\frac{d\boldsymbol{\alpha}}{dr}\right| dr$$

라 하자. 이때 $s = h(t)$을 $\boldsymbol{\alpha}$에 대한 **호의 길이**(arc length)라 한다. 만일 $t_0 < t$이면 $h(t)$는 $\boldsymbol{\alpha}(t_0)$에서 $\boldsymbol{\alpha}(t)$까지 $\boldsymbol{\alpha}$를 따라 잰 호의 길이이다.

정리 2.2.4

h는 (a, b)에서 어떤 구간 (c, d) 위로 일대일이고 재매개화이다.

증명 $\dfrac{dh}{dt} = \left|\dfrac{d\boldsymbol{\alpha}}{dt}\right| > 0$이므로 h는 증가함수이고 일대일이다. 그리고 $\boldsymbol{\alpha}$가 C^k-급이면 h도 C^k-급이다.

$g : (c, d) \longrightarrow (a, b)$를 h의 역함수라 하고 (c, d)에서 매개변수를 s로 나타내자. 그러면 $g(s) = t \Leftrightarrow h(t) = s$이고 $\dfrac{dh}{dt} \neq 0$이므로

$$\frac{dg}{ds} = 1 \Big/ \left(\frac{dh}{dt}\right) = \frac{dt}{dh}$$

이다. 따라서 g가 C^k-급 재매개화 함수이므로 h는 재매개화이다. ■

정리 2.2.4의 증명에서 $s = h(t)$는 호의 길이다. $g(s)$을 이용하면 $\boldsymbol{\alpha}$을 어떤 점에서부터 호의 길이로 재매개화할 수 있다. 이때 $\boldsymbol{\alpha}$의 재매개화된 곡선 $\boldsymbol{\beta}(s) = \boldsymbol{\alpha}(g(s))$을 $\boldsymbol{\alpha}$의 **호의 길이로 재매개화**라 한다. $\dfrac{dh}{dt} > 0$이므로 $\dfrac{dg}{ds} > 0$이다. 따라서 이 경우는 동향재매개화이고 다음과 같은 성질을 얻는다.

성질 2.2.5

호의 길이로 재매개화된 곡선의 속도벡터장은 이 곡선의 접벡터장과 같다.

증명 $\boldsymbol{\beta}(s)$를 호의 길이로 매개화된 곡선이라 하자. 그러면

$$s = \int_0^s \left|\frac{d\boldsymbol{\beta}}{dr}\right| dr$$

이므로

$$\frac{d}{ds}s = \frac{d}{ds}\int_0^s \left|\frac{d\boldsymbol{\beta}}{dr}\right| dr = \left|\frac{d\boldsymbol{\beta}}{ds}\right| = 1.$$

따라서 벡터장 $\dfrac{d\boldsymbol{\beta}}{ds}$는 단위벡터장이다. 한편,

$$\frac{d\boldsymbol{\beta}}{ds} = \frac{d\boldsymbol{\alpha}}{dt}\frac{dg}{ds} = \frac{d\boldsymbol{\alpha}}{dt} \cdot \left[1 \Big/ \left|\frac{dh}{dt}\right|\right] = \frac{d\boldsymbol{\alpha}}{dt} \Big/ \left|\frac{d\boldsymbol{\alpha}}{dt}\right|$$

이므로 $\dfrac{d\boldsymbol{\beta}}{ds} = \mathbf{T}$ 이다. ■

따름정리 2.2.6

$\boldsymbol{\alpha}(t)$ 가 정칙곡선이고 s가 이것의 호의 길이면 다음이 성립한다.

(1) $\dfrac{ds}{dt} = \left|\dfrac{d\boldsymbol{\alpha}}{dt}\right|$.

(2) $\dfrac{d\boldsymbol{\alpha}}{dt} = \left(\dfrac{ds}{dt}\right)\mathbf{T}$.

(3) $\mathbf{T} = \dfrac{d\boldsymbol{\alpha}}{ds}$.

증명 (1) $\dfrac{ds}{dt} = \dfrac{d}{dt}\displaystyle\int_0^t \left|\frac{d\boldsymbol{\alpha}}{d\sigma}\right| d\sigma = \left|\frac{d\boldsymbol{\alpha}}{dt}\right|$.

(2) $\mathbf{T} = \dfrac{d\boldsymbol{\alpha}}{dt} \Big/ \left|\dfrac{d\boldsymbol{\alpha}}{dt}\right| = \dfrac{d\boldsymbol{\alpha}}{dt} \Big/ \dfrac{ds}{dt}$.

(3) $\mathbf{T} = \dfrac{d\boldsymbol{\alpha}}{dt} \Big/ \left|\dfrac{d\boldsymbol{\alpha}}{dt}\right| = \dfrac{d\boldsymbol{\alpha}}{dt} \Big/ \dfrac{ds}{dt} = \dfrac{d\boldsymbol{\alpha}}{dt}\dfrac{dt}{ds} = \dfrac{d\boldsymbol{\alpha}}{ds}$. ■

예제 2.2.1 벡터 $\mathbf{u}, \mathbf{v} \neq \mathbf{0}$에 대해 $\boldsymbol{\alpha}(t) = \mathbf{u} + t\mathbf{v}$는 직선이다. 이때 $\dfrac{d\boldsymbol{\alpha}}{dt} = \mathbf{v}$ 이므로

$$h(t) = s = \int_0^t \left|\frac{d\boldsymbol{\alpha}}{d\sigma}\right| d\sigma = \int_0^t |\mathbf{v}| d\sigma = t|\mathbf{v}|$$

이다. 따라서 $t = \dfrac{s}{|\mathbf{v}|}$ 이고

$$\boldsymbol{\beta}(s) = \mathbf{u} + \left(\frac{s}{|\mathbf{v}|}\right)\mathbf{v} = \mathbf{u} + \left(\frac{\mathbf{v}}{|\mathbf{v}|}\right)s$$

는 직선을 호의 길이로 재매개화한 곡선이다.

예제 2.2.2 $\boldsymbol{\alpha}(t) = (r\cos t, r\sin t, 0)(r > 0)$ 라 하자. 그러면

$$\frac{d\boldsymbol{\alpha}}{dt} = (-r\sin t, r\cos t, 0).$$

그런데

$$\left|\frac{d\boldsymbol{\alpha}}{dt}\right| = \sqrt{r^2\sin^2 t + r^2\cos^2 t} = r$$

이므로 호의 길이는

$$s = \int_0^t \left|\frac{d\boldsymbol{\alpha}}{d\sigma}\right| d\sigma = \int_0^t r\,d\sigma = rt.$$

$t = \dfrac{s}{r} = g(s)$ 이면

$$\boldsymbol{\beta}(s) = \left(r\cos\frac{s}{r}, \cos\frac{s}{r}, 0\right)$$

은 반지름이 r 인 원을 호의 길이로 재매개화한 곡선이다. 또한

$$\frac{d\boldsymbol{\beta}}{ds} = \mathbf{T}(s) = \left(-\sin\frac{s}{r}, \cos\frac{s}{r}, 0\right)$$

이므로 $\boldsymbol{\alpha}$ 의 접벡터장은 단위벡터장이다.

연습문제 2.2

2.2.1 $\boldsymbol{\alpha}(t)$ 를 우원주나선이라 하자. $0 \le t \le 10$ 에 대해 다음을 구하여라.

(1) 호의 길이

(2) 호의 길이로 재매개화

2.2.2 $\boldsymbol{\alpha}(t) = (e^t\cos t, e^t\sin t, e^t)$ 라 하자. $0 \le t \le 1$ 에 대해 다음을 구하여라.

(1) 호의 길이

(2) 호의 길이로 재매개화

2.2.3 $\boldsymbol{\alpha}(t) = (2\cosh 3t, -2\sinh 3t, 6t)$ 라 하자. $0 \le t \le 5$ 에 대해 다음을 구하여라.

(1) 호의 길이

(2) 호의 길이로 재매개화

2.2.4 고정된 양의 상수 r에 대해 $\boldsymbol{\alpha}(t)$는 $\left|\dfrac{d\boldsymbol{\alpha}}{dt}\right| = r$인 정칙곡선이라 하자. 만일 s가 어떤 점에서 측정한 호의 길이면 어떤 상수 c에 대해 $t = \dfrac{s}{r} + c$임을 보여라.

2.3 곡률과 열률

이 절에서는 정칙인 곡선을 유일하게 결정짓는 기하학적인 양인 곡률과 열률에 대해 알아보자.

정의 2.3.1

만일 곡선 $\boldsymbol{\alpha} : (a, b) \longrightarrow \mathbb{R}^3$가 모든 $t \in (a, b)$에서 $\left|\dfrac{d\boldsymbol{\alpha}}{dt}\right| = 1$을 만족하면 $\boldsymbol{\alpha}$을 **단위속력곡선**(unit speed curve)이라 한다.

참고 $\boldsymbol{\alpha}$가 단위속력곡선이면 호의 길이는

$$s = \int_{t_0}^{t} \left|\frac{d\boldsymbol{\alpha}}{d\sigma}\right| d\sigma = t - t_0$$

이므로 만일 $t_0 = 0$이면 $s = t$이고

$$\boldsymbol{\alpha}'(t) = \boldsymbol{\alpha}'(s) = \mathbf{T}(s)$$

이다.

지금부터 $\boldsymbol{\alpha}(s)$는 단위속력곡선이라 가정하자.

정의 2.3.2

단위속력곡선 $\boldsymbol{\alpha}(s)$에 대해 $\kappa(s) = |\mathbf{T}'(s)|$을 $\boldsymbol{\alpha}$의 **곡률**(curvature)이라 한다.

참고 만일 $\boldsymbol{\alpha}(s)$가 직선이면 $\kappa(s) = 0$이고, $\boldsymbol{\alpha}(s)$가 반지름이 r인 원이면 $\kappa(s) = \dfrac{1}{r}$이다. 곡률이 곡선의 휘어진 정도를 나타내는 측도이면 직선은 휘어져있지 않고 $(\kappa = 0)$, 반지름이 r인 원은 휘어진 정도가 일정하다$(\kappa = \dfrac{1}{r})$는 것을 의미한다.

평면곡선의 곡률의 직관적 의미를 알아보자. $\boldsymbol{\alpha}$는 (x, y) 평면 위의 단위속력 평면곡선이라 하자. $\mathbf{e}_1, \mathbf{e}_2, \mathbf{e}_3$을 $\mathbb{R}^3$의 표준기저라 하고 θ을 $\boldsymbol{\alpha}$의 접벡터와 수평선이 이루는 각이라 하자. (그림 2.9)

만일 $\boldsymbol{\alpha}(s) = (x(s), y(s), 0)$라 하면 $\boldsymbol{\alpha}'(s) = \mathbf{T}(s) = (x'(s), y'(s), 0)$이고 $(x')^2 + (y')^2 = 1$이므로

$$x'(s) =< \mathbf{T}(s), \mathbf{e}_1 >= |\mathbf{T}(s)||\mathbf{e}_1| \cos\theta(s) = \cos\theta(s),$$

$$y'(s) =< \mathbf{T}(s), \mathbf{e}_2 >= |\mathbf{T}(s)||\mathbf{e}_2| \sin\theta(s) = \sin\theta(s)$$

이 된다. 그러므로

$$\mathbf{T}(s) = (\cos\theta(s), \sin\theta(s), 0),$$
$$\mathbf{T}'(s) = (-\sin\theta(s), \cos\theta(s), 0)\frac{d\theta}{ds}$$

이다. 따라서

$$\kappa(s) = |\mathbf{T}'(s)| = \left|\frac{d\theta}{ds}\right|$$

이 되어 평면곡선의 곡률은 호의 길이에 대한 접벡터와 수평선과 이루는 각의 변화율의 절대값이다. (그림 2.9)

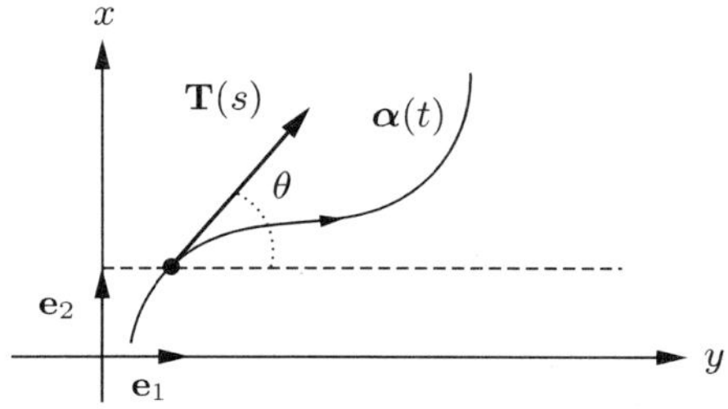

그림 2.9

다음은 공간곡선의 위치와 형태를 보다 쉽게 이해하기 위해서 곡선 위의 어느 한

점에서 일직선 상에 있지 않은 세 개의 벡터장을 정의한다.

정의 2.3.3

단위속력곡선 $\boldsymbol{\alpha}(s)$에 대해 $\kappa(s) \neq 0$이면

$$\mathbf{N}(s) = \frac{\mathbf{T}'(s)}{\kappa(s)} = \frac{\mathbf{T}'(s)}{|\mathbf{T}'(s)|}$$

을 $\boldsymbol{\alpha}$에 대한 **주법선벡터장**(principal normal vector field)이라 하고

$$\mathbf{B}(s) = \mathbf{T}(s) \times \mathbf{N}(s)$$

을 $\boldsymbol{\alpha}$의 **종법선벡터장**(binormal vector field)이라 한다.

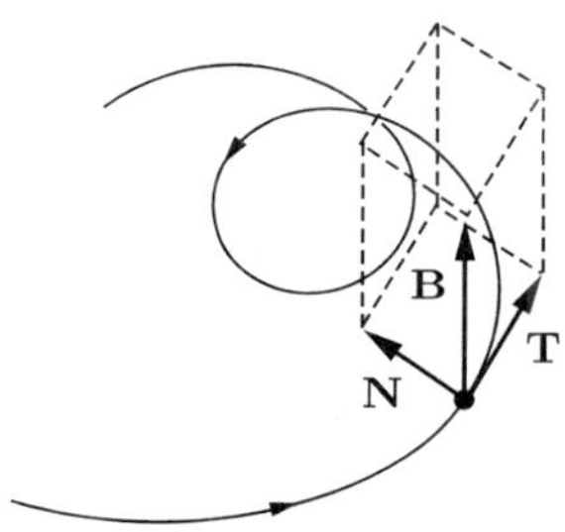

그림 2.10

곡선을 따라 움직일 때 종법선벡터장의 변환에 따라 곡선의 뒤틀림의 정도를 알 수 있다.

정의 2.3.4

$\boldsymbol{\alpha}$가 단위속력곡선일 때

$$\tau(s) = -\langle \mathbf{B}'(s), \mathbf{N}(s) \rangle$$

을 $\boldsymbol{\alpha}$의 **열률**(torison)이라 한다.

곡률 κ는 항상 음이 아닌 실수이지만 열률 τ는 양, 음 또는 0의 값을 제한없이 가질 수 있다. 열률의 정의에서 "−" 부호는 습관적으로 쓴 것이다.

참고 $\boldsymbol{\alpha}(s)$을 단위속력곡선이라 하자.

(1) 만일 $s = s_0$에서 $\tau > 0$이면 s가 증가할 때 α는 $\alpha(s_0)$을 지나고 $\mathbf{B}(s_0)$에 수직인 평면을 가로 질러 $\mathbf{B}(s_0)$ 방향으로 향한다. (그림 2.11 (1))

(2) 만일 $s = s_0$에서 $\tau < 0$이면 s가 증가할 때 α는 $\alpha(s_0)$을 지나고 $\mathbf{B}(s_0)$에 수직인 평면을 가로 질러 $-\mathbf{B}(s_0)$ 방향으로 향한다. (그림 2.11 (2))

자세한 것은 참고문헌 [4]를 참고하라.

(1) $\tau > 0$ (1) $\tau < 0$

그림 2.11

정의 2.3.5

$\boldsymbol{\alpha}(s)$가 단위속력곡선일 때 다음 집합을 $\boldsymbol{\alpha}$의 Frenet-Serret **구조**라 한다.

$$\{\kappa(s), \tau(s), \mathbf{T}(s), \mathbf{N}(s), \mathbf{B}(s)\}.$$

예제 2.3.1 $\boldsymbol{\alpha}(s) = \left(r\cos\frac{s}{r}, r\sin\frac{s}{r}, 0\right)$ $(r > 0)$이라 하자. 그러면 $\boldsymbol{\alpha}$의 Frenet-Serret 구조는 다음과 같다.

$$\mathbf{T}(s) = \left(-\sin\frac{s}{r}, \cos\frac{s}{r}, 0\right),$$

$$\kappa(s) = |\mathbf{T}'(s)| = \left|\left(-\frac{1}{r}\cos\frac{s}{r}, -\frac{1}{r}\sin\frac{s}{r}, 0\right)\right| = \frac{1}{r},$$

$$\mathbf{N}(s) = \frac{\mathbf{T}'(s)}{\kappa(s)} = \left(-\cos\frac{s}{r}, -\sin\frac{s}{r}, 0\right),$$

$$\mathbf{B}(s) = \mathbf{T}(s) \times \mathbf{N}(s) = (0, 0, 0),$$

$$\tau(s) = - < \mathbf{B}'(s), \mathbf{N}(s) >= 0. \left(\because \mathbf{B}'(s) = 0\right).$$

예제 2.3.2 $\boldsymbol{\alpha}(t) = (r\cos t, r\sin t, ht)$ 라 하자. 이때

$$s = \int_0^t \left|\frac{d\boldsymbol{\alpha}}{d\sigma}\right| d\sigma = \int_0^t \sqrt{r^2+h^2}d\sigma = \sqrt{r^2+h^2}t$$

이다. $w = \dfrac{1}{\sqrt{r^2+h^2}}$ 라 하면 $t = ws$ 이다. 따라서 $\boldsymbol{\alpha}$을 호의 길이로 재매개화하면 $\boldsymbol{\alpha}(s) = (r\cos ws, r\sin ws, hws)$ 이고, $\boldsymbol{\alpha}$의 Frenet-Serret 구조는 다음과 같다.

$$\begin{aligned}
\mathbf{T} &= (-rw\sin ws, -rw\cos ws, wh), \\
\mathbf{T}' &= (-w^2r\cos ws, -w^2r\sin ws, 0), \quad \kappa = |\mathbf{T}'(s)| = w^2r, \\
\mathbf{N} &= \frac{\mathbf{T}'}{\kappa} = \frac{1}{w^2r}(-w^2r\cos ws, -w^2r\sin ws, 0) = (-\cos ws, -\sin ws, 0), \\
\mathbf{B} &= \mathbf{T}\times\mathbf{N} = (hw\sin ws, -hw\cos ws, rw), \\
\mathbf{B}' &= (hw^2\cos ws, hw^2\sin ws, 0), \\
\tau &= -\langle \mathbf{B}', \mathbf{N}\rangle = hw^2\cos^2 ws + hw^2\sin^2 ws = hw^2.
\end{aligned}$$

만일 $h > 0$ 이면 $\tau > 0$ 이므로 s가 증가함에 따라 $\boldsymbol{\alpha}$는 $\mathbf{B}$에 수직인 평면을 가로질러 $\mathbf{B}$을 향한다. (그림 2.12)

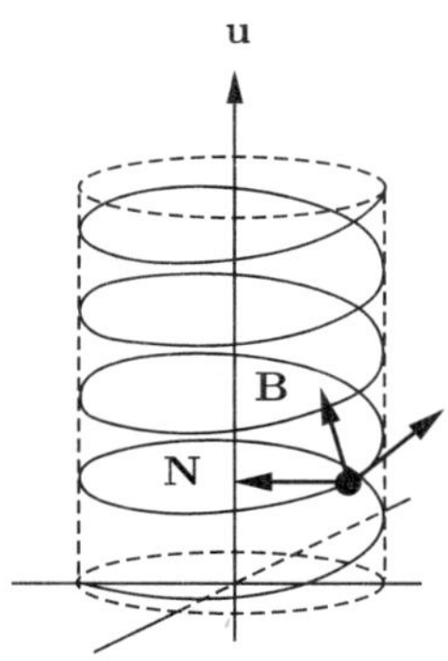

그림 2.12

보조정리 2.3.6

$\boldsymbol{\alpha}(s)$가 단위속력곡선일 때, 만일 모든 s에 대해 $\kappa(s) \neq 0$ 이면 $\{\mathbf{T}(s), \mathbf{N}(s), \mathbf{B}(s)\}$ 는 정규직교집합이다.

증명 $\boldsymbol{\alpha}(s)$가 단위속력곡선이므로 $\mathbf{T}(s)$는 단위벡터이다. $|\mathbf{T}(s)|^2 =< \mathbf{T}(s), \mathbf{T}(s) >= 1$ 이므로 $< \mathbf{T}(s), \mathbf{T}'(s) >= 0$. 따라서

$$< \mathbf{T}(s), \mathbf{T}'(s) > =< \mathbf{T}(s), \kappa(s)\mathbf{N}(s) >= \kappa(s) < \mathbf{T}(s), \mathbf{N}(s) >= 0.$$

$\kappa(s) \neq 0$이므로 $< \mathbf{T}(s), \mathbf{N}(s) >= 0$이다. 즉, $\mathbf{T}(s)$와 $\mathbf{N}(s)$는 수직이다. 그리고 정의에서

$$\mathbf{B}(s) = \mathbf{T}(s) \times \mathbf{N}(s)$$

이므로 $\mathbf{T}(s)$와 $\mathbf{N}(s)$는 서로 수직인 단위벡터이고 $\mathbf{B}(s)$는 $\mathbf{T}(s), \mathbf{N}(s)$에 수직인 단위벡터가 되므로 $\{\mathbf{T}(s), \mathbf{N}(s), \mathbf{B}(s)\}$는 정규직교집합이다. ■

보조정리 2.3.6에서 $\{\mathbf{T}, \mathbf{N}, \mathbf{B}\}$을 **동삼면체**(moving trihedron) 또는 Frenet **틀장**(Frenet frame field)이라 한다.

성질 2.3.7

$\boldsymbol{\alpha} : [a, b] \longrightarrow \mathbb{R}^3$를 단위속력곡선이라 하자. 만일 모든 $s \in [a, b]$에 대해 $\kappa(s) = 0$이면 $\boldsymbol{\alpha}$는 직선이고, 역도 성립한다.

증명 $|\mathbf{T}'(s)| = \kappa(s) = 0$이므로 $\mathbf{T}(s)$는 상수이다. 또한

$$\boldsymbol{\alpha}(s) = \int_a^s \mathbf{T}(\lambda)d\lambda + \boldsymbol{\alpha}(a)$$

을 얻는다. 따라서

$$\begin{aligned}\int_a^s \mathbf{T}(\lambda)d\lambda + \boldsymbol{\alpha}(a) &= \Big[\lambda\mathbf{T}(\lambda)\Big]_a^s + \boldsymbol{\alpha}(a) \\ &= (s-a)\mathbf{T} + \boldsymbol{\alpha}(a) = s\mathbf{T} + (\boldsymbol{\alpha}(a) - a\mathbf{T})\end{aligned}$$

이때 $\mathbf{v} = \mathbf{T}, \mathbf{x}_0 = \boldsymbol{\alpha}(a) - a\mathbf{T}$라 두면

$$\boldsymbol{\alpha}(s) = \mathbf{x_0} + s\mathbf{v}$$

이므로 $\boldsymbol{\alpha}(s)$는 직선이다.

역으로 $\boldsymbol{\alpha}$가 직선이면 어떤 단위벡터 $\mathbf{v}$에 대해 $\boldsymbol{\alpha}(s) = \boldsymbol{\alpha}(a) + s\mathbf{v}$이다. 따라서

$$\kappa(s) = |\mathbf{T}'(s)| = |\boldsymbol{\alpha}''(s)| = 0.$$

그러므로 역도 성립한다. ■

연습문제 2.3

2.3.1 $\boldsymbol{\alpha}$를 예제 2.1.4에 주어진 우원주나선이라 하자.

(1) $\boldsymbol{\alpha}$는 단위속력곡선인가?

(2) Frenet-Serret 구조를 구하라.

2.3.2 $\boldsymbol{\alpha}(t) = (2\sin t, \cos t, 0)$ 라 하자.

(1) $\boldsymbol{\alpha}(t)$는 단위속력곡선인가?

(2) Frenet-Serret 구조을 구하라.

2.3.3 $\boldsymbol{\alpha}(s) = \left(\dfrac{\sqrt{(1+s)^3}}{3}, \dfrac{\sqrt{(1-s)^3}}{3}, \dfrac{s}{\sqrt{2}}\right)$ 라 하자.

(1) $\boldsymbol{\alpha}(s)$는 단위속력곡선인가?

(2) Frenet-Serret 구조을 구하라.

2.3.4 $\boldsymbol{\alpha}(s) = \dfrac{1}{2}\left(s + \sqrt{s^2+1}, \dfrac{1}{s+\sqrt{s^2+1}}, \sqrt{2}\ln(s+\sqrt{s^2+1})\right)$ 라 하자.

(1) $\boldsymbol{\alpha}(s)$는 단위속력곡선인가?

(2) Frenet-Serret 구조을 구하라.

2.3.5 $\boldsymbol{\alpha}(s) = (x(s), y(s), 0)$가 단위속력곡선일 때

$$\kappa(s) = |x'y'' - x''y'|$$

임을 보여라.

2.3.6 $\boldsymbol{\alpha}(t) = (\cosh t, \sinh t, t)$ 라 하자.

(1) $\boldsymbol{\alpha}(t)$ 는 단위속력곡선인가?

(2) 이것의 Frenet-Serret 구조을 구하라.

2.3.7 $\boldsymbol{\alpha}(s) = \frac{1}{\sqrt{5}}\left(\sqrt{1+s^2}, 2s, \ln(s+\sqrt{1+s^2})\right)$ 라 하자.

(1) $\boldsymbol{\alpha}(s)$ 는 단위속력곡선인가?

(2) 이것의 Frenet-Serret 구조을 구하라.

2.4 Frenet-Serret 정리

Frenet-Serret 공식으로 부터 곡선에 대한 많은 정보을 얻을 수 있다. 이 절에서 Frenet-Serret 정리와 그것에 따른 여러 가지 결과에 대해 알아본다.

보조정리 2.4.1

$E = \{\mathbf{e}_1, \mathbf{e}_2, \ldots, \mathbf{e}_n\}$ 을 n 차원 벡터공간 V 의 정규직교집합이라 하자. 그러면 다음이 성립한다.

(1) E 는 V 의 기저이다.

(2) $\mathbf{v} \in V$ 이면 $\mathbf{v} = \sum_{i=1}^{n} < \mathbf{e}_i, \mathbf{v} > \mathbf{e}_i$ 이다.

증명 (1) $c_1, c_2, \ldots, c_n \in \mathbb{R}$ 에 대해 $\sum_{i=1}^{n} c_i\mathbf{e}_i = 0$ 이라 하자. 그러면 각 j 에 대해

$$0 = \left\langle \sum_{i=1}^{n} c_i\mathbf{e}_i, \mathbf{e}_j \right\rangle = \sum_{i=1}^{n} c_i\delta_{ij} = c_j$$

이다. 따라서 모든 j 에 대해 $c_j = 0$ 이고 $\mathbf{e}_1, \mathbf{e}_2, \ldots, \mathbf{e}_n$ 은 일차독립이다. 그런데 $\dim(V) = n$ 이므로 E 는 V 의 기저이다.

(2) E가 V의 기저이므로 각 $\mathbf{v} \in V$에 대해 $\mathbf{v} = \sum_{j=1}^{n} c_j \mathbf{e}_j$ 인 $c_1, c_2, \ldots, c_n \in \mathbb{R}$이 존재한다. 따라서

$$< \mathbf{e}_i, \mathbf{v} >= \left\langle \mathbf{e}_i, \sum_{i=1}^{n} c_j \mathbf{e}_j \right\rangle = \sum_{j=1}^{n} c_j \delta_{ij} = c_i$$

이다. 그러므로

$$\mathbf{v} = \sum_{i=1}^{n} c_i \mathbf{e}_i = \sum_{i=1}^{n} < \mathbf{e}_i, \mathbf{v} > \mathbf{e}_i$$

이 성립한다. ■

참고 보조정리 2.4.1에서 $\mathbf{v} \in V$가 E의 원소들의 선형결합으로 나타낼 수 있을 뿐만 아니라 기저 E에 대해 (2)와 같은 형태로 나타낼 수 있다는 것이 중요하다.

정리 2.4.2 **Frenet-Serret 정리**

α를 $\kappa \neq 0$인 단위속력곡선이라 하자. 그러면 다음이 성립한다.

(1) $\mathbf{T}'(s) = \qquad \kappa(s)\mathbf{N}(s)$

(2) $\mathbf{N}'(s) = -\kappa(s)\mathbf{T}(s) \qquad + \tau(s)\mathbf{B}(s)$

(3) $\mathbf{B}'(s) = \qquad - \tau(s)\mathbf{N}(s)$

증명 $\{\mathbf{T}(s), \mathbf{N}(s), \mathbf{B}(s)\}$가 정규직교집합이므로 임의의 벡터 $\mathbf{v}$에 대해

$$\mathbf{v} =< \mathbf{T}, \mathbf{v} > \mathbf{T} + < \mathbf{N}, \mathbf{v} > \mathbf{N} + < \mathbf{B}, \mathbf{v} > \mathbf{B} \tag{2.1}$$

로 나타낼 수 있다.

(1) 정의에서 $\mathbf{T}' = \kappa \mathbf{N}$이다.

(2) $\mathbf{N}'$이 벡터이므로 식 (2.1)에서와 같이

$$\begin{aligned} \mathbf{N}' &=< \mathbf{T}, \mathbf{N}' > \mathbf{T} + < \mathbf{N}, \mathbf{N}' > \mathbf{N} + < \mathbf{B}, \mathbf{N}' > \mathbf{B} \\ &=< \mathbf{T}, \mathbf{N}' > \mathbf{T} + < \mathbf{B}, \mathbf{N}' > \mathbf{B}. \end{aligned}$$

그런데 $< \mathbf{T}, \mathbf{N} >= 0$이므로 $< \mathbf{T}', \mathbf{N} > + < \mathbf{T}, \mathbf{N}' >= 0$이다. 따라서

$$<\mathbf{T}', \mathbf{N}> = -<\mathbf{T}', \mathbf{N}> = -<\kappa\mathbf{N}, \mathbf{N}> = -\kappa.$$

그리고 $<\mathbf{B}, \mathbf{N}> = 0$ 이므로

$$<\mathbf{B}, \mathbf{N}'> + <\mathbf{B}', \mathbf{N}> = <\mathbf{B}, \mathbf{N}'> - \tau = 0.$$

따라서 $<\mathbf{B}, \mathbf{N}'> = \tau$ 이다.

(3) 식 (2.1) 에서

$$\mathbf{B}' = <\mathbf{T}, \mathbf{B}'> \mathbf{T} + <\mathbf{N}, \mathbf{B}'> \mathbf{N} + <\mathbf{B}, \mathbf{B}'> \mathbf{B}$$

이다. 그런데 $<\mathbf{T}, \mathbf{B}> = <\mathbf{N}, \mathbf{B}> = 0$ 이므로

$$0 = <\mathbf{T}', \mathbf{B}> + <\mathbf{T}, \mathbf{B}'> = <\kappa\mathbf{N}, \mathbf{B}> + <\mathbf{T}, \mathbf{B}'> = <\mathbf{T}, \mathbf{B}'>.$$

$<\mathbf{B}, \mathbf{B}> = 1$ 이므로 $<\mathbf{B}, \mathbf{B}'> = 0$. 따라서

$$\mathbf{B}' = <\mathbf{N}, \mathbf{B}'> \mathbf{N} = -\tau\mathbf{N}$$

이 성립한다. ■

참고 정리 2.4.2는 다음과 같이 나타낼 수 있다.

$$\begin{pmatrix} \mathbf{T}' \\ \mathbf{N}' \\ \mathbf{B}' \end{pmatrix} = \begin{pmatrix} 0 & \kappa & 0 \\ -\kappa & 0 & \tau \\ 0 & -\tau & 0 \end{pmatrix} \begin{pmatrix} \mathbf{T} \\ \mathbf{N} \\ \mathbf{B} \end{pmatrix} \tag{2.2}$$

Frenet-Serret 정리는 Frenet(1852) 과 Serret(1851) 에 의해 발견되었다. 다음 몇 개의 따름정리로 이 정리가 얼마나 중요한 역할을 하는지 볼 것이다.

따름정리 2.4.3

$\boldsymbol{\alpha}(s)$ 가 $\kappa \neq 0$ 인 단위속력 평면곡선이라 하자. 그러면 $\mathbf{B}$ 는 상수벡터이고, 모든 s 에 대해 $\tau(s) = 0$ 이다. 그리고 역도 성립한다.

증명 $\boldsymbol{\alpha}$ 가 어떤 평면에 놓인다고 하자. 그러면 $\mathbf{B}$ 는 그 평면에 수직이다. 즉, $\mathbf{x_0} \in \boldsymbol{\alpha}(s)$

에 대해 $\mathbf{B} \perp (\boldsymbol{\alpha}(s) - \mathbf{x_0})$이다. 따라서

$$\begin{aligned} < \boldsymbol{\alpha}(s) - \mathbf{x_0}, \mathbf{B} >' &=< \boldsymbol{\alpha}'(s), \mathbf{B} > + < \boldsymbol{\alpha}(s) - \mathbf{x_0}, \mathbf{B}' > \\ &=< \mathbf{T}, \mathbf{B} > + < \boldsymbol{\alpha}(s) - \mathbf{x_0}, -\tau(s)\mathbf{N} > \\ &= -\tau < \boldsymbol{\alpha}(s) - \mathbf{x_0}, \mathbf{N} >= 0. \end{aligned}$$

따라서 $\tau = 0$이고 $\mathbf{B}' = -\tau\mathbf{N} = 0$. 따라서 $\mathbf{B}$는 상수벡터이다.

역으로 $\tau = 0$이면 $\mathbf{B}' = -\tau\mathbf{N} = \mathbf{0}$이고 $\mathbf{B}$는 상수벡터이다.

$f(s) =< \boldsymbol{\alpha}(s) - \boldsymbol{\alpha}(0), \mathbf{B}(s) >$라 하자. 그러면

$$\frac{df}{ds} =< \boldsymbol{\alpha}', \mathbf{B} >=< \mathbf{T}, \mathbf{B} >= 0$$

이므로 f는 상수함수이다. 그런데 $f(0) = 0$이므로 모든 s에 대해 $f(s) =< \boldsymbol{\alpha}(s) - \boldsymbol{\alpha}(0), \mathbf{B}(s) >= 0$이다. 따라서 곡선 $\boldsymbol{\alpha}(s)$는 $\mathbf{B}$에 수직인 평면 위에 있다. 즉, 곡선 $\boldsymbol{\alpha}(s)$는 평면곡선이다. ■

정의 2.4.4

단위속력곡선 $\boldsymbol{\alpha}$에 대해 $\boldsymbol{\alpha}(s)$를 지나고 $\mathbf{B}$에 수직인 평면을 **접촉평면**(oscilating plane), $\mathbf{T}$에 수직인 평면은 **법평면**(normal plane), $\mathbf{N}$에 수직인 평면은 **전직평면**(rectifying plane)이라 한다.

따라서 접촉평면은 $\mathbf{T}$와 $\mathbf{N}$에 의해, 법평면은 $\mathbf{N}$과 $\mathbf{B}$에 의해, 전직평면은 $\mathbf{T}$와 $\mathbf{B}$에 의해 생성된다.

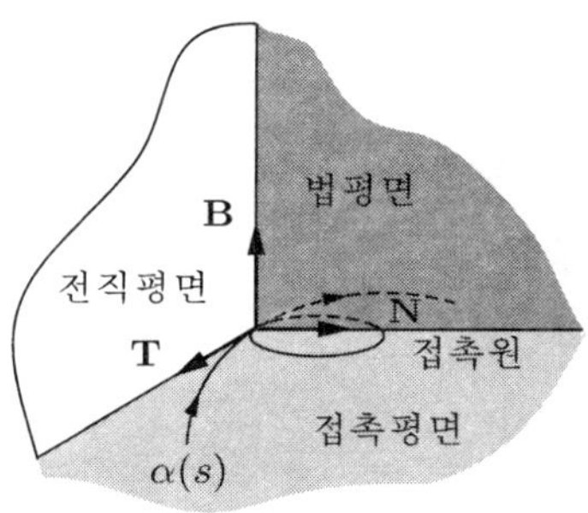

그림 2.13

전통적인 곡선이론에서 주어진 곡선을 어떤 평면 위로 정사영한 것을 조사하는 것은 기본적인 주제 중 하나이다. 만일 어떤 곡선이 평면에 놓인다면 이 평면은 접촉평면이고 접선은 이 접촉평면 위에 놓인다.

s가 증가함에 따라 곡선은 접촉평면 밖으로 뒤틀리고 $\mathbf{B}$를 향한다. τ는 s가 증가함에 따라 접촉평면이 얼마나 회전했는가를 나타내는 측도이다.

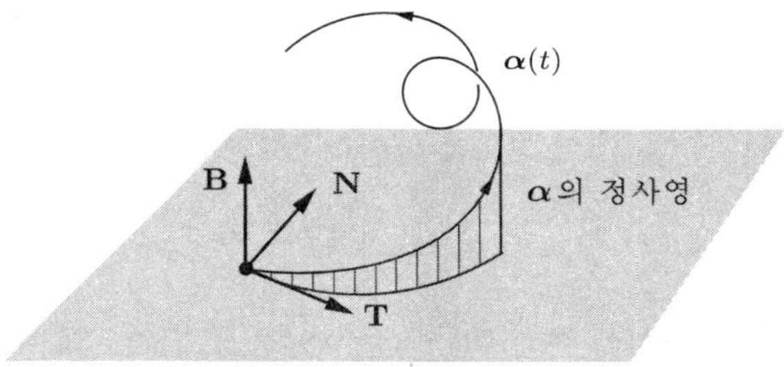

그림 2.14

정의 2.4.5

$\boldsymbol{\alpha}$가 정칙곡선이고 $\mathbf{T} = \dfrac{d\boldsymbol{\alpha}}{dt} \Big/ \left|\dfrac{d\boldsymbol{\alpha}}{dt}\right|$일 때, 어떤 고정된 단위벡터 $\mathbf{u}$에 대해 $<\mathbf{T},\mathbf{u}>$가 상수이면 $\boldsymbol{\alpha}$를 **나선**(helix), $\mathbf{u}$를 나선의 **축**이라 한다.

따름정리 2.4.6 **(Lancret, 1802)**

$\kappa \neq 0$인 단위속력곡선 $\boldsymbol{\alpha}(s)$가 나선일 필요충분조건은 $\tau = c\kappa$인 상수 c가 존재하는 것이다.

증명 $(\Rightarrow)$ $\boldsymbol{\alpha}$가 나선이라 가정하자. 그러면 어떤 단위벡터 $\mathbf{u}$에 대해 $<\mathbf{T},\mathbf{u}>$가 상수이므로 $<\mathbf{T},\mathbf{u}>=\cos\theta$을 만족하는 실수 θ가 존재한다.

만일 정수 λ에 대해 $\theta = \lambda\pi$이면

$$<\mathbf{T},\mathbf{u}>=\cos\theta = \cos\lambda\pi = \pm 1.$$

여기서 $\mathbf{u}$는 나선축이므로 고정된 단위벡터이고, $\mathbf{T}(s) = \pm\mathbf{u}$이다. 따라서 $\mathbf{T}' =$

$\kappa\mathbf{N} = 0$ 이므로 $\kappa = 0$ 이 돼서 모순이다. 따라서 모든 정수 λ 에 대해 $\theta \neq \lambda\pi$ 이고

$$0 = (\cos\theta)' = <\mathbf{T}, \mathbf{u}>' = <\mathbf{T}', \mathbf{u}> + <\mathbf{T}, \mathbf{u}'> = <\kappa\mathbf{N}, \mathbf{u}>.$$

따라서 $\mathbf{N}$ 과 $\mathbf{u}$ 가 수직이다. 그러므로 $\mathbf{u}$ 는 전직평면 위의 벡터이고 보조정리 2.4.1 에 의해

$$\mathbf{u} = <\mathbf{T}, \mathbf{u}> \mathbf{T} + <\mathbf{B}, \mathbf{u}> \mathbf{B} = \cos\theta\mathbf{T} + \sin\theta\mathbf{B}$$

이다. 여기서

$$<\mathbf{T}, \mathbf{u}> = \cos\theta, \quad <\mathbf{B}, \mathbf{u}> = \cos\left(\frac{\pi}{2} - \theta\right) = \sin\theta.$$

그러면

$$\begin{aligned} 0 = \mathbf{u}' &= \cos\theta\mathbf{T}' + \sin\theta\mathbf{B}' \\ &= \cos\theta(\kappa\mathbf{N}) + \sin\theta(-\tau\mathbf{N}) = (\kappa\cos\theta - \tau\sin\theta)\mathbf{N}. \end{aligned}$$

따라서

$$\tau = \frac{\cos\theta}{\sin\theta}\kappa = \cot\theta\kappa = c\kappa$$

이다. 여기서 $0 < \theta < \pi$ 이고 $\cot\theta = c$ 이다.

($\Leftarrow$) $\tau = c\kappa$ 라 하자. $0 < \theta < \pi$ 에 대해 $c = \cot\theta$ 라 하고 $\mathbf{u} = \cos\theta\mathbf{T} + \sin\theta\mathbf{B}$ 라 하자. 그러면

$$\begin{aligned} \mathbf{u}' &= \cos\theta\mathbf{T}' + \sin\theta\mathbf{B}' \\ &= \cos\theta(\kappa\mathbf{N}) - \sin\theta(\tau\mathbf{N}) = \left(\cos\theta - \frac{\cos\theta}{\sin\theta}\sin\theta\right)\kappa\mathbf{N} = 0 \end{aligned}$$

이 성립한다. 그러므로 $\mathbf{u}$ 는 상수벡터이고

$$<\mathbf{T}, \mathbf{u}> = \cos\theta$$

는 상수이다. 따라서 $\boldsymbol{\alpha}$ 는 나선이다. ■

성질 2.4.7

만일 곡선 $\boldsymbol{\alpha}(s)$ 의 모든 접선이 고정된 점 $\mathbf{x_0} \in \mathbb{R}^3$ 을 지나면 $\boldsymbol{\alpha}(s)$ 는 직선이다.

증명 $\boldsymbol{\alpha}(s)$ 위의 모든 접선이 $\mathbf{x}_0$을 지나므로 $\boldsymbol{\alpha}(s) - \mathbf{x_0} = \lambda(s)\mathbf{T}(s)$이다. 그런데

$$\begin{aligned}\mathbf{T}(s) = \boldsymbol{\alpha}'(s) &= \lambda'(s)\mathbf{T}(s) + \lambda(s)\mathbf{T}'(s) \\ &= \lambda'(s)\mathbf{T}(s) + \lambda(s)\kappa(s)\mathbf{N}(s).\end{aligned}$$

$\mathbf{T}$와 $\mathbf{N}$이 일차독립이므로 $\lambda'(s) = 1, \lambda(s)\kappa(s) = 0$이 되어 $\lambda(s) = s + c \neq 0$이고 $\kappa(s) = 0$이다. 따라서 성질 2.3.7에 의해 $\boldsymbol{\alpha}(s)$는 직선이다. ■

성질 2.4.8

만일 단위속력곡선 $\boldsymbol{\alpha}(s)$의 모든 법평면이 고정된 점 $\mathbf{x_0} \in \mathbb{R}^3$을 지나면 $\boldsymbol{\alpha}(s)$는 구 위의 곡선이다.

증명 법평면은 $\mathbf{T}$에 수직이므로 모든 s에 대해

$$< \boldsymbol{\alpha}(s) - \mathbf{x_0}, \mathbf{T} >= 0$$

이다. 따라서

$$< \boldsymbol{\alpha}(s) - \mathbf{x_0}, \boldsymbol{\alpha}(s) - \mathbf{x_0} >' = 2 < \boldsymbol{\alpha}(s) - \mathbf{x_0}, \mathbf{T} >= 0$$

가 되므로 어떤 $a \geq 0$에 대해

$$< \boldsymbol{\alpha}(s) - \mathbf{x_0}, \boldsymbol{\alpha}(s) - \mathbf{x_0} >= a^2$$

이다. 만일 $a = 0$이면 $\boldsymbol{\alpha}(s) = \mathbf{x}_0$이므로 $\boldsymbol{\alpha}$는 정칙이 아니다. 따라서 $a > 0$이고 $\boldsymbol{\alpha}(s)$는 중심이 $\mathbf{x_0}$이고 반지름이 a인 구 위에 있다. ■

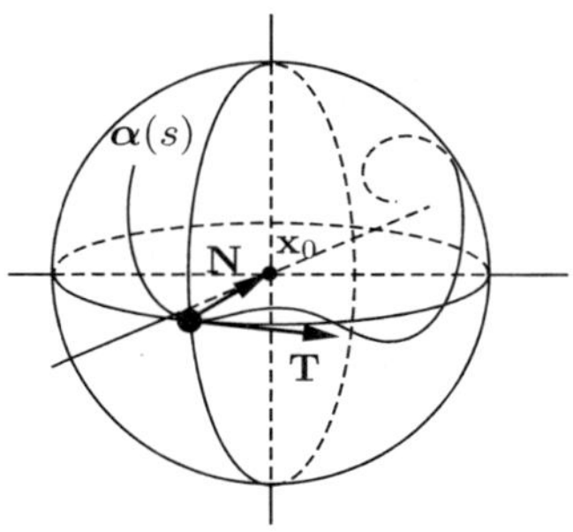

그림 2.15

성질 2.4.9

$\boldsymbol{\alpha}$를 중심이 $\mathbf{x_0}$이고 반지름이 r인 구 위의 단위속력곡선이라 하자. 그러면 다음이 성립한다.

(1) $\kappa \neq 0$.

(2) $\tau \neq 0$이면 $\boldsymbol{\alpha} - \mathbf{x_0} = -\rho\mathbf{N} - \rho'\sigma\mathbf{B}$.

(3) $r^2 = \rho^2 + (\rho'\sigma)^2$. 여기서 $\rho = \dfrac{1}{\kappa}, \sigma = \dfrac{1}{\tau}$이다.

증명 (1) $\boldsymbol{\alpha}(s)$가 중심이 $\mathbf{x}_0$이고 반지름이 r인 구 위의 곡선이므로

$$< \boldsymbol{\alpha}(s) - \mathbf{x_0}, \boldsymbol{\alpha}(s) - \mathbf{x_0} >= r^2$$

이다. 따라서

$$\begin{aligned} < \boldsymbol{\alpha}(s) - \mathbf{x_0}, \boldsymbol{\alpha}(s) - \mathbf{x_0} >' = 2 < \boldsymbol{\alpha}(s) - \mathbf{x_0}, \mathbf{T} >= 0, \\ < \boldsymbol{\alpha}(s) - \mathbf{x_0}, \mathbf{T} >' =< \mathbf{T}, \mathbf{T} > + < \boldsymbol{\alpha}(s) - \mathbf{x_0}, \mathbf{T}' > \\ = 1 + \kappa < \boldsymbol{\alpha}(s) - \mathbf{x_0}, \mathbf{N} >= 0. \end{aligned}$$

그러므로

$$\kappa < \boldsymbol{\alpha}(s) - \mathbf{x_0}, \mathbf{N} >= -1$$

이고 $\kappa \neq 0$이다.

(2) 만일 $\tau \neq 0$이면 $a, b, c \in \mathbb{R}$에 대해

$$\boldsymbol{\alpha}(s) - \mathbf{x_0} = a\mathbf{T} + b\mathbf{N} + c\mathbf{B}$$

라 할 수 있고, 이때

$$\begin{aligned} a &=< \boldsymbol{\alpha}(s) - \mathbf{x_0}, \mathbf{T} >=< a\mathbf{T} + b\mathbf{N} + c\mathbf{B}, \mathbf{T} >= 0, \\ b &=< \boldsymbol{\alpha}(s) - \mathbf{x_0}, \mathbf{N} >=< a\mathbf{T} + b\mathbf{N} + c\mathbf{B}, \mathbf{N} >= -\frac{1}{\kappa}, \\ c &=< \boldsymbol{\alpha}(s) - \mathbf{x_0}, \mathbf{B} >=< a\mathbf{T} + b\mathbf{N} + c\mathbf{B}, \mathbf{B} > \end{aligned}$$

이다. 여기서 $< \boldsymbol{\alpha}(s) - \mathbf{x_0}, \mathbf{N} >= -\rho$라 하자. 그러면

$$\begin{aligned}-\rho' &= <\boldsymbol{\alpha}(s)-\mathbf{x_0},\mathbf{N}>' \\ &= <\boldsymbol{\alpha}(s)-\mathbf{x_0},\mathbf{N}'> + <\mathbf{T},\mathbf{N}> \\ &= <\boldsymbol{\alpha}(s)-\mathbf{x_0},-\kappa\mathbf{T}+\tau\mathbf{B}> \\ &= -\kappa<\boldsymbol{\alpha}(s)-\mathbf{x_0},\mathbf{T}> +\tau<\boldsymbol{\alpha}(s)-\mathbf{x_0},\mathbf{B}> \\ &= \tau<\boldsymbol{\alpha}(s)-\mathbf{x_0},\mathbf{B}>=\tau c.\end{aligned}$$

따라서 $c=-\dfrac{\rho'}{\tau}$. $\sigma=\dfrac{1}{\tau}$ 이면 $c=-\rho'\sigma$ 이므로

$$\boldsymbol{\alpha}(s)-\mathbf{x_0}=a\mathbf{T}+b\mathbf{N}+c\mathbf{B}=-\rho\mathbf{N}-\rho'\sigma\mathbf{B}.$$

(3) (2)의 결과로 부터

$$\begin{aligned}<\boldsymbol{\alpha}(s)-\mathbf{x_0},\boldsymbol{\alpha}(s)-\mathbf{x_0}> &= \Big|-\rho\mathbf{N}-\rho'\sigma\mathbf{B}\Big|^2 \\ &= \rho^2+(\rho'\sigma)^2=r^2\end{aligned}$$

을 얻을 수 있다. ■

참고 성질 2.4.9에서 $\rho=\dfrac{1}{\kappa}$를 **곡률반경**(radius of curvature)이라 하고 $\sigma=\dfrac{1}{\tau}$을 **열률반경**(radius of torison)이라 한다.

$\boldsymbol{\alpha}(s)$을 (a,b)에서 정의된 단위속력곡선이라 하자. 그러면 곡선

$$\mathbf{T}:(a,b)\longrightarrow\mathbb{R}^3$$

가 정의된다. 이 곡선은 정칙이 아닐 수 있다. 그런데 모든 $s\in(a,b)$에 대해 $|\mathbf{T}(s)|=1$이므로 $\mathbf{T}$의 상은 중심이 원점인 단위구에 놓인다. 이 곡선을 $\boldsymbol{\alpha}(s)$의 **접구상**(tangent spherical image)이라 한다. 비슷하게 $\boldsymbol{\alpha}(s)$의 **법구상**(normal spherical image)

$$\mathbf{N}:(a,b)\longrightarrow\mathbb{R}^3$$

과 **종법구상**(binormal spherical image)

$$\mathbf{B}:(a,b)\longrightarrow\mathbb{R}^3$$

을 정의할 수 있다.

정의 2.4.10

각 $s = s_0$ 에서 곡선 $\boldsymbol{\alpha}(s)$ 의 법선과 곡선 $\boldsymbol{\beta}(s)$ 의 법선이 같을 때, 즉 $\mathbf{N}_\alpha, \mathbf{N}_\beta$ 가 각각 $\boldsymbol{\alpha}(s), \boldsymbol{\beta}(s)$ 의 법벡터일 때 $s = s_0$ 에서 $\mathbf{N}_\alpha = \pm\mathbf{N}_\beta$ 이면 $\boldsymbol{\alpha}(s), \boldsymbol{\beta}(s)$ 를 **Bertrand 곡선**이라 부른다. 그리고 $\boldsymbol{\beta}$(또는 $\boldsymbol{\alpha}$) 를 $\boldsymbol{\alpha}$(또는 $\boldsymbol{\beta}$) 에 대해 **Bertrand 짝**(Bertrand mate)이라 한다.

예제 2.4.1 중심이 같거나 서로 접하는 임의의 두 원은 Bertrand 곡선이다.

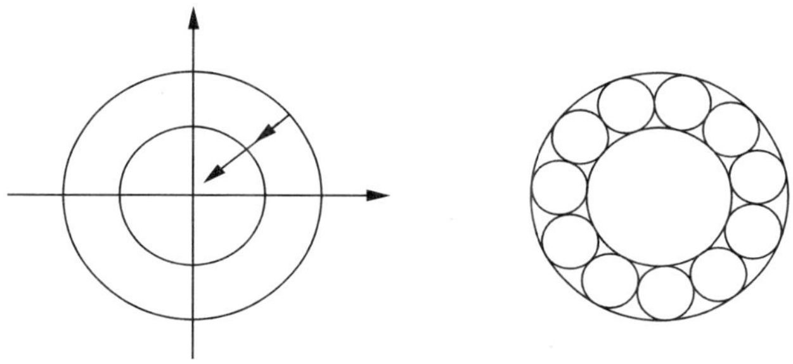

그림 2.16

정의 2.4.11

$\boldsymbol{\alpha}, \boldsymbol{\beta}$ 가 (a, b) 에서 정의된 정칙곡선이라 하자. 만일 $\boldsymbol{\beta}(t_0)$ 가 $\boldsymbol{\alpha}(t_0)$ 에서 $\boldsymbol{\alpha}$ 에 접하는 접선 위에 놓이고 $t = t_0$ 에서 $\mathbf{T}_\alpha \perp \mathbf{T}_\beta$ 이면 $\boldsymbol{\beta}$ 를 $\boldsymbol{\alpha}$ 의 **신개선**(involute)이라 하고 $\boldsymbol{\alpha}$ 를 $\boldsymbol{\beta}$ 의 **축폐선**(evolute)이라 한다. 여기서 $\mathbf{T}_\alpha, \mathbf{T}_\beta$ 는 각각 $t = t_0$ 에서 $\boldsymbol{\alpha}, \boldsymbol{\beta}$ 의 접벡터이다. (그림 2.17)

성질 2.4.12

$\boldsymbol{\beta}$ 가 $\boldsymbol{\alpha}$ 의 신개선이면

$$\boldsymbol{\beta}(s) = \boldsymbol{\alpha}(s) + (c - s)\mathbf{T}_\alpha(s).$$

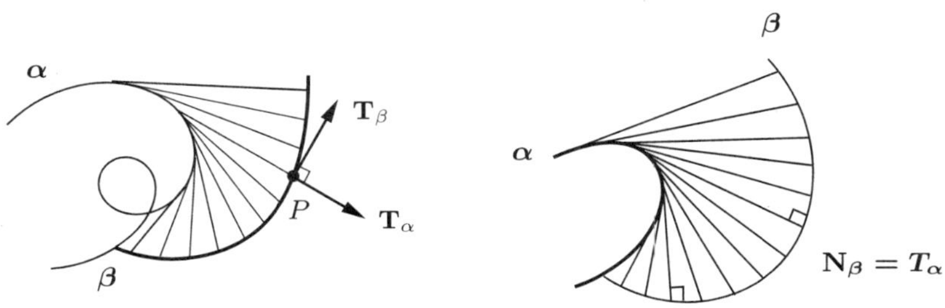

(1) $\boldsymbol{\beta}$: $\boldsymbol{\alpha}$의 신개선 (2) $\boldsymbol{\alpha}$: $\boldsymbol{\beta}$의 축폐선

그림 2.17

증명 $\boldsymbol{\beta}(s)$가 $\boldsymbol{\alpha}(s)$의 접선 위에 있으므로

$$\boldsymbol{\beta}(s) = \boldsymbol{\alpha}(s) + \lambda(s)\mathbf{T}_\alpha$$

이라 할 수 있다. 따라서

$$\begin{aligned}\left\langle \frac{d\boldsymbol{\beta}(s)}{ds}, \mathbf{T}_\alpha \right\rangle &= \left\langle (1+\lambda'(s))\mathbf{T}_\alpha + \lambda(s)\kappa\mathbf{N}_\alpha, \mathbf{T}_\alpha \right\rangle \\ &= 1 + \lambda'(s) = 0\end{aligned}$$

이 되므로 $\lambda(s) = -s + c$이다. 여기서 c는 상수이다. 따라서

$$\boldsymbol{\beta}(s) = \boldsymbol{\alpha}(s) + (c - s)\mathbf{T}_\alpha(s)$$

이 됨을 알 수 있다. (그림 2.17 (1)) ■

성질 2.4.13

곡선 $\boldsymbol{\beta}$에 대한 축폐선 $\boldsymbol{\alpha}$의 방정식은

$$\boldsymbol{\alpha}(s) = \boldsymbol{\beta}(s) + \frac{1}{\kappa}\mathbf{N}_\beta(s) + \frac{1}{\kappa}\cot\left(\int \tau ds + c\right)\mathbf{B}_\beta(s).$$

증명 $\boldsymbol{\alpha}(s)$를 곡선 $\boldsymbol{\beta}$ 위의 점 $\boldsymbol{\beta}(s)$에 대응하는 축폐선 $\boldsymbol{\alpha}$ 위의 점이라 하자. $\boldsymbol{\alpha}(s) - \boldsymbol{\beta}(s)$가 $\mathbf{T}_\beta$에 수직이므로 $\boldsymbol{\alpha}(s) - \boldsymbol{\beta}(s)$는 $\boldsymbol{\beta}(s)$을 지나는 $\boldsymbol{\beta}$의 법평면 위에 있다. 따라서

$$\boldsymbol{\alpha} - \boldsymbol{\beta} = \lambda\mathbf{N}_\beta + \mu\mathbf{B}_\beta$$

이다. 그런데

$$\begin{aligned}\frac{d}{ds}\boldsymbol{\alpha}(s) &= \mathbf{T}_\beta + \lambda'\mathbf{N}_\beta + \lambda\mathbf{N}'_\beta + \mu'\mathbf{B}_\beta + \mu\mathbf{B}'_\beta \\ &= (1-\lambda\kappa)\mathbf{T}_\beta + (\lambda' - \mu\tau)\mathbf{N}_\beta + (\mu' + \lambda\tau)\mathbf{B}_\beta\end{aligned}$$

는 $\boldsymbol{\alpha}(s)$의 접벡터이고, $\boldsymbol{\alpha} - \boldsymbol{\beta}$와 평행하다. 그러므로

$$1 - \lambda\kappa = 0, \quad \frac{\lambda' - \mu\tau}{\lambda} = \frac{\mu' + \lambda\tau}{\mu}.$$

즉,

$$\tau = \frac{\lambda'\mu - \lambda\mu'}{\lambda^2 + \mu^2} = \frac{d}{ds}\cot^{-1}\frac{\mu}{\lambda}.$$

따라서

$$\int \tau ds = \cot^{-1}\mu\kappa + c$$

이 되고

$$\mu = \frac{1}{\kappa}\cot\left(\int \tau ds + c\right)$$

라 할 수 있다. 그러므로 축폐선 $\boldsymbol{\alpha}(s)$의 방정식은

$$\boldsymbol{\alpha}(s) = \boldsymbol{\beta}(s) + \frac{1}{\kappa}\mathbf{N}_\beta(s) + \frac{1}{\kappa}\cot\left(\int \tau ds + c\right)\mathbf{B}_\beta(s)$$

이다. (그림 2.17 (2)) ■

예 제 2.4.2 원나선의 신개선은 평면곡선이다.

원나선

$$\boldsymbol{\alpha}(s) = (r\cos ws, r\sin ws, hws) \quad \left(w = \frac{1}{\sqrt{r^2 + h^2}}\right)$$

에 대해 $\boldsymbol{\alpha}(s)$의 신개선 $\boldsymbol{\beta}(s)$는

$$\begin{aligned}\boldsymbol{\beta}(s) &= \boldsymbol{\alpha}(s) + (c - s)\mathbf{T}(s) \\ &= (r\cos ws - rw(c-s)\sin ws, r\sin ws + rw(c-s)\cos ws, chw)\end{aligned}$$

이고, chw가 상수이므로 $\boldsymbol{\beta}(s)$는 $z = chw$ 평면 위의 곡선이다. (그림 2.18)

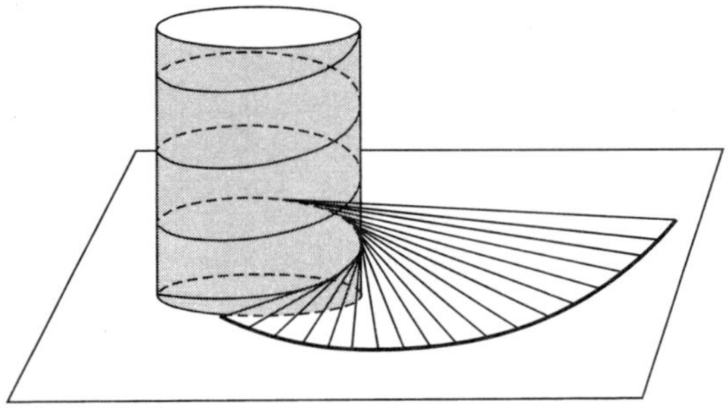

그림 2.18

연습문제 2.4

2.4.1 $\kappa\tau = -< \mathbf{T}', \mathbf{B}' >$ 임을 보여라.

2.4.2 $\boldsymbol{\alpha}(s)$ 는 $\kappa > 0$ 인 C^4-급 단위속력곡선이라 하자. 다음을 보여라.

(1) $[\boldsymbol{\alpha}', \boldsymbol{\alpha}'', \boldsymbol{\alpha}'''] = \kappa^2\tau$

(2) $[\boldsymbol{\alpha}'', \boldsymbol{\alpha}''', \boldsymbol{\alpha}^{(4)}] = \kappa^5 \left(\frac{\tau}{\kappa}\right)'$

(3) $\boldsymbol{\alpha}$ 가 나선일 필요충분조건은 $[\boldsymbol{\alpha}'', \boldsymbol{\alpha}''', \boldsymbol{\alpha}^{(4)}] = 0$ 인 것이다.

(4) $\tau = \dfrac{[\boldsymbol{\alpha}', \boldsymbol{\alpha}'', \boldsymbol{\alpha}''']}{< \boldsymbol{\alpha}'', \boldsymbol{\alpha}'' >}$

2.4.3 $\boldsymbol{\alpha}(t) = (e^t, \cos t, 3t^2)$ 이라 하자. 그러면 t 는 호의 길이가 아니다. $t = 1$ 에서 다음을 구하여라.

(1) 법평면의 방정식

(2) 접촉평면의 방정식

(3) 전직평면의 방정식

2.4.4 $\boldsymbol{\alpha}(t) = (r\cos t, r\sin t, ht)$ 라 하자. 다음을 구하여라.

(1) 법평면의 방정식

(2) 접촉평면의 방정식

(3) 전직평면의 방정식

(4) 접구상과 법구상

2.4.5 단위속력곡선 $\boldsymbol{\alpha}(s)$의 접구상이 $(0,0,0)$을 지나는 평면에 놓이면 $\boldsymbol{\alpha}(s)$는 평면곡선임을 보여라.

2.4.6 평면곡선의 신개선은 같은 평면에 놓임을 보여라.

2.4.7 평면곡선의 축폐선은 나선임을 보여라.

2.4.8 $\boldsymbol{\alpha}(s)$는 단위속력 평면곡선이고 $\boldsymbol{\beta}(s), \boldsymbol{\gamma}(s)$는 $\boldsymbol{\alpha}$이 서로 다른 신개선이라 하자. 이때 $\boldsymbol{\beta}$와 $\boldsymbol{\gamma}$는 Betrand 짝임을 보여라.

2.5 곡선에 대한 기본정리

공간곡선 $\boldsymbol{\alpha}$는 휘어짐과 비틀림의 정도에 따라 그 자신만의 유일한 고유값 κ, τ를 갖는다. 그러므로 κ, τ의 값은 어떤 곡선의 형태를 결정하는 기본이 된다고 할 수 있다. 여기서 κ와 τ의 성질에 따르는 곡선 $\boldsymbol{\alpha}$의 형태를 분류해 보자.

1. 만일 $\kappa = 0$이면 $\boldsymbol{\alpha}$는 직선이다.
2. κ가 상수이고 $\tau = 0$이면 $\boldsymbol{\alpha}$는 원이다.
3. $\tau = 0$이면 $\boldsymbol{\alpha}$는 평면곡선이다.
4. $\tau \neq 0$이면 $\boldsymbol{\alpha}$는 공간곡선이다.
5. $\kappa \neq 0$이고 어떤 상수 c에 대해 $\tau = c\kappa$이면 $\boldsymbol{\alpha}$는 나선이다.
6. $\kappa = c_1 \neq 0$ (c_1는 상수), $\tau = c_2 \neq 0$ (c_2는 상수)이면 $\boldsymbol{\alpha}$는 원주나선이다.

곡선의 기본정리는 곡선론에 매우 중요하게 이용되어질 것이다. 이 정리의 증명은 Picard, Peano, Cauchy에 의해 얻어진 상미분방정식이론의 기본적인 결과를 이용한다.

정리 2.5.1 **Picard**

$\mathbf{A}(\mathbf{x},t)$은 $|\mathbf{x}-\mathbf{c}| \le K, |t-a| \le T$인 영역에서 정의된 연속인 n가함수이고, 이 영역에서 Lipschitz 조건을 만족한다고 하자. 그리고 이 영역에서 $M = \sup|\mathbf{A}(\mathbf{x},t)|$라 하자. 그러면 미분방정식

$$\frac{d\boldsymbol{\alpha}}{dt} = \mathbf{A}(\mathbf{x},t)$$

는 영역 $|t-a| \le \min\left(T, \dfrac{K}{M}\right)$에서 $\boldsymbol{\alpha}(a) = \mathbf{c}$을 만족하는 유일한 해를 갖는다.

증명 참고문헌 [8]을 참고하라. ■

정리 2.5.2 **곡선의 기본정리**

임의의 정칙곡선은 $\kappa > 0$와 τ에 의해 완전히 결정된다. 즉, $\widetilde{\kappa}(s) > 0$은 0을 포함하는 구간 (a,b)에서 C^1-급 함수이고 $\widetilde{\tau}(s)$는 (a,b)에서 연속함수라 하자. 그리고 $\mathbf{x_0} \in \mathbb{R}^3$는 고정된 점이고 $\{\mathbf{D},\mathbf{E},\mathbf{F}\}$는 $\mathbb{R}^3$의 고정된 우향정규직교기저라 하자. 그러면 다음을 만족하는 C^3-급 정칙곡선 $\boldsymbol{\alpha} : (a,b) \longrightarrow \mathbb{R}^3$가 유일하게 존재한다.

(1) 매개변수는 $\boldsymbol{\alpha}(0)$로 부터 호의 길이다.

(2) $\boldsymbol{\alpha}(0) = \mathbf{x_0}, \mathbf{T}(0) = \mathbf{D}, \mathbf{N}(0) = \mathbf{E}, \mathbf{B}(0) = \mathbf{F}$.

(3) $\kappa(s) = \widetilde{\kappa}(s), \tau(s) = \widetilde{\tau}(s)$.

증명 다음과 같은 상미분방정식계

$$\mathbf{u}_j' = \sum_i a_{ji}(s)\mathbf{u}_i (i,j = 1,2,3)$$

을 생각하자. 여기서

$$(a_{ij}) = \begin{pmatrix} 0 & \widetilde{\kappa} & 0 \\ -\widetilde{\kappa} & 0 & \widetilde{\tau} \\ 0 & -\widetilde{\tau} & 0 \end{pmatrix}$$

Picard 정리에 의해

$$\mathbf{u}_1(0) = \mathbf{D}, \mathbf{u}_2(0) = \mathbf{E}, \mathbf{u}_3(0) = \mathbf{F}$$

을 만족하는 해 $\mathbf{u}_j(s)$가 유일하게 존재한다. 이때 $\mathbf{u}_j$가 곡률이 κ이고 열률이 τ인 정칙곡선 $\boldsymbol{\alpha} \in C^3$의 동삼면체임을 보이자.

제1단계: 벡터 $\{\mathbf{u}_1, \mathbf{u}_2, \mathbf{u}_3\}$는 정규직교집합임을 보이자. $< \mathbf{u}_i, \mathbf{u}_j >= p_{ij}$이면

$$\begin{aligned} p'_{ij} &=< \mathbf{u}'_i, \mathbf{u}_j > + < \mathbf{u}_i, \mathbf{u}'_j > \\ &= \left\langle \sum a_{ik}\mathbf{u}_k, \mathbf{u}_j \right\rangle + \left\langle \mathbf{u}_i, \sum a_{jk}\mathbf{u}_k \right\rangle \\ &= \sum a_{ik}p_{jk} + \sum a_{jk}p_{ik} \end{aligned}$$

$p_{ij}(0) =< \mathbf{u}_i(0), \mathbf{u}_j(0) >$이고 $\mathbf{u}_1(0), \mathbf{u}_2(0), \mathbf{u}_3(0)$가 정규직교하므로 p_{ij}는 다음 초기값 문제를 만족한다.

$$\begin{cases} p'_{ij} = \sum (a_{ik}p_{kj} + a_{jk}p_{ik}) \\ p_{ij}(0) = \delta_{ij} = \begin{cases} 0, & i \neq j, \\ 1, & i = j. \end{cases} \end{cases} \tag{2.3}$$

Picard 정리에 의해 방정식 (2.3)의 해가 존재하고 유일하다. 그런데

$$\sum \left(a_{ik}\delta_{jk} + a_{jk}\delta_{ik} \right) = a_{ji} + a_{ij} = 0 = \delta'_{ij}$$

이므로 $p_{ij} = \delta_{ij}$가 (2.3)의 유일한 해이고, 따라서 $\{\mathbf{u}_1, \mathbf{u}_2, \mathbf{u}_3\}$는 정규직교한다.

제2단계: $\boldsymbol{\alpha}(s) = \mathbf{x}_0 + \int_0^s \mathbf{u}_1(\sigma)d\sigma (s \in (a,b))$라 하자. 그러면 $\boldsymbol{\alpha}(s)$는 C^3-급이고 정칙인 단위속력곡선임을 보이자.

미분적분학의 기본정리에 의해서

$$\begin{aligned} \frac{d\boldsymbol{\alpha}}{ds} &= \mathbf{u}_1(s), \\ \frac{d^2\boldsymbol{\alpha}}{ds^2} &= \mathbf{u}'_1 = \widetilde{\kappa}(s)\mathbf{u}_2 \end{aligned}$$

이고 $\widetilde{\kappa}$와 $\mathbf{u}_2$가 미분가능하므로

$$\frac{d^3\boldsymbol{\alpha}}{ds^3} = \widetilde{\kappa}'\mathbf{u}_2 + \widetilde{\kappa}(-\widetilde{\kappa}\mathbf{u}_1 + \widetilde{\tau}\mathbf{u}_3)$$

이다. $\widetilde{\kappa} \in C^1$ 이고 $\widetilde{\tau}$ 이 연속이며 $\mathbf{u}_i$ 가 미분가능하므로 $\boldsymbol{\alpha} \in C^3$ 이다. 즉, $\dfrac{d^3\boldsymbol{\alpha}}{ds^3}$ 는 연속이다. 그리고 제1단계에서 $\left|\dfrac{d\boldsymbol{\alpha}}{ds}\right| = |\mathbf{u}_1| = 1$ 이므로 $\boldsymbol{\alpha}$ 는 정칙인 단위속력곡선이다.

제3단계: $\kappa = \widetilde{\kappa}, \tau = \widetilde{\tau}, \mathbf{u}_1 = \mathbf{T}, \mathbf{u}_2 = \mathbf{N}, \mathbf{u}_3 = \mathbf{B}$ 임을 보이자. $\boldsymbol{\alpha}' = \mathbf{u}_1$ 이므로 $\mathbf{u}_1 = \mathbf{T}$ 이다. 그리고 $\kappa\mathbf{N} = \mathbf{T}' = \mathbf{u}_1' = \widetilde{\kappa}\mathbf{u}_2$ 이다. $\mathbf{N}$ 과 $\mathbf{u}_2$ 가 단위벡터이고 $\widetilde{\kappa} > 0, \kappa > 0$ 이므로 $\widetilde{\kappa} = \kappa$ 이다. 따라서 $\mathbf{u}_2 = \mathbf{N}$ 이고, 한편 $\mathbf{u}_1, \mathbf{u}_2, \mathbf{u}_3$ 가 정규직교하므로 $[\mathbf{u}_1, \mathbf{u}_2, \mathbf{u}_3] = \pm 1$ 이고, $s = 0$ 에서 다음을 얻는다.

$$[\mathbf{u}_1, \mathbf{u}_2, \mathbf{u}_3] = [\mathbf{D}, \mathbf{E}, \mathbf{F}] = +1.$$

$[\mathbf{u}_1, \mathbf{u}_2, \mathbf{u}_3]$ 가 (a, b) 에서 연속이므로 모든 $s \in (a, b)$ 에 대해 항상 $[\mathbf{u}_1, \mathbf{u}_2, \mathbf{u}_3] = 1$ 이고 $\mathbf{u}_1, \mathbf{u}_2, \mathbf{u}_3$ 는 우향벡터이다. 따라서

$$\mathbf{B} = \mathbf{T} \times \mathbf{N} = \mathbf{u}_1 \times \mathbf{u}_2 = \mathbf{u}_3$$

이고

$$-\tau\mathbf{N} = \mathbf{B}' = \mathbf{u}_3' = -\widetilde{\tau}\mathbf{u}_2.$$

따라서 $\widetilde{\tau} = \tau$ 이고 $\boldsymbol{\alpha}(s)$ 는 주어진 곡률, 열률, 시작점과 초기 동삼면체을 갖는 정칙곡선이다. 즉, 가정에 주어진 성질을 만족하는 곡선이 유일하게 존재한다. ■

s 의 함수로서 곡선의 곡률과 열률을 나타내는 방정식 $\kappa = \kappa(s)$ 와 $\tau = \tau(s)$ 을 **자연방정식**(natural equation) 또는 **본질방정식**(intrinsic equation)이라 한다.

일반적으로 주어진 κ 와 τ 에 대해 Frenet-Serret 방정식을 풀고 곡선 $\boldsymbol{\alpha}$ 을 구하는 과정은 매우 어렵다. 그러나 나선인 경우에는 비교적 쉽게 구할 수 있다.

예제 2.5.1 $\boldsymbol{\alpha}$ 을 $\kappa > 0, \tau = ck$ $(c \in \mathbb{R})$ 인 나선이라 하자. $\boldsymbol{\alpha}$ 는 다음과 같이 주어진 t 로 매개화하는 것이 효과적이다.

$$t(s) = \int_0^s \kappa(\sigma)d\sigma.$$

$t' = \kappa > 0$ 이므로 $t(s)$ 는 일대일이고 $t(s)$ 와 $s(t)$ 는 미분가능하다. $\tau = c\kappa$ 이므로

Frenet-Serret 방정식은 다음과 같다.

$$\mathbf{T}' = \kappa\mathbf{N},$$

$$\mathbf{N}' = -\kappa\mathbf{T} + c\kappa\mathbf{B},$$

$$\mathbf{B}' = -c\kappa\mathbf{N}.$$

이 식을 t에 대해 미분하면

$$\begin{aligned}\frac{d\mathbf{T}}{dt} &= \frac{d\mathbf{T}}{ds}\frac{ds}{dt} = \mathbf{T}' \cdot \frac{1}{t'} = \kappa\mathbf{N} \cdot \frac{1}{\kappa} = \mathbf{N},\\ \frac{d\mathbf{N}}{dt} &= \mathbf{N}' \cdot \frac{1}{t'} = (-\kappa\mathbf{T} + c\kappa\mathbf{B})\frac{1}{\kappa} = -\mathbf{T} + c\mathbf{B},\\ \frac{d\mathbf{B}}{dt} &= \mathbf{B}' \cdot \frac{1}{t'} = -c\kappa\mathbf{N} \cdot \frac{1}{\kappa} = -c\mathbf{N}.\end{aligned}$$

따라서 동류항의 미분방정식을 만들기 위해서 또 한 번 t에 대하여 미분하면

$$\frac{d^2\mathbf{N}}{dt^2} = \frac{d}{dt}(-\mathbf{T} + c\mathbf{B}) = -\mathbf{N} - c^2\mathbf{N} = -w^2\mathbf{N}$$

을 얻을 수 있다. 여기서 $w = 1 + c^2$이다. 따라서 다음 미분방정식을 얻는다.

$$\frac{d^2\mathbf{N}}{dt^2} + w^2\mathbf{N} = 0. \tag{2.4}$$

고정된 벡터 $\mathbf{a}, \mathbf{b}$에 대해 방정식 (2.4)의 해는 $\mathbf{N} = \cos wt\mathbf{a} + \sin wt\mathbf{b}$이고 $\dfrac{d\mathbf{T}}{dt} = \mathbf{N}$ 이므로

$$\mathbf{T} = \int_0^t (\cos w\sigma\mathbf{a} + \sin w\sigma\mathbf{b})d\sigma = \frac{1}{w}(\sin wt\mathbf{a} - \cos wt\mathbf{b} + \mathbf{c})$$

이다. 따라서 어떤 벡터 $\mathbf{a}, \mathbf{b}, \mathbf{c}, \mathbf{d}$에 대해

$$\begin{aligned}\boldsymbol{\alpha}(s) &= \int_0^s \mathbf{T}(\sigma)d\sigma\\ &= \frac{1}{w}\left(\int_0^s \sin wt(\sigma)d\sigma\mathbf{a} - \int_0^s \cos wt(\sigma)d\sigma\mathbf{b} + s\mathbf{c} + \mathbf{d}\right)\end{aligned}$$

을 얻게 된다. 그런데 벡터 $\mathbf{a}, \mathbf{b}, \mathbf{c}, \mathbf{d}$는 임의의 벡터가 아니므로 그 값을 찾아보자.

$$\frac{d\mathbf{N}}{dt} = -w\sin wt\mathbf{a} + w\cos wt\mathbf{b}$$

이므로

$$\begin{aligned}0 &= \left\langle \mathbf{N}, \frac{d\mathbf{N}}{dt} \right\rangle\\ &= (-w|\mathbf{a}|^2 + w|\mathbf{b}|^2)\sin wt\cos wt + w < \mathbf{a}, \mathbf{b} > (\cos^2 wt - \sin^2 wt)\end{aligned}$$

이고 $t=0$ 이면 $<\mathbf{a},\mathbf{b}>=0$ 이므로 $(-w|\mathbf{a}|^2+w|\mathbf{b}|^2)\sin 2wt=0$ 이다. 따라서 임의의 점 $t\neq 0$ 에서 $|\mathbf{a}|^2=|\mathbf{b}|^2$ 이다. 그런데

$$1=|\mathbf{N}|^2=|\mathbf{a}|^2\cos^2 wt+|\mathbf{b}|^2\sin^2 wt$$

이므로 $|\mathbf{a}|=|\mathbf{b}|=1$. 따라서 $\mathbf{a}$와 $\mathbf{b}$는 정규직교함을 알 수 있다.

비슷한 방법으로

$$0=<\mathbf{N},\mathbf{T}>=\left\langle\frac{1}{w}(\sin wt\mathbf{a}-\cos wt\mathbf{b}+\mathbf{c}),(\cos wt\mathbf{a}+\sin wt\mathbf{b})\right\rangle$$

이므로 $<\mathbf{a},\mathbf{c}>=0$ 이고 $<\mathbf{b},\mathbf{c}>=0$ 이다. 한편,

$$\begin{aligned}1=|\mathbf{T}|^2&=\frac{1}{w^2}(\sin^2 wt|\mathbf{a}|^2+\cos^2 wt|\mathbf{b}|^2+|\mathbf{c}|^2)\\&=\frac{1}{w^2}(|\mathbf{a}|^2+|\mathbf{c}|^2)\end{aligned}$$

이므로 $|\mathbf{c}|^2=w^2-1=c^2$ 이고 $\mathbf{c}$와 $\mathbf{a}$, $\mathbf{c}$와 $\mathbf{b}$가 수직이므로 $\mathbf{c}=\pm c(\mathbf{a}\times\mathbf{b})$ 이다. 그런데 $c\mathbf{B}=\mathbf{T}+\dfrac{d\mathbf{N}}{dt}$ 이고

$$\begin{aligned}&\frac{c}{w}(\sin wt\mathbf{a}-\cos wt\mathbf{b}+\mathbf{c})=c\mathbf{T}\\&=\mathbf{N}\times c\mathbf{B}\\&=\mathbf{N}\times\left(\mathbf{T}+\frac{d\mathbf{N}}{dt}\right)\\&=(\cos wt\mathbf{a}+\sin wt\mathbf{b})\times\left[\left(\frac{1}{w}-w\right)(\sin wt\mathbf{a}-\cos wt\mathbf{b})+\frac{1}{w}\mathbf{c})\right]\\&=\frac{1}{w}\left[\cos wt(\mathbf{a}\times\mathbf{c})+\sin wt(\mathbf{b}\times\mathbf{c})+c^2(\mathbf{a}\times\mathbf{b})\right]\end{aligned}$$

이고 $\mathbf{c}=c(\mathbf{a}\times\mathbf{b})$ 이다. 따라서 $\mathbf{a}\times\mathbf{b}=\dfrac{1}{c}\cdot\mathbf{c}$는 단위벡터이고 $\{\mathbf{a},\mathbf{b},\mathbf{a}\times\mathbf{b}\}$는 정규직교기저이다. 만일 $\mathbf{a}=\mathbf{e}_1,\mathbf{b}=\mathbf{e}_2$ 이면

$$\boldsymbol{\alpha}(s)=\frac{1}{w}\left(\int_0^s\sin wt(\sigma)d\sigma,-\int_0^s\cos wt(\sigma)d\sigma,cs\right)+\mathbf{d}_1 \tag{2.5}$$

에서

$$t(\sigma)=\int_0^\sigma\kappa(s)ds$$

이고 $\mathbf{d_1}=\boldsymbol{\alpha}(0)$ 이다. 여기서 만일 $\kappa(\neq 0)$ 이 상수이면 τ도 상수이고 식 (2.5)에서 $\boldsymbol{\alpha}$는 원주나선이다.

예 제 2.5.2 방정식 $\kappa = \frac{1}{s}$ $(s > 1)$, $\tau = 0$은 **로그형 나선**(logarithmic spiral)의 자연방정식임을 보이자.

$t(s) = \int_1^s \kappa(\sigma)d\sigma = \ln s$라 하자. 그러면 $\frac{dt}{ds} = \kappa(s)$이고 $s = e^t$이다. Serret-Frenet 공식에서

$$\dot{\mathbf{T}} = \frac{d\mathbf{T}}{dt} = \frac{d\mathbf{T}}{ds}\frac{ds}{dt} = \frac{1}{\kappa}\mathbf{T}' = \mathbf{N},$$
$$\dot{\mathbf{N}} = \frac{d\mathbf{N}}{dt} = \frac{1}{\kappa}\mathbf{N}' = \frac{1}{\kappa}(-\kappa\mathbf{T}) = -\mathbf{T}.$$

따라서 $\ddot{\mathbf{N}} = -\dot{\mathbf{N}} = -\mathbf{N}$, 즉 $\ddot{\mathbf{N}} + \mathbf{N} = 0$이다. 이 미분방정식을 풀면 어떤 벡터 $\mathbf{a}, \mathbf{b}$에 대해

$$\mathbf{N}(t) = \cos t\mathbf{a} + \sin t\mathbf{b}$$

이다. 따라서

$$\mathbf{T} = -\dot{\mathbf{N}} = -(\sin t\mathbf{a} + \cos t\mathbf{b}) = \sin t\mathbf{a} - \cos t\mathbf{b}.$$

$\mathbf{T}$와 $\mathbf{N}$이 수직이므로 모든 t에 대해

$$< \mathbf{T}, \mathbf{N} >= (\sin^2 t - \cos^2 t) < \mathbf{a}, \mathbf{b} > + \sin t \cos t(|\mathbf{a}| - |\mathbf{b}|) = 0.$$

만일 $t = 0$이면 $< \mathbf{a}, \mathbf{b} >= 0$을 얻고, $t = \frac{\pi}{4}$이면 $|\mathbf{a}| = |\mathbf{b}|$을 얻는다. 그리고

$$|\mathbf{N}|^2 = \cos^2 t|\mathbf{a}|^2 + \sin^2 t|\mathbf{b}|^2 = 1$$

이므로 $|\mathbf{a}| = |\mathbf{b}| = 1$이다.

만일 $\mathbf{a} = \mathbf{e}_1, \mathbf{b} = \mathbf{e}_2$라 하면

$$\mathbf{T}(s) = (\sin t, -\cos t, 0),$$
$$\boldsymbol{\alpha}(s) = \left(\int \sin t ds, -\int \cos t ds, 0\right)$$

이다. 그런데

$$\int \sin t ds = \int \sin t \frac{ds}{dt} dt = \int e^t \sin t dt = \frac{1}{2}e^t(\sin t - \cos t) + c_1,$$
$$\int \cos t ds = \int \cos t \frac{ds}{dt} dt = \int e^t \cos t dt = \frac{1}{2}e^t(\sin t + \cos t) + c_2.$$

여기서 c_1, c_2는 임의의 상수이다. 따라서

$$\begin{aligned}\alpha(s) &= \frac{1}{2}e^t(\sin t - \cos t, \sin t + \cos t, 0) + \mathbf{c} \\ &= \frac{1}{\sqrt{2}}e^t\left(\sin\left(t - \frac{\pi}{4}\right), \cos\left(t - \frac{\pi}{4}\right), 0\right) + \mathbf{c} \\ &= \frac{1}{\sqrt{2}}s\left(\sin\left(\ln s - \frac{\pi}{4}\right), \cos\left(\ln s - \frac{\pi}{4}\right), 0\right) + \mathbf{c} \\ &= \frac{1}{\sqrt{2}}e^{\phi + \frac{\pi}{4}}(\sin\phi(s), \cos\phi(s), 0) + \mathbf{c}\end{aligned}$$

여기서 $\phi(s) = \ln s - \dfrac{\pi}{4}$ 이고 $\mathbf{c} = (c_1, c_2, 0)$ 이다. 만일 $\mathbf{c} = (0,0,0)$ 일 때 이 식을 극좌표로 나타내면

$$r = \frac{e^{\frac{\pi}{2}}}{\sqrt{2}}e^{\phi}$$

이 되어 $\kappa = \dfrac{1}{s}$ $(s > 1)$, $\tau = 0$은 로그형 나선의 자연방정식임을 알 수 있다.

단위속력곡선이 아닌 경우에 대한 Frenet-Serret 구조에 대해 알아보자. 어떤 경우는 호의 길이로 재매개화하는 것이 (계산이) 불가능한 경우도 있다.

$\boldsymbol{\beta}(t)$를 정칙곡선이라 하고 $s(t)$을 호의 길이를 나타내는 함수라 하자. 그리고 $\boldsymbol{\alpha}(s)$를 $\boldsymbol{\beta}(t)$를 호의 길이로 재매개화한 곡선이라 하면 $\boldsymbol{\beta}(t) = \boldsymbol{\alpha}(s(t))$ 이다. 단위속력곡선이 아닌 $\boldsymbol{\beta}(t)$를 t를 변수로 하는 Frenet-Serret 구조를 나타내보자.

t에 대한 미분을 . 로 나타내자. 예를 들어

$$\frac{d\boldsymbol{\beta}}{dt} = \dot{\boldsymbol{\beta}}$$

라 표현하면 다음과 같은 성질을 얻을 수 있다.

성질 2.5.3

$\boldsymbol{\beta}(t)$는 정칙이고 단위속력곡선이 아닌 $\mathbb{R}^3$의 곡선이라 하자. 그러면

(1) $\mathbf{T} = \dfrac{\dot{\boldsymbol{\beta}}}{|\dot{\boldsymbol{\beta}}|}$;

(2) $\mathbf{B} = \dfrac{\dot{\boldsymbol{\beta}} \times \ddot{\boldsymbol{\beta}}}{|\dot{\boldsymbol{\beta}} \times \ddot{\boldsymbol{\beta}}|}$;

(3) $\mathbf{N} = \mathbf{B} \times \mathbf{T}$;

(4) $\kappa = \dfrac{|\dot{\boldsymbol{\beta}} \times \ddot{\boldsymbol{\beta}}|}{|\dot{\boldsymbol{\beta}}|^3}$;

(5) $\tau = \dfrac{[\dot{\boldsymbol{\beta}}, \ddot{\boldsymbol{\beta}}, \dddot{\boldsymbol{\beta}}]}{|\dot{\boldsymbol{\beta}} \times \ddot{\boldsymbol{\beta}}|^2}$.

증명 (1) $\boldsymbol{\beta}(t) = \boldsymbol{\alpha}(s(t))$ 이므로 $\dot{\boldsymbol{\beta}} = \boldsymbol{\alpha}'\dot{s} = \dot{s}\mathbf{T}$ 이다. 그런데 $\dot{s} > 0$ 이므로 $\dot{s} = |\dot{\boldsymbol{\beta}}|$ 이고 $\mathbf{T} = \dfrac{\dot{\boldsymbol{\beta}}}{|\dot{\boldsymbol{\beta}}|}$ 이 성립한다.

(4) $\dot{\boldsymbol{\beta}}$을 다시 한 번 t에 대하여 미분하면

$$\ddot{\boldsymbol{\beta}} = \ddot{s}\mathbf{T} + \dot{s}\dot{\mathbf{T}} = \ddot{s}\mathbf{T} + \dot{s}^2\mathbf{T}' = \ddot{s}\mathbf{T} + \kappa\dot{s}^2\mathbf{N}$$

이므로

$$\dot{\boldsymbol{\beta}} \times \ddot{\boldsymbol{\beta}} = \dot{s}\mathbf{T} \times (\ddot{s}\mathbf{T} + \kappa\dot{s}^2\mathbf{N}) = \kappa\dot{s}^3\mathbf{B},$$

$$\kappa\dot{s}^3 = |\dot{\boldsymbol{\beta}} \times \ddot{\boldsymbol{\beta}}| \text{ 또는 } \kappa = \frac{|\dot{\boldsymbol{\beta}} \times \ddot{\boldsymbol{\beta}}|}{\dot{s}^3} = \frac{|\dot{\boldsymbol{\beta}} \times \ddot{\boldsymbol{\beta}}|}{|\dot{\boldsymbol{\beta}}|^3}$$

이 성립한다.

(2) 만일 $\kappa \neq 0$ 이면

$$\mathbf{B} = \frac{\dot{\boldsymbol{\beta}} \times \ddot{\boldsymbol{\beta}}}{\kappa\dot{s}^3} = \frac{\dot{\boldsymbol{\beta}} \times \ddot{\boldsymbol{\beta}}}{|\dot{\boldsymbol{\beta}} \times \ddot{\boldsymbol{\beta}}|}$$

이다.

(3) $\{\mathbf{T}, \mathbf{N}, \mathbf{B}\}$ 가 우향 정규직교기저이므로 $\mathbf{N} = \mathbf{B} \times \mathbf{T}$ 이다.

(5) τ 의 값을 구하기 위해서 $\ddot{\boldsymbol{\beta}}$를 다시 한 번 t에 대하여 미분하면

$$\begin{aligned}
\dddot{\boldsymbol{\beta}} &= \dddot{s}\mathbf{T} + \ddot{s}\dot{\mathbf{T}} + (\kappa\ \dot{s}^2)^{\cdot}\mathbf{N} + \kappa\dot{s}^2\dot{\mathbf{N}} \\
&= \dddot{s}\mathbf{T} + \dot{s}\ddot{s}\mathbf{T}' + (\kappa\ \dot{s}^2)^{\cdot}\mathbf{N} + \kappa\dot{s}^3\mathbf{N}' \\
&= \dddot{s}\mathbf{T} + \kappa\dot{s}\ddot{s}\mathbf{N} + (\kappa\ \dot{s}^2)^{\cdot}\mathbf{N} - \kappa^2\dot{s}^3\mathbf{T} + \kappa\tau\dot{s}^3\mathbf{B} \\
&= \left(\dddot{s} - \kappa^2\dot{s}^3\right)\mathbf{T} + \left(\kappa\dot{s}\ddot{s} + (\kappa\ \dot{s}^2)^{\cdot}\right)\mathbf{N} + \kappa\tau\dot{s}^3\mathbf{B}
\end{aligned}$$

을 얻게 되고

$$[\dot{\boldsymbol{\beta}}, \ddot{\boldsymbol{\beta}}, \dddot{\boldsymbol{\beta}}] = < \dot{\boldsymbol{\beta}} \times \ddot{\boldsymbol{\beta}}, \dddot{\boldsymbol{\beta}} > = \left\langle \kappa\dot{s}^3\mathbf{B}, \dddot{\boldsymbol{\beta}} \right\rangle = \tau(\kappa\dot{s}^3)^2 = \tau|\dot{\boldsymbol{\beta}} \times \ddot{\boldsymbol{\beta}}|^2$$

이 되므로

$$\tau = \frac{[\dot{\boldsymbol{\beta}}, \ddot{\boldsymbol{\beta}}, \dddot{\boldsymbol{\beta}}]}{|\dot{\boldsymbol{\beta}} \times \ddot{\boldsymbol{\beta}}|^2}$$

이 성립한다. ■

예제 2.5.3 $\beta(t) = (1+t^2, t, t^3)$이라 하자. 그러면 $\dot{\beta} = (2t, 1, 3t^2)$, $\ddot{\beta} = (2, 0, 6t)$, $\dddot{\beta} = (0, 0, 6)$이다. 그러므로

$$\dot{\beta} \times \ddot{\beta} = (6t, -6t^2, -2), \quad [\dot{\beta}, \ddot{\beta}, \dddot{\beta}] = -12$$

이 되고, 따라서

$$\begin{aligned}
\mathbf{T} &= \frac{\dot{\beta}}{|\dot{\beta}|} = \frac{(2t, 1, 3t^2)}{\sqrt{4t^2+1+9t^4}}, \\
\mathbf{B} &= \frac{\dot{\beta} \times \ddot{\beta}}{|\dot{\beta} \times \ddot{\beta}|} = \frac{(6t, -6t^2, -2)}{\sqrt{36t^2+36t^4+4}}, \\
\mathbf{N} = \mathbf{B} \times \mathbf{T} &= \frac{(-18t^4+2, -4t-18t^3, 6t+12t^3)}{\sqrt{4t^2+1+9t^4}\sqrt{36t^2+36t^4+4}}, \\
\kappa &= \frac{|\dot{\beta} \times \ddot{\beta}|}{|\dot{\beta}|^3} = \frac{\sqrt{36t^2+36t^4+4}}{(4t^2+1+9t^4)^{\frac{3}{2}}}, \\
\tau &= \frac{[\dot{\beta}, \ddot{\beta}, \dddot{\beta}]}{|\dot{\beta} \times \ddot{\beta}|^2} = \frac{-12}{36t^2+36t^4+4}
\end{aligned}$$

이 된다.

성질 2.5.4

$\beta(t)$는 $\mathbb{R}^3$에서 정칙곡선이고 $\mu(t) = |\dot{\beta}|$라 하자. 그러면

$$\begin{pmatrix} \dot{\mathbf{T}} \\ \dot{\mathbf{N}} \\ \dot{\mathbf{B}} \end{pmatrix} = \begin{pmatrix} 0 & \kappa\mu & 0 \\ -\kappa\mu & 0 & \tau\mu \\ 0 & -\tau\mu & 0 \end{pmatrix} \begin{pmatrix} \mathbf{T} \\ \mathbf{N} \\ \mathbf{B} \end{pmatrix}.$$

증명 정리 2.4.2에서

$$\begin{aligned}
\dot{\mathbf{T}} &= \dot{s}\mathbf{T}' = |\dot{\beta}|\mathbf{T}' = \kappa\mu\mathbf{N}, \\
\dot{\mathbf{N}} &= \dot{s}\mathbf{N}' = (-\kappa\mathbf{T} + \tau\mathbf{B})\mu, \\
\dot{\mathbf{B}} &= \dot{s}\mathbf{B}' = -\tau\mu\mathbf{N}
\end{aligned}$$

이 성립한다. ■

연습문제 2.5

2.5.1 $\kappa(s) = \dfrac{1}{1+s^2}$, $\tau = 0$ 인 단위속력곡선을 구하라.

2.5.2 곡률이 상수인 평면곡선 또는 구면곡선은 원 뿐임을 보여라.

2.5.3 $\boldsymbol{\alpha}$는 κ와 τ가 상수인 곡선, 즉 나선이라 하자. 이 곡선을 $\mathbf{u}$에 수직인 평면에 정사영한 것이 원임을 이용하여 $\boldsymbol{\alpha}$는 원주나선(circlular helix) 임을 보여라.

2.5.4 $\boldsymbol{\alpha}$는 $\tau \neq 0$ 인 C^3-급 정칙곡선이라 하자. $\boldsymbol{\alpha}$가 원주나선일 필요충분조건은 $\boldsymbol{\alpha}$가 적어도 2개의 Bertrand 짝을 갖는 것임을 보여라.

2.5.5 $\boldsymbol{\alpha}$를 $\kappa > 0, \tau > 0$ 인 단위속력곡선이라 하자. 그리고

$$\boldsymbol{\beta}(s) = \int_0^s \mathbf{B}(\sigma)d\sigma$$

라 하자.

(1) $\boldsymbol{\beta}$는 단위속력곡선임을 보여라.

(2) $\boldsymbol{\beta}$의 Frenet-Serret 구조 $\{\widetilde{\kappa}, \widetilde{\tau}, \widetilde{\mathbf{T}}, \widetilde{\mathbf{N}}, \widetilde{\mathbf{B}}\}$는

$$\widetilde{\kappa} = \tau, \quad \widetilde{\tau} = \kappa, \quad \widetilde{\mathbf{T}} = \mathbf{B}, \quad \widetilde{\mathbf{N}} = -\mathbf{N}, \quad \widetilde{\mathbf{B}} = \mathbf{T}$$

을 만족함을 보여라.

2.5.6 다음 정칙곡선에 대한 Frenet-Serret 구조를 구하라.

(1) $\boldsymbol{\beta}(t) = (t, t^2, t^3)(t > 0)$

(2) $\boldsymbol{\beta}(t) = (\cosh t, \sinh t, t)$

(3) $\boldsymbol{\beta}(t) = (t - \cos t, \sin t, t)$

2.5.7 $\boldsymbol{\beta}(t) = (e^t \cos t, e^t \sin t, e^t)$ 에 대한 κ, τ을 구하라.

2.5.8 $\boldsymbol{\beta}(t)$는 $\kappa \neq 0$ 인 곡선이라 하자. $\boldsymbol{\beta}$가 평면곡선일 필요충분조건은 $[\dot{\boldsymbol{\beta}}, \ddot{\boldsymbol{\beta}}, \dddot{\boldsymbol{\beta}}] \equiv 0$ 인 것임을 보여라.

2.5.9 $\kappa\tau = -<\mathbf{T}', \mathbf{B}'>$ 임을 보여라.

2.5.10 $\boldsymbol{\alpha}(s)$ 가 단위속력곡선이면 $[\dot{\boldsymbol{\alpha}}, \ddot{\boldsymbol{\alpha}}, \dddot{\boldsymbol{\alpha}}] = \kappa^2\tau$ 임을 보여라.

2.5.11 $\boldsymbol{\alpha}(s)$ 는 $\kappa \neq 0$ 인 단위속력곡선이라 하자. 다음을 보여라.

$$\tau = \frac{[\dot{\boldsymbol{\alpha}}, \ddot{\boldsymbol{\alpha}}, \dddot{\boldsymbol{\alpha}}]}{<\ddot{\boldsymbol{\alpha}}, \ddot{\boldsymbol{\alpha}}>}$$

2.5.12 $t = 1$ 에서 $\boldsymbol{\alpha}(t) = (e^t, \cos t, 3t^2)$ 의 법평면의 방정식을 구하라. (주의 : t 는 호의 길이가 아니다.)

2.5.13 $(-1, 0, 0)$ 가 법평면의 벡터임을 이용하여 $\boldsymbol{\alpha}(\theta) = (-\cos 2\theta, -2\cos\theta, \sin 2\theta)$ 가 구면곡선임을 보여라.

2.5.14 두 개의 Bertrand 곡선에 대응하는 점에서 접벡터 사이의 각이 상수임을 보여라. (힌트: $<\mathbf{T}_\alpha, \mathbf{T}_\beta>$ 가 상수임을 보여라.)

제 3 장

평면곡선의 대역적 이론

지금까지 곡선 위에 있는 어떤 점의 작은 근방에서 곡선에 대한 여러 가지 성질을 알아보았다. 즉, 곡선 위에 어떤 점이 주어졌을 때 곡선 위에 있는 다른 점들의 움직임과는 관계없이 주어진 점 근방에서 곡선의 성질에 대해 알아보았다.

이 장에서는 곡선의 전체적인 형태와 성질에 대해 알아보자. 그렇게 하기 위해서는 미분적분학의 기본적인 지식이 필요하다.

지금부터 다루게 될 곡선의 대역적 이론 대부분은 미분기하의 현대적 이론이다. 먼저 평면곡선의 대역적 개념을 다루자.

3.1 Green 정리

$\mathbb{R}^2$에서 C을 $\boldsymbol{\alpha}(t) = (x(t), y(t))$ $(a \le t \le b)$로 주어진 C^1-급 평면곡선이라 하자. 만일 f와 g가 이변수 실함수이면

$$\int_C f dx + g dy = \int_a^b \left[f(x(t), y(t)) \frac{dx}{dt} + g(x(t), y(t)) \frac{dy}{dt} \right] dt$$

을 곡선 C 위에서 벡터장 (f, g)의 **선적분**(line integral)이라 한다.

예제 3.1.1 단위원

$$\boldsymbol{\alpha}(\theta) = (\cos\theta, \sin\theta) \ (0 \le \theta \le 2\pi)$$

을 평면곡선 C라 하자. 그러면

$$\begin{aligned}\int_C ydx + xdy &= \int_0^{2\pi} \left[\sin\theta \frac{d}{d\theta}(\cos\theta) + \cos\theta \frac{d}{d\theta}(\sin\theta)\right] d\theta \\ &= \int_0^{2\pi} (-\sin^2\theta + \cos^2\theta) d\theta \\ &= \int_0^{2\pi} \cos 2\theta d\theta = \left[\frac{\sin 2\theta}{2}\right]_0^{2\pi} = 0\end{aligned}$$

이다.

예제 3.1.2 C는 예제 3.1.1에 주어진 곡선이라 하자. 그러면

$$\int_C xdy - ydx = \int_0^{2\pi} (\cos^2\theta + \sin^2\theta) d\theta = \int_0^{2\pi} d\theta = 2\pi$$

이다.

경우에 따라서는 어떤 곡선을 따라 함수를 적분하는 경우도 있다. 예를 들어 $\int_C \kappa(s) ds$는 C 위에서 함수 $\kappa(s)$의 선적분으로

$$\int_C \kappa(s) ds = \int_a^b \kappa(s) ds$$

로 계산한다. 즉, 어떤 곡선을 따라 함수를 적분해야 한다면 그것은 호의 길이에 대한 적분을 의미한다. 만일 함수가 호의 길이가 아닌 매개변수로 주어진다면 적당히 좌표변환을 해야한다. 예를 들어 $\int_C \kappa(s) ds$를 계산하기 위해 C를 호의 길이로 매개화하는 것이 어려우면 t로 매개화된 C에 대해

$$\int_C \kappa(s) ds = \int_C \kappa(s(t)) \frac{ds}{dt} dt$$

를 계산하면 된다. 비록 $s(t)$는 계산할 수 없을지라도 $\frac{ds}{dt} = \left|\frac{d\boldsymbol{\alpha}}{dt}\right|$이고 단위속력곡선이 아닌 곡선에 대한 제2장의 결과를 이용하면 $\kappa(s(t))$를 계산할 수 있다.

h가 어떤 곡선 위에서 정의된 함수이면

$$\int_C dh = \int_C \frac{dh}{ds} ds = \int_a^b \frac{dh}{ds} ds = h(b) - h(a).$$

만일 어떤 함수 $p(x, y)$에 대해 $h(s) = p(x(s), y(s))$이면 다음과 같이 계산할 수 있다.

$$\int_C dh = \int_C dp = \int_C \frac{\partial p}{\partial x}dx + \frac{\partial p}{\partial y}dy.$$

그런데

$$\frac{\partial p}{\partial x}\frac{dx}{ds} + \frac{\partial p}{\partial y}\frac{dy}{ds} = \frac{dh}{ds}$$

이므로

$$\int_C \left(\frac{\partial p}{\partial x}\frac{dx}{ds} + \frac{\partial p}{\partial y}\frac{dy}{ds}\right) ds = \int_C dh$$

이 된다. 예를 들어 $p(x,y) = xy$ 이라 하면

$$\frac{dp}{ds} = \frac{\partial p}{\partial x}\frac{dx}{ds} + \frac{\partial p}{\partial y}\frac{dy}{ds} = y\frac{dx}{ds} + x\frac{dy}{ds}$$

가 되므로 $dp = ydx + xdy$ 이다.

평면 위에 있는 폐곡선의 선적분을 이중적분으로 바꿔서 계산하면 편리하다. 그러한 계산방법으로써 Green **정리**는 선적분을 계산하는 중요한 방법 중 하나이다.

정리 3.1.1 **Green 정리**

Ω는 C^2-급 단순폐곡선 C로 둘러싸인 xy-평면의 영역이고 f와 g가 Ω에서 C^1-급 함수이면

$$\int_C fdx + gdy = \iint_\Omega \left(\frac{\partial g}{\partial x} - \frac{\partial f}{\partial y}\right) dxdy$$

이다. 여기서 C의 방향은 시계 반대방향이다.

증명 Ω가 볼록 집합인 경우에 대해 증명하자.

그림 3.1에서 곡선 ADB, 곡선 AEB의 방정식을 각각 $y = Y_1(x), y = Y_2(x)$ 라 하자. 만일 Ω가 C로 둘러싸인 영역이면

$$\begin{aligned}\iint_\Omega \frac{\partial f}{\partial y}dxdy &= \int_a^b \left[\int_{Y_1(x)}^{Y_2(x)} \frac{\partial f}{\partial y}dy\right] dx \\ &= \int_a^b \left[f(x, Y_2(x)) - f(x, Y_1(x))\right] dx \\ &= -\int_a^b f(x, Y_1(x))dx - \int_b^a f(x, Y_2(x))dx = -\int_C fdx\end{aligned}$$

이 성립한다.

마찬가지로 곡선 DAE, 곡선 DBE의 방정식이 각각 $x = X_1(y), x = X_2(y)$ 이면

$$\begin{aligned}\iint_\Omega \frac{\partial g}{\partial x} dxdy &= \int_d^e \left[\int_{X_1(y)}^{X_2(y)} \frac{\partial g}{\partial x} dx \right] dy \\ &= \int_d^e [g(X_2(y), y) - g(X_1(y), y)]\, dy \\ &= \int_e^d g(X_1(y), y) dy + \int_d^e g(X_2(y), y) dy = \int_C g dy\end{aligned}$$

이다. 따라서 이 경우

$$\iint_\Omega \left(\frac{\partial g}{\partial x} - \frac{\partial f}{\partial y} \right) dxdy = \int_C f dx + g dy$$

이 성립한다.

일반적인 경우에 대한 증명은 참고문헌 [3]을 참고하라. ■

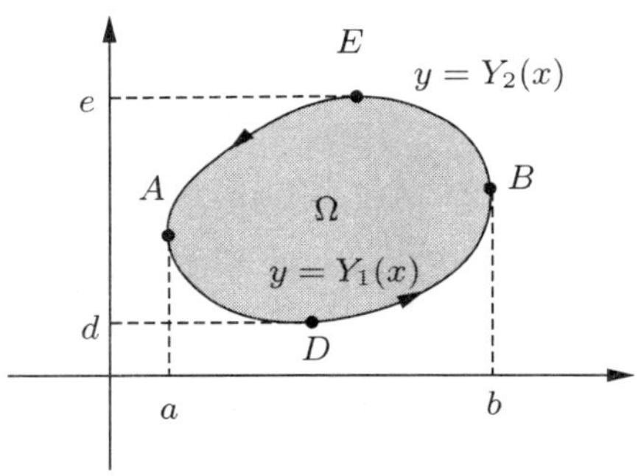

그림 3.1

따름정리 3.1.2

평면의 단순폐곡선 C로 둘러싸인 영역의 면적은

$$\frac{1}{2} \left(\int_C x dy - y dx \right).$$

증명 C로 둘러싸인 영역을 Ω라 하면 Green 정리에서

$$\frac{1}{2} \left(\int_C x dy - y dx \right) = \frac{1}{2} \iint_\Omega \left(\frac{\partial x}{\partial x} - \frac{\partial (-y)}{\partial y} \right) dxdy = \iint_\Omega dxdy = \Omega \text{의 면적}$$

이 성립한다. ■

예제 3.1.3 C를 $\mathbb{R}^2$에서 다음과 같이 주어진 타원이라 하자.

$$\boldsymbol{\alpha}(\theta) = (a\cos\theta, b\sin\theta)\ (0 \le \theta \le 2\pi).$$

그러면 C로 둘러싸인 영역 Ω의 면적은

$$\begin{aligned} A(\Omega) &= \frac{1}{2}\left(\int_C xdy - ydx\right) \\ &= \frac{1}{2}\int_0^{2\pi} \big[(a\cos\theta)(b\cos\theta) - (b\sin\theta)(-a\sin\theta)d\big]\theta = ab\pi \end{aligned}$$

이다.

연습문제 3.1

3.1.1 C가 다음과 같이 주어진 함수로 둘러싸인 영역일 때 Green 정리를 이용하여

$$\int_C (3x^2 - 8y^2)dx + (4y - 6xy)dy$$

를 구하여라.

(1) $y = \sqrt{x}, y = x^2$.

(2) $x = 0, y = 0, x + y = 1$.

3.1.2 다음 주어진 곡선 C를 따라

$$\int_C (xy+1)dx + \left(\frac{x^2}{y}\right)dy$$

를 구하라.

(1) C는 $\boldsymbol{\alpha}(t) = (t, t)\ (0 \le t \le 1)$.

(2) C는 $\boldsymbol{\beta}(t) = (t^2, t^3)\ (0 \le t \le 1)$.

3.1.3 C가 아래와 같이 주어질 때

$$\int_C \frac{xdy - ydx}{x^2 + y^2}$$

을 구하여라.

(1) C는 $(0,1)$에서 $(1,0)$까지 선분.

(2) C는 $(1,0)$에서 $(1,1)$까지 선분.

(3) C는 $(1,1)$에서 $(0,1)$까지 선분.

3.2 등주부등식 (The Isoperimetric Inequality)

둘레의 길이가 일정한 사각형(또는 삼각형) 중 면적이 최대인 것은 정사각형(또는 정삼각형)일 때이다.

일반적으로 둘레의 길이가 일정한 평면의 영역 중 면적이 최대인 경우는 원으로 둘러싸인 영역이다. 이 사실을 정칙곡선으로 둘러싸인 영역에 대해 증명하자.

보조정리 3.2.1

$\boldsymbol{\alpha}$는 평면의 단순폐곡선이고 Ω는 $\boldsymbol{\alpha}$로 둘러싸인 영역일 때 Ω의 면적은

$$A(\Omega) = \int_{\boldsymbol{\alpha}} xdy = -\int_{\boldsymbol{\alpha}} ydx$$

이다.

증명 Green 정리에 의해

$$\int_{\boldsymbol{\alpha}} xdy = -\int_{\boldsymbol{\alpha}} ydx = \iint_{\Omega} dxdy$$

이다. ■

정리 3.2.2 등주부등식

$\boldsymbol{\alpha}$를 길이가 L인 정칙인 단순평면폐곡선이라 하자. 그리고 S를 $\boldsymbol{\alpha}$로 둘러싸인 영역의 면적이라 하자. 그러면 $4\pi S \leq L^2$이 성립한다.

증명 ℓ_1, ℓ_2을 $\boldsymbol{\alpha}$에 접하면서 $\boldsymbol{\alpha}$가 두 직선 사이에 놓이는 평행선이라 하자. $\boldsymbol{\beta}$를 ℓ_1, ℓ_2에 접하고, $\boldsymbol{\alpha}$와 만나지 않는 반지름이 r인 원이라 하자.

$\boldsymbol{\beta}$의 중심을 원점으로 하고 y축은 직선 ℓ_1과 평행하도록 x, y 좌표를 택하자. 그리고 ℓ_1은 $A = \boldsymbol{\alpha}(0)$에서 $\boldsymbol{\alpha}$에 접하고 ℓ_2는 $C = \boldsymbol{\alpha}(s_2)$에서 $\boldsymbol{\alpha}$에 접한다고 하자. (그림 3.2) 이때 $\boldsymbol{\alpha}$로 둘러싸인 영역의 면적과 반지름이 r인 원의 면적을 비교하여 이 정리를 증명할 것이다.

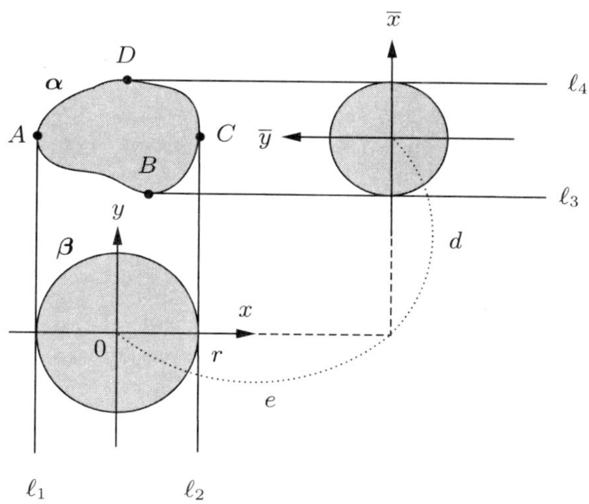

그림 3.2

$\boldsymbol{\alpha}$의 길이와 $\boldsymbol{\alpha}$로 둘러싸인 영역은 매개화에 무관하므로 $\boldsymbol{\alpha}$가 단위속력곡선이라 가정해도 된다. 이때 $\boldsymbol{\alpha}(s) = (x(s), y(s))$라 하면 $x'(s)^2 + y'(s)^2 = 1$이다.

여기서 $\boldsymbol{\beta}(s) = (z(s), w(s))$라 하자. 그러면

$$z(s) = x(s),$$
$$w(s) = \begin{cases} -\sqrt{r^2 - x^2}, & 0 \leq s \leq s_2, \\ \sqrt{r^2 - x^2}, & s_2 \leq s \leq L. \end{cases} \tag{3.1}$$

이때 s는 $\boldsymbol{\alpha}$에 대한 호의 길이지만 $\boldsymbol{\beta}$에 대한 호의 길이는 아니다. 실제로 이렇게 매개화하면 $\boldsymbol{\beta}$가 정칙이 아닐 수도 있지만 C^2-급이다. 보조정리 3.2.1에 의해 $\boldsymbol{\alpha}$로 둘러싸인 영역의 면적은

$$S = \int_{\boldsymbol{\alpha}} x dy = \int_0^L xy' ds$$

이다. 그리고 $\boldsymbol{\beta}$로 둘러싸인 영역의 면적은

$$\pi r^2 = -\int_{\boldsymbol{\beta}} y dx = -\int_0^L wz' ds = -\int_0^L wx' ds$$

이다. 따라서

$$\begin{aligned} S + \pi r^2 &= \int_0^L (xy' - wx') ds \le \int_0^L |xy' - wx'| ds \\ &= \int_0^L \big| < (x', y'), (-w, x) > \big| ds \end{aligned} \tag{3.2}$$

이 되고, $\boldsymbol{\alpha}$가 단위속력곡선이므로 Cauchy-Schwarz 부등식에 의해서

$$\big| < (x', y'), (-w, x) > \big| \le |(x', y')||(-w, x)| = \sqrt{w^2 + x^2} = r \tag{3.3}$$

이다. 따라서 식 (3.2)와 식 (3.3)에 의해서

$$S + \pi r^2 \le \int_0^L \big| < (x', y'), (-w, x) > \big| ds \le \int_0^L r ds = rL. \tag{3.4}$$

즉, $S + \pi r^2 \le rL$이다. 그런데

$$\sqrt{S \cdot \pi r^2} \le \frac{S + \pi r^2}{2} \le \frac{rL}{2} \tag{3.5}$$

이므로 부등식 $4\pi S \le L^2$이 성립한다. ■

따름정리 3.2.3

길이가 일정한 정칙인 단순평면폐곡선으로 둘러싸인 영역의 면적이 최대인 경우는 원일 때이다.

증명 정리 3.2.2에서 $L^2 = 4\pi S$라 하자. 이때 $\boldsymbol{\alpha}$가 원임을 보이자. 먼저 $x = ry'$임을

보이자.

$L^2 = 4\pi S$ 이므로 식 (3.5)에서 $S = \pi r^2$ 이다. 따라서 $S + \pi r^2 = rL$ 이다. 이때 식 (3.3)에서 등호가 성립하므로 어떤 실수 c에 대해

$$(-w, x) = c(x', y'). \tag{3.6}$$

식 (3.1)에서 $c = \pm r$ 이다. 그리고 식 (3.2), 식 (3.4)와 식 (3.6)에서

$$c =< (x', y'), (-w, x) >= xy' - wx' > 0$$

이므로 $c = r$ 이고 식 (3.6)에서 $x = ry'$ 이다.

$S = \pi r^2$ 이므로 r은 S에 의존하고, ℓ_1, ℓ_2의 선택에 무관하다. 그러므로 ℓ_1, ℓ_2에 수직이고 평행한 두 직선 ℓ_3, ℓ_4를 이용해도 ℓ_3, ℓ_4에 접하는 원이 존재한다. (그림 3.2)

만일 이 원의 중심을 원점으로 하는 직교좌표 $\overline{x}, \overline{y}$을 택하면 $\overline{x} = r\overline{y}'$을 얻는다. y축과 $\overline{x}$축이 평행하고 방향이 같고, x축과 $\overline{y}$축이 평행하고 방향이 반대이므로 $\overline{x} = y - d, \overline{y} = e - x$ 인 실수 d, e가 존재한다. 따라서 $y - d = \overline{x} = r\overline{y}' = -rx'$ 이고

$$x^2 + (y - d)^2 = (ry')^2 + (-rx')^2 = r^2(x'^2 + y'^2) = r^2$$

이 되므로 $\boldsymbol{\alpha}$는 xy-평면에서 중심이 $(0, d)$이고 반지름이 r인 원이다. ■

연습문제 3.2

3.2.1 a와 b가 양수일 때

$$\sqrt{ab} \leq \frac{1}{2}(a + b)$$

가 성립함을 보여라. 그리고 등호는 $a = b$일 때만 성립함을 보여라.

3.3 평면곡선의 회전수

$\boldsymbol{\alpha} : (a, b) \longrightarrow \mathbb{R}^3$ 을 평면곡선이라 하자. 이때 $\boldsymbol{\alpha}$ 가 놓이는 평면을 $z = 0$ 으로 둘 수 있다. 이 경우 $\boldsymbol{\alpha} : (a, b) \longrightarrow \mathbb{R}^2$ 로 가정할 수 있다.

$\mathbb{R}^2$ 가 2차원이고 정칙곡선 위의 어떤 점 P 에서 $\mathbf{T}_P \neq \mathbf{0}$ 이므로 방향의 개념을 이용해서 평면곡선의 법벡터를 정의할 수 있다.

평면곡선의 접벡터장 $\mathbf{t}(s)$, 법벡터장 $\mathbf{n}(s)$, 그리고 곡률 $\widetilde{\kappa}(s)$ 를 정의하자.

정의 3.3.1

$\boldsymbol{\alpha}(s)$ 를 C^2-급 단위속력 평면곡선이라 하자. 그러면 $\mathbf{t}(s) = \boldsymbol{\alpha}'(s)$ 를 $\boldsymbol{\alpha}(s)$ 에 대한 **접벡터장**(tangent vector field)이라 하고, $\mathbf{t}(s)$ 와 수직이고 각 s 에 대해 $\{\mathbf{t}, \mathbf{n}\}$ 이 우향벡터인 단위벡터 $\mathbf{n}$ 을 $\boldsymbol{\alpha}(s)$ 의 **법벡터장**(normal vector field)이라 한다. 그리고 $\widetilde{\kappa}(s) = < \mathbf{t}'(s), \mathbf{n}(s) >$ 을 $\boldsymbol{\alpha}(s)$ 이 **평면곡률**(plane curvature)이라 한다.

성질 3.3.2

$\boldsymbol{\alpha}$ 가 단위속력 평면곡선이면 다음이 성립한다.

(1) $\mathbf{t}'(s) = \widetilde{\kappa}(s)\mathbf{n}(s)$

(2) 어떤 C^2-급 함수 $x(s), y(s)$ 에 대해 $\boldsymbol{\alpha}(s) = (x(s), y(s))$ 이면

$$\mathbf{t}(s) = (x'(s), y'(s)), \ \ \mathbf{n}(s) = (-y'(s), x'(s))$$

증명 (1) Frenet-Serret 구조와 $\mathbf{t}(s), \mathbf{n}(s)$ 가 단위벡터장이라는 사실로 부터 성립한다.

(2) $\mathbf{v}(s) = -y'(s)\mathbf{e}_1 + x'(s)\mathbf{e}_2$ 라 하자. 그러면

$$\mathbf{t}(s) = x'(s)\mathbf{e}_1 + y'(s)\mathbf{e}_2$$

이므로 $\mathbf{v}(s)$ 는 $\mathbf{t}(s)$ 에 수직인 단위벡터이다. 그러므로

$$\begin{pmatrix} \mathbf{t}(s) \\ \mathbf{v}(s) \end{pmatrix} = \begin{pmatrix} x'(s) & y'(s) \\ -y'(s) & x'(s) \end{pmatrix} \begin{pmatrix} \mathbf{e}_1 \\ \mathbf{e}_2 \end{pmatrix}$$

이다.

$$A = \begin{pmatrix} x'(s) & y'(s) \\ -y'(s) & x'(s) \end{pmatrix}$$

라 하면 $|A| = (x')^2 + (y')^2 > 0$ 이므로 $\{\mathbf{t}(s), \mathbf{v}(s)\}$ 는 $\mathbb{R}^2$ 의 우향기저이다. 따라서 $\mathbf{v}(s) = \mathbf{n}(s)$ 이다. ■

성질 3.3.3

$\boldsymbol{\alpha}$를 단위속력 평면곡선이라 하자. 그러면

$$\mathbf{t}(s) = \mathbf{T}(s), \mathbf{n}(s) = \pm\mathbf{N}(s), \kappa(s) = \left|\widetilde{\kappa}(s)\right|, \mathbf{n}' = -\widetilde{\kappa}(s)\mathbf{t} \tag{3.7}$$

가 성립한다.

증명 $\boldsymbol{\alpha}$가 단위속력 평면곡선이므로 $\{\mathbf{t}(s), \mathbf{n}(s)\}$는 우향정규직교이고 $\mathbf{t}(s) = \mathbf{T}(s)$ 이고 $\mathbf{n}(s) = \pm\mathbf{N}(s)$ 이다. 따라서

$$\widetilde{\kappa}(s) =< \mathbf{t}', \mathbf{n} >=< \mathbf{T}', \pm\mathbf{N} >= \pm\kappa(s)$$

이다. 한편, 어떤 $a, b \in \mathbb{R}$에 대해 $\mathbf{n}' = a\mathbf{t} + b\mathbf{n}$ 이다. 그런데

$$< \mathbf{t}, \mathbf{n}' >= - < \mathbf{t}', \mathbf{n} >= -\widetilde{\kappa}$$

이고 $< \mathbf{n}, \mathbf{n}' >= 0$ 이므로

$$< \mathbf{t}, \mathbf{n}' > =< \mathbf{t}, a\mathbf{t} + b\mathbf{n} >= a = -\widetilde{\kappa},$$
$$< \mathbf{n}', \mathbf{n} > =< a\mathbf{t} + b\mathbf{n}, \mathbf{n} >= b = 0.$$

따라서 $\mathbf{n}' = -\widetilde{\kappa}\mathbf{t}$ 가 성립한다. ■

예제 3.3.1 $\boldsymbol{\alpha}(s) = \left(r\cos\frac{s}{r}, r\sin\frac{s}{r}\right)$는 시계 반대방향의 원이다. (그림 3.3 (1)). 이때

$$\mathbf{t} = \left(-\sin\frac{s}{r}, \cos\frac{s}{r}\right),$$
$$\mathbf{n} = \left(-\cos\frac{s}{r}, -\sin\frac{s}{r}\right)$$

이다. 따라서

$$\begin{aligned}\widetilde{\kappa} = <\mathbf{t}', \mathbf{n}> &= \left\langle \left(-\frac{1}{r}\cos\frac{s}{r}, -\frac{1}{r}\sin\frac{s}{r}\right), \left(-\cos\frac{s}{r}, -\sin\frac{s}{r}\right)\right\rangle \\ &= \frac{1}{r}\cos^2\frac{s}{r} + \frac{1}{r}\sin^2\frac{s}{r} = \frac{1}{r} > 0, \\ \mathbf{n}' &= -\frac{1}{r}\left(-\sin\frac{s}{r}, \cos\frac{s}{r}\right) = -\widetilde{\kappa}(s)\mathbf{t}(s).\end{aligned}$$

예제 3.3.2 $\boldsymbol{\alpha}(s) = \left(r\cos\frac{s}{r}, -r\sin\frac{s}{r}\right)$는 시계방향의 원이이다. (그림 3.3 (2)) 이때

$$\begin{aligned}\mathbf{t} &= \left(-\sin\frac{s}{r}, -\cos\frac{s}{r}\right), \\ \mathbf{n} &= \left(\cos\frac{s}{r}, -\sin\frac{s}{r}\right)\end{aligned}$$

이다. 따라서

$$\begin{aligned}\widetilde{\kappa} = <\mathbf{t}', \mathbf{n}> &= \left\langle \left(-\frac{1}{r}\cos\frac{s}{r}, \frac{1}{r}\sin\frac{s}{r}\right), \left(\cos\frac{s}{r}, -\sin\frac{s}{r}\right)\right\rangle = -\frac{1}{r} < 0, \\ \mathbf{n}' &= \frac{1}{r}\left(-\sin\frac{s}{r}, -\cos\frac{s}{r}\right) = -\widetilde{\kappa}(s)\mathbf{t}(s).\end{aligned}$$

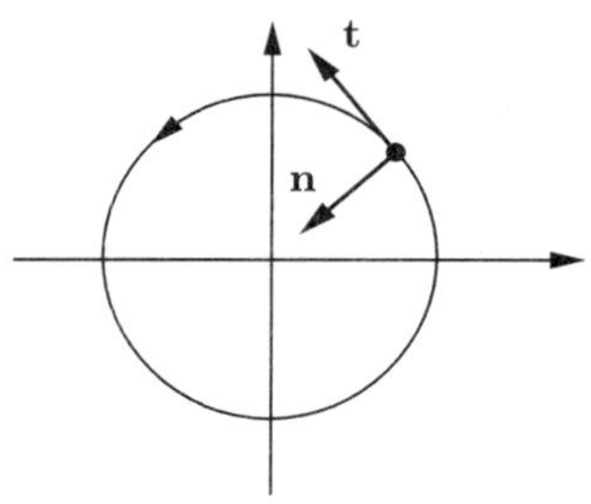

(1) $\widetilde{\kappa} > 0$

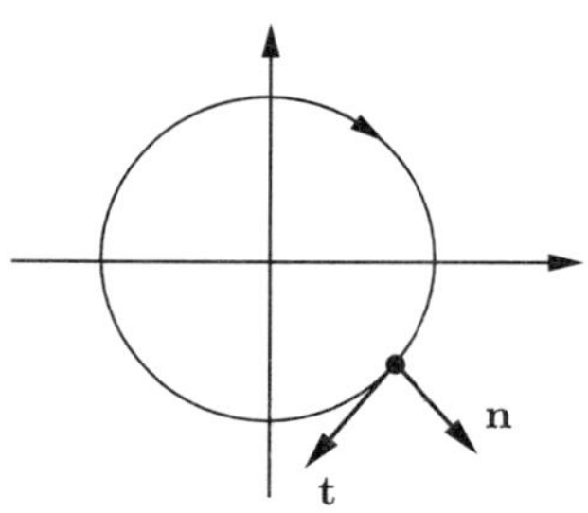

(2) $\widetilde{\kappa} < 0$

그림 3.3

정의 3.3.4

정칙곡선 $\boldsymbol{\beta}(t)$가 주기적이면, 즉 모든 t에 대해 $\boldsymbol{\beta}(t) = \boldsymbol{\beta}(t+a)$인 상수 a가 존재하면 $\boldsymbol{\beta}$를 **폐곡선**(closed curve)이라 한다. 이때 $\boldsymbol{\beta}(t) = \boldsymbol{\beta}(t+a)$을 만족하는 최소의 양수 a를 $\boldsymbol{\beta}$의 **주기**(period)라 한다.

보조정리 3.3.5

$\boldsymbol{\beta}$는 주기 a인 폐곡선이고 $\boldsymbol{\alpha}$는 $\boldsymbol{\beta}$를 호의 길이로 재매개화한 곡선이라 하자. 그러면 $\boldsymbol{\alpha}$는 주기가

$$L = \int_0^a \left| \frac{d\boldsymbol{\beta}}{dt} \right| dt$$

인 폐곡선이다.

증명 $s(t) = \int_0^t \left| \frac{d\boldsymbol{\beta}}{d\sigma} \right| d\sigma$ 이므로

$$\begin{aligned} s(t+a) &= \int_0^{t+a} \left| \frac{d\boldsymbol{\beta}}{d\sigma} \right| d\sigma \\ &= \int_0^{a} \left| \frac{d\boldsymbol{\beta}}{d\sigma} \right| d\sigma + \int_a^{t+a} \left| \frac{d\boldsymbol{\beta}}{d\sigma} \right| d\sigma \\ &= L + \int_0^{t} \left| \frac{d\boldsymbol{\beta}}{d\sigma} \right| d\sigma = L + s(t) \end{aligned}$$

이다. 그런데 $\boldsymbol{\alpha}(s(t)) = \boldsymbol{\beta}(t)$ 이므로

$$\boldsymbol{\alpha}(L + s(t)) = \boldsymbol{\alpha}(s(t+a)) = \boldsymbol{\beta}(t+a) = \boldsymbol{\beta}(t) = \boldsymbol{\alpha}(s(t)).$$

따라서 $\boldsymbol{\alpha}$는 폐곡선이다. 그리고 a는 모든 t에 대해 $\boldsymbol{\beta}(t+a) = \boldsymbol{\beta}(t)$을 만족하는 최소의 양수이므로 L은 모든 s에 대해 $\boldsymbol{\alpha}(s+L) = \boldsymbol{\alpha}(s)$을 만족하는 최소의 양수이다. 따라서 $\boldsymbol{\alpha}$의 주기는 L이다. ■

참고 단위속력폐곡선의 주기는 그것의 길이이다.

정의 3.3.6

정칙곡선 $\boldsymbol{\beta}$가 일대일이거나 또는 $\boldsymbol{\beta}(t_1) = \boldsymbol{\beta}(t_2)$일 필요충분조건이 어떤 정수 n에 대해 $t_1 - t_2 = na$인 주기 a인 폐곡선이면 $\boldsymbol{\beta}$를 **단순곡선**(simple curve)이라 한다.

참고 1. 폐곡선이 아닌 정칙곡선으로 자신과 만나지 않는 것도 단순곡선이라 한다.

2. 주기 a 인 정칙폐곡선으로 a 의 정수배에서만 자신과 만나는 것은 단순곡선이다.

예제 3.3.3 단위원은 길이 2π 인 단순폐곡선이다.

예제 3.3.4 팔자곡선 (figure eight) 은 단순곡선이 아니다. (그림 3.4)

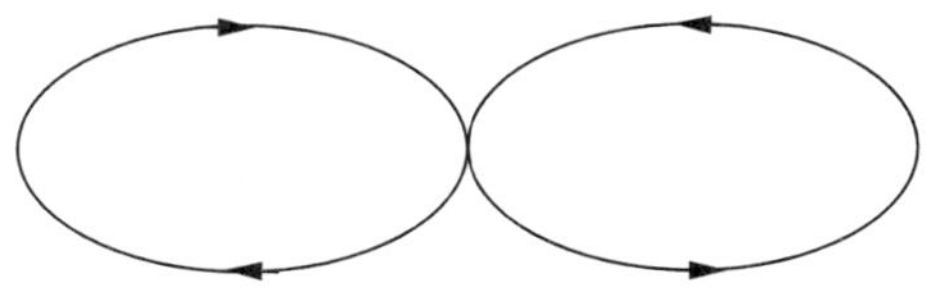

그림 3.4

$\boldsymbol{\alpha}(s)$ 가 주기가 L 인 폐곡선일 때 s 가 증가하는 방향으로 $\boldsymbol{\alpha}(s)$ 가 한 바퀴를 돌면 단위벡터 $\mathbf{t}$ 는 얼마만큼 회전할 것인가? 하는 것은 관심의 대상이다. 이것은 $\mathbf{t}(0) = \mathbf{t}(L)$ 이므로 2π 의 정수배인 각으로 표시된다. 이 정수를 찾기위해 어떤 표준형식을 택하자.

$\boldsymbol{\alpha}$ 를 평면 위의 단위속력 단순폐곡선이라 하자. $\boldsymbol{\alpha}$ 의 상은 상반평면에 놓이고 $\boldsymbol{\alpha}(0) = (0, 0)$ 이 되게 평면에서 우향좌표계를 택할 수 있다. 이 경우 $\mathbf{t}(0)$ 는 수평선과 평행하다.

$\theta(s)$ 를 $\mathbf{t}(s)$ 와 벡터 $\mathbf{e}_1$ 이 이루는 각이라 하자. 그러면 단위접벡터 $\mathbf{t}(s)$ 에 대해

$$\mathbf{t}(s) =< \mathbf{t}(s), \mathbf{e}_1 > \mathbf{e}_1 + < \mathbf{t}(s), \mathbf{e}_2 > \mathbf{e}_2 = (\cos\theta(s), \sin\theta(s))$$

라 할 수 있고, $\mathbf{t}$ 가 미분가능하므로 $\cos\theta(s)$ 와 $\sin\theta(s)$ 가 미분가능하다. 또한 $\theta(s)$ 가 연속이므로 $\theta(s)$ 도 미분가능하다. 이때 $\widetilde{\kappa}(s) =< \mathbf{t}', \mathbf{n} >= \theta'(s)$ 이다. (이 등식과 성질 3.3.3에서 $\kappa(s) = |\theta'(s)|$ 임을 알 수 있다.) 따라서

$$\theta(s) = \int_0^s \widetilde{\kappa}(\sigma) d\sigma.$$

참고 예제 3.3.1과 예제 3.3.2에서 $\widetilde{\kappa}$ 의 부호는 원의 방향에 따라 바뀌는 것을 알 수 있다. 일반적으로 다음이 성립한다.

(1) $\boldsymbol{\alpha}$가 $\mathbf{n}$ 방향으로 굽어있으면 $\widetilde{\kappa} > 0$이다.

(2) $\boldsymbol{\alpha}$가 $\mathbf{n}$ 반대방향으로 굽어있으면 $\widetilde{\kappa} < 0$이다.

왜냐하면 $\widetilde{\kappa}(s) = \theta'(s)$이므로 $\boldsymbol{\alpha}$가 $\mathbf{n}$ 방향으로 굽어있으면 $\theta(s)$가 증가하고, $\mathbf{n}$ 반대방향으로 굽어있으면 $\theta(s)$가 감소하기 때문이다. (그림 3.5)

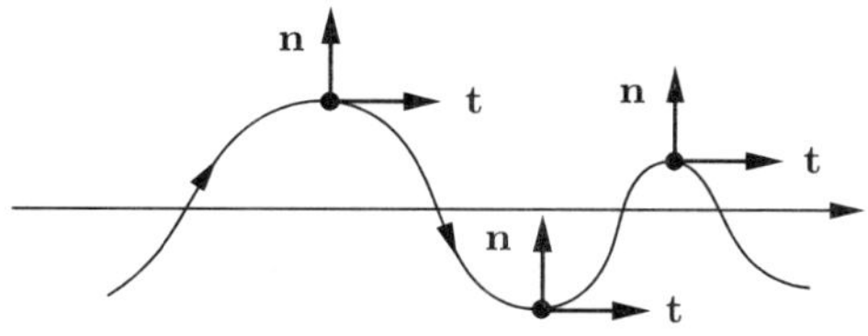

$\widetilde{\kappa} < 0$ $\widetilde{\kappa} > 0$ $\widetilde{\kappa} < 0$

그림 3.5

정의 3.3.7

다음을 만족하는 정수 I를 평면 위의 단위속력폐곡선의 **회전수**(rotation index)라 한다.

$$2\pi I = \int_0^L \widetilde{\kappa} ds = \theta(L) - \theta(0) = \theta(L)$$

이때 $\theta(L)$은 2π의 정수배이다.

예제 3.3.5 다음 곡선의 회전수는 각각 $1, -1, 0, 2$이다.

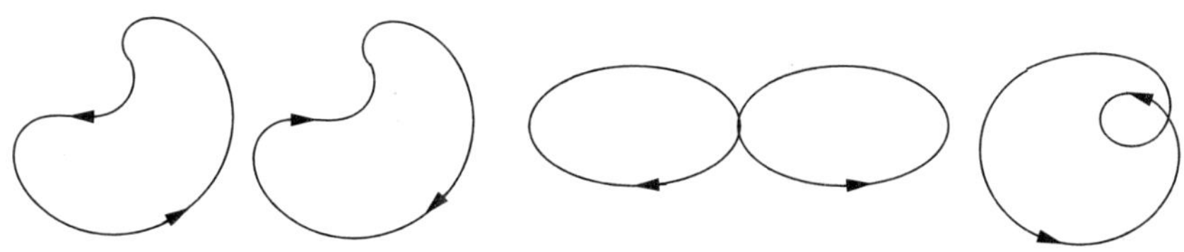

(1) (2) (3) (4)

그림 3.6

정리 3.3.8 **회전수 정리**

평면 위의 단순폐곡선의 회전수는 ± 1 이다.

증명 $\boldsymbol{\alpha} : [0, L] \longrightarrow \mathbb{R}^2$ 는 주기가 L 인 단순폐곡선이라 하자. 그리고 $0 \le u < v < L$ 에 대해 $\mathbf{v}(u, v)$ 을 $\boldsymbol{\alpha}(u)$ 에서 $\boldsymbol{\alpha}(v)$ 로 향하는 단위벡터라 하자. (그림 3.7)

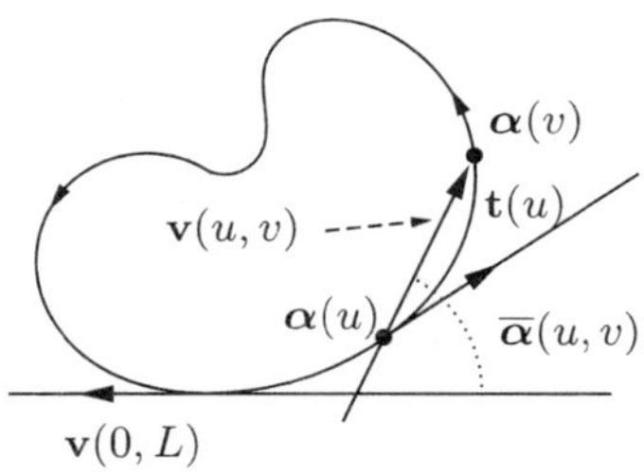

그림 3.7

그리고

$$\mathbf{v}(u, u) = \mathbf{t}(u), \quad \mathbf{v}(0, L) = -\mathbf{t}(0) = -\mathbf{t}(L)$$

이고 $\Delta = \{(u, v) \in \mathbb{R}^2 : 0 \le u < v < L\}$ 이라 하자. (그림 3.8)

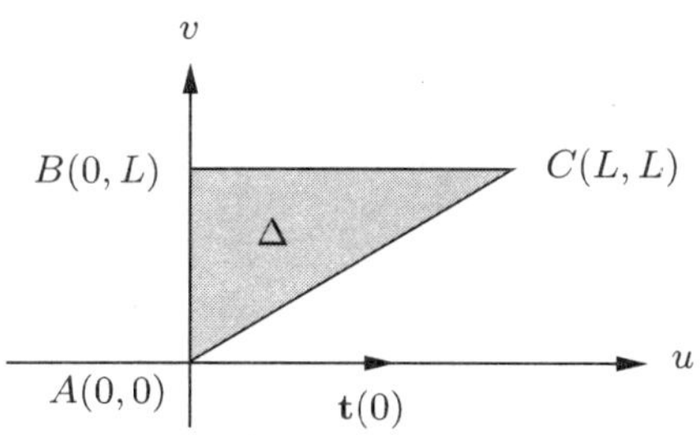

그림 3.8

그러면 $\mathbf{v}$ 는 영역 Δ 에서 C^2-급이다. $\overline{\boldsymbol{\alpha}}(u, v)$ 을 수평선과 $\mathbf{v}(u, v)$ 가 이루는 각이라 하자. 그러면 $\overline{\boldsymbol{\alpha}}(u, u) = \theta(u)$ 이다. $2\pi I = \theta(L)$ 이므로

$$2\pi I = \theta(L) - \theta(0) = \int_0^L \frac{d\theta}{ds} ds = \int_{\boldsymbol{\alpha}} d\theta.$$

$\overline{\boldsymbol{\alpha}}(u,u) = \theta(u)$ 이므로 $\int_{\boldsymbol{\alpha}} d\theta = \int_{\overline{AC}} d\overline{\boldsymbol{\alpha}}$ 이다. 그런데

$$d\overline{\boldsymbol{\alpha}} = d\overline{\boldsymbol{\alpha}}(u,v) = \frac{\partial \overline{\boldsymbol{\alpha}}}{\partial u}du + \frac{\partial \overline{\boldsymbol{\alpha}}}{\partial v}dv$$

이므로 Green 정리에 의하여

$$\int_{\overline{AC}+\overline{CB}+\overline{BA}} d\overline{\boldsymbol{\alpha}} = \iint_{\Delta} \left[\frac{\partial}{\partial u}\left(\frac{\partial \overline{\boldsymbol{\alpha}}}{\partial v}\right) - \frac{\partial}{\partial v}\left(\frac{\partial \overline{\boldsymbol{\alpha}}}{\partial u}\right)\right] dudv = 0.$$

즉,

$$\int_{\overline{AC}+\overline{CB}+\overline{BA}} d\overline{\boldsymbol{\alpha}} = \int_{\overline{AC}} d\overline{\boldsymbol{\alpha}} + \int_{\overline{CB}} d\overline{\boldsymbol{\alpha}} + \int_{\overline{BA}} d\overline{\boldsymbol{\alpha}} = 0.$$

따라서

$$\int_{\overline{AC}} d\overline{\boldsymbol{\alpha}} = \int_{\overline{AB}} d\overline{\boldsymbol{\alpha}} + \int_{\overline{BC}} d\overline{\boldsymbol{\alpha}}.$$

그런데 $\int_{\overline{AB}} d\overline{\boldsymbol{\alpha}}$ 는 곡선 $\boldsymbol{\alpha}$ 위에 있는 점 P 가 s 가 증가함에 따라 그 위를 움직이며 생기는 $\overrightarrow{OP}$ 가 회전한 각이다. $\boldsymbol{\alpha}$ 가 상반평면에 있으므로 $\overrightarrow{OP}$ 는 아래로 향할 수 없고 회전각은 πi 이다. 여기서 $i = \pm 1$ 이고, $\boldsymbol{\alpha}$ 가 시계반대방향으로 움직이면 $+1$, 시계방향으로 움직이면 -1 이다.

마찬가지로 $\int_{\overline{BC}} d\overline{\boldsymbol{\alpha}}$ 는 P 가 $\boldsymbol{\alpha}$ 위를 한 번 움직임에 따라 $\overrightarrow{PO}$ 가 회전한 각이다. $\overrightarrow{PO}$ 가 위로 향할 수 없기 때문에 이 적분값은 다시 πi 가 된다. 그러므로

$$2\pi I = \pi i + \pi i = 2\pi i$$

이다. 따라서 $I = \pm 1$ 이다. ■

예제 3.3.6 그림 3.9와 같은 단순폐곡선을 생각하자. 다음 표는 표시된 점에서 θ 의 값을 나타낸다.

점	A	B	C	D	E	F	G	H	I	J	K
θ	0	$\frac{\pi}{2}$	π	$\frac{3}{2}\pi$	2π	$\frac{3}{2}\pi$	π	$\frac{\pi}{2}$	π	$\frac{3}{2}\pi$	2π

$\theta(K) = 2\pi$ 이므로 이 곡선에 대해 $I = 1$ 이다.

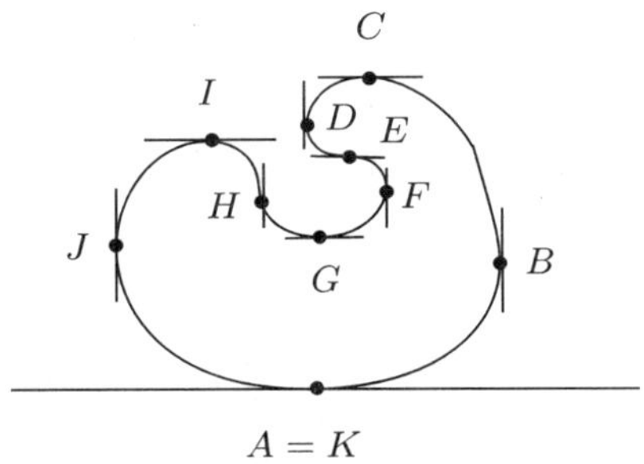

그림 3.9

성질 3.3.9

$\boldsymbol{\alpha}(s)$가 평면 위의 정칙인 단순폐곡선이면 **접원상**(tangent circular image)

$$\mathbf{t} : [0, L] \longrightarrow S^1$$

은 전사(onto)이다.

증명 $\boldsymbol{\alpha}$가 평면 위의 정칙인 단순폐곡선이므로 회전수는 ± 1이다. 회전수가 1이라 하자. 그러면 $\theta(0) = 0, \theta(L) = 2\pi$이다. $\theta(s)$가 연속이므로 $\theta : [0, L] \longrightarrow [0, 2\pi]$는 전사이다. 그런데 $\mathbf{t}(s) = (\cos\theta(s), \sin\theta(s))$이므로 접원상

$$\mathbf{t} : [0, L] \longrightarrow S^1 = \{(a, b) \in \mathbb{R}^2 : a^2 + b^2 = 1\}$$

는 전사이다. (그림 3.10)

마찬가지로 회전수가 -1이어도 성립한다. ■

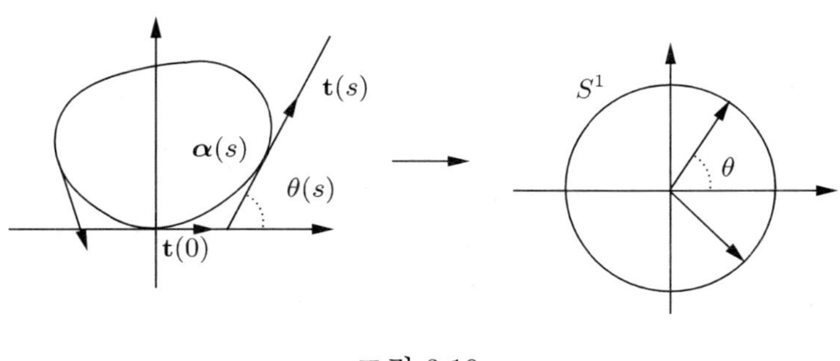

그림 3.10

정의 3.3.10

$\boldsymbol{\alpha} : [a, b] \longrightarrow \mathbb{R}^3$ 가 연속이고

$$a = s_0 < s_1 < \cdots < s_n = b$$

에 대해 $\boldsymbol{\alpha}|_{[s_i, s_{i+1}]}(i = 0, 1, 2, \ldots, n-1)$ 이 C^k-급 정칙곡선이면 $\boldsymbol{\alpha}$ 을 **C^k-급 조각적 정칙곡선**(piecewise C^k-regular curve)이라 한다.

평면 위의 조각적 정칙곡선 $\boldsymbol{\alpha}$ 의 접합점 $\boldsymbol{\alpha}(s_i)$ 에서

$$\mathbf{t}^-(s_i) = \lim_{s \to s_i^-} \mathbf{t}(s), \quad \mathbf{t}^+(s_i) = \lim_{s \to s_i^+} \mathbf{t}(s)$$

라 하고 $\mathbf{t}^-(s_i)$ 에서 $\mathbf{t}^+(s_i)$ 까지 각을 $\Delta\theta_i$ 로 나타내자. 그리고 $\delta\theta_i$ 을 $\mathbf{t}$ 가 $\boldsymbol{\alpha}|_{[s_i, s_{i+1}]}$ 을 회전한 각이라 하자. (그림 3.11)

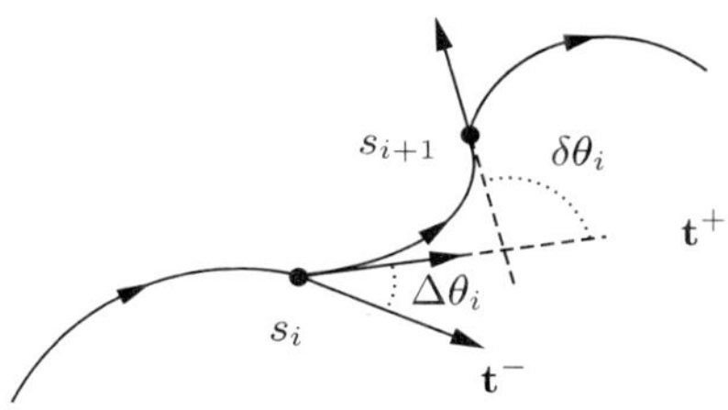

그림 3.11

그러면 다음과 같은 정의를 얻는다.

정의 3.3.11

조각적 정칙인 평면폐곡선 $\boldsymbol{\alpha}$ 에 대해

$$I = \frac{1}{2\pi}\left(\sum_{i=0}^{n-1} \delta\theta_i + \sum_{i=0}^{n-1} \Delta\theta_i\right)$$

인 I 을 $\boldsymbol{\alpha}$ 의 **회전수**(rotation index)라 한다.

예제 3.3.7 $\boldsymbol{\alpha}(t)$를 꼭지점이 $(0,0),(2,0),(1,1)$인 삼각형이라 하자. 즉,

$$\boldsymbol{\alpha}(t)=\begin{cases}(t,0), & 0\le t\le 2,\\(4-t,t-2), & 2\le t\le 3,\\(4-t,4-t), & 3\le t\le 4.\end{cases}$$

이때, $s_0=0, s_1=2, s_2=3, s_3=4$이다.

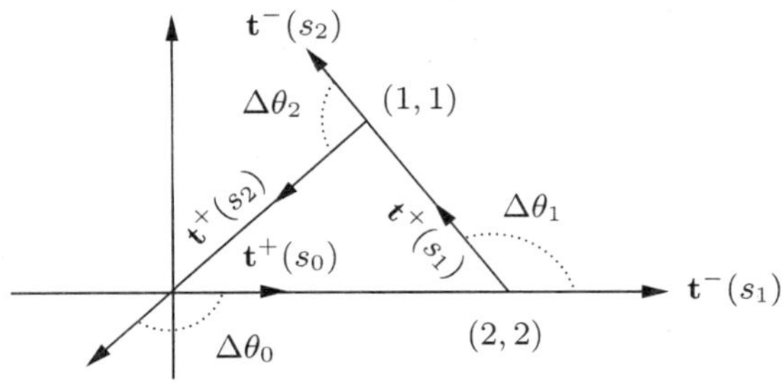

그림 3.12

각 선분 위에서 $\mathbf{t}$가 상수이므로 $\delta\theta_i=0$이고 $\sum_{i=0}^{2}\Delta\theta_i$는 삼각형의 외각의 합이므로 2π이다. 따라서 회전수는

$$I=\frac{\sum\delta\theta_i+\sum\Delta\theta_i}{2\pi}=1$$

이다.

참고 임의의 조각적 C^2-곡선 $\boldsymbol{\alpha}(s)$에 대해 $\widetilde{\kappa}(s)=\theta'(s)$이므로

$$\delta\theta_i=\int_{s_i}^{s_{i+1}}\widetilde{\kappa}ds,\quad I=\frac{1}{2\pi}\left[\int_{\boldsymbol{\alpha}}\widetilde{\kappa}ds+\sum_{i=0}^{n-1}\Delta\theta_i\right]$$

이다.

성질 3.3.12

만일 $\boldsymbol{\alpha}(s)$가 조각적 정칙이고 평면의 단순폐곡선이면 $I=\pm1$이다.

증명 Stoker 정리(1969)를 참고하라. ■

3.4 네 정점 정리

직선 ℓ은 평면 $\mathbb{R}^2$를

$$P_1 \cup P_2 = \mathbb{R}^2, \quad P_1 \cap P_2 = \ell$$

을 만족하는 반평면 P_1, P_2로 나눈다. 곡선 $\boldsymbol{\alpha}$의 상이 반평면 P_1 또는 P_2에 완전히 포함되면 $\boldsymbol{\alpha}$는 직선 ℓ의 한쪽에 놓였다고 한다.

정의 3.4.1

$\boldsymbol{\alpha}$를 정칙곡선이라 하자. 만일 $\boldsymbol{\alpha}$가 모든 접선의 한쪽에 놓이면 $\boldsymbol{\alpha}$을 **볼록**(convex)이라 한다.

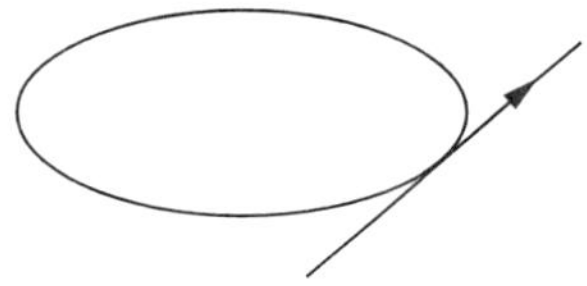

(1) 볼록곡선

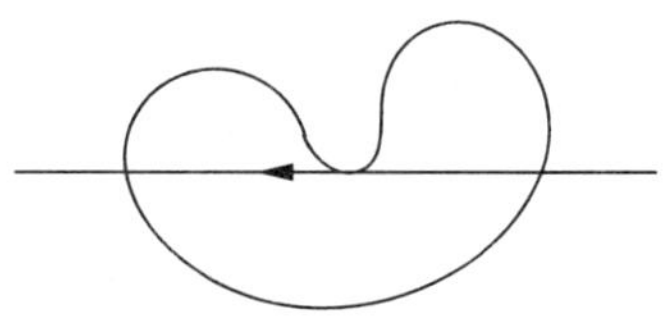

(2) 볼록곡선이 아니다.

그림 3.13

성질 3.4.2

단순평면폐곡선 $\boldsymbol{\alpha}(s)$가 볼록일 필요충분조건은 $\widetilde{\kappa}(s)$의 부호가 일정한 것이다.

증명 증명은 참고문헌 [5]를 참고하라. ■

$\widetilde{\kappa} = 0$인 곳에서 선분이나 고립점을 포함하지 않는 정칙이고 단순닫힌 볼록곡선에 대해 알아보자.

정의 3.4.3

$\widetilde{\kappa} > 0$이고 정칙인 평면의 단순폐곡선을 **난형선**(oval)이라 한다.

참고 난형선은 $\widetilde{\kappa}$의 부호가 변하지 않으므로 볼록곡선이다.

정의 3.4.4

$\widetilde{\kappa}$가 극대나 극소가 되는 정칙인 평면곡선 위의 점을 **정점**(vertex)이라 한다.

예제 **3.4.1** $\boldsymbol{\alpha}(t) = (2\cos t, \sin t)$는 타원이다. 이때

$$\widetilde{\kappa} = \kappa = \frac{|\dot{\boldsymbol{\alpha}} \times \ddot{\boldsymbol{\alpha}}|}{|\dot{\boldsymbol{\alpha}}|^3} = \frac{2}{\sqrt{(1+3\sin^2 t)^3}}$$

이므로 $t = 0, \frac{\pi}{2}, \pi, \frac{3}{2}\pi$ 일 때 $\widetilde{\kappa}$가 최대 또는 최소이다. 따라서 이 타원의 정점은 $t = 0, \frac{\pi}{2}, \pi, \frac{3\pi}{2}$ 일 때이다. 타원은 정확히 네 개의 정점을 갖는다. (그림 3.14)

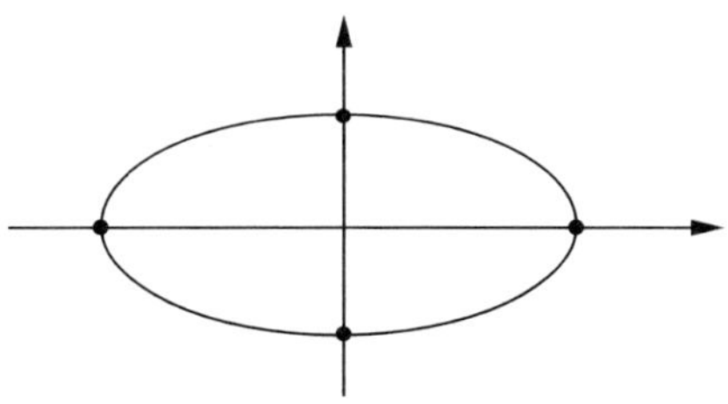

그림 3.14

보조정리 3.4.5

ℓ이 $\mathbb{R}^2$의 직선이면 다음을 만족하는 점 $\mathbf{a}, \mathbf{c} \neq \mathbf{0}$가 $\mathbb{R}^2$에 존재한다.

$$\mathbf{z} \in \ell \Longleftrightarrow < \mathbf{z} - \mathbf{a}, \mathbf{c} >= 0$$

증명 $\mathbf{0} \neq \mathbf{v} = (v_1, v_2) \in \mathbb{R}^2$에 대해

$$\ell : \boldsymbol{\alpha}(t) = \mathbf{z}_0 + t\mathbf{v}$$

라 하자. 이때 $\mathbf{a} = \mathbf{z}_0, \mathbf{c} = (-v_2, v_1)$이라 두면 된다. ■

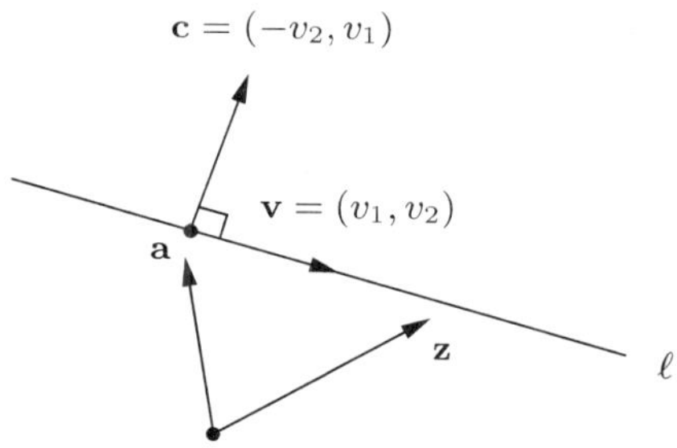

그림 3.15

정리 3.4.6 네 정점 정리

난형선 $\boldsymbol{\alpha}$ 위에는 적어도 네 개의 정점이 있다.

증명 $\widetilde{\kappa}$가 상수이면 $\boldsymbol{\alpha}$는 원이므로 모든 점이 정점이다.

$\widetilde{\kappa}$가 상수가 아니면 $\widetilde{\kappa}(s)$는 닫힌 집합에서 정의된 연속함수이므로 $\widetilde{\kappa}(s)$가 최대, 최소가 되는 서로 다른 점 A, B가 존재한다. 그리고 A와 B는 정점이다.

정점이 A, B 두 개 뿐이라 가정하자. 그리고 $A = \boldsymbol{\alpha}(0)$라 하고 ℓ은 A와 B를 잇는 직선이라 하자. 정점이 두 개 뿐이라 가정했으므로 $\boldsymbol{\alpha}$의 한 쪽 부분에서 $\widetilde{\kappa}' > 0$이고 다른 한 쪽 부분에서 $\widetilde{\kappa}' < 0$이다. 보조정리 3.4.5에 의해서

$$\mathbf{z} \in \ell \Longleftrightarrow < \mathbf{z} - \mathbf{a}, \mathbf{c} >= 0$$

인 $\mathbf{a}, \mathbf{c} \neq \mathbf{0}$가 $\mathbb{R}^2$에 존재한다.

$\widetilde{\kappa} > 0$이므로 $\boldsymbol{\alpha}$는 볼록이다. 따라서 ℓ과 $\boldsymbol{\alpha}$가 만나는 점은 A, B 두 개 뿐이다. 이때 $\boldsymbol{\alpha}$의 한 쪽에서는 $< \boldsymbol{\alpha}(s) - \mathbf{a}, \mathbf{c} >> 0$이고, $\boldsymbol{\alpha}$의 다른 한 쪽에서는 $< \boldsymbol{\alpha}(s) - \mathbf{a}, \mathbf{c} >< 0$이다. 그러므로 $\widetilde{\kappa}'(s) < \boldsymbol{\alpha} - \mathbf{a}, \mathbf{c} >$는 $\boldsymbol{\alpha}$ 위에서 부호가 변하지 않는다. 즉, $\widehat{\mathrm{AB}}$에서 $\widetilde{\kappa}' < 0, < \boldsymbol{\alpha} - \mathbf{a}, \mathbf{c} >< 0$이면 $\widehat{\mathrm{BA}}$에서는 $\widetilde{\kappa}' > 0$, $< \boldsymbol{\alpha} - \mathbf{a}, \mathbf{c} >> 0$이 되어 언제나 $\widetilde{\kappa}' < \boldsymbol{\alpha} - \mathbf{a}, \mathbf{c} >> 0$이 된다. (그림 3.16)

만일 $\widehat{\mathrm{AB}}$에서 $\widetilde{\kappa}' < 0, < \boldsymbol{\alpha} - \mathbf{a}, \mathbf{c} >> 0$이면 $\widehat{\mathrm{BA}}$에서는 $\widetilde{\kappa}' > 0, < \boldsymbol{\alpha} - \mathbf{a}, \mathbf{c} >< 0$이고 $\kappa' < \boldsymbol{\alpha} - \mathbf{a}, \mathbf{c} >< 0$이다. 따라서 어떤 점에서 $\widetilde{\kappa}' < \boldsymbol{\alpha} - \mathbf{a}, \mathbf{c} > \neq 0$이고, 부분적분법에 의해서

$$
\begin{aligned}
0 \neq \int_0^L \widetilde{\kappa}' < \boldsymbol{\alpha} - \mathbf{a}, \mathbf{c} > ds &= \Big[\widetilde{\kappa} < \boldsymbol{\alpha} - \mathbf{a}, \mathbf{c} > \Big]_0^L - \int_0^L \widetilde{\kappa} < \boldsymbol{\alpha}', \mathbf{c} > ds \\
&= 0 + \int_0^L < -\widetilde{\kappa}\mathbf{t}, \mathbf{c} > ds \\
&= \int_0^L < \mathbf{n}', \mathbf{c} > ds = \Big[< \mathbf{n}, \mathbf{c} > \Big]_0^L = 0
\end{aligned}
$$

이다. 이것은 모순이다. 따라서 정점은 두 개 이상이다. $\widetilde{\kappa}'$의 부호가 정점에서 바뀌므로 정점의 수는 짝수이고, 따라서 정점의 수는 적어도 네 개 이상이다. ■

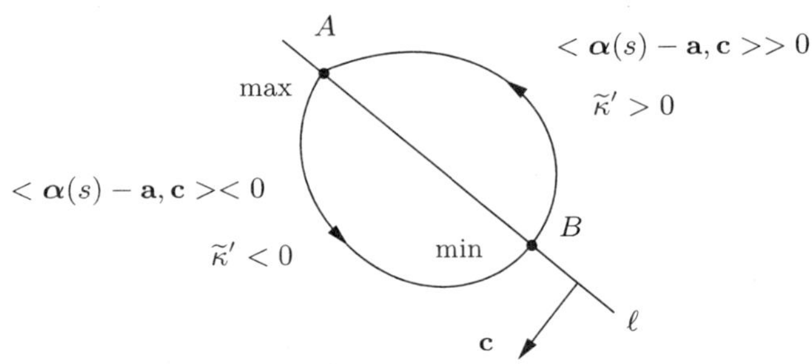

그림 3.16

참고 네 정점 정리는 난형선 뿐만 아니라 평면의 단순폐곡선에 대해서도 성립한다. 그런데 만일 "폐곡선" 또는 "단순곡선"이라는 가정을 생략하면 성립하지 않는다. 자세한 것은 참고문헌 [7]을 참고하라.

예제 3.4.2 극방정식 $r = 1 - 2\sin\theta$로 주어진 평면폐곡선에 대해 알아보자. 이 곡선은 단순곡선은 아니다. (그림 3.17)

직교좌표에서 이 곡선은 다음과 같이 매개화된다.

$$
\begin{aligned}
\boldsymbol{\beta}(\theta) &= (r\cos\theta, r\sin\theta, 0) \\
&= (\cos\theta - 2\sin\theta\cos\theta, \sin\theta - 2\sin^2\theta, 0).
\end{aligned}
$$

이때 $\boldsymbol{\beta}$에는 두 개의 정점만 존재함을 보이자.

수평선과 $\mathbf{t}$ 사이의 각 ϕ는 θ가 증가함에 따라 증가하므로 $\widetilde{\kappa} > 0$이고 $\widetilde{\kappa} = \kappa$이다.

$$\dot{\boldsymbol{\beta}} = (-\sin\theta - 2\cos^2\theta + 2\sin^2\theta, \cos\theta - 4\sin\theta\cos\theta, 0),$$

$$\ddot{\boldsymbol{\beta}} = (-\cos\theta + 8\sin\theta\cos\theta, -\sin\theta - 4\cos^2\theta + 4\sin^2\theta, 0),$$

$$\dot{\boldsymbol{\beta}} \times \ddot{\boldsymbol{\beta}} = (0, 0, 9 - 6\sin\theta),$$

$$|\dot{\boldsymbol{\beta}} \times \ddot{\boldsymbol{\beta}}| = 9 - 6\sin\theta,$$

$$|\dot{\boldsymbol{\beta}}| = \sqrt{5 - 4\sin\theta},$$

$$\widetilde{\kappa} = \kappa = \frac{|\dot{\boldsymbol{\beta}} \times \ddot{\boldsymbol{\beta}}|}{|\dot{\boldsymbol{\beta}}|^3} = (9 - 6\sin\theta)(5 - 4\sin^2\theta)^{-\frac{3}{2}},$$

$$\widetilde{\kappa}' = \frac{d\widetilde{\kappa}}{ds} = \frac{d\widetilde{\kappa}}{d\theta} \cdot \frac{d\theta}{ds} = \dot{\widetilde{\kappa}}\frac{d\theta}{ds} = (24\cos\theta - 12\cos\theta\sin\theta)(5 - 4\sin\theta)^{-\frac{5}{2}}\left(\frac{d\theta}{ds}\right).$$

따라서 $\widetilde{\kappa}' = 0$ 이면 $\cos\theta = 0$ 이다. 즉, $\boldsymbol{\beta}$의 정점은 $\theta = \frac{\pi}{2}, \frac{3\pi}{2}$ 일 때이므로 $\boldsymbol{\beta}$는 두 개의 정점만 갖는다.

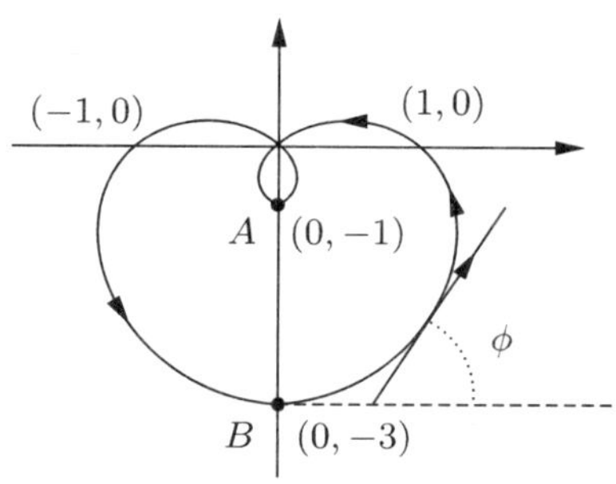

그림 3.17

$\boldsymbol{\alpha}$가 난형선이고 P는 $\boldsymbol{\alpha}$ 위의 점이라 하자. 성질 3.3.9에 의해 $\mathbf{t}$가 P에서 접벡터일 때 접벡터가 $-\mathbf{t}$가 되는 점 $\overline{P} \in \boldsymbol{\alpha}$가 존재한다. 즉, $\mathbf{t}(\overline{P}) = -\mathbf{t}(P)$인 점 $\overline{P}$가 존재한다. 따라서 P와 $\overline{P}$에서의 접선은 평행하다. 난형선은 볼록곡선이므로 이러한 $\overline{P}$는 유일하다. 이때 $\overline{P}$를 P의 **대점**(opposite point)이라 한다.

정의 3.4.7

$\boldsymbol{\alpha}$가 난형선일 때 점 $P = \boldsymbol{\alpha}(s)$와 대점 $\overline{P}$에서 평행한 두 접선 사이의 길이를 $\boldsymbol{\alpha}(s)$에서 $\boldsymbol{\alpha}$의 **두께**(width)라 한다. (그림 3.18)

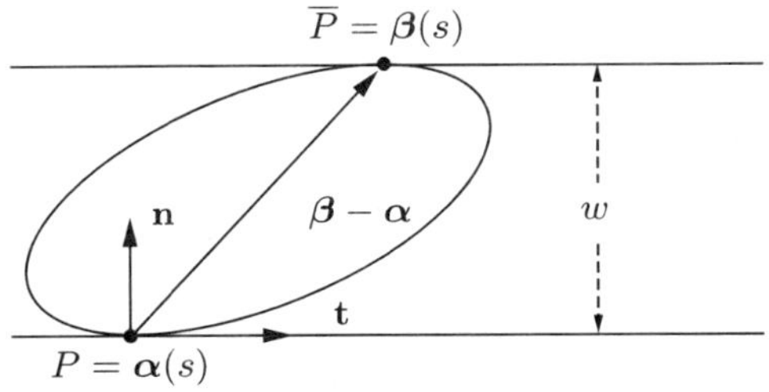

그림 3.18

정의 3.4.8

만일 P에서 두께가 P의 선택에 관계없이 일정하면 이 난형선은 **상수두께**(constant width)를 가졌다고 한다.

예제 3.4.3 원은 상수두께를 가지는 난형선이다.

예제 3.4.4 Wankel 엔진의 "피스톤"은 상수 두께를 가지는 조각적 미분가능한 곡선이다. (그림 3.19)

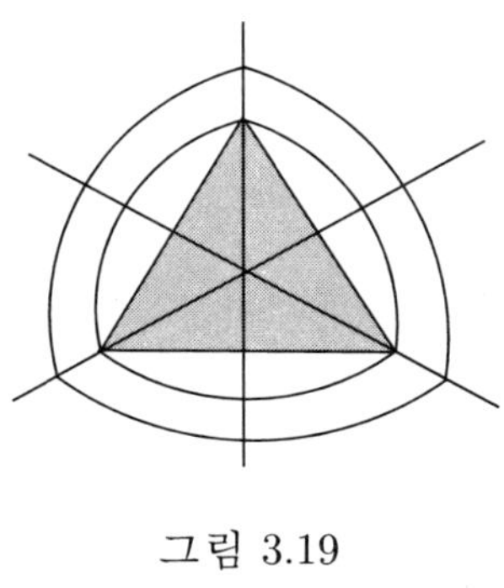

그림 3.19

다음 정리는 상수 두께를 가지는 난형선의 길이는 두께에 의존함을 보여준다.

정리 3.4.9 **Barbier, 1860**

$\boldsymbol{\alpha}$가 상수 두께 w를 가지는 난형선이면 $\boldsymbol{\alpha}$의 길이는 πw이다.

증명 $\boldsymbol{\beta}(s)$을 $\boldsymbol{\alpha}(s)$의 대점이라 하자. $\boldsymbol{\alpha}$가 원이 아니면 $\boldsymbol{\beta}(s)$는 단위속력곡선은 아니다. 그림 3.20에서 다음과 같은 관계식을 생각하자.

$$\boldsymbol{\beta}(s) - \boldsymbol{\alpha}(s) = v\mathbf{t}(s) + w\mathbf{n}(s) \tag{3.8}$$

이다. 여기서 $v = <\boldsymbol{\beta} - \boldsymbol{\alpha}, \mathbf{t}>$이고 $w = <\boldsymbol{\beta} - \boldsymbol{\alpha}, \mathbf{n}>$이다. (그림 3.20)

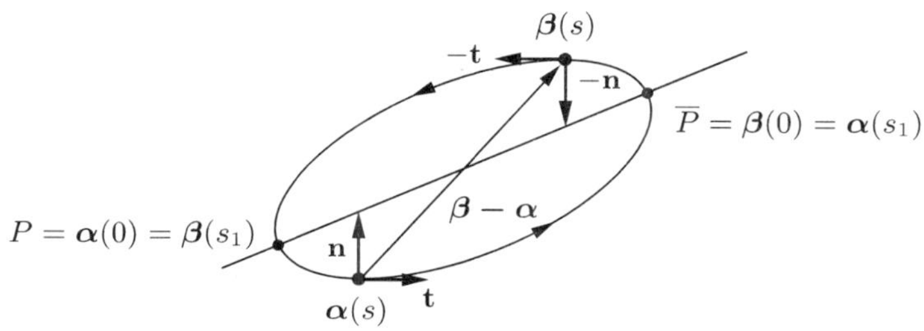

그림 3.20

$\boldsymbol{\beta}(s)$에서 단위접벡터는 $-\mathbf{t}(s)$이고 단위법벡터는 $-\mathbf{n}(s)$이다.

$\bar{s}$을 $\boldsymbol{\beta}$에 대한 호의 길이라 하면 $\dfrac{d\boldsymbol{\beta}}{d\bar{s}}$는 단위접벡터이다. 식 (3.8)을 $\bar{s}$에 대해 미분하자.

$$\begin{aligned}
-\mathbf{t}(s) &= \frac{d\boldsymbol{\beta}}{d\bar{s}} = \frac{d\boldsymbol{\beta}}{ds}\frac{ds}{d\bar{s}} \\
&= \frac{ds}{d\bar{s}}\frac{d(\boldsymbol{\alpha} + v\mathbf{t} + w\mathbf{n})}{ds} \\
&= \frac{ds}{d\bar{s}}(\mathbf{t} + v'\mathbf{t} + v\mathbf{t}' + w'\mathbf{n} + w\mathbf{n}') \\
&= \frac{ds}{d\bar{s}}(\mathbf{t} + v'\mathbf{t} + v\widetilde{\kappa}\mathbf{n} + w'\mathbf{n} - w\widetilde{\kappa}\mathbf{t}).
\end{aligned}$$

$\mathbf{t}$와 $\mathbf{n}$의 계수를 비교하면

$$\begin{aligned}
-1 &= \frac{ds}{d\bar{s}}(1 + v' - w\widetilde{\kappa}), \\
0 &= \frac{ds}{d\bar{s}}(v\widetilde{\kappa} + w')
\end{aligned}$$

을 얻는다. $\dfrac{ds}{d\bar{s}} \neq 0$이므로(연습문제 3.4.7)

$$\begin{aligned}
1 + v' - w\widetilde{\kappa} + \frac{d\bar{s}}{ds} &= 0, \\
v\widetilde{\kappa} + w' &= 0.
\end{aligned} \tag{3.9}$$

$\boldsymbol{\alpha}$가 상수 두께를 가지고 $\widetilde{\kappa} > 0$이므로 식 (3.9)에서 $v = 0$이다. 그리고 식 (3.9)에서 $1 + \dfrac{d\bar{s}}{ds} = w\widetilde{\kappa}$이다. $P = \boldsymbol{\alpha}(0), \overline{P} = \boldsymbol{\alpha}(s_1)$이라 하자. 그러면

$$\int_0^{s_1} \left(1 + \frac{d\bar{s}}{ds}\right) ds = \int_0^{s_1} w\widetilde{\kappa} ds.$$

따라서

$$\begin{aligned}\int_0^{s_1} ds + \int_0^{s=s_1} d\bar{s} &= w\int_0^{s_1} \widetilde{\kappa} ds \\ &= w\int_0^{s_1} \frac{d\theta}{ds} ds = w\pi.\end{aligned}$$

$\displaystyle\int_0^{s_1} ds$는 P에서 $\overline{P}$까지 $\boldsymbol{\alpha}$를 따라서 잰 길이이고 $\displaystyle\int_0^{s=s_1} d\bar{s}$는 $\overline{P}$에서 P까지 $\boldsymbol{\beta}$를 따라서 잰 길이, 즉 $\overline{P}$에서 P까지 $\boldsymbol{\alpha}$를 따라서 잰 길이와 같으므로 $\boldsymbol{\alpha}$의 길이는 $w\pi$이다. ■

참고 정리 3.4.9의 증명에서 $\boldsymbol{\beta}(s)$를 단위속력곡선이라 하자. 그러면 $v = 0$이므로 $\boldsymbol{\beta}(s) = \boldsymbol{\alpha}(s) + w\mathbf{n}(s)$이다. 따라서

$$\frac{d\boldsymbol{\beta}}{ds} = \frac{d\boldsymbol{\alpha}}{ds} + w\frac{d\mathbf{n}}{ds} = (1 - w\widetilde{k})\mathbf{t}.$$

그런데 $\left|\dfrac{d\boldsymbol{\beta}}{ds}\right| = 1$이므로 $|1 - w\widetilde{k}| = 1$이다. 그리고 $w\widetilde{k} \neq 0$이므로 $1 - w\widetilde{k} = -1$이고, 따라서 $\widetilde{k} = \dfrac{2}{w} > 0$이므로 $\boldsymbol{\alpha}(s)$는 원이다.

따름정리 3.4.10

$\boldsymbol{\alpha}$가 상수 두께를 가지는 난형선이면 P와 $\overline{P}$을 지나는 직선은 P와 $\overline{P}$에서 접선과 수직이다.

증명 정리 3.4.9의 증명에서 $v = 0$임을 보였다. 따라서

$$\boldsymbol{\beta}(s) - \boldsymbol{\alpha}(s) = v\mathbf{t} + w\mathbf{n} = w\mathbf{n}.$$

즉, $\overrightarrow{P\overline{P}} = w\mathbf{n}$이다. ■

연습문제 3.4

3.4.1 만일 $\boldsymbol{\alpha}(s)$가 난형선이면 적어도 네 개의 점에서 $\mathbf{t}$와 $\mathbf{t}''$이 평행함을 보여라.

3.4.2 예제 3.4.1에서 오직 주어진 점에서만 $\widetilde{\kappa}' = 0$이 됨을 보여라. $\boldsymbol{\alpha}$는 단위속력곡선이 아님에 주의하라.

3.4.3 정점의 정의는 매개화에 관계없음을 보여라.

3.4.4 "닫힌"이라는 가정을 생략하면 네 정점 정리가 성립하지 않음을 포물선 $\boldsymbol{\alpha}(t) = (t, t^2)$을 이용해서 보여라.

3.4.5 $\boldsymbol{\alpha}$를 상수 두께를 가지는 난형선이라 하자. 대점에서 곡률반경 $\dfrac{1}{\widetilde{\kappa}}$의 합은 점의 선택에 관계없이 상수임을 보여라.

3.4.6 $\boldsymbol{\alpha}(s)$는 길이 L인 단위속력곡선이라 하자. 그리고 θ는 x축과 접벡터 $\mathbf{t}(s)$ 사이의 각이라 하자. 다음을 보여라.

(1) $\theta : [0, L] \longrightarrow [0, 2\pi]$는 재매개화이다. $\left(\text{힌트: } \theta = \int \widetilde{\kappa} ds\right)$

(2) $\boldsymbol{\gamma}(\theta)$는 θ로 매개화되어 있는 같은 난형선이라 하자. 즉, $\boldsymbol{\alpha}(s) = \boldsymbol{\gamma}(\theta(s))$. 그러면 $\boldsymbol{\alpha}(s)$의 대점은 $\boldsymbol{\beta}(s) = \boldsymbol{\gamma}(\theta(s) + \pi)$이다.

(3) $\boldsymbol{\beta}$는 정칙이다.

(4) $\boldsymbol{\gamma}(\theta)$에서 $\boldsymbol{\gamma}$의 두께를 $w(\theta)$라 하자. 만일 $\boldsymbol{\gamma}$의 길이가 L이면 $\int_0^{2\pi} d\theta = 2L$이다. (힌트: 식 (3.9)의 첫 번째 식을 이용하라.)

3.4.7 $\boldsymbol{\gamma}(\theta)$는 연습문제 3.4.6에 주어진 θ로 매개화된 난형선이라 하자. 이때

$$\frac{d^2 w}{d\theta^2} + w = \frac{1}{\widetilde{\kappa}(\theta)} + \frac{1}{\widetilde{\kappa}(\theta + \pi)}$$

이 성립함을 보여라. (힌트: $\widetilde{\kappa}(\theta + \pi)$는 $\boldsymbol{\gamma}(\theta)$의 대점에서 곡률이다.)

제 4 장

곡면의 국소적 이론(I)

이 장에서는 먼저 곡면에 대해 정의할 것이다. 곡면은 국소적으로 유클리드 평면의 조각처럼 보인다는 생각에 기초한다. 이때 곡면에 대한 연구는 곡면에 있는 곡선에 대한 연구를 바탕으로 하므로 곡면에서 곡선의 길이를 정의하고 곡선의 곡률에 대한 연구로부터 시작한다.

곡면에서 곡률에 대한 연구는 두 가지 방법으로 전개된다.

첫 번째 방법은 곡면을 무한히 많은 곡선으로 나누고, 이 곡선들의 곡률을 측정하는 것이다.

두 번째 방법은 곡면의 법벡터가 얼마나 변하는지 측정하는 것이다.

제 2장에서는 곡선의 곡률, 열률, 그리고 곡선의 국소적 개념에 대해 알아보았고, 제 3장에서는 회전수와 볼록성과 같은 곡선의 대역적인 움직임에 대해 알아보았다. 곡면의 연구에서도 이와 비슷하다.

먼저 곡면의 국소적 움직임, 즉 주어진 점 근방에서 곡면의 움직임에 대해 알아볼 것이다. 그후에 곡면 전체의 움직임에 대해 알아볼 것이다.

4.1 좌표조각

곡선이론과 곡면이론 사이에는 바로 알 수 있는 차이가 있다. 곡선이론에서는 주어진 곡선에 대해 자연스런 기하학적 매개화, 즉 호의 길이로 매개화하고, 이 매개화를 통하여 곡선 위의 모든 점들에 대한 성질을 나타내는데 이용할 수 있지만, 곡면에서는 자연스런 기하학적 매개화가 존재하지 않는다. 특히, 한 가지 방법으로 곡면 전체를 나타내는 매개화를 찾는 것은 거의 불가능하다.

정의 4.1.1

$U \subset \mathbb{R}^2$ 라 하자. 임의의 점 $(a,b) \in \mathbb{R}^2$ 에 대해

$$\{(x,y) \in \mathbb{R}^2 : (x-a)^2 + (y-b)^2 < \varepsilon^2\} \subset U$$

인 양수 ε 이 존재하면 U 을 **열린 집합**(open set)이라 한다.

예제 4.1.1 $U = \{(x,y) : x^2 + y^2 < 1\}$ 은 $\mathbb{R}^2$ 에서 열린 집합이다.

정의 4.1.2

U 는 좌표가 u_1, u_2 인 좌표평면 $\mathbb{R}^2$ 의 열린 집합이고 $\mathbf{x} : U \longrightarrow \mathbb{R}^3$ 가 C^k-급 $(k \geq 1)$ 이고 일대일이라 하자. 만일 U 에서

$$\frac{\partial \mathbf{x}}{\partial u_1} \times \frac{\partial \mathbf{x}}{\partial u_2} \neq \mathbf{0} \tag{4.1}$$

이면 $\mathbf{x}$ 을 C^k-급 **좌표조각**(coordinate patch) 또는 **단순곡면**(simple surface)이라 한다.

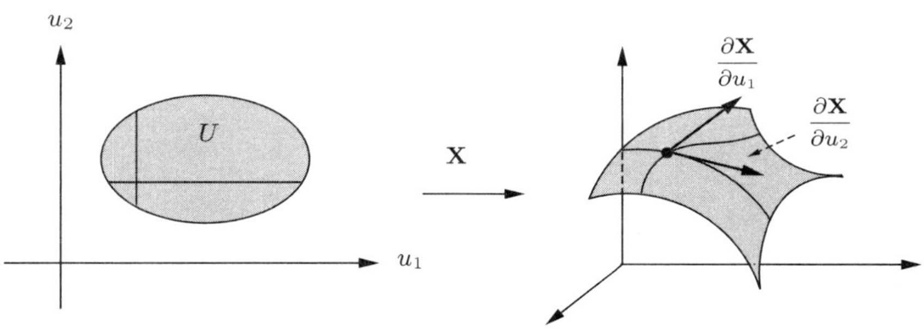

그림 4.1

참고 단순곡면은 C^k-급 정칙곡선과 유사하다. 정칙곡선에서 개구간 (a,b)와 정칙이 되기 위한 조건 $\dfrac{d\boldsymbol{\alpha}}{dt} \neq \mathbf{0}$은 각각 단순곡면에서 열린 집합 U와 조건

$$\frac{\partial \mathbf{x}}{\partial u_1} \times \frac{\partial \mathbf{x}}{\partial u_2} \neq \mathbf{0}$$

로 대치되었다.

예제 4.1.2 $f(u_1,u_2)$는 $\mathbb{R}^2$의 열린 집합 U에서 정의된 C^k-급 이변수함수라 하자. 그리고 $\mathbf{x}(u_1,u_2) = (u_1,u_2,f(u_1,u_2))$라 하자. 그러면 $\mathbf{x}$는 C^k-급이고 일대일이다. 또한

$$\begin{aligned}\frac{\partial \mathbf{x}}{\partial u_1} \times \frac{\partial \mathbf{x}}{\partial u_2} &= \left(1,0,\frac{\partial f}{\partial u_1}\right) \times \left(0,1,\frac{\partial f}{\partial u_2}\right) \\ &= \left(-\frac{\partial f}{\partial u_2}, -\frac{\partial f}{\partial u_1}, 1\right) \neq \mathbf{0}\end{aligned}$$

이므로 $\mathbf{x}$는 단순곡면이다.

정의 4.1.3

$f(u_1,u_2)$가 $\mathbb{R}^2$의 열린 집합 U에서 정의된 C^k-급 이변수함수일 때 함수

$$\mathbf{x}(u_1,u_2) = (u_1,u_2,f(u_1,u_2))$$

의 그래프를 Monge **조각**(Monge patch)이라 한다.

예제 4.1.3 $U = \{(u_1,u_2) \in \mathbb{R}^2 : u_1^2 + u_2^2 < 1\}$이고

$$\mathbf{x}(u_1,u_2) = \left(u_1,u_2,\sqrt{1-u_1^2-u_2^2}\right)$$

이라 하자. 그러면 $\mathbf{x}$의 상은 단위구면 $S^2 \subset \mathbb{R}^3$의 상반구(upper half sphere)이다.

예제 4.1.4 $V = \left\{(v_1,v_2) \in \mathbb{R}^2 : -\dfrac{\pi}{2} < v_1 < \dfrac{\pi}{2}, -\pi < v_2 < \pi\right\}$라 하자. 그리고

$$\mathbf{y}(v_1,v_2) = (\cos v_1 \cos v_2, \cos v_1 \sin v_2, \sin v_1)$$

이라 하자. 그러면 $\mathbf{y}$에 의한 V의 상은 S^2에서 경도(meridian)가 $180°$인 부분을 제거한 것이다. (그림 4.2)

$$\frac{\partial \mathbf{y}}{\partial v_1} \times \frac{\partial \mathbf{y}}{\partial v_2} = (-\sin v_1 \cos v_2, -\sin v_1 \sin v_2, \cos v_1) \times (-\cos v_1 \sin v_2, \cos v_1 \cos v_2, 0)$$
$$= (-\cos^2 v_1 \cos v_2, -\cos^2 v_1 \sin v_2, -\sin v_1 \cos v_1).$$

구간 $\left(-\frac{\pi}{2}, \frac{\pi}{2}\right)$에서 $\cos v_1 \neq 0$이고, $\sin v_2 = 0$이면 $\cos v_2 \neq 0$이므로 V에서

$$\frac{\partial \mathbf{y}}{\partial v_1} \times \frac{\partial \mathbf{y}}{\partial v_2} \neq \mathbf{0}.$$

그런데 $\mathbf{y}$가 일대일이므로 $\mathbf{y}$는 단순곡면이다.

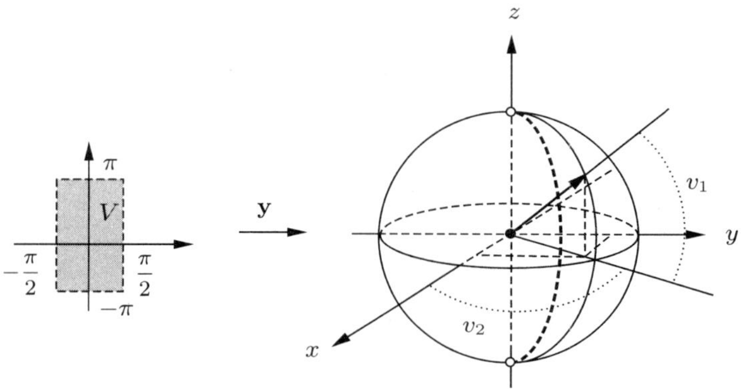

그림 4.2

예제 4.1.5 $\mathbf{x} : U \longrightarrow \mathbb{R}^3$를 $\mathbf{x}(u_1, u_2) = (u_1^2, u_2^2, u_1 u_2)$로 정의하자. 그러면

$$\frac{\partial \mathbf{x}}{\partial u_1} \times \frac{\partial \mathbf{x}}{\partial u_2} = (2u_1, 0, u_2) \times (0, 2u_2, u_1)$$
$$= (-2u_2^2, -2u_1^2, 4u_1 u_2).$$

그런데 점 $(0,0)$에서는

$$\frac{\partial \mathbf{x}}{\partial u_1} \times \frac{\partial \mathbf{x}}{\partial u_2} = (0, 0, 0)$$

이 되므로 $\mathbf{x}$는 단순곡면이 아니다. 뿐만 아니라 $\mathbf{x}(1,2) = \mathbf{x}(-1,-2)$이므로 $\mathbf{x}$는 일대일도 아니다.

그러나

$$U = \{(u_1, u_2) \in \mathbb{R}^2 : u_1 > 0, u_2 > 0\}$$

이면 $\mathbf{x} : U \longrightarrow \mathbb{R}^3$는 단순곡면이다.

정의 4.1.4

U, V가 $\mathbb{R}^2$의 열린 집합일 때 $f : V \longrightarrow U$가 C^k-급 전단사(one-to-one, onto) 함수이고 f의 역함수 $g : U \longrightarrow V$가 C^k-급 함수이면 f를 **C^k-급 좌표변환**(coordinate transformation)이라 한다.

성질 4.1.5

$f : V \longrightarrow U$가 C^k-급 좌표변환이고 $g : U \longrightarrow V$를 f의 역함수라 하자. 그리고 U에서 좌표는 u_1, u_2, V에서 좌표는 v_1, v_2이고 $f(v_1, v_2) = (f_1(v_1, v_2), f_2(v_1, v_2))$, $g(u_1, u_2) = (g_1(u_1, u_2), g_2(u_1, u_2))$라 하자. 그러면

$$\sum_{\alpha=1}^{2} \frac{\partial f_i}{\partial v_\alpha} \frac{\partial g_\alpha}{\partial u_j} = \delta_{ij}, \quad \text{또는} \quad \sum_{\alpha=1}^{2} \frac{\partial u_i}{\partial v_\alpha} \frac{\partial v_\alpha}{\partial u_j} = \delta_{ij}. \tag{4.2}$$

따라서 $\det(J(f)) \neq 0$이다.

증명 g는 f의 역함수이므로 $f \circ g(u_1, u_2) = (u_1, u_2)$이다. 따라서

$$f_1(g_1(u_1, u_2), g_2(u_1, u_2)) = u_1,$$

$$f_2(g_1(u_1, u_2), g_2(u_1, u_2)) = u_2$$

이고, 연쇄법칙에 의해 다음 방정식을 얻는다.

$$\frac{\partial f_1(v_1, v_2)}{\partial u_1} = \frac{\partial f_1}{\partial v_1}\frac{\partial g_1}{\partial u_1} + \frac{\partial f_1}{\partial v_2}\frac{\partial g_2}{\partial u_1} = 1, \quad \frac{\partial f_1(v_1, v_2)}{\partial u_2} = \frac{\partial f_1}{\partial v_1}\frac{\partial g_1}{\partial u_2} + \frac{\partial f_1}{\partial v_2}\frac{\partial g_2}{\partial u_2} = 0,$$
$$\frac{\partial f_2(v_1, v_2)}{\partial u_1} = \frac{\partial f_2}{\partial v_1}\frac{\partial g_1}{\partial u_1} + \frac{\partial f_2}{\partial v_2}\frac{\partial g_2}{\partial u_1} = 0, \quad \frac{\partial f_2(v_1, v_2)}{\partial u_2} = \frac{\partial f_2}{\partial v_1}\frac{\partial g_1}{\partial u_2} + \frac{\partial f_2}{\partial v_2}\frac{\partial g_2}{\partial u_2} = 1.$$

따라서 식 (4.2)가 성립한다. ■

이러한 좌표변환은 곡선이론에서 재매개화처럼 곡면이론에서 중요한 역할을 한다.

보조정리 4.1.6

$\mathbf{x} : U \longrightarrow \mathbb{R}^3$를 단순곡면이라 하고 $f : V \longrightarrow U$를 좌표변환이라 하면

$$\mathbf{y} = \mathbf{x} \circ f : V \longrightarrow \mathbb{R}^3$$

는 $\mathbf{x}$의 상과 같은 상을 가지는 단순곡면이다.

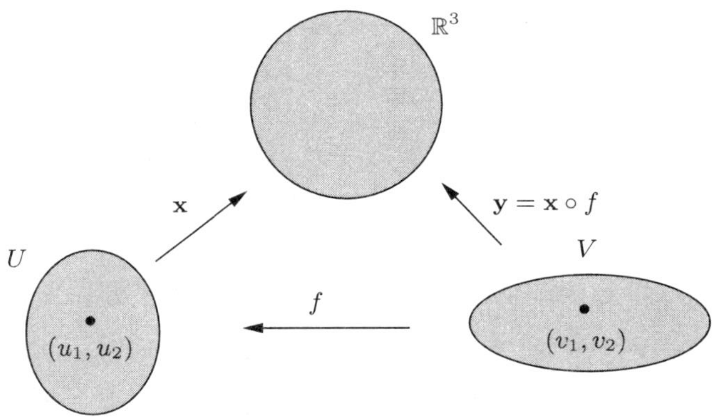

그림 4.3

증명 $\mathbf{x}$와 f가 일대일이므로 $\mathbf{y}$도 일대일이고

$$\mathbf{y}(V) = \mathbf{x} \circ f(V) = \mathbf{x}(U)$$

이다. 그리고 $f(v_1, v_2) = (f_1(v_1, v_2), f_2(v_1, v_2))$이면 연쇄법칙에 의해서

$$\frac{\partial \mathbf{y}}{\partial v_\alpha} = \frac{\partial \mathbf{x}}{\partial u_1}\frac{\partial f_1}{\partial v_\alpha} + \frac{\partial \mathbf{x}}{\partial u_2}\frac{\partial f_2}{\partial v_\alpha} = \sum_{i=1}^{2} \frac{\partial \mathbf{x}}{\partial u_i}\frac{\partial f_i}{\partial v_\alpha}.$$

f가 좌표변환이고 $\mathbf{x}$가 단순곡면이므로

$$\begin{aligned}\frac{\partial \mathbf{y}}{\partial v_1} \times \frac{\partial \mathbf{y}}{\partial v_2} &= \sum_{i=1}^{2} \frac{\partial \mathbf{x}}{\partial u_i}\frac{\partial f_i}{\partial v_1} \times \sum_{j=1}^{2} \frac{\partial \mathbf{x}}{\partial u_j}\frac{\partial f_j}{\partial v_2} \\ &= \frac{\partial \mathbf{x}}{\partial u_1} \times \frac{\partial \mathbf{x}}{\partial u_2}\left(\frac{\partial f_1}{\partial v_1}\frac{\partial f_2}{\partial v_2} - \frac{\partial f_1}{\partial v_2}\frac{\partial f_2}{\partial v_1}\right) \qquad (4.3) \\ &= \det(J(f))\,\frac{\partial \mathbf{x}}{\partial u_1} \times \frac{\partial \mathbf{x}}{\partial u_2} \neq \mathbf{0}.\end{aligned}$$

따라서 $\mathbf{y}$는 단순곡면이다. ■

예제 4.1.6 U와 V를

$$U = \{(u_1, u_2) \in \mathbb{R}^2 : u_1^2 + u_2^2 < 1\},$$

$$V = \{(v_1, v_2) \in \mathbb{R}^2 : v_1^2 + v_2^2 < 1\}$$

라 하고 $\mathbf{x}, \mathbf{y}$를 다음과 같이 정의하자.

$$\mathbf{x}(u_1, u_2) = \left(u_1, u_2, \sqrt{1 - u_1^2 - u_2^2}\right),$$

$$\mathbf{y}(v_1, v_2) = \left(v_1, -\sqrt{1 - v_1^2 - v_2^2}, v_2\right).$$

그리고 $\widetilde{U}, \widetilde{V}$를 다음과 같이 두자.

$$\widetilde{U} = \{(u_1, u_2) \in U : u_2 < 0\},$$

$$\widetilde{V} = \{(v_1, v_2) \in V : v_2 > 0\}.$$

만일 $f : \widetilde{V} \longrightarrow \widetilde{U}$를

$$f(v_1, v_2) = \left(v_1, -\sqrt{1 - v_1^2 - v_2^2}\right)$$

로 정의하면 f의 역변환 $g : \widetilde{U} \longrightarrow \widetilde{V}$는

$$g(u_1, u_2) = \left(u_1, \sqrt{1 - u_1^2 - u_2^2}\right)$$

과 같이 주어진다. f가 전단사이고 미분가능하므로 g도 미분가능하다. 그러므로 f는 좌표변환이고 f의 야코비안은

$$J(f) = \left(\frac{\partial f_i}{\partial v_\alpha}\right) = \begin{pmatrix} \dfrac{\partial f_1}{\partial v_1} & \dfrac{\partial f_1}{\partial v_2} \\ \dfrac{\partial f_2}{\partial v_1} & \dfrac{\partial f_2}{\partial v_2} \end{pmatrix}$$

$$= \begin{pmatrix} 1 & 0 \\ \dfrac{v_1}{\sqrt{1 - v_1^2 - v_2^2}} & \dfrac{v_2}{\sqrt{1 - v_1^2 - v_2^2}} \end{pmatrix}$$

이다. 그런데 $v_2 \neq 0$이므로 $\det(J(f)) \neq 0$이고

$$\mathbf{x} \circ f(v_1, v_2) = \mathbf{x}\left(v_1, -\sqrt{1 - v_1^2 - v_2^2}\right)$$

$$= \left(v_1, -\sqrt{1 - v_1^2 - v_2^2}, v_2\right) = \mathbf{y}(v_1, v_2)$$

이다.

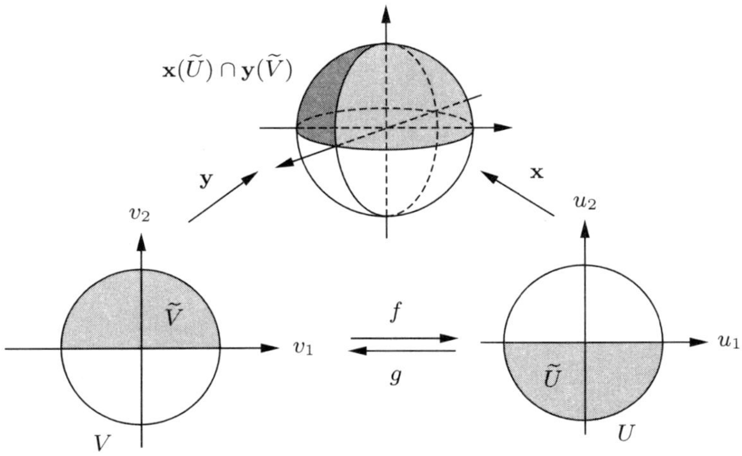

그림 4.4

참고 이제부터 다음과 같은 기호를 사용하자.

$$\mathbf{x}_1 = \frac{\partial \mathbf{x}}{\partial u_1}, \quad \mathbf{x}_2 = \frac{\partial \mathbf{x}}{\partial u_2}$$

따라서 만일 $\mathbf{x} : U \longrightarrow \mathbb{R}^3$ 가 단순곡면이면 U 의 모든 점에서

$$\mathbf{x}_1 \times \mathbf{x}_2 \neq \mathbf{0}$$

이다.

정의 4.1.7

$\mathbf{x} : U \longrightarrow \mathbb{R}^3$ 가 단순곡면일 때 $P = \mathbf{x}(a, b)$ 을 지나고 $\mathbf{x}_1(a, b) \times \mathbf{x}_2(a, b)$ 에 수직인 평면을 P 에서 **접평면**(tangent plane)이라 하고 P 에서 접평면에 수직인 벡터

$$\mathbf{n}(a, b) = \frac{\mathbf{x}_1 \times \mathbf{x}_2}{|\mathbf{x}_1 \times \mathbf{x}_2|}$$

을 점 P 에서 곡면에 대한 **단위법벡터**(unit normal vector)라 한다.

$\mathbf{x}$ 가 단순곡면일 때 $\{\mathbf{x}_1, \mathbf{x}_2, \mathbf{n}\}$ 은 일차독립이므로 $\mathbb{R}^3$ 에서 기저이다. 이것이 곡면에서의 역할은 곡선에서 Frenet-Serret 구조 $\{\mathbf{T}, \mathbf{N}, \mathbf{B}\}$ 의 역할과 동일하다. 그러나

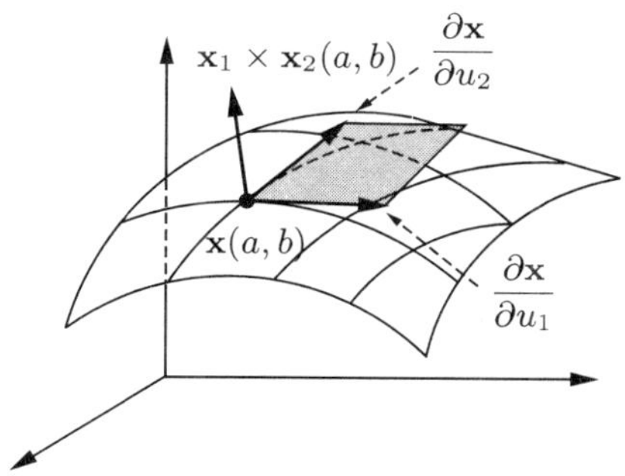

그림 4.5

$\{\mathbf{x}_1, \mathbf{x}_2, \mathbf{n}\}$ 은 정규직교기저가 아니다.

성질 4.1.8

$\mathbf{x} : U \longrightarrow \mathbb{R}^3$ 를 단순곡면이라 하고 $f : V \longrightarrow U$ 를 좌표변환이라 하자. 그리고 $\mathbf{y} = \mathbf{x} \circ f$ 라 하자.

(1) $P = \mathbf{x}(f(a,b))$ 에서 단순곡면 $\mathbf{x}$ 의 접평면은 $\mathbf{y}(a,b)$ 에서 단순곡면 $\mathbf{y}$ 의 접평면이다.

(2) P 에서 곡면 $\mathbf{x}$ 에 대한 법벡터는 P 에서 곡면 $\mathbf{y}$ 에 대한 법벡터와 크기는 같고 방향은 같거나 또는 반대방향이다.

증명 (1) $\mathbf{x} \circ f(v_1, v_2) = \mathbf{y}(v_1, v_2)$ 이므로

$$\frac{\partial \mathbf{y}}{\partial v_1} \times \frac{\partial \mathbf{y}}{\partial v_2} = \det(J(f)) \frac{\partial \mathbf{x}}{\partial u_1} \times \frac{\partial \mathbf{x}}{\partial u_2}$$

$\mathbf{z} = \mathbf{x}_1 \times \mathbf{x}_2$ 라 하면 $\mathbf{z} \perp \mathbf{x}_1, \mathbf{z} \perp \mathbf{x}_2$ 이고 $\mathbf{z} \perp \mathbf{y}_1, \mathbf{z} \perp \mathbf{y}_2$ 이다. 그러므로 $\mathbf{x}_1 \times \mathbf{x}_2$ 에 수직인 평면은 $\mathbf{y}_1 \times \mathbf{y}_2$ 에 수직이다.

(2) 식 (4.3) 에 의해 P 에서 $\mathbf{x}$ 에 대한 법벡터는

$$\begin{aligned}\mathbf{n}_{\mathbf{x}}(f(a,b)) &= \frac{\mathbf{x}_1 \times \mathbf{x}_2}{|\mathbf{x}_1 \times \mathbf{x}_2|} \\ &= \frac{|\det J(f)|}{\det J(f)} \cdot \frac{\mathbf{y}_1 \times \mathbf{y}_2}{|\mathbf{y}_1 \times \mathbf{y}_2|} = \pm \mathbf{n}_{\mathbf{y}}(a,b)\end{aligned}$$

이다. ■

따라서 P 에서 접평면은 내재적 불변량(intrinsic invariant) 이다.

예제 4.1.7 $U = \{(u_1, u_2) \in \mathbb{R}^2 : u_1^2 + u_2^2 < 1\}$ 이고 $\mathbf{x}(u_1, u_2) = \left(u_1, u_2, \sqrt{1 - u_1^2 - u_2^2}\right)$ 이라 하면 $\mathbf{x}$는 단위구 S^2의 상반구이다. 이때

$$\mathbf{x}_1 = \left(1, 0, -\frac{u_1}{\sqrt{1 - u_1^2 - u_2^2}}\right), \mathbf{x}_2 \ = \left(0, 1, -\frac{u_2}{\sqrt{1 - u_1^2 - u_2^2}}\right)$$

이므로

$$\begin{aligned} \mathbf{n} &= \frac{\mathbf{x}_1 \times \mathbf{x}_2}{|\mathbf{x}_1 \times \mathbf{x}_2|} \\ &= \left(\frac{u_1}{\sqrt{1 - u_1^2 - u_2^2}}, \frac{u_2}{\sqrt{1 - u_1^2 - u_2^2}}, 1\right) \Bigg/ \left|\left(\frac{u_1}{\sqrt{1 - u_1^2 - u_2^2}}, \frac{u_2}{\sqrt{1 - u_1^2 - u_2^2}}, 1\right)\right| \\ &= \left(u_1, u_2, \sqrt{1 - u_1^2 - u_2^2}\right). \end{aligned}$$

따라서 $\mathbf{x}_0$을 지나고 $\mathbf{n}$에 수직인 접평면의 방정식은 $< \mathbf{x} - \mathbf{x}_0, \mathbf{n} >= 0$ 이다. 만일 $P = \mathbf{x}\left(\frac{1}{2}, \frac{1}{2}\right)$ 이면

$$\begin{aligned} \left\langle \mathbf{x} - \left(\frac{1}{2}, \frac{1}{2}, \frac{1}{\sqrt{2}}\right), \left(\frac{1}{2}, \frac{1}{2}, \frac{1}{\sqrt{2}}\right)\right\rangle &= \frac{1}{2}\left(x - \frac{1}{2}\right) + \frac{1}{2}\left(y - \frac{1}{2}\right) + \frac{1}{\sqrt{2}}\left(z - \frac{1}{\sqrt{2}}\right) \\ &= 0. \end{aligned}$$

즉, 접평면의 방정식은 $x + y + \sqrt{2}z = 2$ 이다. (그림 4.6)

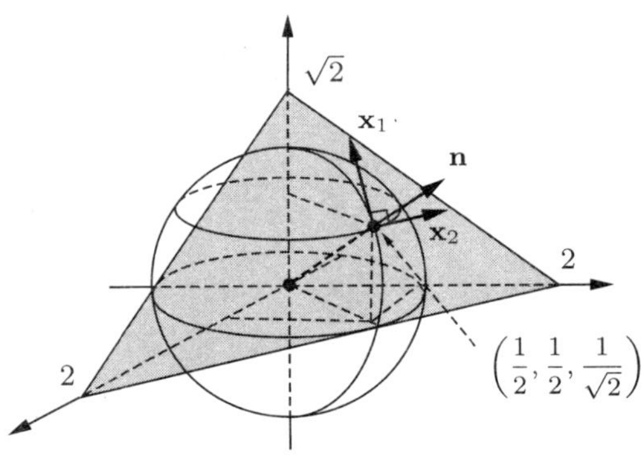

그림 4.6

예제 4.1.8 Monge 조각 $\mathbf{x}(u_1, u_2) = (u_1, u_2, u_1 u_2)$ 에서는

$$\mathbf{x}_1(u_1, u_2) = (1, 0, u_2), \quad \mathbf{x}_2 = (0, 1, u_1)$$

이고

$$\mathbf{x}_1 \times \mathbf{x}_2 = (-u_2, -u_1, 1),$$
$$\mathbf{n} = \frac{\mathbf{x}_1 \times \mathbf{x}_2}{|\mathbf{x}_1 \times \mathbf{x}_2|} = \frac{(-u_2, -u_1, 1)}{\sqrt{u_1^2 + u_2^2 + 1}}$$

이다. 따라서 점 $\mathbf{x}(1,2) = (1,2,2)$에서 접평면의 방정식은

$$\left\langle \mathbf{x} - (u_1, u_2, u_1 u_2), \frac{(-u_2, -u_1, 1)}{\sqrt{u_1^2 + u_2^2 + 1}} \right\rangle \Bigg|_{(1,2)} = \frac{1}{\sqrt{6}} \{-2(x-1) - (y-2) + (z-2)\}$$
$$= 0$$

이다. 즉, 접평면의 방정식은

$$2x + y - z = 2$$

이다.

예제 4.1.8에서 접평면과 곡면이 만나는 부분은 직선

$$\begin{cases} \boldsymbol{\alpha}(t) = \mathbf{x}(t, 2) = (t, 2, 2t), \\ \boldsymbol{\beta}(t) = \mathbf{x}(1, t) = (1, t, t) \end{cases}$$

의 일부이다.

정의 4.1.9

$\mathbf{x} : U \longrightarrow \mathbb{R}^3$가 단순곡면이고 $P = \mathbf{x}(a, b)$라 하자. 만일 $\mathbf{X}$가 P를 지나는 곡면 $\mathbf{x}(U)$ 위의 어떤 곡선에 대한 속도벡터이면 $\mathbf{X}$를 곡면에 대한 **접벡터**(tangent vector)라 한다. 즉, 임의의 양수 ε에 대해 $\boldsymbol{\alpha}(0) = P$, $\dfrac{d\boldsymbol{\alpha}}{dt}(0) = \mathbf{X}$인 곡선

$$\boldsymbol{\alpha} : (-\varepsilon, \varepsilon) \longrightarrow \mathbf{x}(U), \boldsymbol{\alpha}(t) = \mathbf{x}(\alpha_1(t), \alpha_2(t)) \ (\alpha_1, \alpha_2 \in C^1)$$

이 존재하면 $\mathbf{X}$를 단순곡면 $\mathbf{x}$의 접벡터라 한다.

보조정리 4.1.10

단순곡면 $\mathbf{x} : U \longrightarrow \mathbb{R}^3$ 위의 점 P에서 모든 접벡터의 집합은 벡터공간이다.

증명 $\mathbf{X}$와 $\mathbf{Y}$를 점 $P \in \mathbf{x}(U)$에서 접벡터라 하자. 그러면 $\boldsymbol{\alpha}(0) = \boldsymbol{\beta}(0) = P = \mathbf{x}(a, b)$이고 $\dfrac{d\boldsymbol{\alpha}}{dt}(0) = \mathbf{X}$, $\dfrac{d\boldsymbol{\beta}}{dt}(0) = \mathbf{Y}$인 $t = 0$ 근방에서 정의된 $\mathbf{x}(U)$ 위의 곡선 $\boldsymbol{\alpha}, \boldsymbol{\beta}$가 존재한다.

$$\boldsymbol{\alpha}(t) = \mathbf{x}(\alpha_1(t), \alpha_2(t)), \quad \boldsymbol{\beta}(t) = \mathbf{x}(\beta_1(t), \beta_2(t))$$

라 하자. 그러면

$$\begin{aligned}\mathbf{X} &= \frac{d\mathbf{x}}{dt}(\alpha_1(0), \alpha_2(0)) = \frac{\partial \mathbf{x}}{\partial u_1}\frac{d\alpha_1}{dt}(0) + \frac{\partial \mathbf{x}}{\partial u_2}\frac{d\alpha_2}{dt}(0), \\ \mathbf{Y} &= \frac{d\mathbf{x}}{dt}(\beta_1(0), \beta_2(0)) = \frac{\partial \mathbf{x}}{\partial u_1}\frac{d\beta_1}{dt}(0) + \frac{\partial \mathbf{x}}{\partial u_2}\frac{d\beta_2}{dt}(0).\end{aligned}$$

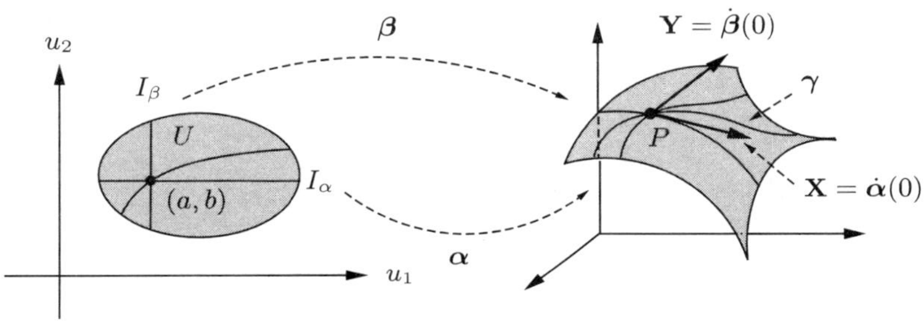

그림 4.7

$\boldsymbol{\gamma}(t) = \mathbf{x}(\alpha_1(t) + \beta_1(t) - a, \alpha_2(t) + \beta_2(t) - b)$라 하자. $\alpha_1(0) = \beta_1(0) = a$, $\alpha_2(0) = \beta_2(0) = b$이므로 $|t|$가 아주 작으면 $\boldsymbol{\gamma}(t)$가 정의되고 $\mathbf{x}(U)$ 위에 놓인다. 그리고

$$\begin{aligned}\frac{d\boldsymbol{\gamma}}{dt} &= \frac{d\mathbf{x}(u_1, u_2)}{dt} \\ &= \frac{\partial \mathbf{x}}{\partial u_1}\frac{d}{dt}(\alpha_1(t) + \beta_1(t) - a) + \frac{\partial \mathbf{x}}{\partial u_2}\frac{d}{dt}(\alpha_2(t) + \beta_2(t) - b) \\ &= \frac{\partial \mathbf{x}}{\partial u_1}\left(\frac{d\alpha_1}{dt} + \frac{d\beta_1}{dt}\right) + \frac{\partial \mathbf{x}}{\partial u_2}\left(\frac{d\alpha_2}{dt} + \frac{d\beta_2}{dt}\right) \\ &= \left(\frac{\partial \mathbf{x}}{\partial u_1}\frac{d\alpha_1}{dt} + \frac{\partial \mathbf{x}}{\partial u_2}\frac{d\alpha_2}{dt}\right) + \left(\frac{\partial \mathbf{x}}{\partial u_1}\frac{d\beta_1}{dt} + \frac{\partial \mathbf{x}}{\partial u_2}\frac{d\beta_2}{dt}\right).\end{aligned}$$

따라서

$$\frac{d\boldsymbol{\gamma}}{dt}(0) = \dot{\boldsymbol{\gamma}}(0) = \mathbf{X} + \mathbf{Y}.$$

$\boldsymbol{\gamma}(0) = \mathbf{x}(a, b) = P$이므로 $\mathbf{X} + \mathbf{Y}$는 P에서 접벡터이다.

$\boldsymbol{\eta}(t) = \boldsymbol{\alpha}(rt)(r \in \mathbb{R})$ 이고 $|t|$ 가 충분히 작으면 $\boldsymbol{\eta}$ 는 $t = 0$ 근방에서 정의되고 곡면 $\mathbf{x}$ 위에 있다. 그리고

$$\boldsymbol{\eta}(0) = \frac{d}{dt}\boldsymbol{\alpha}(rt) = r\frac{d\boldsymbol{\alpha}}{dt}(rt).$$

$\boldsymbol{\eta}(0) = \boldsymbol{\alpha}(0) = P$ 이고 $\dfrac{d\boldsymbol{\eta}}{dt}(0) = r\mathbf{X}$ 이므로 $r\mathbf{X}$ 도 P 에서 접벡터이다.

따라서 P 에서 모든 접벡터의 모임은 벡터공간이다. ■

정의 4.1.11

단순곡면 $\mathbf{x} : U \longrightarrow \mathbb{R}^3$ 와 $P = \mathbf{x}(a,b)$ 에 대해 $\boldsymbol{\alpha}(u_1) = \mathbf{x}(u_1, b)$ 을 u_1-**곡선**, $\boldsymbol{\beta}(u_2) = \mathbf{x}(a, u_2)$ 을 u_2-**곡선**이라 한다. 그리고 이 곡선들을 **매개곡선**(parametric curve)이라 한다.

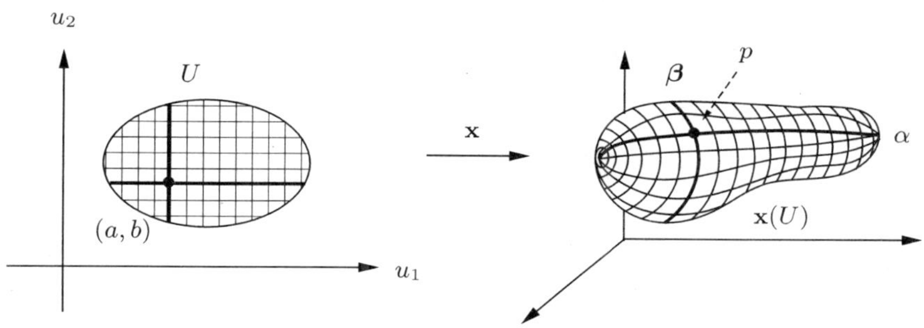

그림 4.8

만일 모든 u_1-곡선과 u_2-곡선이 수직으로 만나면 좌표조각 $\mathbf{x}$ 를 **직교좌표조각** 또는 **수직망**(othogonal net)이라 한다. 즉, 모든 점에서 $\mathbf{x}_1$ 과 $\mathbf{x}_2$ 가 수직이면 $\mathbf{x}$ 을 수직망이라 한다.

참고 U 에서 사각형 격자의 상은 $\mathbf{x}(U)$ 에서 격자이다. 이것을 $\mathbf{x}(U)$ 에서 **곡선좌표계**(curvillinear coordinate system)라 한다. 이때 격자선은 매개곡선이다. (그림 4.8)

예제 4.1.9 $\mathbf{x}$ 를 다음과 같이 주어진 상반구라 하자.

$$\mathbf{x}(u_1, u_2) = \left(u_1, u_2, \sqrt{1 - u_1^2 - u_2^2}\right).$$

이때 $P = \mathbf{x}(a, b)$을 지나는 u_1-곡선은

$$\boldsymbol{\alpha}(u_1) = \left(u_1, b, \sqrt{1 - u_1^2 - b^2}\right)$$

이고 u_2-곡선은

$$\boldsymbol{\beta}(u_2) = \left(a, u_2, \sqrt{1 - a^2 - u_2^2}\right)$$

이다.

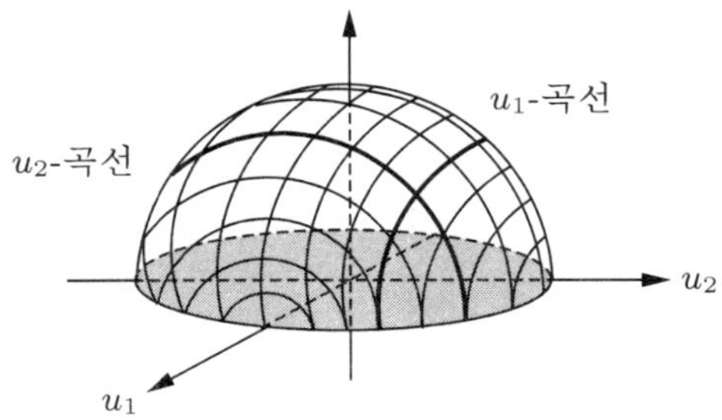

그림 4.9

정의 4.1.12

(1) $\dfrac{d\boldsymbol{\alpha}}{du_1}(a) = \dfrac{\partial \mathbf{x}}{\partial u_1}(a, b) = \mathbf{x}_1(a, b)$을 $u_1 = a$에서 u_1-곡선 $\boldsymbol{\alpha}(u_1) = \mathbf{x}(u_1, b)$의 **속도벡터**라 한다.

(2) $\dfrac{d\boldsymbol{\beta}}{du_2}(b) = \dfrac{\partial \mathbf{x}}{\partial u_2}(a, b) = \mathbf{x}_2(a, b)$을 $u_2 = b$에서 u_2-곡선 $\boldsymbol{\beta}(u_2) = \mathbf{x}(a, u_2)$의 **속도벡터**라 한다.

$\mathbf{x}_1(a, b)$와 $\mathbf{x}_2(a, b)$는 $\mathbf{x}(a, b)$에서 접벡터이다. 따라서 $\mathbf{x}$가 단순곡면이면 $\{\mathbf{x}_1(a, b), \mathbf{x}_2(a, b)\}$는 2차원 벡터공간의 기저이다.

성질 4.1.13

기저가 $\{\mathbf{x}_1(a, b), \mathbf{x}_2(a, b)\}$인 벡터공간은 점 P에서 접평면과 평행하다.

증명 정의에 의해서 P에서 접평면은 $\mathbf{n}(a,b)$에 수직이다. 그리고

$$\mathbf{n}(a,b) = \frac{\mathbf{x}_1(a,b) \times \mathbf{x}_2(a,b)}{|\mathbf{x}_1(a,b) \times \mathbf{x}_2(a,b)|}$$

이므로 $\mathbf{n}(a,b)$는 $\mathbf{x}_1(a,b), \mathbf{x}_2(a,b)$에 수직이다. 따라서 $\mathbf{n}(a,b)$는 $\mathbf{x}_1(a,b)$와 $\mathbf{x}_2(a,b)$로 만들어지는 평면에 수직이다. 그러므로 두 평면은 평행하다. ■

참고 P에서 곡면 $\mathbf{x}$의 접벡터들의 벡터공간은 P에서의 접평면이다.

성질 4.1.13의 증명에서 곡면 $\mathbf{x}$의 접벡터 $\mathbf{X}$는 $\mathbf{X} = \sum_{i=1}^{2} X_i \mathbf{x}_i$로 나타낼 수 있음을 알 수 있다.

$f : V \longrightarrow U$는 좌표변환이고 $\mathbf{y} = \mathbf{x} \circ f$라 하자. 그러면 $\mathbf{X} = \sum_{\alpha=1}^{2} Y_\alpha \mathbf{y}_\alpha$로 나타낼 수 있다. 이때 $\{X_1, X_2\}$, $\{Y_1, Y_2\}$ 사이의 관계에 대해 알아보자.

성질 4.1.14

$f : V \longrightarrow U$는 좌표변환이라 하고 $\mathbf{y} = \mathbf{x} \circ f$라 하자. 그러면

$$X_i = \sum_{\alpha=1}^{2} Y_\alpha \frac{\partial u_i}{\partial v_\alpha}, \ Y_\alpha = \sum_{i=1}^{2} X_i \frac{\partial v_\alpha}{\partial u_i} \quad (i, \alpha = 1, 2)$$

가 성립한다.

증명 $\mathbf{y}_\alpha = \sum_i \frac{\partial u_i}{\partial v_\alpha} \mathbf{x}_i$이므로

$$\sum_i X_i \mathbf{x}_i = \mathbf{X} = \sum_{i,\alpha} Y_\alpha \left(\frac{\partial u_i}{\partial v_\alpha} \mathbf{x}_i \right) = \sum_{i,\alpha} \left(Y_\alpha \frac{\partial u_i}{\partial v_\alpha} \right) \mathbf{x}_i.$$

$\mathbf{x}_1$과 $\mathbf{x}_2$가 일차독립이므로

$$X_i = \sum_\alpha Y_\alpha \frac{\partial u_i}{\partial v_\alpha} \tag{4.4}$$

을 얻는다. 식 (4.4) 양변에 $\frac{\partial v_\beta}{\partial u_i}$을 곱하고 i에 대해 더하면

$$\sum_i X_i \frac{\partial v_\beta}{\partial u_i} = \sum_{i,\alpha} Y_\alpha \frac{\partial u_i}{\partial v_\alpha} \frac{\partial v_\beta}{\partial u_i} = Y_\beta$$

이 성립한다. ■

성질 4.1.14에서 알 수 있듯이 v-좌표계에서 벡터 $\mathbf{X}$의 성분을 안다면 $f : V \longrightarrow U$의 야코비안을 곱해서 u-좌표계에서 좌표를 구할 수 있다. 즉,

$$\begin{pmatrix} X_1 \\ X_2 \end{pmatrix} = \begin{pmatrix} \dfrac{\partial u_1}{\partial v_1} & \dfrac{\partial u_1}{\partial v_2} \\ \dfrac{\partial u_2}{\partial v_1} & \dfrac{\partial u_2}{\partial v_2} \end{pmatrix} \begin{pmatrix} Y_1 \\ Y_2 \end{pmatrix}$$

또는

$$\begin{pmatrix} Y_1 \\ Y_2 \end{pmatrix} = \begin{pmatrix} \dfrac{\partial v_1}{\partial u_1} & \dfrac{\partial v_1}{\partial u_2} \\ \dfrac{\partial v_2}{\partial u_1} & \dfrac{\partial v_2}{\partial u_2} \end{pmatrix} \begin{pmatrix} X_1 \\ X_2 \end{pmatrix}$$

이 성립한다.

정의 4.1.15

S^2을 중심이 $(0,0,1)$인 단위구라 하자. $P = (u,v,w) \in S^2$를 P와 북극점 $N = (0,0,2)$를 지나는 직선과 $\mathbb{R}^2$의 교점으로 사상하는

$$\Pi : S^2 - \{(0,0,2)\} \longrightarrow \mathbb{R}^2$$

을 **극사영**(streographic projection)이라 한다. (그림 4.10)

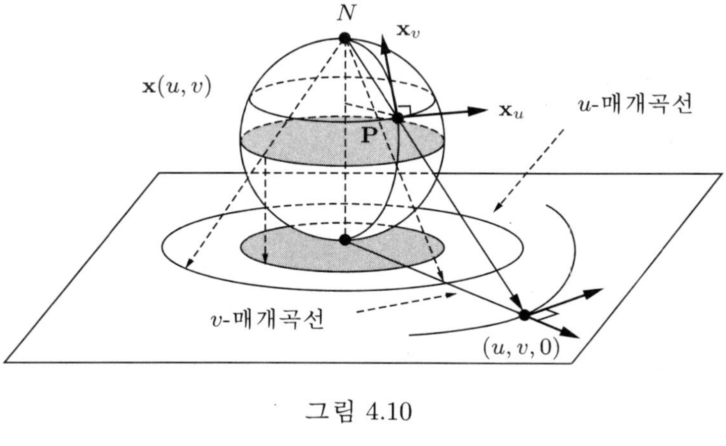

그림 4.10

예제 4.1.10 $S^2 = \{(x,y,z) \in \mathbb{R}^3 : x^2+y^2+(z-1)^2 = 1\}$ 이고 $\mathbb{R}^2 = \{(x,y,z) \in \mathbb{R}^3 : z = 0\}$ 이라 하자. 그리고 $(x,y,z) \in S^2 - \{N\}$ 에 대해 $\Pi(x,y,z) = (u,v,0)$ 이라 하자. 그림 4.11에서

$$u = \frac{2x}{2-z}, \quad v = \frac{2y}{2-z}$$

이므로 $\Pi^{-1} : \mathbb{R}^2 \longrightarrow S^2$ 는 다음과 같이 주어진다.

$$x = \frac{4u}{u^2+v^2+4}, \quad y = \frac{4v}{u^2+v^2+4}, \quad z = \frac{2(u^2+v^2)}{u^2+v^2+4}.$$

이 사실은 그림 4.11을 이용하면 쉽게 보일 수 있다.

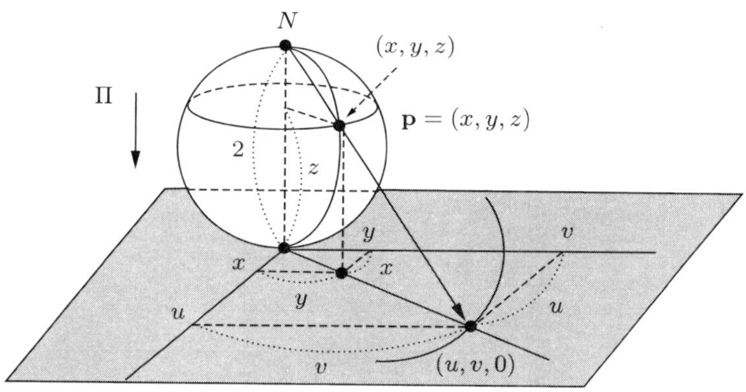

그림 4.11

연습문제 4.1

4.1.1 $U = \{(u_1,u_2) \in \mathbb{R}^2 : -\pi < u_1 < \pi, -\pi < u_2 < \pi\}$ 이고 $\mathbf{x}$를 다음과 같이 정의하자.

$$\mathbf{x}(u_1,u_2) = ((2+\cos u_1)\cos u_2, (2+\cos u_1)\sin u_2, \sin u_1)$$

(1) $\mathbf{x}$가 단순곡면임을 보여라.

(2) u_1, u_2의 함수로 $\mathbf{x}_1, \mathbf{x}_2, \mathbf{n}$을 계산하라.

4.1.2 다음과 같이 주어진 $\mathbf{x}$가 단순곡면임을 보여라.

(1) $U = \{(u_1, u_2) : 0 < u_1, 0 < u_2 < 2\pi\}$이고

$$\mathbf{x}(u_1, u_2) = (u_1 \cos u_2, u_1 \sin u_2, u_1 + u_2)$$

(2) $\theta(u_1) \in C^k$에 대해

$$\mathbf{x}(u_1, u_2) = (u_2 \cos\theta(u_1), u_2 \sin\theta(u_1), u_1)$$

(3) 모든 $(r, s) \in \mathbb{R}^2$에 대해

$$\mathbf{x}(r, s) = (r - s, r + s, 2(r^2 + s^2))$$

(4) $-\pi < \theta < \pi, 0 < \phi < \pi$에 대해

$$\mathbf{x}(\theta, \phi) = (\sin\phi\cos\theta, 2\sin\phi\sin\theta, 3\cos\phi)$$

4.1.3 $\mathbf{x}(u_1, u_2) = (u_1 + u_2, u_1 - u_2, u_1 u_2)$라 하자.

(1) $\mathbf{x}$가 단순곡면임을 보여라.

(2) $\mathbf{x}(u_1, u_2)$에서 법벡터 $\mathbf{n}$을 구하여라.

(3) $\mathbf{x}(1, 2)$에서 접평면의 방정식을 구하여라.

4.1.4 예제 4.1.8 Monge 조각에서 곡선 $\boldsymbol{\alpha}$와 $\boldsymbol{\beta}$는 접평면에 놓임을 보여라.

4.1.5 $S^2 = \{(u, v, w) \in \mathbb{R}^3 : u^2 + v^2 + w^2 = 1\}$이고 $\mathbb{R}^2 = \{(u, v, w) \in \mathbb{R}^3 : w = 0\}$라 하자. 만일 $(u, v, 0) \in \mathbb{R}^2$이면 $(u, v, 0)$와 $(0, 0, 1)$에 의해 결정되는 직선은 S^2와 $(0, 0, 1)$이 아닌 다른 점에서 만난다. 이 점을 $\mathbf{x}(u, v)$라 하자.

(1) $\mathbf{x}(u, v)$을 계산하라.

(2) $\mathbf{x} : \mathbb{R}^2 \longrightarrow \mathbb{R}^3$가 단순곡면임을 보여라.

4.2 곡면

정의 4.2.1

$M \subset \mathbb{R}^3$ 이고 $\varepsilon > 0$ 이라 하자. 이때

$$N_\varepsilon(P) = \{Q \in M : |P - Q| < \varepsilon\}$$

을 $P \in M$ 의 **ε-근방**(ε-neighborhood)이라 한다.

P 의 ε-근방은 M 과 중심이 P 이고 반경이 ε 인 구의 내부와의 교집합이다.

정의 4.2.2

$M \subset \mathbb{R}^3$ 이고 $x^{-1} : M \longrightarrow \mathbb{R}^2$ 라 하자. 만일 $P \in M$, $x^{-1}(P) \in U$ 인 모든 열린 집합 $U \subset \mathbb{R}^2$ 에 대해 $x^{-1}(N) \subset U$ 인 P 의 ε-근방 N 이 존재하면 x^{-1} 는 P 에서 **연속**(continuity)이라 한다. (그림 4.12)

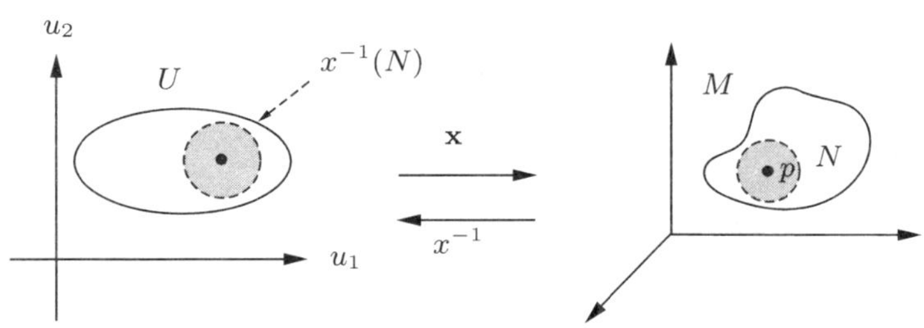

그림 4.12

직관적으로 P 에서 연속함수 x^{-1} 는 P 가까이에 있는 점들을 $x^{-1}(P)$ 가까이에 있는 점들로 사상한다.

정의 4.2.3

$\mathbf{x} : U \longrightarrow \mathbb{R}^3$ 가 좌표조각일 때 만일 역변환 $x^{-1} : \mathbf{x}(U) \longrightarrow U$ 가 $\mathbf{x}(U)$ 의 각 점에서 연속이면 $\mathbf{x}$ 을 **고유좌표조각**(proper coordinate patch)이라 한다.

예제 4.2.1 개사각형을 그림 4.13과 같은 곡면으로 사상하는 $\mathbf{x} : (2,0)\times(0,1) \longrightarrow \mathbb{R}^3$는 고유좌표조각이 아니다. 왜냐 하면 P의 임의의 ε-근방은 x^{-1}에 의해 불연속적으로 사상한다.

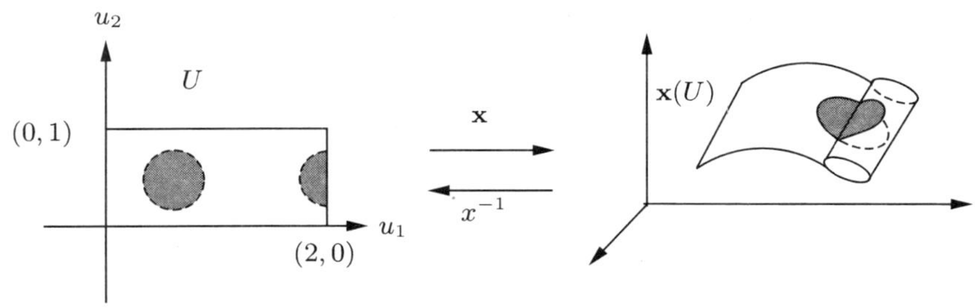

그림 4.13

정의 4.2.4

다음을 만족하는 $M \subset \mathbb{R}^3$를 $\mathbb{R}^3$에서 C^k-**급 곡면**이라 한다.

(1) 임의의 점 $P \in M$에 대해 $\mathbf{x}(U)$가 P의 근방을 포함 하는 C^k-급 고유좌표조각 $\mathbf{x} : U \longrightarrow M$이 존재한다.

(2) 만일 두 개의 좌표조각 $\mathbf{x} : U \longrightarrow \mathbb{R}^3$, $U' = \mathbf{x}(U)$과 $\mathbf{y} :\longrightarrow \mathbb{R}^3$, $V' = \mathbf{y}(V)$가 (1)을 만족하는 C^k-급 좌표조각이고 $U' \cap V' \neq \emptyset$이면

$$y^{-1} \circ \mathbf{x} : x^{-1}(U' \cap V') \longrightarrow y^{-1}(U' \cap V')$$

은 C^k-급 좌표변환이다. (그림 4.14)

참고 M이 $\mathbb{R}^3$에서 C^k-급 곡면이면 각 $P \in M$에 대해 정의 4.2.4를 만족하는 C^k-급 고유좌표조각이 적어도 하나 존재한다. 이때 이러한 고유좌표조각들의 모임은 M을 피복한다(cover)고 한다.

예제 4.2.2 단위구

$$S^2 = \{(x, y, z) \in \mathbb{R}^3 : x^2 + y^2 + z^2 = 1\}$$

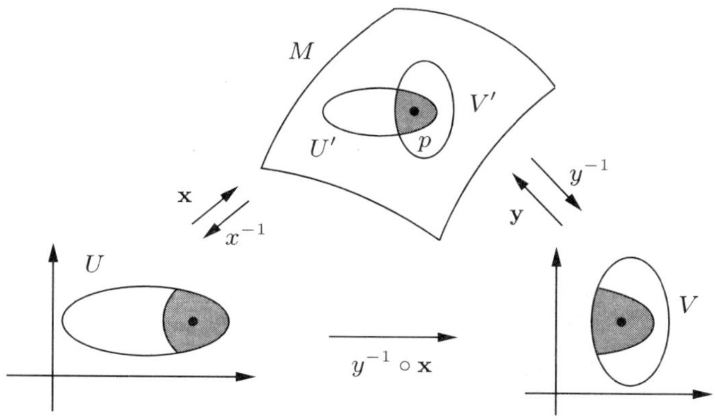

그림 4.14

는 여섯 개의 좌표조각으로 피복할 수 있다.

$$U^+ = U^- = V^+ = V^- = W^+ = W^- = \{(a,b) \in \mathbb{R}^2 : a^2 + b^2 < 1\}$$

이라 하고 다음과 같이 두자.

(1) 상반구: $\mathbf{x}^+ : U^+ \longrightarrow \mathbb{R}^3$

$$\mathbf{x}^+(u_1, u_2) = \left(u_1, u_2, \sqrt{1 - u_1^2 - u_2^2}\right), \quad \left(x^+\right)^{-1}(x, y, z) = (x, y).$$

(2) 하반구: $\mathbf{x}^- : U^- \longrightarrow \mathbb{R}^3$

$$\mathbf{x}^-(u_1, u_2) = \left(u_1, u_2, -\sqrt{1 - u_1^2 - u_2^2}\right), \quad \left(x^-\right)^{-1}(x, y, z) = (x, y).$$

(3) 우반구: $\mathbf{y}^+ : V^+ \longrightarrow \mathbb{R}^3$

$$\mathbf{y}^+(v_1, v_2) = \left(v_1, \sqrt{1 - v_1^2 - v_2^2}, v_2\right), \quad \left(y^+\right)^{-1}(x, y, z) = (x, z).$$

(4) 좌반구: $\mathbf{y}^- : V^- \longrightarrow \mathbb{R}^3$

$$\mathbf{y}^-(v_1, v_2) = \left(v_1, -\sqrt{1 - v_1^2 - v_2^2}, v_2\right), \quad \left(y^-\right)^{-1}(x, y, z) = (x, z).$$

(5) 전반구: $\mathbf{z}^+ : W^- \longrightarrow \mathbb{R}^3$

$$\mathbf{z}^+(w_1, w_2) = \left(\sqrt{1 - w_1^2 - w_2^2}, w_1, w_2\right), \quad \left(z^+\right)^{-1}(x, y, z) = (y, z).$$

(6) 후반구: $\mathbf{z}^- : W^- \longrightarrow \mathbb{R}^3$

$$\mathbf{z}^-(w_1, w_2) = \left(-\sqrt{1 - w_1^2 - w_2^2}, w_1, w_2\right), \quad \left(z^-\right)^{-1}(x, y, z) = (y, z).$$

S^2 의 모든 점은 여섯 개의 반구 중 어느 하나에 속한다.

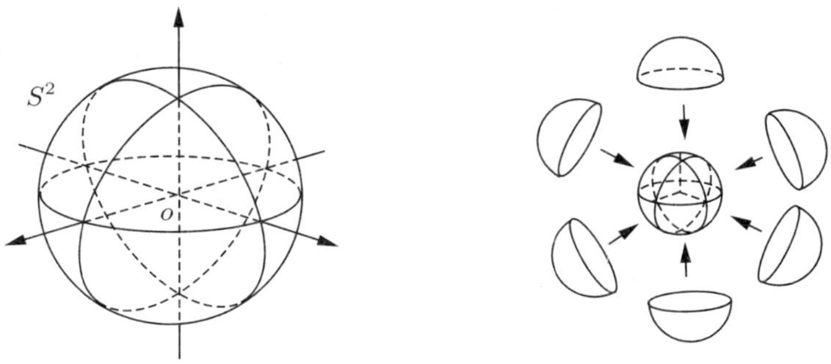

그림 4.15

각 겹쳐지는 부분에서 적당한 합성함수가 C^k-급 좌표변환임을 보이자. 특히, $\mathbf{x}^+ = \mathbf{x}$ 와 $\mathbf{y}^- = \mathbf{y}$ 에 대해 보이자. 나머지도 마찬가지 방법으로 보이면 된다.

$$U' \cap V' = \{(x, y, z) \in S^2 : y < 0, z > 0\}$$

이므로

$$x^{-1}(U' \cap V') = \{(u_1, u_2) \in U : u_2 < 0\},$$
$$y^{-1}(U' \cap V') = \{(v_1, v_2) \in V : v_2 > 0\}.$$

그리고

$$\begin{aligned} y^{-1} \circ \mathbf{x}(u_1, u_2) &= y^{-1}\left(u_1, u_2, \sqrt{1 - u_1^2 - u_2^2}\right) \\ &= \left(u_1, \sqrt{1 - u_1^2 - u_2^2}\right) = (v_1, v_2). \end{aligned}$$

$u_1^2 + u_2^2 < 1$ 이므로 $y^{-1} \circ \mathbf{x}(u_1, u_2) \in C^k$ 이다.

$y^{-1} \circ \mathbf{x}$ 가 $x^{-1}(U' \cap V')$ 에서 일대일임을 보이자. 만일 $(a, b), (c, d) \in x^{-1}(U' \cap V')$ 에 대해 $(y^{-1} \circ \mathbf{x})(a, b) = (y^{-1} \circ \mathbf{x})(c, d)$ 이면

$$\left(a, \sqrt{1 - a^2 - b^2}\right) = \left(c, \sqrt{1 - c^2 - d^2}\right).$$

따라서 $a = c, b = \pm d$. 그런데 $(a,b),(c,d) \in x^{-1}(U' \cap V')$ 이므로 b, d는 음수이다. 즉, $b = d$. 따라서 $y^{-1} \circ \mathbf{x}$는 일대일이다. 그리고 $y^{-1} \circ \mathbf{x}$의 역함수

$$x^{-1} \circ \mathbf{y}(v_1, v_2) = \left(v_1, \sqrt{1 - v_1^2 - v_2^2}\right)$$

도 C^k-급이다. 그러므로 $y^{-1} \circ \mathbf{x}$는 좌표변환이다. (그림 4.16)

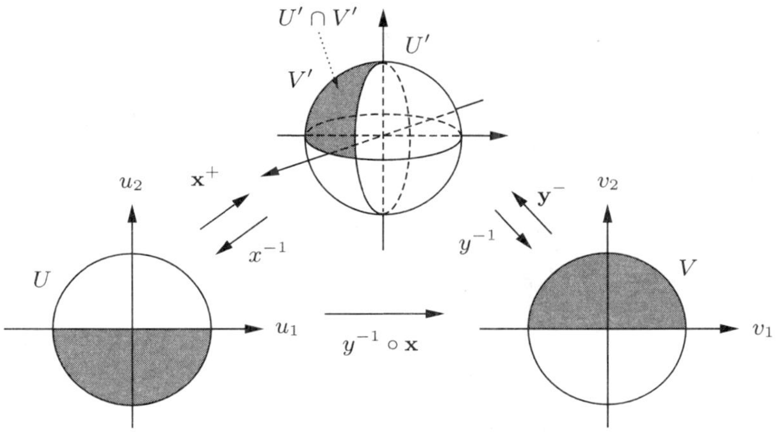

그림 4.16

예제 4.2.3 원주면(cylinder) $S^1 \times (0,1)$에서 고유좌표조각과 C^k-급 좌표변환에 대해 살펴보자.

$U = \left(-\frac{3\pi}{4}, \frac{3\pi}{4}\right) \times (0,1)$이고 $\mathbf{x} : U \longrightarrow \mathbb{R}^3$를

$$\mathbf{x}(\theta, t) = (\cos\theta, \sin\theta, t)$$

라 정의하자. 그러면 $\mathbf{x}$는 고유조각사상이이다. 그리고 $V = \left(\frac{\pi}{4}, \frac{7\pi}{4}\right) \times (0,1)$이고 $\mathbf{y} : V \longrightarrow \mathbb{R}^3$을

$$\mathbf{y}(\phi, s) = (\cos\phi, \sin\phi, s)$$

라 정의하면 $\mathbf{y}$는 고유조각사상이다. $S^1 \times (0,1)$의 모든 점은 $\mathbf{x}$ 또는 $\mathbf{y}$의 상에 있다. 겹쳐지는 부분은 앞부분과 뒷부분의 분리된 조각으로 구성되어 있다. (그림 4.17)

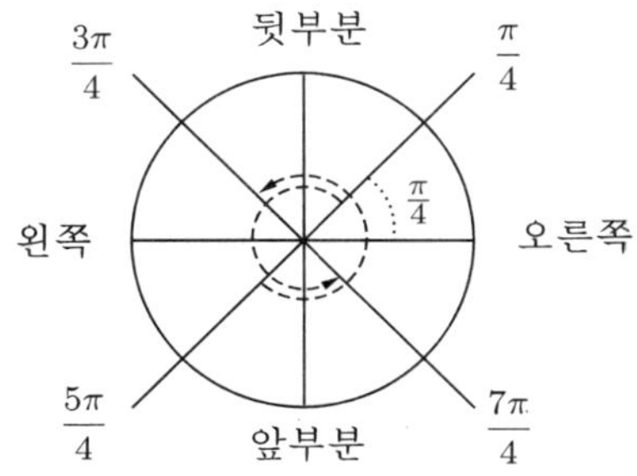

그림 4.17

뒷부분에서는 $\theta, \phi \in \left(\frac{\pi}{4}, \frac{3\pi}{4}\right)$ 이므로 $y^{-1} \circ \mathbf{x}(\theta, t) = (\theta, t)$ 는 $\left(\frac{\pi}{4}, \frac{3\pi}{4}\right)$ 에서 좌표변환이다. 이 경우 $\phi = \theta, s = t$ 이다.

앞부분에서 $\theta \in \left(-\frac{3\pi}{4}, -\frac{\pi}{4}\right), \phi \in \left(\frac{5\pi}{4}, \frac{7\pi}{4}\right)$ 이므로 $\theta = \phi$ 가 될 수 없고 $\cos\theta = \cos\phi,\quad \sin\theta = \sin\phi$ 이므로

$$y^{-1} \circ \mathbf{x}(\theta, t) = (\theta + 2\pi, t) = (\phi, s), \quad \text{또는 } \phi = \theta + 2\pi, s = t$$

이 되므로 이것 역시 좌표변환이다. (그림 4.18)

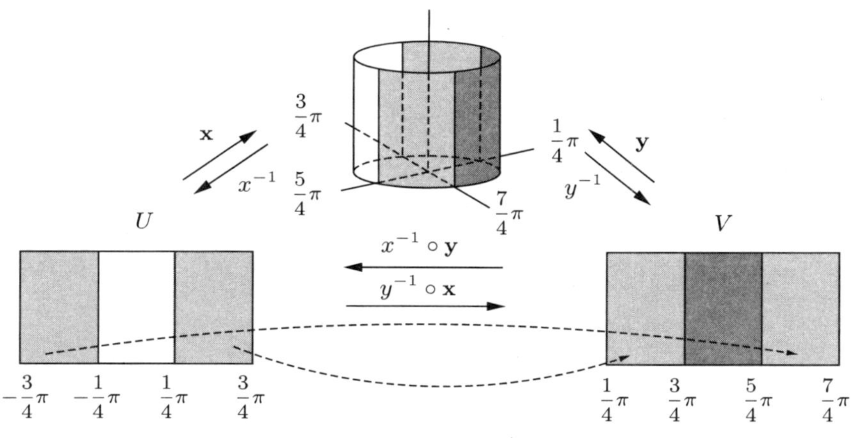

그림 4.18

정의 4.2.5

(r, z) 평면에 주어진 곡선 $(r(t), z(t))$ 를 z 축을 중심으로 회전하여 얻은 곡면을 **회전면** (surface of revolution)이라 한다.

예제 4.2.4 (r, z) 평면에 주어진 곡선을 $\boldsymbol{\alpha}(t) = (r(t), z(t))$ 라 하자. 여기서 t는 곡선의 위치를 나타낸다. θ를 회전각이라 하면 $\boldsymbol{\alpha}(t)$를 z축을 중심으로 회전하여 얻은 회전면 M은 다음과 같이 주어진다. (그림 4.19)

$$\mathbf{x}(t, \theta) = (r(t)\cos\theta, r(t)\sin\theta, z(t))$$

만일 $-\pi < \theta < \pi$ 이면 $\boldsymbol{\alpha}(t)$가 일대일인 정칙곡선이고 $\mathbf{x}$는 단순곡면이다.

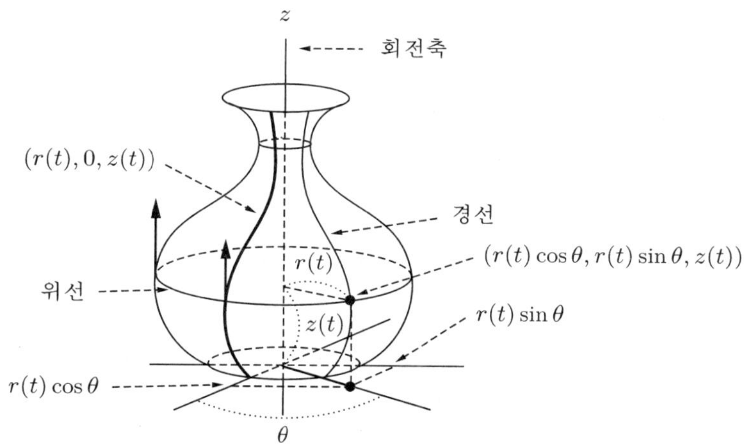

그림 4.19

t-곡선을 **경선**(medrian), θ-곡선을 **위선**(circle of latitude)이라 한다. 그리고 z축을 **회전축**(axis of revolution)이라 한다.

정의 4.2.6

곡선 $\boldsymbol{\alpha}$를 따라 직선 L을 움직이면서 얻은 곡면을 **선직면**(ruled surface)이라 하고 L을 이 선직면의 **모선**(ruling)이라 한다.

따라서 곡선 $\boldsymbol{\alpha}$에 대한 선직면의 매개방정식은 어떤 곡선 $\boldsymbol{\gamma}$에 대해 다음과 같다.

$$\mathbf{x}(s, t) = \boldsymbol{\alpha}(s) + t\boldsymbol{\gamma}(s)$$

이때 $\boldsymbol{\alpha}$을 **기저곡선**(base curve), $\boldsymbol{\gamma}$를 **방향곡선**(directional curve)이라 한다.

각 s에 대해 직선 $\mathbf{x}(s,t)=\boldsymbol{\alpha}(s)+t\boldsymbol{\gamma}(s)$가 이 선직면의 모선이다.

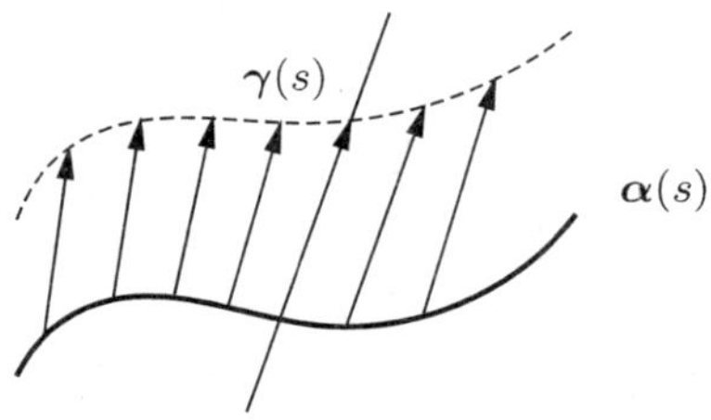

그림 4.20

예제 4.2.5 $\mathbf{x}(s,t)=P+t\boldsymbol{\gamma}(s)$로 주어진 선직면을 **원뿔**(cone)이라 한다. (그림 4.21) 따라서 원뿔의 모든 모선은 P을 지난다.

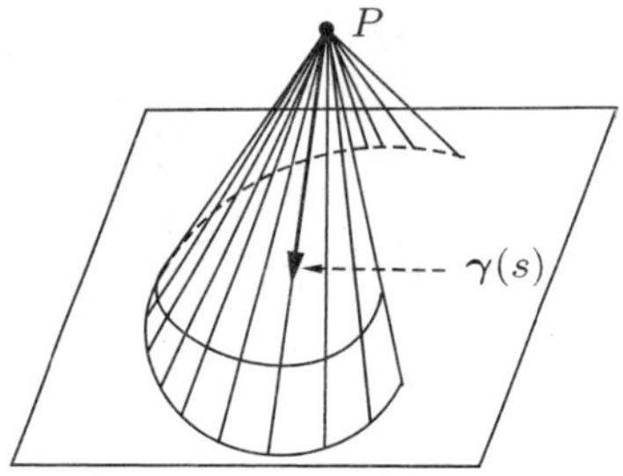

그림 4.21

예제 4.2.6 $\mathbf{x}(s,t)=\boldsymbol{\alpha}(s)+t\mathbf{b}$로 주어진 선직면을 **원기둥**(cylinder)이라 한다. 따라서 원기둥의 모든 모선은 평행하다. (그림 4.22)

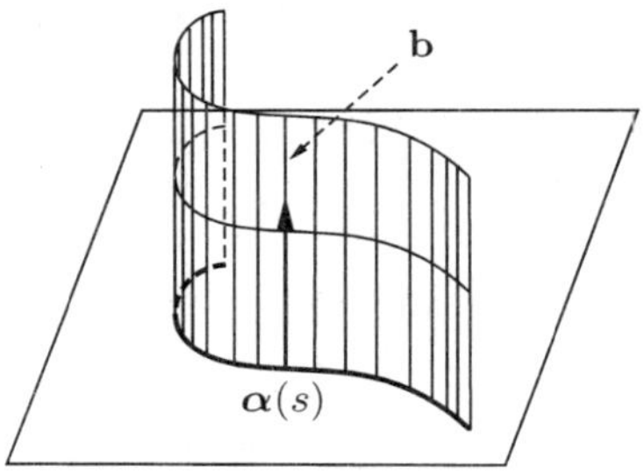

그림 4.22

정의 4.2.7

각 모선 위에서 접평면이 평행하면 이 선직면을 **가전면**(developable surface)이라 한다. 특히, $\mathbf{x} : U \longrightarrow \mathbb{R}^3$ 가

$$\mathbf{x}(s,t) = \boldsymbol{\alpha}(s) + t\boldsymbol{\alpha}'(s)$$

이면 이 곡면을 **접가전면**(tangent developable surface)이라 한다.

따라서

$$\mathbf{x}(s,t) = \boldsymbol{\alpha}(s) + t\boldsymbol{\gamma}(s)$$

가 $\{\boldsymbol{\alpha}(s), \boldsymbol{\gamma}(s)\}$ 로 만들어진 선직면이고 $|\boldsymbol{\gamma}(s)| = 1$ 일 때, $\mathbf{x}$ 가 가전면일 필요충분조건은 $[\boldsymbol{\alpha}', \boldsymbol{\gamma}, \boldsymbol{\gamma}'] = 0$ 인 것이다. 왜냐하면

$$\mathbf{x}_s(s,t) = \boldsymbol{\alpha}' + t\boldsymbol{\gamma}', \quad \mathbf{x}_t(s,t) = \boldsymbol{\gamma}, \quad \mathbf{x}_s(s,0) = \boldsymbol{\alpha}'$$

가 일차종속일 필요충분조건은

$$[\boldsymbol{\alpha}', \boldsymbol{\gamma}, \boldsymbol{\gamma}'] = 0$$

인 것이기 때문이다. (그림 4.23)

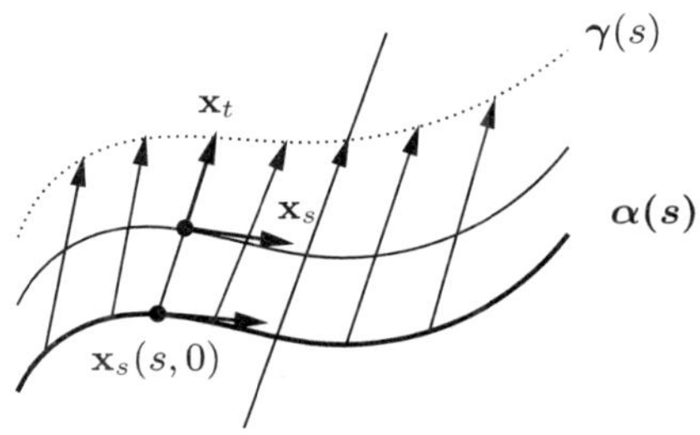

그림 4.23

참고 직선의 회전면은 가전면이다.

예제 4.2.7 원나선 $\boldsymbol{\alpha}(u) = (a\cos u, a\sin u, bu)$의 접선에 의해 만들어진 곡면을 **가전 나선면**(developable helicoid)이라 한다. (그림 4.24) 이 곡면의 방정식은 다음과 같다.

$$\begin{aligned}\mathbf{x}(u,t) &= \boldsymbol{\alpha}(u) + t\boldsymbol{\alpha}'(u)\\ &= (a\cos u - at\sin u, a\sin u + at\cos u, bu + bt).\end{aligned}$$

만일 $b = 0$이면 이 곡면은 xy 평면에서 중심이 원점이고 반지름이 a인 원판을 제거한 곡면이다.

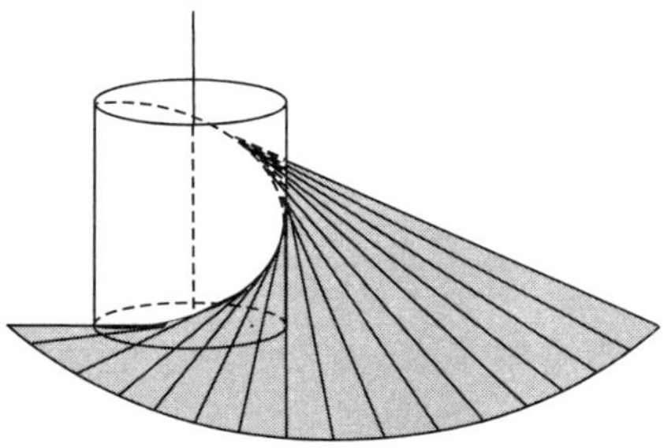

그림 4.24

예제 4.2.8 다음과 같이 주어진 선직면을 Möbius 띠(Möbius band)라 한다.

$$\mathbf{x}(\theta, v) = \boldsymbol{\alpha}(\theta) + v\gamma(\theta)$$

이때, $-\pi < \theta < \pi, -\frac{1}{2} < v < \frac{1}{2}$이고

$$\boldsymbol{\alpha}(\theta) = (\cos\theta, \sin\theta, 0), \quad \gamma(\theta) = \left(\sin\frac{\theta}{2}\cos\theta, \sin\frac{\theta}{2}\sin\theta, \cos\frac{\theta}{2}\right)$$

이다. (그림 4.25)

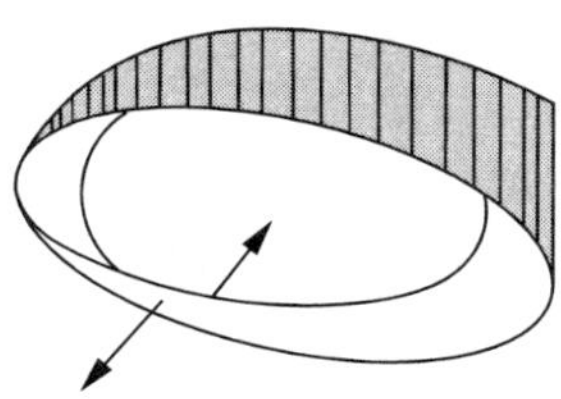

그림 4.25

$f : \mathbb{R}^3 \longrightarrow \mathbb{R}$ 이 미분가능하고 $M = \{(x, y, z) : f(x, y, z) = 0\}$ 위의 모든 점에서 $(f_x, f_y, f_z) \neq \mathbf{0}$ 이면 M 은 곡면이다. 만일 $P \in M$ 에서 $f_z \neq 0$ 이면 음함수정리에 의해 P 를 포함하는 Monge 조각이 M 에 존재한다.

참고 $x_1 = x, x_2 = y, x_3 = z$ 라 할 때 이차곡면

$$f(x, y, z) = \sum_{i,j=1}^{3} a_{ij} x_i x_j + \sum_{i=1}^{3} b_i x_i + c = 0$$

은 평행이동과 회전이동에 의하여 다음 여섯 가지 중 하나로 나타난다.

(1) $\frac{x^2}{a^2} + \frac{y^2}{b^2} + \frac{z^2}{c^2} - 1 = 0$: 타원면

(2) $\frac{x^2}{a^2} + \frac{y^2}{b^2} - \frac{z^2}{c^2} - 1 = 0$: 1엽쌍곡면

(3) $-\frac{x^2}{a^2} - \frac{y^2}{b^2} + \frac{z^2}{c^2} - 1 = 0$: 2엽쌍곡면

(4) $\frac{x^2}{a^2} + \frac{y^2}{b^2} - \frac{z^2}{c^2} = 0$: 이차원뿔

(5) $\frac{x^2}{a^2} + \frac{y^2}{b^2} - cz = 0$: 타원포물면

(6) $\frac{x^2}{a^2} - \frac{y^2}{b^2} - cz = 0$: 쌍곡포물면

예제 4.2.9 $f(x, y, z) = x^2 + y^2 + z^2 - 1$ 이면 M 은 S^2 이다. 그리고

$$\mathbf{x}(u_1, u_2) = (\cos u_1 \cos u_2, \cos u_1 \sin u_2, \sin u_1)$$

은 Monge 조각이다.

예제 4.2.10 $f(x, y, z) = \frac{x^2}{a^2} + \frac{y^2}{b^2} + \frac{z^2}{c^2} - 1$ 이면 M 은 **타원면**(ellipsoid)이다. 그리고

$$\mathbf{x}(u_1, u_2) = (a \cos u_1 \cos u_2, b \cos u_1 \sin u_2, c \sin u_1)$$

은 Monge 조각이다.

예제 4.2.11 $f(x, y, z) = \frac{x^2}{a^2} + \frac{y^2}{b^2} - \frac{z^2}{c^2} - 1$ 이면 M 은 **1엽쌍곡면**(hyperboloid of one sheet)이다. 그리고

$$\mathbf{x}(u_1, u_2) = (a\cosh u_1 \cos u_2, b\sinh u_1 \sin u_2, c\cosh u_1)$$

은 Monge 조각이다. (그림 4.26 (1)) 그리고 (이중)선직면이다. 왜냐하면

$$\boldsymbol{\alpha}(u) = (a\cos u, b\sin u, 0)\ (0 \le u \le 2\pi), \quad \mathbf{w} = (0, 0, c)$$

이면

$$\begin{aligned}\mathbf{x}(u, v) &= \boldsymbol{\alpha}(u) + v\,(\boldsymbol{\alpha}'(u) + \mathbf{w})\\ &= (a\cos u, b\sin u, 0) + v\,((-a\sin u, b\cos u, 0) + (0, 0, c))\\ &= (a\cos u - av\sin u, b\sin u + bv\cos u, cv) = (x, y, z).\end{aligned}$$

그런데

$$\begin{aligned}\left(\frac{x}{a}\right)^2 + \left(\frac{y}{b}\right)^2 - \left(\frac{z}{c}\right)^2 &= (\cos u - v\sin u)^2 + (\sin u + v\cos u)^2 - v^2\\ &= 1 + v^2 - v^2 = 1\end{aligned}$$

따라서 1엽쌍곡면은 선직면이다. 또는

$$\mathbf{x}(u, v) = \boldsymbol{\alpha}(u) + v\,(-\boldsymbol{\alpha}'(u) + \mathbf{w})$$

라 해도 된다. (그림 4.26 (2))

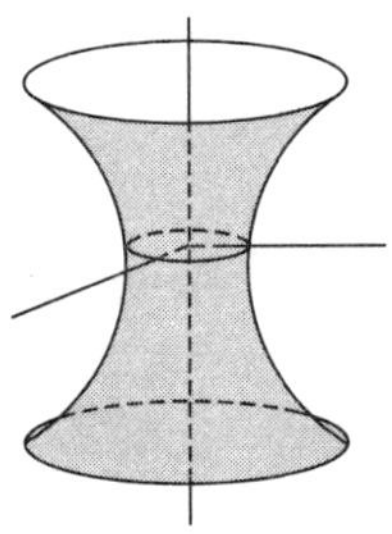

(1)

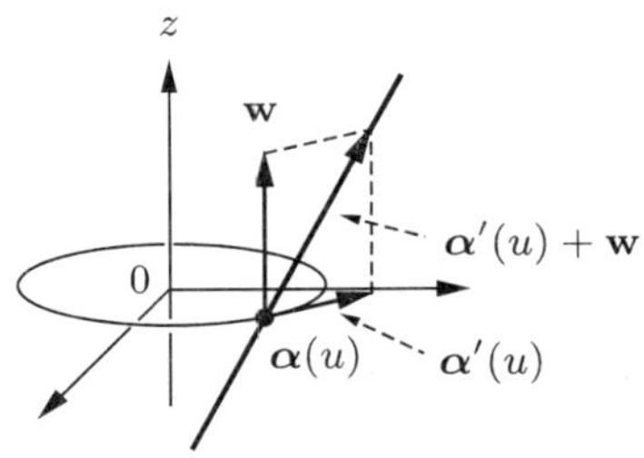

(2)

그림 4.26

예제 4.2.12 $f(x, y, z) = -\dfrac{x^2}{a^2} - \dfrac{y^2}{b^2} + \dfrac{z^2}{c^2} - 1$ 이면 M 은 **2엽쌍곡면**(hyperboloid of two sheets)이다. 그리고

$$\mathbf{x}(u_1, u_2) = (a\sinh u_1 \cos u_2, b\sinh u_1 \sin u_2, c\cosh u_1)$$

은 Monge 조각이다. (그림 4.27) 연결이 아니므로 선직면은 아니다.

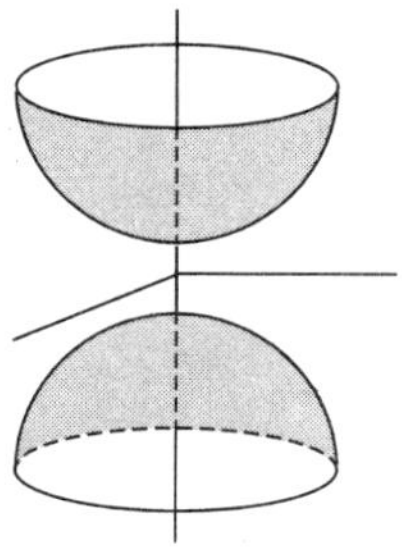

그림 4.27

예제 4.2.13 $f(x,y,z) = \dfrac{x^2}{a^2} + \dfrac{y^2}{b^2} + \dfrac{z^2}{c^2} + 1$ 이면 M 은 가상의 타원면이다.

예제 4.2.14 $f(x,y,z) = \dfrac{x^2}{a^2} + \dfrac{y^2}{b^2} - \dfrac{z^2}{c^2}$ 이면 M 은 **이차원뿔**(quadratic cone)이다. (그림 4.28 (1)) 이차원뿔은 선직면이다. 왜냐하면 $\boldsymbol{\alpha}(u) = (a\cos u, b\sin u, c)$ 라 하면

$$\begin{aligned}\mathbf{x}(u,v) &= \boldsymbol{\alpha}(u) + v\boldsymbol{\alpha}(u)\\ &= ((1+v)a\cos u, (1+v)b\sin u, (1+v)c) = (x,y,z)\end{aligned}$$

이다. (그림 4.28 (2))

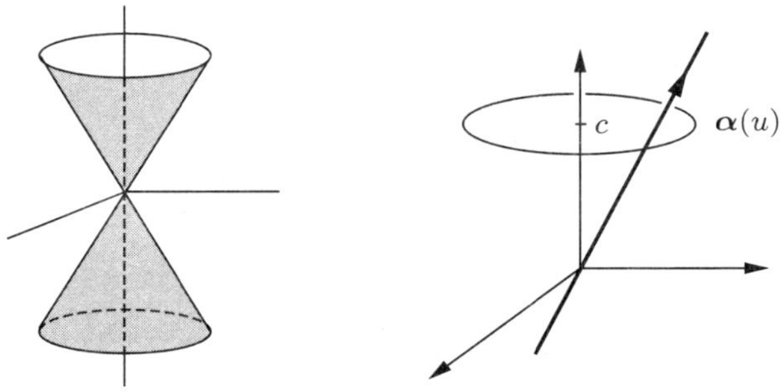

(1) (2)

그림 4.28

따라서

$$\frac{x^2}{b^2} + \frac{y^2}{b^2} - \frac{z^2}{c^2} = [(1+v)\cos u]^2 + [(1+v)\sin u]^2 - (1+v)^2 = 0$$

이므로 $\mathbf{x}(u,v)$는 이차원뿔이다. 따라서 이차원뿔은 기저곡선이 $\alpha(u) = (a\cos u, b\sin u, c)$ 이고 방향곡선이 $\alpha(u)$ 인 선직면이다.

예제 4.2.15 $f(x,y,z) = \dfrac{x^2}{a^2} + \dfrac{y^2}{b^2} - cz$ 이면 M은 **타원포물면**(elliptic paraboloid)이다. (그림 4.29)

예제 4.2.16 $f(x,y,z) = \dfrac{x^2}{a^2} - \dfrac{y^2}{b^2} - cz$ 이면 M은 **쌍곡포물면**(hyperbolic paraboloid) 이다. 쌍곡포물면은 기저곡선이 $(au, bu, 0)$ 이고 방향곡선이 $\left(-a, b, \dfrac{4u}{c}\right)$ 인 선직면이다. (그림 4.30)

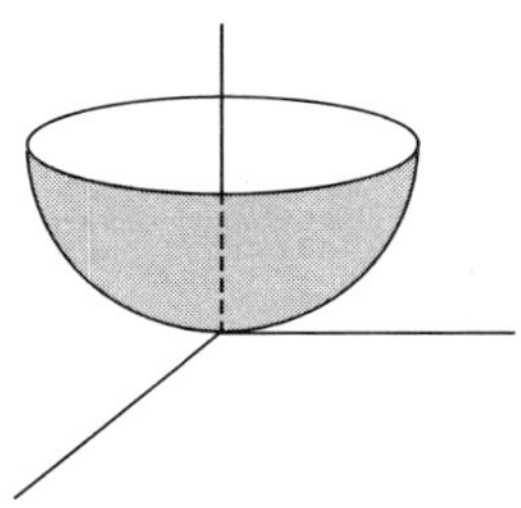

그림 4.29

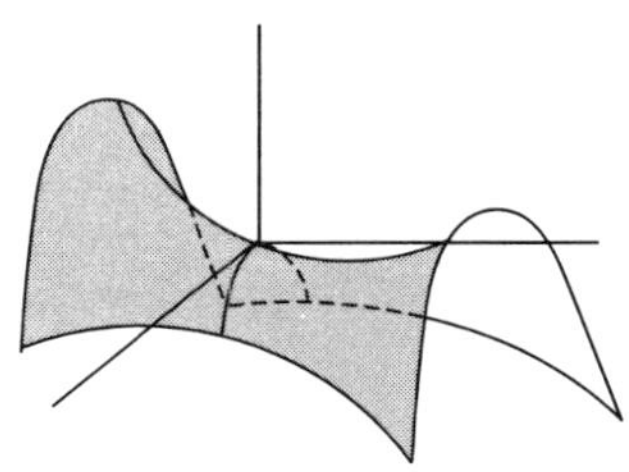

그림 4.30

연습문제 4.2

4.2.1 4.1절 연습문제 1에서 $\mathbf{x}$는 토러스에 대한 좌표조각의 하나이다. 전체 토러스를 $u_1 = \pi$가 되는 점들과 $u_2 = \pi$가 되는 점들을 포함하는 곡면으로 만들어 주는 좌표조각 세 개를 더 구하여라.

4.2.2 S^2의 모든 점은 상반구에 있거나 4.1절 연습문제 5에 주어진 좌표조각에 있다. 겹쳐지는 부분에서 좌표변환을 계산하여 이 두개의 조각에 의해 S^2는 곡면임을 보여라.

4.2.3 $\boldsymbol{\alpha}(s)$가 단위속력곡선일 때

$$\mathbf{x}(s,t) = \boldsymbol{\alpha}(s) + t\mathbf{N}(s)$$

가 가전면이 되기 위한 조건은 무엇인가?

4.2.4 $\boldsymbol{\alpha}(s)$가 단위속력곡선일 때

$$\mathbf{x}(s,t) = \boldsymbol{\alpha}(s) + t\mathbf{B}(s)$$

가 가전면이 되기 위한 조건은 무엇인가?

4.2.5 곡면 $z = x^2 - y^2$은 이중선직면임을 보여라. 즉, 곡면의 각 점에서 이 점을 지나는 곡면 위의 직선이 두 개 존재함을 보여라.

4.3 제1기본형식과 호의 길이

곡면의 대역적 성질을 공부하기 전에 국소적 성질부터 이해해야 한다. 국소적 성질을 이해하기 위해 하나의 좌표조각에서 곡면의 성질을 알아 볼 것이다. 이것은 곡면의 작은 부분을 공부하는 것과 같다.

$M \subset \mathbb{R}^3$을 곡면이라 하고 $P \in M$이라 하자. 그리고 $\mathbf{x} : U \longrightarrow \mathbb{R}^3$을 P에 대한 고유좌표조각이라 하자. $\mathbf{X}, \mathbf{Y}$가 P에서 접벡터이면

$$\mathbf{X} = \sum X_i \mathbf{x}_i, \quad \mathbf{Y} = \sum Y_j \mathbf{x}_j$$

로 나타낼 수 있다. 그러면 $\mathbf{X}, \mathbf{Y}$의 내적은

$$\langle \mathbf{X}, \mathbf{Y} \rangle = \sum X_i Y_j < \mathbf{x}_i, \mathbf{x}_j >$$

이고, 이것은 **겹선형함수**(bilinear function)이다.

고유좌표조각 $\mathbf{x}$의 접벡터 $\mathbf{x}_i$의 내적을 다음과 같이 정의하자.

$$\langle \mathbf{x}_i(u_1, u_2), \mathbf{x}_j(u_1, u_2) \rangle = g_{ij}(u_1, u_2)$$

이때 대칭행렬 g_{ij}는 U에서 정의된 함수이고 선택한 좌표조각에 의존하는 함수이다. 함수 g_{ij}를 **거리계수**(metric coefficient) 또는 **거리텐서계수**(coefficient of metric tensor) 또는 Riemann **거리계수**(coefficient of the Riemann metric)라 한다.

정의 4.3.1

곡면 M과 $P \in M$에 대해 P에서 모든 접벡터의 집합을 **접공간**(tangent space)이라 하고 $T_P M$으로 나타낸다.

행렬 (g_{ij})가 양의 정부호행렬이 될 필요충분조건은 $g_{12} = g_{21}$, $g_{11} > 0$이고 $\det(g_{ij}) > 0$인 것이다. $g_{ij} =< \mathbf{x}_i, \mathbf{x}_j >$이고 $\{\mathbf{x}_1, \mathbf{x}_2\}$가 기저이므로 행렬 (g_{ij})는 정칙이고 양의 정부호행렬이다.

정의 4.3.2

임의의 두 접벡터 $\mathbf{X}, \mathbf{Y} \in T_P M$에 대해

$$\mathrm{I}(\mathbf{X}, \mathbf{Y}) = \langle \mathbf{X}, \mathbf{Y} \rangle = \sum g_{ij} X_i X_j$$

로 정의된 내적을 M에서 **제1기본형식**(first fundamental form)이라 한다.

예제 4.3.1 $\mathbf{x}(u_1, u_2) = \left(u_1, u_2, \sqrt{1 - u_1^2 - u_2^2}\right)$는 상반구이다. 이때

$$\mathbf{x}_1 = \left(1, 0, \frac{-u_1}{\sqrt{1 - u_1^2 - u_2^2}}\right),$$

$$\mathbf{x}_2 = \left(0, 1, \frac{-u_2}{\sqrt{1 - u_1^2 - u_2^2}}\right)$$

이므로

$$g_{11} = \frac{1-u_2^2}{1-u_1^2-u_2^2},$$
$$g_{12} = \frac{u_1u_2}{1-u_1^2-u_2^2} = g_{21},$$
$$g_{22} = \frac{1-u_1^2}{1-u_1^2-u_2^2}.$$

따라서

$$(g_{ij}) = \frac{1}{1-u_1^2-u_2^2}\begin{pmatrix} 1-u_2^2 & u_1u_2 \\ u_1u_2 & 1-u_1^2 \end{pmatrix}.$$

이때 $u_1^2+u_2^2<1$ 이고 $\det(g_{ij})>0$ 이므로 (g_{ij})는 양의 정부호행렬이다.

예제 4.3.2 $\mathbf{x}=(u_1,u_2)=(u_1,u_2,f(u_1,u_2))$는 Monge 조각이다. 이때

$$\mathbf{x}_1 = (1,0,f_1(u_1,u_2)),$$
$$\mathbf{x}_2 = (0,1,f_2(u_1,u_2))$$

이므로

$$g_{11} = \langle \mathbf{x}_1,\mathbf{x}_2\rangle = 1+f_1^2,$$
$$g_{12} = \langle \mathbf{x}_1,\mathbf{x}_2\rangle = f_1f_2 = g_{21},$$
$$g_{22} = \langle \mathbf{x}_2,\mathbf{x}_2\rangle = 1+f_2^2.$$

따라서

$$(g_{ij}) = \begin{pmatrix} 1+f_1^2 & f_1f_2 \\ f_1f_2 & 1+f_2^2 \end{pmatrix}.$$

이때 $g_{11}=1+f_1^2>0, \det(g_{ij})=1+f_1^2+f_2^2>0$ 이므로 (g_{ij})는 양의 정부호행렬이다.

$\boldsymbol{\alpha}$는 좌표조각 $\mathbf{x}: U \longrightarrow \mathbb{R}^3$에 포함된 정칙곡선이라 하자. 그러면 $x^{-1}\circ\boldsymbol{\alpha}(t) = (\alpha_1(t),\alpha_2(t))$로 정의되는 어떤 실함수 $\alpha_1(t),\alpha_2(t)$에 대해 $\boldsymbol{\alpha}(t)=\mathbf{x}(\alpha_1(t),\alpha_2(t))$다.

앞에서 곡선 $\boldsymbol{\alpha}:[a,b]\longrightarrow\mathbb{R}^3$의 길이를 계산하기 위해서는 $\int_a^b \left|\frac{d\boldsymbol{\alpha}}{dt}\right| dt$를 계산해야 했다.(정의 2.2.2). 그러나 좌표조각 위에 있는 곡선의 길이를 계산하기 위해서는

$$\frac{d\boldsymbol{\alpha}}{dt} = \sum \mathbf{x}_i \frac{d\alpha_i}{dt}$$

이므로

$$\left|\frac{d\boldsymbol{\alpha}}{dt}\right| = \sqrt{\left\langle \frac{d\boldsymbol{\alpha}}{dt}, \frac{d\boldsymbol{\alpha}}{dt} \right\rangle}$$
$$= \sqrt{\left\langle \sum \mathbf{x}_i \frac{d\alpha_i}{dt}, \sum \mathbf{x}_j \frac{d\alpha_j}{dt} \right\rangle} = \sqrt{\sum g_{ij} \frac{d\alpha_i}{dt}\frac{d\alpha_j}{dt}}$$

이고, 따라서 곡선 $\boldsymbol{\alpha}$의 길이는 다음과 같다.

$$\int_a^b \sqrt{\sum g_{ij} \frac{d\alpha_i}{dt}\frac{d\alpha_j}{dt}}\, dt.$$

거리계수 g_{ij}에 대해 다음과 같은 기호를 사용하자.

$$g = \det(g_{ij}),$$

$g^{k\ell} = (g_{ij})$의 역행렬의 (k, ℓ)의 성분,

$$g_{11} = E, \quad g_{12} = g_{21} = F, \quad g_{22} = G.$$

보조정리 4.3.3

$\mathbf{x} : U \longrightarrow \mathbb{R}^3$을 좌표조각이라 하자.

(1) $g = |\mathbf{x}_1 \times \mathbf{x}_2|^2 = EG - F^2$.

(2) $g^{11} = \dfrac{g_{22}}{g} = \dfrac{G}{g}, \quad g^{12} = g^{21} = \dfrac{-g_{12}}{g} = -\dfrac{F}{g}, \quad g^{22} = \dfrac{g_{11}}{g} = \dfrac{E}{g}$.

(3) 모든 i, j에 대해 $\displaystyle\sum_{k=1}^{2} g_{ik} g^{kj} = \delta_{ij}$.

증명 (1) θ을 $\mathbf{x}_1$과 $\mathbf{x}_2$ 사이의 각이라 하면

$$\begin{aligned}
|\mathbf{x}_1 \times \mathbf{x}_2|^2 &= |\mathbf{x}_1|^2 |\mathbf{x}_2|^2 \sin^2\theta \\
&= |\mathbf{x}_1|^2 |\mathbf{x}_2|^2 \left(1 - \cos^2\theta\right) \\
&= |\mathbf{x}_1|^2 |\mathbf{x}_2|^2 \left(1 - \frac{< \mathbf{x}_1, \mathbf{x}_2 >^2}{|\mathbf{x}_1|^2 |\mathbf{x}_2|^2}\right) \\
&= \langle \mathbf{x}_1, \mathbf{x}_1 \rangle \langle \mathbf{x}_2, \mathbf{x}_2 \rangle - \langle \mathbf{x}_1, \mathbf{x}_2 \rangle^2 = g_{11} g_{22} - g_{12}^2 = EG - F^2 = g.
\end{aligned}$$

(2) (g_{ij})의 역행렬은

$$\begin{pmatrix} g^{11} & g^{12} \\ g^{21} & g^{22} \end{pmatrix} = \frac{1}{g}\begin{pmatrix} g_{22} & -g_{12} \\ -g_{21} & g_{11} \end{pmatrix}.$$

(3) $\sum_{k=1}^{2} g_{ik}g^{kj}$는 행렬 $(g_{ij})(g^{k\ell})$의 (i,j)-성분이므로

$$\begin{aligned}\left(\sum_{k=1}^{2} g_{ik}g^{kj}\right) &= \begin{pmatrix} g_{11}g^{11}+g_{12}g^{21} & g_{11}g^{12}+g_{12}g^{22} \\ g_{21}g^{11}+g_{22}g^{21} & g_{21}g^{12}+g_{22}g^{22} \end{pmatrix} \\ &= \begin{pmatrix} 1 & 0 \\ 0 & 1 \end{pmatrix}.\end{aligned}$$

따라서 모든 i,j에 대해

$$\sum_{k=1}^{2} g_{ik}g^{kj} = \delta_{ij}$$

이 성립한다. ■

성질 4.3.4

$\mathbf{X} = \sum X_i \mathbf{x}_i$ 이면 제1기본형식 I는 다음과 같다.

$$\mathrm{I}(\mathbf{X},\mathbf{X}) = EX_1^2 + 2FX_1X_2 + GX_2^2.$$

증명 (g_{ij})가 대칭행렬이므로

$$\begin{aligned} <\mathbf{X},\mathbf{X}> &= \sum g_{ij}X_iX_j \\ &= EX_1X_1 + FX_1X_2 + FX_2X_1 + GX_2X_2 \\ &= EX_1^2 + 2FX_1X_2 + GX_2^2 \end{aligned}$$

이 성립한다. ■

$f: V \longrightarrow U$을 좌표변환이라 하자. $\mathbf{x}: U \longrightarrow \mathbb{R}^3$가 곡면일 때 U-좌표계에서 거리계수 g_{ij}, $g = \det(g_{ij})$와 (g_{ij})의 역행렬의 계수 $g^{k\ell}$가 V-좌표계에서 어떻게 변하는지 알아보자.

성질 4.3.5

$f : V \longrightarrow U$는 좌표변환이고 단순곡면 $\mathbf{x} : U \longrightarrow \mathbb{R}^3$에 대해 $\mathbf{y} = \mathbf{x} \circ f$라 하자. 그리고 $\overline{g}_{\alpha\beta}$을 $\mathbf{y}$의 거리계수, $\overline{g} = \det\left(\overline{g}_{\alpha\beta}\right), \left(\overline{g}^{\gamma\delta}\right) = \left(\overline{g}_{\alpha\beta}\right)^{-1}$이라 하자. 그러면 다음이 성립한다.

(1) $g_{ij} = \sum_{\alpha,\beta} \overline{g}_{\alpha\beta} \dfrac{\partial v_\alpha}{\partial u_i} \dfrac{\partial v_\beta}{\partial u_j}$. 즉, $(g_{ij}) = \left(J^{-1}\right)^t \left(\overline{g}_{\alpha\beta}\right) J^{-1}$, 또는 $\left(\overline{g}_{\alpha\beta}\right) = J^t \left(g_{ij}\right) J$

(2) $g = \overline{g} \left[\det\left(\dfrac{\partial v_\alpha}{\partial u_i}\right)\right]^2$

(3) $g^{k\ell} = \sum \overline{g}^{\gamma\delta} \dfrac{\partial u_k}{\partial v_\gamma} \dfrac{\partial u_\ell}{\partial v_\delta}$ 또는 $(g_{ij})^{-1} = J(\overline{g}_{\alpha\beta})^{-1} J^t$

증명 (1) $\mathbf{y}_\alpha = \sum \mathbf{x}_i \dfrac{\partial u_i}{\partial v_\alpha}$ 이므로

$$\sum \mathbf{y}_\alpha \frac{\partial v_\alpha}{\partial u_j} = \sum_{i,j} \left(\mathbf{x}_i \frac{\partial u_i}{\partial v_\alpha}\right) \frac{\partial v_\alpha}{\partial u_j} = \sum \mathbf{x}_i \delta_{ij} = \mathbf{x}_j$$

이고

$$\mathbf{x}_i = \sum \mathbf{y}_\alpha \frac{\partial v_\alpha}{\partial u_i}$$

이다. 따라서

$$\begin{aligned} g_{ij} = \langle \mathbf{x}_i, \mathbf{x}_j \rangle &= \sum \left\langle \mathbf{y}_\alpha, \mathbf{y}_\beta \right\rangle \frac{\partial v_\alpha}{\partial u_i} \frac{\partial v_\beta}{\partial u_j} \\ &= \sum \overline{g}_{\alpha\beta} \frac{\partial v_\alpha}{\partial u_i} \frac{\partial v_\beta}{\partial u_j}. \end{aligned}$$

(2) (1)에서

$$\begin{pmatrix} g_{11} & g_{12} \\ g_{21} & g_{22} \end{pmatrix} = \begin{pmatrix} \dfrac{\partial v_1}{\partial u_1} & \dfrac{\partial v_2}{\partial u_1} \\ \dfrac{\partial v_1}{\partial u_2} & \dfrac{\partial v_2}{\partial u_2} \end{pmatrix} \begin{pmatrix} \overline{g}_{11} & \overline{g}_{12} \\ \overline{g}_{21} & \overline{g}_{22} \end{pmatrix} \begin{pmatrix} \dfrac{\partial v_1}{\partial u_1} & \dfrac{\partial v_1}{\partial u_2} \\ \dfrac{\partial v_2}{\partial u_1} & \dfrac{\partial v_2}{\partial u_2} \end{pmatrix}$$

즉, $f : V \longrightarrow U$의 야코비 행렬을 J라 하면

$$(g_{ij}) = \left(J^{-1}\right)^t \left(\overline{g}_{\alpha\beta}\right) J^{-1} \tag{4.5}$$

이다. 따라서

$$g = \det(g_{ij}) = \det\left[\left(J^{-1}\right)^t \left(\overline{g}_{\alpha\beta}\right) J^{-1}\right]$$
$$= \det\left(J^{-1}\right)^t \det\left(\overline{g}_{\alpha\beta}\right) \det\left(J^{-1}\right) = \overline{g}\left[\det\left(\frac{\partial v_\alpha}{\partial u_i}\right)\right]^2.$$

(3) 식 (4.5)에서

$$\left(g^{k\ell}\right) = \left(g_{ij}\right)^{-1} = \left[\left(J^{-1}\right)^t \left(\overline{g}_{\alpha\beta}\right) J^{-1}\right]^{-1} = J\left(\overline{g}_{\alpha\beta}\right)^{-1} J^t = J\left(\overline{g}^{\gamma\delta}\right) J^t.$$

따라서

$$g^{k\ell} = \sum \overline{g}^{\gamma\delta} \frac{\partial u_k}{\partial v_\gamma} \frac{\partial u_\ell}{\partial v_\delta}$$

이다. ■

$\mathbf{x} : U \longrightarrow \mathbb{R}^3$가 좌표조각일 때 좌표변환 $f : V \longrightarrow U$에 관계된 여러 가지 공식들을 정리하자. 이것은 나중에 필요하다.

$\mathbf{X} = \sum X_i \mathbf{x}_i = \sum \overline{X}_\alpha \mathbf{y}_\alpha$ 이면 다음 관계를 얻을 수 있다.

$$\overline{X}_\alpha = \sum X_i \frac{\partial v_\alpha}{\partial u_i}, \tag{4.6}$$

$$\overline{g}_{\alpha\beta} = \sum g_{ij} \frac{\partial u_i}{\partial v_\alpha} \frac{\partial u_j}{\partial v_\beta} \text{ 또는 } \left(\overline{g}_{\alpha\beta}\right) = J^t \left(g_{ij}\right) J \tag{4.7}$$

$$\overline{g} = g\left[\det\left(\frac{\partial u_i}{\partial v_\alpha}\right)\right]^2, \tag{4.8}$$

$$\overline{g}^{\gamma\delta} = \sum g^{k\ell} \frac{\partial v_\gamma}{\partial u_k} \frac{\partial v_\delta}{\partial u_\ell} \text{ 또는 } \left(\overline{g}^{\gamma\delta}\right) = J^{-1}\left(g^{k\ell}\right)\left(J^{-1}\right)^t. \tag{4.9}$$

f의 야코비 행렬에 관계된 변환을 **반변변환**(contravariant transformation)이라 하고 $g = f^{-1}$의 야코비 행렬에 관계된 변환을 **공변변환**(covariant transformation)이라 한다. 따라서 식 (4.7)로 주어진 변환은 반변변환이고 식 (4.6)과 (4.9)로 주어진 변환은 공변변환이다. 그리고 식 (4.8)은 공변변환도 반변변환도 아니다.

예제 4.3.3 S^2에서 상반구와 좌반구가 겹쳐지는 좌표조각에 대해 알아보자. (그림 4.16)

$U = \left\{(u_1, u_2) \in \mathbb{R}^2 : u_1^2 + u_2^2 < 1\right\}$ 이고 $\mathbf{x} : U \longrightarrow \mathbb{R}^3$ 을 다음과 같이 정의하자.

$$\mathbf{x}(u_1, u_2) = \left(u_1, u_2, \sqrt{1 - u_1^2 - u_2^2}\right).$$

$V = \left\{(v_1, v_2) \in \mathbb{R}^2 : v_1^2 + v_2^2 < 1\right\}$ 이고 $\mathbf{y} : V \longrightarrow \mathbb{R}^3$ 을 다음과 같이 정의하자.

$$\mathbf{y}(v_1, v_2) = \left(v_1, -\sqrt{1 - v_1^2 - v_2^2}, v_2\right).$$

그리고 $\widetilde{U} = \{(u_1, u_2) \in U : u_2 < 0\}, \widetilde{V} = \{(v_1, v_2) \in V : v_2 > 0\}$ 이고 $f : \widetilde{V} \longrightarrow \widetilde{U}$ 을 다음과 같이 정의하자.

$$f(v_1, v_2) = \left(v_1, -\sqrt{1 - v_1^2 - v_2^2}\right) = (u_1, u_2).$$

그러면

$$f^{-1}(u_1, u_2) = \left(u_1, \sqrt{1 - u_1^2 - u_2^2}\right) = (v_1, v_2)$$

이다. 그리고

$$\begin{aligned}(J_f)^{-1} &= J_{f^{-1}} = \frac{\partial(v_1, v_2)}{\partial(u_1, u_2)} \\ &= \begin{pmatrix} \dfrac{\partial v_1}{\partial u_1} & \dfrac{\partial v_1}{\partial u_2} \\ \dfrac{\partial v_2}{\partial u_1} & \dfrac{\partial v_2}{\partial u_2} \end{pmatrix} = \begin{pmatrix} 1 & 0 \\ \dfrac{-u_1}{\sqrt{1 - u_1^2 - u_2^2}} & \dfrac{-u_2}{\sqrt{1 - u_1^2 - u_2^2}} \end{pmatrix}\end{aligned}$$

이다. 그런데

$$(g_{ij}) = \begin{pmatrix} g_{11} & g_{12} \\ g_{21} & g_{22} \end{pmatrix} = \frac{1}{1 - u_1^2 - u_2^2} \begin{pmatrix} 1 - u_2^2 & u_1 u_2 \\ u_1 u_2 & 1 - u_1^2 \end{pmatrix},$$

$$(\overline{g}_{\alpha\beta}) = \begin{pmatrix} \overline{g}_{11} & \overline{g}_{12} \\ \overline{g}_{21} & \overline{g}_{22} \end{pmatrix} = \frac{1}{1 - v_1^2 - v_2^2} \begin{pmatrix} 1 - v_2^2 & v_1 v_2 \\ v_1 v_2 & 1 - v_1^2 \end{pmatrix}$$

이다. 한편, $v_1 = u_1, v_2 = \sqrt{1 - u_1^2 - u_2^2}$ 이므로

$$\begin{aligned}&\left(J^{-1}\right)^t \left(\overline{g}_{\alpha\beta}\right) \left(J^{-1}\right) \\ &= \begin{pmatrix} 1 & \dfrac{-u_1}{\sqrt{1 - u_1^2 - u_2^2}} \\ 0 & \dfrac{-u_2}{\sqrt{1 - u_1^2 - u_2^2}} \end{pmatrix} \begin{pmatrix} \dfrac{1 - v_2^2}{1 - v_1^2 - v_2^2} & \dfrac{v_1 v_2}{1 - v_1^2 - v_2^2} \\ \dfrac{v_1 v_2}{1 - v_1^2 - v_2^2} & \dfrac{1 - v_1^2}{1 - v_1^2 - v_2^2} \end{pmatrix} \\ &\cdot \begin{pmatrix} 1 & 0 \\ \dfrac{-u_1}{\sqrt{1 - u_1^2 - u_2^2}} & \dfrac{-u_2}{\sqrt{1 - u_1^2 - u_2^2}} \end{pmatrix} \\ &= \frac{1}{1 - u_1^2 - u_2^2} \begin{pmatrix} 1 - u_2^2 & u_1 u_2 \\ u_1 u_2 & 1 - u_1^2 \end{pmatrix} = (g_{ij}).\end{aligned}$$

따라서

$$\left(J^{-1}\right)^t \left(\overline{g}_{\alpha\beta}\right)\left(J^{-1}\right) = \left(g_{ij}\right)$$

이다

연습문제 4.3

4.3.1 접가전면에서 곡면의 거리행렬(metric matrix)을 계산하라.

4.3.2 (r, z)-평면의 곡선 $r = r(t) > 0, z = z(t)$로 얻은 회전면에 대한 거리계수는 다음과 같은 행렬임을 보여라.

$$\begin{pmatrix} \dot{r}^2 + \dot{z}^2 & 0 \\ 0 & r^2 \end{pmatrix}$$

4.3.3 다음 거리계수를 계산하라.

(1) Monge 조각 $\mathbf{x}(u_1, u_2) = (u_1, u_2, f(u_1, u_2))$

(2) 곡면 $\mathbf{x}(u, v) = (u^2, uv, v^2)(u > 0, v > 0)$

4.3.4 회전면의 경선과 위선은 수직망이 됨을 보여라.

4.3.5 좌표조각 $\mathbf{x} : U \longrightarrow \mathbb{R}^3$에 대해 u_1이 u_1-곡선의 호의 길이일 필요충분조건은 $g_{11} = 1$임을 보여라.

4.3.6 $\mathbf{x}(r, \theta) = (r\cos\theta, r\sin\theta, r)(r > 0)$이라 하자. 곡면 위의 곡선

$$r(t) = e^{\frac{t\cot\beta}{2}}, \quad \theta(t) = \frac{t}{\sqrt{2}} \ (0 \le t \le \pi, \beta \text{는 상수})$$

에 대해 다음을 보여라.

(1) 거리텐서계수 (g_{ij})을 구하여라.

(2) 곡선의 길이를 구하여라.

(3) β는 이 곡선과 직선 $\theta = c$(상수) 사이의 각임을 보여라.

4.3.7 (1) $\boldsymbol{\alpha} : U \longrightarrow \mathbb{R}^3$는 $\kappa \neq 0$인 단위속력곡선이라 하자. 그리고 $U = \{(s,t) \in \mathbb{R}^2 : a < s < b, t \neq 0\}$이고 $\mathbf{x} : U \longrightarrow \mathbb{R}^3$을 $\mathbf{x}(s,t) = \boldsymbol{\alpha}(s) + t\boldsymbol{\alpha}'(s)$로 정의하자. $\mathbf{x}$는 가전면임을 보여라.

(2) 이 곡면에 대한 거리행렬을 구하여라.

4.4 법곡률, 측지곡률과 Gauss 공식

$\gamma(s)$를 곡면 $M \subset \mathbb{R}^3$ 위의 단위속력곡선이라 하자. 그리고 $\mathbf{N}$을 곡선 γ의 법벡터장, $\mathbf{n}$은 M에서 좌표조각 $\mathbf{x}$에 대한 법벡터장이라 하자.

예제 4.4.1 $M = S^2$이고 $\gamma(s)$는 다음과 같이 정의된 곡선이라 하자.

$$\gamma(s) = \left(\frac{\sqrt{2}}{2}\cos\sqrt{2}s, \frac{\sqrt{2}}{2}\sin\sqrt{2}s, \frac{\sqrt{2}}{2}\right).$$

그러면

$$\begin{aligned}
\gamma' = \mathbf{T} &= \left(-\sin\sqrt{2}s, \cos\sqrt{2}s, 0\right), \\
\mathbf{T}' &= \left(-\sqrt{2}\cos\sqrt{2}s, -\sqrt{2}\sin\sqrt{2}s, 0\right), \\
\mathbf{N} &= \left(-\cos\sqrt{2}s, -\sin\sqrt{2}s, 0\right), \\
\kappa &= \left|\mathbf{T}'(s)\right| = \sqrt{2}.
\end{aligned}$$

만일 $s = \dfrac{\pi}{2\sqrt{2}}$이면

$$\begin{aligned}
\mathbf{T}\left(\frac{\pi}{2\sqrt{2}}\right) &= \left(-\sin\sqrt{2}\cdot\frac{\pi}{2\sqrt{2}}, \cos\sqrt{2}\cdot\frac{\pi}{2\sqrt{2}}, 0\right) = (-1,0,0), \\
\mathbf{N}\left(\frac{\pi}{2\sqrt{2}}\right) &= \left(-\cos\sqrt{2}\cdot\frac{\pi}{2\sqrt{2}}, -\sin\sqrt{2}\cdot\frac{\pi}{2\sqrt{2}}, 0\right) = (0,-1,0)
\end{aligned}$$

이고 예제 4.1.7에 의해

$$\begin{aligned}\mathbf{n} &= \frac{\mathbf{x}_1 \times \mathbf{x}_2}{|\mathbf{x}_1 \times \mathbf{x}_2|} \\ &= \left(u_1, u_2, \sqrt{1 - u_1^2 - u_2^2}\right) \\ &= \left(\frac{\sqrt{2}}{2}\cos\sqrt{2}\cdot\frac{\pi}{2\sqrt{2}}, \frac{\sqrt{2}}{2}\sin\sqrt{2}\cdot\frac{\pi}{2\sqrt{2}}, \frac{1}{\sqrt{2}}\right) = \left(0, \frac{\sqrt{2}}{2}, \frac{\sqrt{2}}{2}\right)\end{aligned}$$

이다. (그림 4.31)

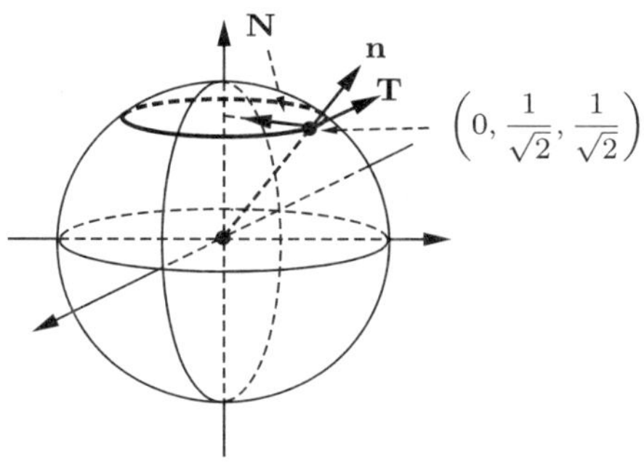

그림 4.31

$\mathbf{x} : U \longrightarrow \mathbb{R}^3$ 가 단순곡면이고 $\boldsymbol{\gamma}(s)$ 가 $\mathbf{x}$의 상에 있는 단위속력곡선이라 하자. 이때 $\mathbf{x}_{ij}$ 와 벡터 $\mathbf{w}$을 다음과 같이 정의하자.

$$\mathbf{x}_{ij}(a,b) = \frac{\partial^2 \mathbf{x}}{\partial u_i \partial u_j}(a,b) = \mathbf{x}_{ji}(a,b),$$
$$\mathbf{w} = \mathbf{n} \times \mathbf{T}.$$

이때 $\mathbf{w}$을 γ의 **내재적 법벡터**(intrinsic normal vector)라 한다. $\mathbf{w}$는 곡선에 대해 법벡터이지만 곡면에 대해서는 접벡터이다.

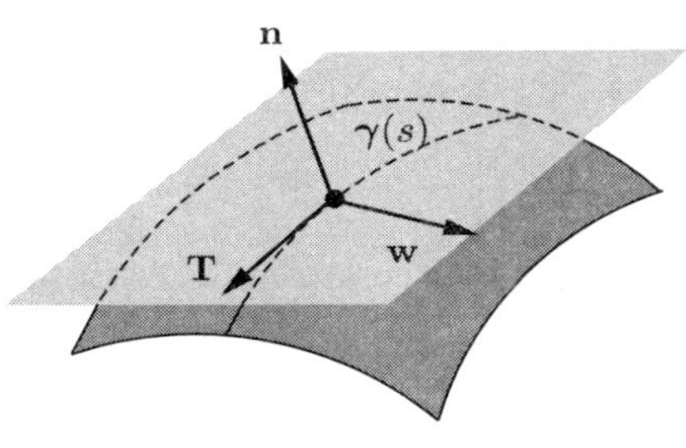

그림 4.32

좌표조각 $\mathbf{x} : U \longrightarrow \mathbb{R}^3$ 에서 곡선 $\boldsymbol{\gamma}(s)$ 를 다음과 같이 나타낼 수 있다.

$$\boldsymbol{\gamma}(s) = \mathbf{x}(\gamma_1(s), \gamma_2(s)). \tag{4.10}$$

성질 4.4.1

식 (4.10)으로 주어진 $\boldsymbol{\gamma}(s)$ 는 다음 방정식을 만족한다.

$$\boldsymbol{\gamma}''(s) = \sum \mathbf{x}_i \gamma_i'' + \sum \mathbf{x}_{ij} \gamma_i' \gamma_j'.$$

증명

$$\begin{aligned}
\boldsymbol{\gamma}'(s) &= \frac{\partial \mathbf{x}}{\partial u_1}\frac{d\gamma_1}{ds} + \frac{\partial \mathbf{x}}{\partial u_2}\frac{d\gamma_2}{ds} \\
&= \sum \mathbf{x}_i \frac{d\gamma_i}{ds} = \sum \mathbf{x}_i(\gamma_1(s), \gamma_2(s))\gamma_i'(s), \\
\boldsymbol{\gamma}''(s) &= \frac{d}{ds}\sum \mathbf{x}_i \frac{d\gamma_i}{ds} \\
&= \sum \left(\frac{d}{ds}\mathbf{x}_i\right)\gamma_i' + \sum \mathbf{x}_i \frac{d}{ds}\gamma_i' \\
&= \sum \left(\frac{\partial \mathbf{x}_i}{\partial u_1}\frac{d\gamma_1}{ds} + \frac{\partial \mathbf{x}_i}{\partial u_2}\frac{d\gamma_2}{ds}\right)\gamma_i' + \sum \mathbf{x}_i \gamma_i'' \\
&= \sum (\mathbf{x}_{i1}\gamma_1' + \mathbf{x}_{i2}\gamma_2')\gamma_i' + \sum \mathbf{x}_i \gamma_i'' = \sum \mathbf{x}_{ij}\gamma_i'\gamma_j' + \sum \mathbf{x}_i \gamma_i''. \quad \blacksquare
\end{aligned}$$

$P \in M$ 이면 P 에서 M 에 수직인 모든 벡터들의 모임 $N_PM = \{r\mathbf{n} : r \in \mathbb{R}\}$ 을 P 에서 M 의 **법공간**(normal space)이라 한다. 따라서 $\mathbb{R}^3$ 을 다음과 같이 나타낼 수 있다.

$$\mathbb{R}^3 = T_PM + N_PM$$

즉, $\mathbb{R}^3$ 의 임의의 벡터는 P 에서 M 의 접벡터와 M 의 법벡터의 합으로 표현할 수 있다. 특히, M 에서 접벡터장 $\mathbf{X}(s)$ 와 법벡터장 $\mathbf{V}(s)$ 에 대해

$$\boldsymbol{\gamma}''(s) = \mathbf{X}(s) + \mathbf{V}(s)$$

로 나타낼 수 있다.

$\boldsymbol{\gamma}'(s) = \mathbf{T}(s)$ 가 M 에서 접벡터이므로 $< \mathbf{V}, \mathbf{T} >= 0$ 이다. 그리고 $\boldsymbol{\gamma}$ 가 단위속력곡선이면

$$< \boldsymbol{\gamma}'', \mathbf{T} >= 0$$

이므로

$$\begin{aligned}\langle \gamma''(s), \mathbf{T}(s)\rangle &= \langle \mathbf{X}(s) + \mathbf{V}(s), \mathbf{T}\rangle \\ &= \langle \mathbf{X}(s), \mathbf{T}\rangle + \langle \mathbf{V}(s), \mathbf{T}\rangle = \langle \mathbf{X}(s), \mathbf{T}\rangle = 0.\end{aligned}$$

따라서 $\mathbf{X}(s)$는 $\mathbf{T}$에 수직이다. 그리고 $\langle \mathbf{X}(s), \mathbf{n}\rangle = 0$이므로 $\mathbf{X}(s)$는 $\mathbf{n}$과 $\mathbf{T}$에 수직인 벡터가 되어 $\mathbf{w} = \mathbf{n} \times \mathbf{T}$와 평행하다. 이때 다음을 만족하는 함수 $\kappa_n(s), \kappa_g(s)$를 정의하여 다음 중요한 관계식을 얻을 수 있다.

$$\begin{aligned}\kappa(s)\mathbf{N}(s) &= \mathbf{T}'(s) \\ &= \boldsymbol{\gamma}''(s) = \kappa_n(s)\mathbf{n}(s) + \kappa_g(s)\mathbf{w}(s).\end{aligned} \tag{4.11}$$

정의 4.4.2

식 (4.11)에서 κ_n을 단위속력곡선 $\boldsymbol{\gamma}$의 **법곡률**(normal curvature), κ_g을 단위속력곡선 $\boldsymbol{\gamma}$의 **측지곡률**(geodesic curvature)이라 한다.

참고 κ_n은 γ''의 법성분이고 κ_g는 γ''의 $\mathbf{w}$ 방향의 성분이다. 그리고 다음과 같은 성질이 성립한다.

1. κ_n은 $\mathbb{R}^3$에서 곡면 M이 얼마나 휘어져 있는가에 대한 측도이고 κ_g는 M에서 $\boldsymbol{\gamma}$가 얼마나 굽어있는가에 대한 측도이다. 이 사실은 나중에 알게될 것이다.
2. $k \geq 0$일 지라도 κ_n과 κ_g가 음이 될 수 있다. 실제로 $\mathbf{n}$의 부호가 바뀌면 κ_n과 κ_g의 부호가 바뀐다.
3. θ가 $\mathbf{T}'$과 $\mathbf{w}$ 사이의 각이면 $\kappa_n = \kappa \sin\theta, \kappa_g = \kappa\cos\theta$이다.

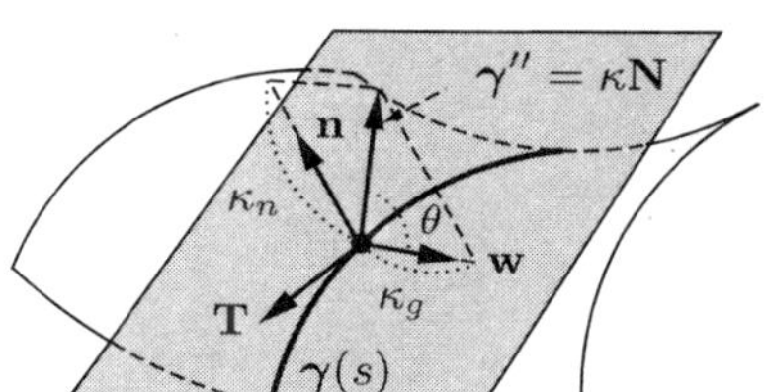

그림 4.33

성질 4.4.3

κ가 곡면 M 위의 단위속력곡선 γ의 곡률이면 다음이 성립한다.

$$\kappa^2 = \kappa_n^2 + \kappa_g^2.$$

증명 $\mathbf{T}' = \kappa\mathbf{N} = \kappa_n\mathbf{n} + \kappa_g\mathbf{w}$ 이고 $\mathbf{n}$과 $\mathbf{w}$가 수직이므로

$$\kappa^2 =< \kappa\mathbf{N}, \kappa\mathbf{N} >=< \kappa_n\mathbf{n} + \kappa_g\mathbf{w}, \kappa_n\mathbf{n} + \kappa_g\mathbf{w} >= \kappa_n^2 + \kappa_g^2$$

이 성립한다. ■

정의 4.4.4

$\mathbf{x} : U \longrightarrow \mathbb{R}^3$ 가 단순곡면일 때

$$L_{ij} =< \mathbf{x}_{ij}, \mathbf{n} >$$

으로 정의된 U에서 함수 L_{ij}을 단순곡면 $\mathbf{x}$의 **제2기본형식의 계수**(coefficient of the second fundamental form)라 한다. 그리고

$$< \mathbf{x}_{ij}, \mathbf{x}_\ell >= \Gamma_{ij,\ell} \ (\text{또는 } [ij, \ell])$$

을 **제1종 Christofell 기호**(Christofell symbol of the first kind)라 하고

$$\sum_{\ell=1}^{2} < \mathbf{x}_{ij}, \mathbf{x}_\ell > g^{\ell k} = \Gamma_{ij}^k (\text{또는 } \{ij, k\})$$

을 **제2종 Christofell 기호**(Christofell symbol of the second kind)라 한다.

$\mathbf{x}_{ij} = \mathbf{x}_{ji}$ 이므로

$$L_{ij} = L_{ji}, \quad \Gamma_{ij}^k = \Gamma_{ji}^k$$

가 성립한다.

참고 성질 4.4.6에서 L_{ij}는 $\mathbf{x}_{ij}$의 법성분, Γ_{ij}^k는 $\mathbf{x}_{ij}$의 접성분임을 볼 것이다.

정의 4.4.5

$\mathbf{x}: U \longrightarrow \mathbb{R}^3$ 가 단순곡면일 때 다음과 같이 T_PM 에서 정의된 II을 T_PM 에서 **제 2기본형식**(the second fundamental form)이라 한다.

$$\mathrm{II}(\mathbf{X}, \mathbf{Y}) = \sum < \mathbf{x}_{ij}, \mathbf{n} > X_i Y_j = \sum L_{ij} X_i Y_j.$$

여기서 $\mathbf{X} = \sum X_i \mathbf{x}_i,\ \mathbf{Y} = \sum Y_j \mathbf{x}_j \in T_PM$ 이다.

성질 4.4.6 **Gauss 공식**

단순곡면 $\mathbf{x}: U \longrightarrow \mathbb{R}^3$ 에 대해

$$\mathbf{x}_{ij} = L_{ij}\mathbf{n} + \sum_k \Gamma_{ij}^k \mathbf{x}_k$$

가 성립한다.

증명 $\{\mathbf{x}_1, \mathbf{x}_2, \mathbf{n}\}$ 이 $\mathbb{R}^3$ 에서 기저이므로 임의의 벡터 $\mathbf{X} \in \mathbb{R}^3$ 에 대해

$$\mathbf{X} = a\mathbf{n} + b^1\mathbf{x}_1 + b^2\mathbf{x}_2 = a\mathbf{n} + \sum b^m \mathbf{x}_m$$

로 나타낼 수 있다. 그런데 $\mathbf{x}_{ij} \in \mathbb{R}^3$ 이므로

$$\mathbf{x}_{ij} = a_{ij}\mathbf{n} + \sum_m b_{ij}^m \mathbf{x}_m$$

을 만족하는 U 에서 정의된 함수 a_{ij}, b_{ij}^m 가 존재한다. 따라서

$$< \mathbf{x}_{ij}, \mathbf{n} > = L_{ij} = a_{ij},$$

$$< \mathbf{x}_{ij}, \mathbf{x}_\ell > = \sum_m b_{ij}^m g_{m\ell}$$

이 되고

$$\sum < \mathbf{x}_{ij}, \mathbf{x}_\ell > g^{\ell k} = \sum b_{ij}^m g_{m\ell} g^{\ell k} = b_{ij}^k.$$

임을 알 수 있다. 따라서 $b_{ij}^k = \Gamma_{ij}^k$ 을 얻는다. ■

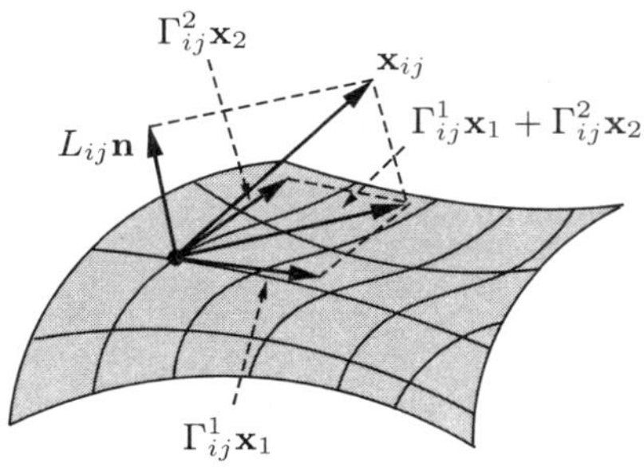

그림 4.34

보조정리 4.4.7

임의의 단위속력곡선 $\boldsymbol{\gamma}(s) = \mathbf{x}(\gamma_1(s), \gamma_2(x))$에 대해

$$\kappa_n = \sum_{i,j} L_{ij}\gamma_i'\gamma_j',$$

$$\kappa_g\mathbf{w} = \sum_k \left[\gamma_k'' + \sum_{i,j}\Gamma_{ij}^k\gamma_i'\gamma_j'\right]\mathbf{x}_k.$$

증명 성질 4.4.1과 성질 4.4.6에 의해

$$\begin{aligned}\boldsymbol{\gamma}'' &= \sum_{i,j}\mathbf{x}_{ij}\gamma_i'\gamma_j' + \sum_i \mathbf{x}_i\gamma_i'' \\ &= \sum_{i,j}\Big(L_{ij}\mathbf{n} + \sum_k \Gamma_{ij}^k\mathbf{x}_k\Big)\gamma_i'\gamma_j' + \sum_i \mathbf{x}_i\gamma_i'' \\ &= \sum_k\Big(\gamma_k'' + \sum_{i,j}\Gamma_{ij}^k\gamma_i'\gamma_j'\Big)\mathbf{x}_k + \sum_{i,j}L_{ij}\gamma_i'\gamma_j'\mathbf{n}.\end{aligned}$$

그런데

$$\boldsymbol{\gamma}'' = \kappa_n(s)\mathbf{n} + \kappa_g(s)\mathbf{w}$$

이므로

$$\kappa_n = \sum_{i,j} L_{ij}\gamma_i'\gamma_j',$$

$$\kappa_g\mathbf{w} = \sum_k\Big(\gamma_k'' + \sum_{i,j}\Gamma_{ij}^k\gamma_i'\gamma_j'\Big)\mathbf{x}_k$$

이 성립한다. ■

성질 4.4.8

$\mathbf{x}: U \longrightarrow \mathbb{R}^3$ 는 좌표조각이고 g_{ij} 는 $\mathbf{x}$의 거리계수라 하자.

(1) $\Gamma_{ij,k} = \frac{1}{2}\left(\frac{\partial g_{jk}}{\partial u_i} + \frac{\partial g_{ik}}{\partial u_j} - \frac{\partial g_{ij}}{\partial u_k}\right)$

(2) $\Gamma_{ij}^{\ell} = \frac{1}{2}\sum g^{k\ell}\left(\frac{\partial g_{jk}}{\partial u_i} + \frac{\partial g_{ik}}{\partial u_j} - \frac{\partial g_{ij}}{\partial u_k}\right)$

증명 (1) 지표를 순환적으로 적용하면

$$\begin{aligned}
\frac{\partial g_{jk}}{\partial u_i} &= \frac{\partial}{\partial u_i} < \mathbf{x}_j, \mathbf{x}_k > = < \mathbf{x}_{ji}, \mathbf{x}_k > + < \mathbf{x}_j, \mathbf{x}_{ki} >,\\
\frac{\partial g_{ik}}{\partial u_j} &= \frac{\partial}{\partial u_j} < \mathbf{x}_i, \mathbf{x}_k > = < \mathbf{x}_{ij}, \mathbf{x}_k > + < \mathbf{x}_i, \mathbf{x}_{kj} >,\\
\frac{\partial g_{ij}}{\partial u_k} &= \frac{\partial}{\partial u_k} < \mathbf{x}_i, \mathbf{x}_j > = < \mathbf{x}_{ik}, \mathbf{x}_j > + < \mathbf{x}_i, \mathbf{x}_{jk} > .
\end{aligned}$$

$\mathbf{x} \in C^3$ 이고 $\mathbf{x}_{ij} = \mathbf{x}_{ji}$ 이므로

$$\frac{\partial g_{jk}}{\partial u_i} + \frac{\partial g_{ik}}{\partial u_j} - \frac{\partial g_{ij}}{\partial u_k} = 2 < \mathbf{x}_{ij}, \mathbf{x}_k > = 2\Gamma_{ij,k}. \tag{4.12}$$

(2) 식 (4.12)에 $g^{k\ell}$ 을 곱하고 k에 대해 합하면

$$\frac{1}{2}\sum_k g^{k\ell}\left(\frac{\partial g_{jk}}{\partial u_i} + \frac{\partial g_{ik}}{\partial u_j} - \frac{\partial g_{ij}}{\partial u_k}\right) = \sum_k < \mathbf{x}_{ij}, \mathbf{x}_k > g^{k\ell} = \Gamma_{ij}^{\ell}$$

이다. ■

단지 (g_{ij}) 에만 의존하는 성질을 **내재적**(intrinsic) 성질이라 한다. Γ_{ij}^k 는 거리계수들에 의해 완전히 결정된다. 따라서 Γ_{ij}^k 을 내재적 성질이다.

성질 4.4.9

곡면곡선의 측지곡률은 내재적 성질이다.

증명 $\varepsilon_{ij} = [\mathbf{n}, \mathbf{x}_i, \mathbf{x}_j]$ 라 하면 $\varepsilon_{11} = \varepsilon_{22} = 0$ 이고

$$\begin{aligned}
\varepsilon_{12} = -\varepsilon_{21} &= \sqrt{< \mathbf{n}, \mathbf{x}_1 \times \mathbf{x}_2 >^2}\\
&= \sqrt{|\mathbf{n}|^2 |\mathbf{x}_1 \times \mathbf{x}_2|^2} = \sqrt{g}
\end{aligned}$$

이므로 보조정리 4.4.7에 의하여

$$
\begin{aligned}
\kappa_g = \langle \kappa_g \mathbf{w}, \mathbf{w} \rangle = \langle \kappa_g \mathbf{w}, \mathbf{n} \times \mathbf{T} \rangle \\
&= \left[\kappa_g \mathbf{w}, \mathbf{n}, \mathbf{T} \right] \\
&= \left[\sum_k \Big(\gamma_k'' + \sum_{i,j} \Gamma_{ij}^k \gamma_i' \gamma_j' \Big) \mathbf{x}_k, \mathbf{n}, \sum_m \gamma_m' \mathbf{x}_m \right] \\
&= \sum_{k,m} \Big(\gamma_k'' + \sum_{i,j} \Gamma_{ij}^k \gamma_i' \gamma_j' \Big) \gamma_m' \left[\mathbf{x}_k, \mathbf{n}, \mathbf{x}_m \right] \\
&= \sum_{k,m} \Big(\gamma_k'' + \sum_{i,j} \Gamma_{ij}^k \gamma_i' \gamma_j' \Big) \gamma_m' \left[\mathbf{n}, \mathbf{x}_m, \mathbf{x}_k \right] \\
&= \sum_{k,m} \Big(\gamma_k'' + \sum_{i,j} \Gamma_{ij}^k \gamma_i' \gamma_j' \Big) \gamma_m' \varepsilon_{mk}.
\end{aligned}
\tag{4.13}
$$

ε_{mk}가 0 또는 g에만 의존하므로 κ_g는 내재적이다. ■

식 (4.13)에 주어진 κ_g에 대한 공식보다 다음과 같은 공식이 유용할 때도 있다.

$$
\begin{aligned}
\kappa_g &=< \mathbf{T}', \mathbf{w} >=< \mathbf{T}', \mathbf{n} \times \mathbf{T} > \\
&=< \mathbf{n}, \mathbf{T} \times \mathbf{T}' > \\
&=< \mathbf{n}, \mathbf{T} \times \kappa \mathbf{N} >= \kappa < \mathbf{n}, \mathbf{B} >= \kappa \cos\theta.
\end{aligned}
\tag{4.14}
$$

즉, $\kappa_g = \kappa \cos\theta$이다. 여기서 θ는 곡면에 대한 단위법벡터 $\mathbf{n}$과 곡선에 대한 종법벡터 $\mathbf{B}$가 이루는 각이다.

예제 4.4.2 $\mathbf{x}(u_1, u_2) = (u_1, u_2, f(u_1, u_2))$는 Monge 조각이다. 이때

$$
\begin{aligned}
\mathbf{x}_1 &= (1, 0, f_1), \\
\mathbf{x}_2 &= (0, 1, f_2), \\
\mathbf{n} &= \frac{\mathbf{x}_1 \times \mathbf{x}_2}{|\mathbf{x}_1 \times \mathbf{x}_2|} = \frac{(-f_1, -f_2, 1)}{\sqrt{1 + f_1^2 + f_2^2}} = \frac{(-f_1, -f_2, 1)}{\sqrt{g}}, \\
\mathbf{x}_{11} &= (0, 0, f_{11}), \\
\mathbf{x}_{12} &= (0, 0, f_{12}) = \mathbf{x}_{21}, \\
\mathbf{x}_{22} &= (0, 0, f_{22})
\end{aligned}
$$

Gauss 공식

$$\mathbf{x}_{ij} = L_{ij}\mathbf{n} + \sum \Gamma_{ij}^k \mathbf{x}_k$$

을 이용하면

$$\mathbf{x}_{11} = L_{11}\mathbf{n} + \Gamma_{11}^1 \mathbf{x}_1 + \Gamma_{11}^2 \mathbf{x}_2$$

됨을 알 수 있다. 그런데

$$L_{11} = < \mathbf{x}_{11}, \mathbf{n} > = \left\langle (0,0,f_{11}), \frac{(-f_1,-f_2,1)}{\sqrt{g}} \right\rangle = \frac{f_{11}}{\sqrt{g}}$$

이므로

$$\mathbf{x}_{11} = (0,0,f_{11}) = \frac{f_{11}}{\sqrt{g}} \cdot \frac{(-f_1,-f_2,1)}{\sqrt{g}} + \Gamma_{11}^1(1,0,f_1) + \Gamma_{11}^2(0,1,f_2).$$

따라서

$$\begin{aligned} -\frac{f_1 f_{11}}{g} + \Gamma_{11}^1 = 0 \quad &\Longrightarrow \Gamma_{11}^1 = \frac{f_1 f_{11}}{g}, \\ \frac{-f_2 f_{11}}{g} + \Gamma_{11}^2 = 0 \quad &\Longrightarrow \Gamma_{11}^2 = \frac{f_2 f_{11}}{g} \end{aligned}$$

을 얻을 수 있다.

같은 방법으로

$$\Gamma_{12}^1 = \frac{f_1 f_{22}}{g}, \quad \Gamma_{12}^2 = \frac{f_2 f_{12}}{g}, \quad \Gamma_{22}^1 = \frac{f_1 f_{22}}{g}, \quad \Gamma_{22}^2 = \frac{f_2 f_{22}}{g}$$

가 됨을 알 수 있다.

정리하면 다음과 같다.

Monge 조각 $\mathbf{x}(u_1,u_2) = (u_1,u_2,f(u_1,u_2))$에 대해

$$\begin{aligned} \Gamma_{11}^1 = \frac{f_1 f_{11}}{g}, \quad \Gamma_{11}^2 = \frac{f_2 f_{11}}{g}, \quad \Gamma_{12}^1 = \frac{f_1 f_{22}}{g}, \\ \Gamma_{12}^2 = \frac{f_2 f_{12}}{g}, \quad \Gamma_{22}^1 = \frac{f_1 f_{22}}{g}, \quad \Gamma_{22}^2 = \frac{f_2 f_{22}}{g}. \end{aligned}$$

참고 Γ_{ij}^{ℓ} 은 다음 방정식을 이용해서 계산할 수 있다.

$$\Gamma_{ij}^{\ell} = \frac{1}{2}\sum g^{k\ell}\left(\frac{\partial g_{jk}}{\partial u_i} + \frac{\partial g_{ik}}{\partial u_j} - \frac{\partial g_{ij}}{\partial u_k}\right)$$

그러나 예제 4.4.2에서 이용했던 방법보다 계산이 복잡하다.

예제 4.4.3 $\gamma(t) = (\sin t, 0, \cos t)$ $\left(-\frac{\pi}{2} < t < \frac{\pi}{2}\right)$ 는 상반구

$$\mathbf{x}(u_1, u_2) = \left(u_1, u_2, \sqrt{1 - u_1^2 - u_2^2}\right)$$

위에 있는 단위속력곡선이다. 그리고 γ의 상은 구의 대원의 일부이다. (그림 4.35)

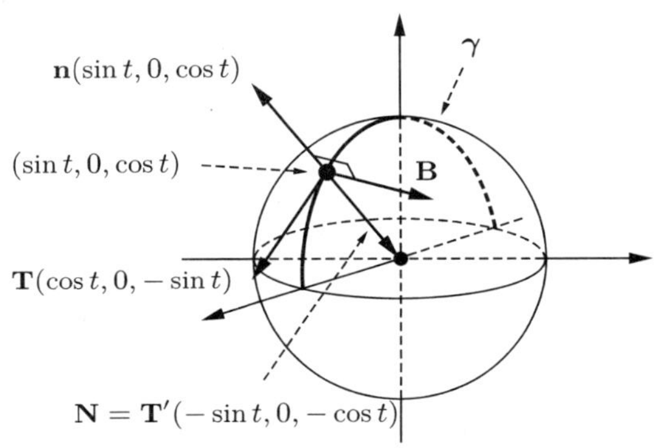

그림 4.35

이때

$$\mathbf{T} = (\cos t, 0, -\sin t),$$

$$\mathbf{T}' = (-\sin t, 0, -\cos t),$$

$$\mathbf{n} = \left(u_1, u_2, \sqrt{1 - u_1^2 - u_2^2}\right).$$

점 $(\sin t, 0, \cos t)$ 에서 $\mathbf{n} = (\sin t, 0, \cos t)$ 이다. 따라서

$$\kappa_n = <\mathbf{T}', \mathbf{n}> = -\sin^2 t - \cos^2 t = -1.$$

$\kappa = 1$ 이고 $\kappa^2 = \kappa_n^2 + \kappa_g^2$ 이므로 $\kappa_g = 0$ 이다.

연습문제 4.4

4.4.1 회전면에 대한 행렬 (L_{ij})는

$$\frac{1}{\sqrt{\dot{r}^2+\dot{z}^2}}\begin{pmatrix} \dot{r}\ddot{z} & 0 \\ 0 & r\dot{z} \end{pmatrix}$$

가 됨을 보여라.

4.4.2 회전면에서 $\det(L_{ij})=0$일 필요충분조건은 각 경선이 직선인 것임을 보여라.

4.4.3 $f: V \longrightarrow U$가 좌표사상이고 $\overline{L}_{\beta\boldsymbol{\beta}}$는 V-좌표계에서 (L_{ij})에 대응하는 표현일 때

$$L_{ij} = \pm\sum \overline{L}_{\alpha\beta}\frac{\partial v_\alpha}{\partial u_i}\frac{\partial v_\beta}{\partial u_j}$$

가 성립함을 보여라.

4.4.4 $\mathbf{x}(u,v) = (u,v,u^2+v^2)$은 Monge 조각이고 $\boldsymbol{\gamma}(t) = \mathbf{x}(t^2,t)$는 이 곡면 위의 곡선이다. $t=1$에서 법곡률과 측지곡률을 구하여라.

4.4.5 $\mathbf{x}(r,s) = (r,s,0)$는 단순곡면이다. 이 평면 위에 있는 곡선의 측지곡률은 평면곡률임을 보여라. 즉, $\kappa_g = \widetilde{\kappa}$임을 보여라.

4.4.6 구는 회전면이다. 예제 4.1.4에서 등위선 $v_1 = c$(c는 상수)의 측지곡률을 구하여라.

4.4.7 $\boldsymbol{\gamma}$가 구 위의 곡선일 때 다음을 보여라.

(1) κ_n은 상수이다.

(2) κ_g가 상수이면 $\boldsymbol{\gamma}$는 원이다.

4.4.8 다음을 보여라.

(1) $\dfrac{1}{2}\dfrac{\partial \ln g}{\partial u_1} = \Gamma_{11}^1 + \Gamma_{12}^2$

(2) $\dfrac{1}{2}\dfrac{\partial \ln g}{\partial u_2} = \Gamma_{21}^1 + \Gamma_{22}^2$

4.5 측지선

직선은 대부분 그림의 구조를 연구하거나 그림을 그릴 때 기본도구로써 중요한 역할을 한다. 곡면 위에서도 이와 비슷한 역할을 하는 곡선을 생각할 수 있다. 그러나 직선에 대한 개념은 여러 가지 성질로 설명하고 있지만 그 중 어떤 것이 직선의 개념을 가장 잘 표현하고 있는 성질인지 명확하게 말할 수 없다. 즉, 임의의 곡면 위에서 "직선"의 정의로 채택할 성질이 어떤 것인지는 명확하지 않다.

우선 직선의 성질을 살펴보면 다음과 같다.

P1: 평면에 있는 직선의 곡률은 0이다.

P2: 직선은 두 점 사이의 가장 짧은 길을 제공한다.

P3: 두 점을 지나는 직선은 유일하다.

P4: 직선에 대한 접벡터는 모두 평행하다.

이러한 성질들을 곡면 위의 곡선에 대해 일반화하고 이들과의 상관관계에 대해 알아보자.

정의 4.5.1

곡면 M 위에 있는 $\kappa_g = 0$ 인 단위속력곡선을 **측지선**(geodesic)이라 한다.

참고 측지선의 정의는 위 성질 **P1**에 대응한다. 평면곡선의 측지곡률은 평면곡률이므로 평면에서 직선은 측지선이다.

성질 4.5.2

곡면 M 위의 단위속력곡선 $\gamma(s)$ 가 측지선일 필요충분조건은

$$[\mathbf{n}, \mathbf{T}, \mathbf{T}'] = 0$$

인 것이다.

증명 γ의 측지곡률은 $\kappa_g =< \gamma'', \mathbf{w} >$이므로

$$< \gamma'', \mathbf{w} >=< \mathbf{T}', \mathbf{n} \times \mathbf{T} >= [\mathbf{n}, \mathbf{T}, \mathbf{T}'] = 0$$

이다. ■

성질 4.5.3

$\gamma(s) = \mathbf{x}(r_1(s), r_2(s))$를 단위속력곡선이라 하자. 그러면 γ가 측지선일 필요충분조건은

$$\gamma_k'' + \sum \Gamma_{ij}^k \gamma_i' \gamma_j' = 0 \ (k = 1, 2) \tag{4.15}$$

을 만족하는 것이다.

증명 $\{\mathbf{x}_1, \mathbf{x}_2\}$가 일차독립이고

$$\kappa_g \mathbf{w} = \sum \left(\gamma_k'' + \sum \Gamma_{ij}^k \gamma_i' \gamma_j' \right) \mathbf{x}_k = 0$$

이므로 이 결과를 얻을 수 있다. ■

성질 4.5.4

단위속력곡선 $\gamma(s)$가 곡면 M 위에서 측지선일 필요충분조건은 γ''가 M에 대한 법벡터인 것이다.

증명 $\gamma'' = \kappa \mathbf{N} = \kappa_g \mathbf{w} + \kappa_n \mathbf{n}$이므로 $\kappa_g = 0$일 필요충분조건은 $\gamma'' = \kappa_n \mathbf{n}$이다. ■

예제 4.5.1 S^2에서 대원 $\gamma(s) = (\sin s, 0, \cos s)$에 대해

$$\gamma' = (\cos s, 0, -\sin s),$$

$$\gamma'' = (-\sin s, 0, -\cos s) = -\gamma(s).$$

따라서 $\gamma''(s)$는 $\gamma(s)$에서 S^2에 대해 내향법벡터이고, $\gamma(s)$는 측지선이다.

참고 S^2의 모든 대원은 측지선이다. 즉, 모든 대원에 대해 $\kappa_g = 0$이다.

성질 4.5.5

반지름이 R인 구 위에 있는 반지름이 r인 임의의 원에 대한 측지곡률은

$$\kappa_g = \frac{\sqrt{R^2 - r^2}}{rR}$$

증명 θ을 임의의 원 $(O)_r$을 포함하는 평면과 $(O)_R$을 포함하는 평면 사이의 각이라 하자. (그림 4.36)

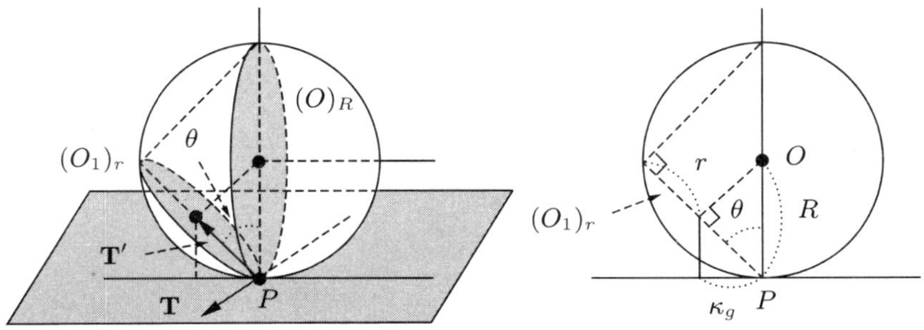

그림 4.36

이때

$$\sin\theta = \frac{\sqrt{R^2 - r^2}}{R}, \quad r = \frac{1}{\kappa}$$

이므로 식 (4.14)에 의해

$$\kappa_g = \kappa\cos\left(\frac{\pi}{2} - \theta\right) = \kappa\sin\theta = \frac{\sqrt{R^2 - r^2}}{rR}$$

이다. ■

예제 4.5.2 $\boldsymbol{\gamma}(s) = \left(\frac{\sqrt{2}}{2}\cos\sqrt{2}s, \frac{\sqrt{2}}{2}\sin\sqrt{2}s, \frac{\sqrt{2}}{2}\right)$라 하자. 그러면 $\boldsymbol{\gamma}(s)$는 단위구 위의 원이다. 이때 $R = 1$이고 $r = \frac{\sqrt{2}}{2}$이므로

$$\kappa_g = \frac{\sqrt{R^2 - r^2}}{rR} = 1$$

이다.

정리 4.5.6 **Liouville**

$\mathbf{x}: U \longrightarrow M$ 은 직교좌표조각이고 $\boldsymbol{\gamma} = \mathbf{x}(\gamma_1(s), \gamma_2(s))$ 를 단위속력곡선이라 하자. 그리고 $\mathbf{e}_1, \mathbf{e}_2$ 가 각각 u-곡선, v-곡선 방향의 단위벡터라 하자. 만일 $\boldsymbol{\gamma}$ 의 단위접벡터가 $\mathbf{T}(s) = \cos\theta \mathbf{e}_1 + \sin\theta \mathbf{e}_2$ 이면 $\boldsymbol{\gamma}$ 의 측지곡률 κ_g 는 다음과 같다.

$$\kappa_g = \frac{d\theta}{ds} + (\kappa_g)_1 \cos\theta + (\kappa_g)_2 \sin\theta.$$

이때 $(\kappa_g)_1$ 과 $(\kappa_g)_2$ 는 각각 u-곡선과 v-곡선의 측지곡률이다.

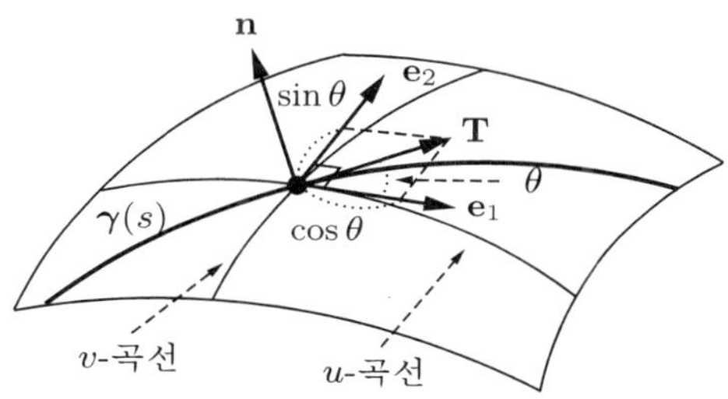

그림 4.37

증명 $\mathbf{e}_1, \mathbf{e}_2$ 가 각각 u-곡선과 v-곡선의 단위접벡터이고 s_1 과 s_2 는 각각 u-곡선과 v-곡선의 호의 길이라 하자. $\mathbf{e}_1 \perp \mathbf{e}_2$ 이고 $\mathbf{e}_1 \times \mathbf{e}_2 = \mathbf{n}$ 이므로

$$(\kappa_g)_1 = \left\langle \frac{d\mathbf{e}_1}{ds_1}, \mathbf{n} \times \mathbf{e}_1 \right\rangle = \left\langle \frac{d\mathbf{e}_1}{ds_1}, \mathbf{e}_2 \right\rangle.$$

마찬가지 방법으로 하면

$$(\kappa_g)_2 = \left\langle \frac{d\mathbf{e}_2}{ds_2}, -\mathbf{e}_1 \right\rangle$$

이다. 그런데 $\mathbf{e}_1 = \dfrac{\mathbf{x}_1}{|\mathbf{x}_1|}$, $\mathbf{e}_2 = \dfrac{\mathbf{x}_2}{|\mathbf{x}_2|}$ 이므로

$$\cos\theta = < \mathbf{T}, \mathbf{e}_1 > = \left(\mathbf{x}_1 \frac{du}{ds} + \mathbf{x}_2 \frac{dv}{ds}\right) \cdot \frac{\mathbf{x}_1}{\sqrt{E}} = \sqrt{E}\frac{du}{ds},$$
$$\sin\theta = < \mathbf{T}, \mathbf{e}_2 > = \left(\mathbf{x}_1 \frac{du}{ds} + \mathbf{x}_2 \frac{dv}{ds}\right) \cdot \frac{\mathbf{x}_2}{\sqrt{G}} = \sqrt{G}\frac{dv}{ds}$$

이고

$$\begin{aligned}
\frac{d\mathbf{e}_i}{ds} &= \frac{d\mathbf{e}_i}{ds_1}\frac{ds_1}{du}\frac{du}{ds} + \frac{d\mathbf{e}_i}{ds_2}\frac{ds_2}{dv}\frac{dv}{ds} \\
&= \frac{d\mathbf{e}_i}{ds_1}|\mathbf{x}_1|\frac{du}{ds} + \frac{d\mathbf{e}_i}{ds_2}|\mathbf{x}_2|\frac{dv}{ds} \\
&= \frac{d\mathbf{e}_i}{ds_1}\left(\sqrt{E}\frac{du}{ds}\right) + \frac{d\mathbf{e}_i}{ds_2}\left(\sqrt{G}\frac{dv}{ds}\right) = \frac{d\mathbf{e}_i}{ds_1}\cos\theta + \frac{d\mathbf{e}_i}{ds_2}\sin\theta \ (i=1,2).
\end{aligned}$$

여기서 θ는 $\mathbf{T}$와 $\mathbf{e}_1$ 사잇각이다.

$\mathbf{w} = \mathbf{n} \times \mathbf{T}$는 $\mathbf{T}$에 수직이고 $\mathbf{e}_1, \mathbf{e}_2$로 만들어지는 평면에 놓이므로

$$\mathbf{w} = \mathbf{e}_1 \cos\left(\theta + \frac{\pi}{2}\right) + \mathbf{e}_2 \sin\left(\theta + \frac{\pi}{2}\right) = -\mathbf{e}_1 \sin\theta + \mathbf{e}_2 \cos\theta.$$

따라서

$$\begin{aligned}
\mathbf{T}' &= \frac{d}{ds}(\mathbf{e}_1\cos\theta + \mathbf{e}_2\sin\theta) \\
&= \frac{d\mathbf{e}_1}{ds}\cos\theta + \frac{d\mathbf{e}_2}{ds}\sin\theta + \left(\mathbf{e}_1\frac{d}{d\theta}\cos\theta + \mathbf{e}_2\frac{d}{d\theta}\sin\theta\right)\frac{d\theta}{ds} \\
&= \left(\frac{d\mathbf{e}_1}{ds_1}\cos\theta + \frac{d\mathbf{e}_1}{ds_2}\sin\theta\right)\cos\theta + \left(\frac{d\mathbf{e}_2}{ds_1}\cos\theta + \frac{d\mathbf{e}_2}{ds_2}\sin\theta\right)\sin\theta \\
&+ (-\mathbf{e}_1\sin\theta + \mathbf{e}_2\cos\theta)\frac{d\theta}{ds} \\
&= \frac{d\mathbf{e}_1}{ds_1}\cos^2\theta + \left(\frac{d\mathbf{e}_1}{ds_2} + \frac{d\mathbf{e}_2}{ds_1}\right)\sin\theta\cos\theta + \frac{d\mathbf{e}_2}{ds_2}\sin^2\theta + \mathbf{w}\frac{d\theta}{ds}
\end{aligned}$$

이 된다. $\langle \mathbf{e}_i, \mathbf{e}_j \rangle = \delta_{ij} \ (i = 1, 2)$ 이므로

$$\frac{d}{ds_i}\langle \mathbf{e}_i, \mathbf{e}_j \rangle = \left\langle \frac{d\mathbf{e}_i}{ds_i}, \mathbf{e}_j \right\rangle + \left\langle \mathbf{e}_i, \frac{d\mathbf{e}_j}{ds_i} \right\rangle = 0.$$

따라서

$$\left\langle \mathbf{e}_i, \frac{d\mathbf{e}_j}{ds_i} \right\rangle = -\left\langle \mathbf{e}_j, \frac{d\mathbf{e}_i}{ds_i} \right\rangle$$

이고 $\mathbf{T}' = \kappa_n\mathbf{n} + \kappa_g\mathbf{w}$ 이므로

$$\begin{aligned}
\kappa_g = <\mathbf{T}', \mathbf{w}> &= \left\langle -\mathbf{e}_1, \frac{d\mathbf{e}_2}{ds_1} \right\rangle \sin^2\theta\cos\theta + \left\langle -\mathbf{e}_1, \frac{d\mathbf{e}_2}{ds_2} \right\rangle \sin^3\theta \\
&+ \left\langle \mathbf{e}_2, \frac{d\mathbf{e}_1}{ds_1} \right\rangle \cos^3\theta + \left\langle \mathbf{e}_2, \frac{d\mathbf{e}_1}{ds_2} \right\rangle \sin\theta\cos^2\theta + \frac{d\theta}{ds}\langle \mathbf{w}, \mathbf{w} \rangle \\
&= (\kappa_g)_1(\sin^2\theta + \cos^2\theta)\cos\theta + (\kappa_g)_2(\sin^2\theta + \cos^2\theta)\sin\theta + \frac{d\theta}{ds} \\
&= \frac{d\theta}{ds} + (\kappa_g)_1\cos\theta + (\kappa_g)_2\sin\theta
\end{aligned}$$

을 얻는다. ■

성질 4.5.7

M이 단위속력곡선 $(r(t), z(t))$로 만들어진 회전면이면 다음이 성립한다.

(1) 모든 경선은 측지선이다.

(2) 위선이 측지선일 필요충분조건은 위선 위의 모든 점에서 경선에 대한 접벡터 $\mathbf{x}_1$은 회전축에 평행한 것이다.

증명 M을 다음과 같이 매개화한 회전면이라 하자.

$$\mathbf{x}(t,\theta) = (r(t)\cos\theta, r(t)\sin\theta, z(t))$$

$(r(t), z(t))$가 단위속력곡선이고 t가 호의 길이이므로 거리행렬은

$$\begin{aligned}(g_{ij}) &= \begin{pmatrix} <\mathbf{x}_1, \mathbf{x}_1> & <\mathbf{x}_1, \mathbf{x}_2> \\ <\mathbf{x}_2, \mathbf{x}_1> & <\mathbf{x}_2, \mathbf{x}_2> \end{pmatrix} \\ &= \begin{pmatrix} \dot{r}^2 + \dot{z}^2 & 0 \\ 0 & r^2 \end{pmatrix} = \begin{pmatrix} 1 & 0 \\ 0 & r^2 \end{pmatrix}\end{aligned}$$

이다. (연습문제 4.3.2) 따라서

$$\begin{aligned} g^{11} &= \frac{g_{22}}{g} = \frac{r^2}{r^2} = 1, \quad g^{12} = g^{21} = 0, \quad g^{22} = \frac{1}{r^2}, \\ \mathbf{x}_{11} &= (\ddot{r}\cos\theta, \ddot{r}\sin\theta, \ddot{z}(t)), \\ \mathbf{x}_{12} &= (-\dot{r}\sin\theta, \dot{r}\cos\theta, 0) = \mathbf{x}_{21}, \\ \mathbf{x}_{22} &= (-r\cos\theta, -r\sin\theta, 0). \end{aligned}$$

제2종 Christoffel 기호가

$$\Gamma^k_{ij} = \sum_\ell <\mathbf{x}_{ij}, \mathbf{x}_\ell> g^{k\ell}$$

이므로

$$\Gamma^2_{12} = <\mathbf{x}_{12}, \mathbf{x}_1> g^{21} + <\mathbf{x}_{12}, \mathbf{x}_2> g^{22} = \frac{1}{r^2}(r\dot{r}\sin^2\theta + r\dot{r}\cos^2\theta) = \frac{\dot{r}}{r} = \Gamma^2_{21},$$

$$\Gamma^1_{22} = -r\dot{r}, \quad \Gamma^1_{11} = \Gamma^2_{22} = \Gamma^2_{11} = \Gamma^1_{12} = 0.$$

성질 4.5.3에 의해 단위속력곡선 $\boldsymbol{\gamma}(s) = \mathbf{x}(t(s), \theta(s))$가 측지곡선일 필요충분조

건은 $\boldsymbol{\gamma}$가 다음을 만족하는 것이다.

$$\gamma_k'' + \sum_{i,j} \Gamma_{ij}^k \gamma_i' \gamma_j' = 0.$$

따라서

$$\gamma_1'' + \Gamma_{22}^1 \gamma_2' \gamma_2' = t'' + (-r\dot{r})\theta'\theta' = 0,$$
$$\gamma_2'' + 2\Gamma_{12}^2 \gamma_1' \gamma_2' = \theta'' + 2 \cdot \frac{\dot{r}}{r} t'\theta' = 0.$$

즉, 단위속력곡선 $\boldsymbol{\gamma}(s)$가 측지곡선일 필요충분조건은 다음 식을 만족하는 것이다.

$$t'' - r\dot{r}(\theta')^2 = 0, \tag{4.16}$$

$$\theta'' + 2 \cdot \frac{\dot{r}}{r} t'\theta' = 0. \tag{4.17}$$

(1) 경선은 θ가 상수일 때이다. 따라서 이 경우 $\theta' = \theta'' = 0$이므로 식 (4.17)을 만족한다. 경선 $t = s$를 따라서 $t' = 1, t'' = 0$이므로 식 (4.16)을 만족한다. 따라서 경선은 측지선이다.

(2) 위선은 t가 상수일 때이다. 따라서 이 경우 $t' = t'' = 0$이다. $\boldsymbol{\gamma}(s) = \mathbf{x}(t(s), \theta(s))$가 단위속력곡선이므로

$$\begin{aligned} 1 = |\boldsymbol{\gamma}'(s)|^2 &= \left| \frac{\partial \mathbf{x}}{\partial t}\frac{dt}{ds} + \frac{\partial \mathbf{x}}{\partial \theta}\frac{d\theta}{ds} \right|^2 \\ &= \left| \frac{\partial \mathbf{x}}{\partial t} \right|^2 t'^2 + 2\left\langle \frac{\partial \mathbf{x}}{\partial t}, \frac{\partial \mathbf{x}}{\partial \theta} \right\rangle t'\theta' + \left| \frac{\partial \mathbf{x}}{\partial \theta} \right|^2 (\theta)'^2 \\ &= \left\langle \frac{\partial \mathbf{x}}{\partial \theta}, \frac{\partial \mathbf{x}}{\partial \theta} \right\rangle (\theta')^2 = g_{22}(\theta')^2. \end{aligned}$$

따라서 $1 = r^2(\theta')^2$이고, $\theta' = \pm\frac{1}{r}$이다. 그런데 t가 상수이면 r이 상수이므로 $\theta'' = 0$이 되어서 식 (4.17)을 만족한다.

$\theta' \neq 0$이고 $r > 0$이므로 등위선이 식 (4.16)을 만족할 필요충분조건은 $\dot{r} = 0$일 때이고 , $\dot{r} = 0$이 되기 위한 필요충분조건은 $\mathbf{x}_1 = (\dot{r}\cos\theta, \dot{r}\sin\theta, \dot{z})$가 회전축 $(0, 0, 1)$에 평행한 것이다. ■

예제 4.5.3 곡선 $\boldsymbol{\gamma}(t) = (t, 0, t^2)$는 Monge 조각 $\mathbf{x}(u, v) = (u, v, u^2 - v^2)$ 위의 곡선이다. 이때 $\dot{\boldsymbol{\gamma}} = (1, 0, 2t)$, $\ddot{\boldsymbol{\gamma}} = (0, 0, 2)$이고

$$\gamma' = \dot{\gamma}\frac{dt}{ds}, \quad \gamma'' = \ddot{\gamma}\left(\frac{dt}{ds}\right)^2 + \dot{\gamma}\frac{d^2t}{ds^2}$$

이다. 그러므로

$$[\mathbf{n}, \boldsymbol{\gamma}', \boldsymbol{\gamma}''] = [\mathbf{n}, \dot{\boldsymbol{\gamma}}, \ddot{\boldsymbol{\gamma}}]\left(\frac{ds}{dt}\right)^3,$$

$$\mathbf{n}(u(t), v(t)) = \frac{(-2u, 2v, 1)}{\sqrt{1+4u^2+4v^2}} = \frac{(-2t, 0, 1)}{\sqrt{1+4t^2}}$$

이 되고 $[\mathbf{n}, \dot{\boldsymbol{\gamma}}, \ddot{\boldsymbol{\gamma}}] = 0$ 이다. 따라서 $[\mathbf{n}, \boldsymbol{\gamma}', \boldsymbol{\gamma}''] = 0$ 이 되어 $\boldsymbol{\gamma}$는 측지선이다.

평면에서 직선은 어떤 주어진 한 점과 방향에 의해 결정된다. 다음 정리는 일반적으로 측지선에 대해서도 이 성질이 성립함을 보여준다.

정리 4.5.8

$P \in M$ 이고 $\mathbf{X}$를 P에서 단위접벡터라 하자. 그러면 $s_0 \in \mathbb{R}$에 대해

$$\boldsymbol{\gamma}(s_0) = P, \quad \boldsymbol{\gamma}'(s_0) = \mathbf{X} \tag{4.18}$$

인 측지선 $\boldsymbol{\gamma}$가 유일하게 존재한다.

증명 $\mathbf{x}$를 $P = \mathbf{x}(0,0)$ 근방의 조각이라 하고 $\mathbf{X} = \sum X_i\mathbf{x}_i$ 라 하자. 만일 식 (4.18)을 만족하는 측지선 $\boldsymbol{\gamma}(s) = \mathbf{x}(\gamma_1(s), \gamma_2(s))$ 가 존재하면

$$\begin{cases} \gamma_k'' + \sum \Gamma_{ij}^k \gamma_i'\gamma_j' = 0, \\ \gamma_i(s_0) = 0, \gamma_i'(s_0) = X_i \ (i = 1, 2) \end{cases} \tag{4.19}$$

을 만족해야 한다.

역으로 초기값 문제 (4.19)의 임의의 해가 단위속력곡선이면 이 해는 주어진 성질을 만족하는 측지선이다.

Picard 정리에 의해 방정식 (4.19)는 s_0 근방에서 유일한 해를 갖는다. 이때 이 방정식의 해 $\boldsymbol{\gamma}(s) = \mathbf{x}(\gamma_1(s), \gamma_2(s))$ 가 단위속력곡선임을 보이자.

$f(s) = |\boldsymbol{\gamma}'|^2 = \sum g_{ij}\gamma_i'\gamma_j'$ 이라 하자.

$$\mathbf{x}_{ij} = L_{ij}\mathbf{n} + \sum_{\ell} \Gamma_{ij}^{\ell}\mathbf{x}_{\ell}$$

이므로

$$< \mathbf{x}_{ij}, \mathbf{x}_k >= \sum_{\ell} \Gamma^{\ell}_{ij} g_{\ell k}$$

이다. 따라서

$$\frac{\partial g_{ij}}{\partial u_k} =< \mathbf{x}_{ik}, \mathbf{x}_j > + < \mathbf{x}_i, \mathbf{x}_{jk} >= \sum \Gamma^{\ell}_{ik} g_{j\ell} + \sum \Gamma^{\ell}_{jk} g_{i\ell}$$

이고

$$\begin{aligned} f'(s) &= \sum \frac{\partial g_{ij}}{\partial s} \gamma'_i \gamma'_j + \sum g_{ij} \frac{\partial \gamma'_i}{\partial s} \gamma'_j + \sum g_{ij} \gamma'_i \frac{\partial \gamma'_j}{\partial s} \\ &= \sum \frac{\partial g_{ij}}{\partial u_k} \gamma'_k \gamma'_i \gamma'_j + \sum g_{ij} \gamma''_i \gamma'_j + \sum g_{ij} \gamma'_i \gamma''_j \\ &= \sum g_{j\ell} \left(\Gamma^{\ell}_{ik} \gamma'_i \gamma'_k + \gamma''_\ell \right) \gamma'_j + \sum g_{i\ell} \left(\Gamma^{\ell}_{jk} \gamma'_j \gamma'_k + \gamma''_\ell \right) \gamma'_i \\ &= \sum \Gamma^{\ell}_{ik} g_{j\ell} \gamma'_k \gamma'_i \gamma'_j + \sum g_{\ell j} \gamma''_\ell \gamma'_j + \sum \Gamma^{\ell}_{jk} g_{i\ell} \gamma'_i \gamma'_j \gamma'_k + \sum g_{i\ell} \gamma'_i \gamma''_\ell \\ &= \sum \left(\gamma''_\ell + \sum \Gamma^{\ell}_{ik} \gamma'_i \gamma'_k \right) g_{\ell j} \gamma'_\ell + \sum \left(\gamma''_\ell + \sum \Gamma^{\ell}_{jk} \gamma'_j \gamma'_k \right) g_{i\ell} \gamma'_i . \end{aligned}$$

(γ_1, γ_2)가 방정식 (4.19)의 해이므로 $f'(s) = 0$. 따라서 $f(s)$는 상수이다. 그런데 $f(s_0) = |\mathbf{X}| = 1$이므로 $f(s) = 1$이다. 즉, $\boldsymbol{\gamma}'$는 단위벡터이고 $\boldsymbol{\gamma}$는 단위속력곡선이다. 따라서 $\boldsymbol{\gamma}$는 측지선이다. (그림 4.38) ■

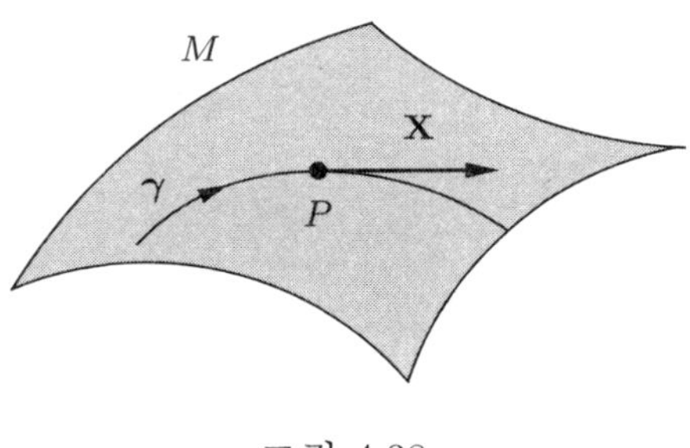

그림 4.38

다음 정리에서 측지선은 직선의 성질 **P2**를 가지고 있음을 보여준다.

정리 4.5.9

$\boldsymbol{\gamma}$는 $P = \boldsymbol{\gamma}(a)$와 $Q = \boldsymbol{\gamma}(b)$을 지나는 곡면 M 위의 단위속력곡선이라 하자. 만일 $\boldsymbol{\gamma}$가 P와 Q를 잇는 가장 짧은 곡선이면 $\boldsymbol{\gamma}$는 측지선이다.

증명 $a < s_0 < b$일 때 $\kappa_g(s_0) = 0$임을 보이자.

$\kappa_g(s_0) \neq 0$이면 $a < c < s_0 < d < b$인 구간 $[c,d]$에서 $\kappa_g \neq 0$이 되는 c,d가 존재한다. 이때 $\boldsymbol{\gamma}$에 의한 $[c,d]$의 상은 $\mathbf{x}$의 좌표조각에 놓인다. $\boldsymbol{\gamma}(c)$에서 $\boldsymbol{\gamma}(d)$까지 $\boldsymbol{\gamma}$의 선분은 $\boldsymbol{\gamma}(c)$와 $\boldsymbol{\gamma}(d)$을 잇는 가장 짧은 곡선이다. 만일 그렇지 않으면 $\boldsymbol{\gamma}(a)$와 $\boldsymbol{\gamma}(c)$, $\boldsymbol{\gamma}(c)$와 $\boldsymbol{\gamma}(d)$, $\boldsymbol{\gamma}(d)$와 $\boldsymbol{\gamma}(b)$을 잇는 $\boldsymbol{\gamma}$보다 짧은 조각적 정칙곡선이 존재한다. 그러나 $\boldsymbol{\gamma}$가 $\boldsymbol{\gamma}(a)$와 $\boldsymbol{\gamma}(b)$을 잇는 가장 짧은 곡선이라 가정했다.

$\lambda(s)$을 $c \leq s \leq d$에서 정의되고 다음을 만족하는 C^2-급 함수라 하자. (만일 $\boldsymbol{\gamma}$가 C^4-급이면 $\lambda(s) = (s-c)(d-s)\kappa_g(s)$라 두면 된다.)

$$\lambda(c) = \lambda(d) = 0, \lambda(s_0) \neq 0, \lambda(s)\kappa_g(s) \geq 0 \ (c \leq s \leq d)$$

만일 $\mathbf{w} = \mathbf{n} \times \boldsymbol{\gamma}'$이면 좌표조각 $\mathbf{x}$에서 어떤 $v_i : [c,d] \longrightarrow \mathbb{R}$에 대해

$$\lambda(s)\mathbf{w} = \sum v_i(s)\mathbf{x}_i$$

을 만족한다. $\boldsymbol{\gamma}(s) = \mathbf{x}(\gamma_1(s), \gamma_2(s))$라 하고 충분히 작은 $|t|$에 대해

$$\boldsymbol{\alpha}_t(s) = \mathbf{x}\left(\gamma_1(s) + tv_1(s), \gamma_2(s) + tv_2(s)\right)$$

라 정의하자. $\lambda(c) = \lambda(d) = 0$이므로 $\sum v_i(c)\mathbf{x}_i = \sum v_i(d)\mathbf{x}_i = 0$이다. 따라서 $v_i(c) = v_i(d) = 0 \ (i = 1,2)$이다. 따라서 $\boldsymbol{\alpha}_t$는 각 t에 대해 $\boldsymbol{\gamma}(c)$에서 $\boldsymbol{\gamma}(d)$을 잇는 곡선이고 $\boldsymbol{\alpha}_0 = \boldsymbol{\gamma}$을 만족한다. $\boldsymbol{\alpha}_t(s) = \boldsymbol{\alpha}(s;t)$로 나타내자. (그림 4.39)

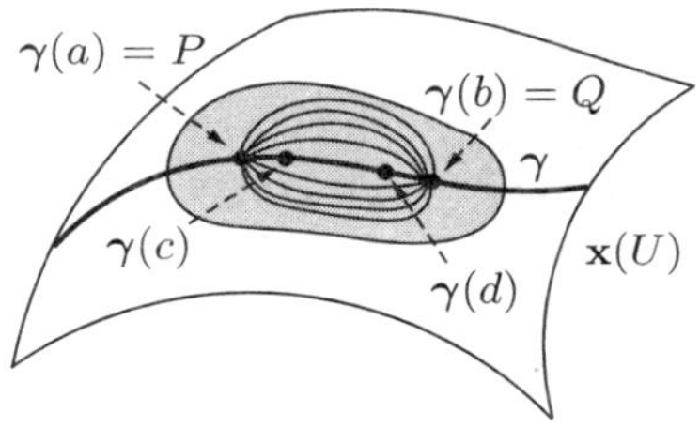

그림 4.39

$\boldsymbol{\alpha}(s;t)$의 길이

$$L(t) = \int_c^d \left\langle \frac{\partial \boldsymbol{\alpha}}{\partial s}, \frac{\partial \boldsymbol{\alpha}}{\partial s} \right\rangle^{\frac{1}{2}} ds$$

는 $\boldsymbol{\alpha}(s;0) = \boldsymbol{\gamma}(s)$가 가장 짧은 길이므로 $t=0$에서 최소가 된다.

$$\begin{aligned}
L'(t) &= \frac{d}{dt}\int_c^d \left\langle \frac{\partial \boldsymbol{\alpha}}{\partial s}, \frac{\partial \boldsymbol{\alpha}}{\partial s} \right\rangle^{\frac{1}{2}} ds = \int_c^d \frac{\partial}{\partial t} \left\langle \frac{\partial \boldsymbol{\alpha}}{\partial s}, \frac{\partial \boldsymbol{\alpha}}{\partial s} \right\rangle^{\frac{1}{2}} ds \\
&= \int_c^d \frac{1}{2}\cdot 2 \left\langle \frac{\partial^2 \boldsymbol{\alpha}}{\partial t \partial s}, \frac{\partial \boldsymbol{\alpha}}{\partial s} \right\rangle \Big/ \left\langle \frac{\partial \boldsymbol{\alpha}}{\partial s}, \frac{\partial \boldsymbol{\alpha}}{\partial s} \right\rangle^{\frac{1}{2}} ds \\
&= \int_c^d \left\langle \frac{\partial^2 \boldsymbol{\alpha}}{\partial t \partial s}, \frac{\partial \boldsymbol{\alpha}}{\partial s} \right\rangle \Big/ \left\langle \frac{\partial \boldsymbol{\alpha}}{\partial s}, \frac{\partial \boldsymbol{\alpha}}{\partial s} \right\rangle^{\frac{1}{2}} ds.
\end{aligned}$$

$t=0$에서

$$\left\langle \frac{\partial \boldsymbol{\alpha}}{\partial s}, \frac{\partial \boldsymbol{\alpha}}{\partial s} \right\rangle = \left\langle \frac{d\boldsymbol{\gamma}}{ds}, \frac{d\boldsymbol{\gamma}}{ds} \right\rangle = 1$$

이 되고

$$\begin{aligned}
L'(0) &= \int_c^d \left\langle \frac{\partial^2 \boldsymbol{\alpha}}{\partial s \partial t}, \frac{\partial \boldsymbol{\alpha}}{\partial s} \right\rangle \bigg|_{t=0} ds \\
&= \int_c^d \left[\frac{d}{ds} \left\langle \frac{\partial \boldsymbol{\alpha}}{\partial t}, \frac{\partial \boldsymbol{\alpha}}{\partial s} \right\rangle \bigg|_{t=0} - \left\langle \frac{\partial \boldsymbol{\alpha}}{\partial t}, \frac{\partial^2 \boldsymbol{\alpha}}{\partial s^2} \right\rangle \bigg|_{t=0} \right] ds \\
&= \left[\left\langle \frac{\partial \boldsymbol{\alpha}}{\partial t}, \frac{\partial s}{\partial t} \right\rangle \bigg|_{t=0} \right]_c^d - \int_c^d \left\langle \frac{\partial \boldsymbol{\alpha}}{\partial t}, \frac{\partial^2 \boldsymbol{\alpha}}{\partial s^2} \right\rangle \bigg|_{t=0} ds
\end{aligned}$$

이 된다. 그런데

$$\frac{\partial \boldsymbol{\alpha}}{\partial t}\bigg|_{t=0} = \sum v_i(s)\mathbf{x}_i = \lambda(s)\mathbf{w}, \quad \lambda(c) = \lambda(d) = 0$$

이므로

$$\begin{aligned}
0 = L'(0) &= 0 - \int_c^d \langle \lambda(s)\mathbf{w}, \kappa_g(s)\mathbf{w} + \kappa_n(s)\mathbf{n} \rangle \, ds \\
&= -\int_c^d \lambda(s)\kappa_g(s) ds < 0
\end{aligned}$$

이 되어 모순이고, 따라서 $\kappa_g(s_0) = 0$이다. ■

참고 정리 4.5.9는 $\boldsymbol{\gamma}$가 조각적 정칙인 단위속력곡선일 때도 성립한다. 자세한 것은 참고문헌 [6]을 참고하라.

정리 4.5.9의 역은 성립하지 않는다. 즉, 두 점을 잇는 측지선이 두 점을 잇는 가장 짧은 곡선이 아닐 수 있다. 예를 들어 P와 $Q(P \neq \pm Q)$를 S^2 위의 점이라 하자.

그러면 P와 Q를 잇는 두 개의 측지선이 존재하고 두 측지선의 길이는 서로 다르다. 물론 두 측지선은 두 점을 잇는 대원의 호이다. 한 측지선은 P와 Q를 잇는 가장 짧은 곡선이지만 다른 측지선은 그렇지 않다.

다음 예는 직선에 대한 성질 **P3**가 측지선에 대해서는 성립하지 않음을 보여준다.

예제 4.5.4 M을 극점이 N, S인 단위구라 하자. 그러면 두 극점을 지나는 무수히 많은 대원이 존재한다. 그런데 대원은 측지선이다.

다음 정리는 성질 **P3**와 가장 비슷한 측지선에서의 성질을 나타내고 있는데, 이 성질은 국소적으로 성립하고 멀리 떨어진 점에 대해서는 성립하지 않는다.

정리 4.5.10 **J. H. C. Whitehead, 1932**

P를 곡면 M 위의 점이라 하자. 그러면 P의 근방 U가 존재해서 U에 포함된 임의의 두 점은 U에 포함된 가장 짧은 길이를 가지는 측지선으로 연결할 수 있고 이 측지선은 유일하다.

위 정리보다 더 확장된 결과를 얻기 위해서는 단순연결성과 같은 위상적 가정과 곡률과 같은 기하학적 가정이 필요하다. 자세한 것은 참고문헌 [4]를 참고하라.

연습문제 4.5

4.5.1 M은 곡면이고 $\mathbb{P}$는 평면이라 하자. 그리고 γ가 곡선이고 $\gamma \subset M \cap \mathbb{P}$라 하자. 만일 M이 평면 $\mathbb{P}$에 대칭이면 γ는 측지선임을 보여라.

4.5.2 S^2에서 임의의 측지선은 대원의 일부임을 보여라. (힌트: 연습문제 4.4.7)

4.5.3 γ는 곡면 M에서 직선이라 하자. γ는 측지선임을 보여라.

4.5.4 $\mathbf{x}$는 $g_{11}=1, g_{12}=0$을 만족하는 좌표조각이라 하자. 이때 u-곡선은 측지선임을 보여라.

4.5.5 M을 Monge 조각 $\mathbf{x}(u,v) = (u,v,uv)$라 하자. 만일 단위속력이 아닌 곡선 $\gamma(t)=(t,-t,-t^2)$을 호의 길이로 매개화하면 측지선이 됨을 보여라.

4.5.6 다음 곡면에서 측지선을 찾을 수 있는 만큼 찾아라.

(1) 곡면 M: $x^2+y^2-z^2=1$

(2) Monge 조각 $\mathbf{x}(u,v)=(u,v,u^2-v^2)$

(3) 곡면 M: $x^2+\dfrac{y^2}{4}-z^2=1$

4.5.7 $\mathbf{x}$는 $g_{11}=g_{22}=au+bv, g_{12}=0$인 좌표조각이라 하자. 그리고 $\gamma(s)$는 측지선이고 θ는 γ와 u-곡선 사이의 각, 즉 γ'와 $\mathbf{x}_1$이 이루는 각이라 하자. 이때 $a\sin^2\theta - b\cos^2\theta = c$(상수)임을 보여라. (식 (4.13)을 이용하라.)

4.6 평행벡터장과 평행이동

"평행"의 개념을 포함하는 직선의 성질 "**P4**"을 일반화하자. 평면기하에는 평행한 선과 평행한 벡터에 대한 개념이 있다. 그러나 대부분의 곡면에서는 평행한 선과 평행한 벡터가 존재하지만 구면기하처럼 평행한 벡터는 존재하나 평행한 선은 존재하지 않는 기하도 있다. 이 장에서는 두 개념 중 더 근본적인 개념인 벡터의 평행에 대한 성질을 다룰 것이다.

정의 4.6.1

M을 곡면이라 하고 $\gamma:[a,b]\longrightarrow M$을 곡선이라 하자. 각 $t\in[a,b]$에 대해 $\gamma(t)$에서 M에 대한 접벡터 $\mathbf{X}(t)$에 대응하는 함수 $\mathbf{X}$를 **곡선 γ를 따라 움직이는 벡터장**(vector field along a curve γ)이라 한다.

예제 4.6.1 $\gamma(s)$가 곡면 M 위의 단위속력곡선이면 $\mathbf{T}(s)$는 γ를 따라 움직이는 단위벡터장이다.

예제 4.6.2 $\gamma(s)$을 좌표조각 $\mathbf{x}$에서 단위속력곡선이라 하자. 그러면 $\mathbf{w}(s) = \mathbf{n} \times \mathbf{T}$는 γ를 따라 움직이는 벡터장이다. $\mathbf{T}$와 $\mathbf{w}$가 일차독립이므로 γ를 따라 움직이는 벡터장 $\mathbf{X}$는

$$\mathbf{X}(s) = a(s)\mathbf{T}(s) + b(s)\mathbf{w}(s)$$

과 같은 형태이다.

정의 4.6.2

함수 $\mathbf{X} : [a, b] \longrightarrow \mathbb{R}^3$가 미분가능하면 γ를 따라 움직이는 벡터장 $\mathbf{X}(s)$는 **미분가능한 벡터장**이라 한다.

$\dfrac{d\mathbf{X}}{dt}$가 곡면에 대한 법벡터란 의미는 t가 변할 때 $\mathbf{X}$의 변화에서 접벡터성분이 없다는 의미이다. 따라서 $\dfrac{d\mathbf{X}}{dt}$가 법벡터이면 가까운 두 점 t_1, t_2에 대해 두 벡터 $\mathbf{X}(t_1), \mathbf{X}(t_2)$는 평행하게 보인다.

정의 4.6.3

$\gamma(t)$를 따라 움직이는 미분가능한 벡터장 $\mathbf{X}(t)$에 대해 $\dfrac{d\mathbf{X}}{dt}$가 M에 수직이면 $\mathbf{X}(t)$는 $\gamma(t)$를 따라서 움직일 때 **평행**하다고 한다. (그림 4.40)

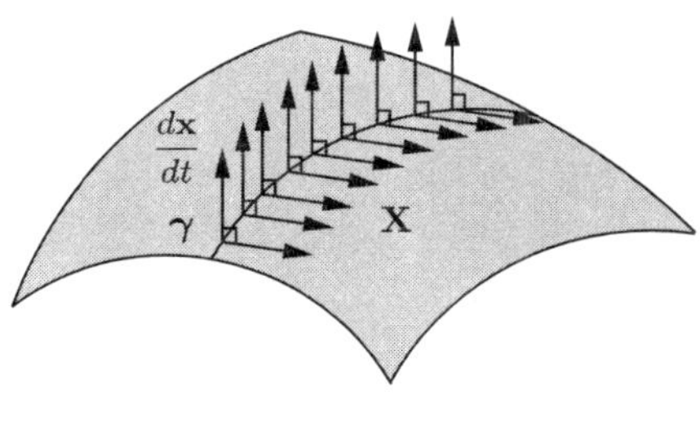

그림 4.40

예제 4.6.3 M을 단위구라 하자. 그리고 $\gamma(t)$는 적도이고 $\mathbf{X}(t)$는 γ의 각 점에서 북극을 향하는 단위벡터라 하자. 그러면 $\mathbf{X}(t) = (0,0,1)$이므로 $\mathbf{X}$는 γ를 따라 움직이는 벡터장이고 $\dfrac{d\mathbf{X}}{dt} = (0,0,0)$이 곡면에 수직이므로 $\mathbf{X}(t)$는 γ를 따라 움직일 때 평행하다. (그림 4.41)

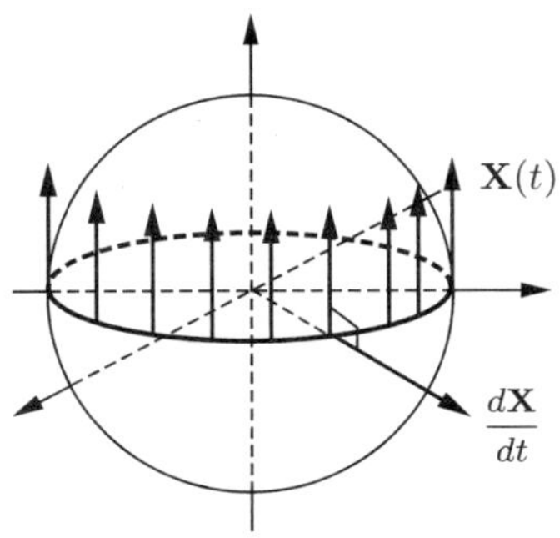

그림 4.41

예제 4.6.4 M은 단위구이고 $\gamma(t)$는 위선 $\gamma(t) = \left(\dfrac{\sqrt{2}}{2}\cos t, \dfrac{\sqrt{2}}{2}\sin t, \dfrac{\sqrt{2}}{2}\right)$라 하자. 그리고 $\mathbf{X}(t)$는 γ의 각 점에서 위쪽 극축을 향하는 벡터장이라 하자. (그림 4.42)

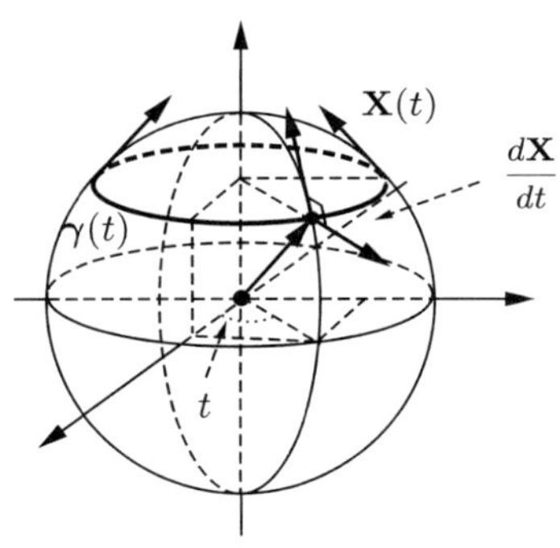

그림 4.42

그러면

$$\mathbf{X}(t) = \left(-\frac{\sqrt{2}}{2}\cos t, -\frac{\sqrt{2}}{2}\sin t, \frac{\sqrt{2}}{2}\right)$$

이고, 따라서

$$\frac{d\mathbf{X}}{dt} = \left(\frac{\sqrt{2}}{2}\sin t, -\frac{\sqrt{2}}{2}\cos t, 0\right)$$

이 되고, 이것은 곡면에 대한 법벡터가 아니다. 따라서 $\mathbf{X}$는 γ를 따라 움직일 때 평행한 벡터장이 아니다.

성질 4.6.4

$\gamma(t) = \mathbf{x}(\gamma_1(t), \gamma_2(t))$는 좌표조각 $\mathbf{x}$에서 정칙인 곡선이고 $\mathbf{X}(t) = \sum_i X_i \mathbf{x}_i$는 γ를 따라 움직이는 미분가능한 벡터장이라 하자. 그러면 $\mathbf{X}(t)$가 γ를 따라 움직일 때 평행할 필요충분조건은

$$\frac{dX_k}{dt} + \sum_{i,j} \Gamma_{ij}^k X_i \frac{d\gamma_j}{dt} = 0 \ (k = 1, 2)$$

을 만족하는 것이다.

증명 $\mathbf{X}$가 γ를 따라 움직일 때 평행할 필요충분조건은 모든 ℓ에 대해

$$\left\langle \frac{d\mathbf{X}}{dt}, \mathbf{x}_\ell \right\rangle = 0,$$

즉

$$\left\langle \sum \frac{dX_i}{dt}\mathbf{x}_i, \mathbf{x}_\ell \right\rangle + \left\langle \sum X_i \frac{d\mathbf{x}_i}{dt}, \mathbf{x}_\ell \right\rangle = 0$$

이다. 그런데

$$\begin{aligned}\sum \frac{dX_i}{dt} g_{i\ell} + \sum X_i \frac{d\gamma_j}{dt}\langle \mathbf{x}_{ij}, \mathbf{x}_\ell\rangle = 0 &\iff \sum \frac{dX_i}{dt} g_{i\ell} g^{\ell k} + \sum X_i \frac{d\gamma_j}{dt}\langle \mathbf{x}_{ij}, \mathbf{x}_\ell\rangle g^{\ell k} = 0 \\ &\iff \frac{dX_k}{dt} + \sum \Gamma_{ij}^k X_i \frac{d\gamma_j}{dt} = 0.\end{aligned}$$

따라서 $\mathbf{X}(t)$가 γ를 따라 움직일 때 평행할 필요충분조건은

$$\frac{dX_k}{dt} + \sum_{i,j} \Gamma_{ij}^k X_i \frac{d\gamma_j}{dt} = 0 \ (k = 1, 2)$$

을 만족하는 것이다. ■

정리 4.6.5

$\gamma(t)$을 C^2-급 곡면 M 위의 정칙곡선이라 하고 $\widetilde{\mathbf{X}}$는 $\gamma(t_0)$에서 M에 접하는 벡터라 하자. 그러면 $\gamma(t)$를 따라 움직일 때 평행이고 $\mathbf{X}(t_0) = \widetilde{\mathbf{X}}$인 벡터장 $\mathbf{X}(t)$가 유일하게 존재한다.

증명 $\gamma(t) = \mathbf{x}(\gamma_1(t), \gamma_2(t))$라 하자. 만일 $\mathbf{X}(t)$가 γ를 따라 평행하게 움직이면 $\mathbf{X}(t)$는 다음 초기값 문제를 만족한다.

$$\begin{cases} \dfrac{dX_k}{dt} = -\sum \Gamma_{ij}^k X_i \dfrac{d\gamma_j}{dt} \\ X_k(t_0) = \widetilde{X}_k \end{cases}$$

그러면 Picard 정리에 의해서 t_0 근방의 t에 대해 $\mathbf{X}(t_0) = \widetilde{\mathbf{X}}$인 해 $\mathbf{X}(t)$가 유일하게 존재한다. 따라서 $\mathbf{X}(t)$는 $\mathbf{X}(t_0) = \widetilde{\mathbf{X}}$인 γ를 따라 움직이는 평행한 벡터장이고 유일하다. ■

정의 4.6.6

$\mathbf{X}(t_0) = \widetilde{\mathbf{X}}$을 만족하고 $\gamma(t)$를 따라 평행하게 움직이는 유일한 벡터장 $\mathbf{X}(t)$을 $\widetilde{\mathbf{X}}$의 **평행이동**(parallel translate)이라 한다.

예제 4.6.5 $M = S^2$이고 $\gamma(t) = (\sin\phi_0 \cos t, \sin\phi_0 \sin t, \cos\phi_0)$라 하자. 그리고 $\mathbf{x}(\phi, \theta) = (\sin\phi\cos\theta, \sin\phi\sin\theta, \cos\phi)$을 M의 좌표조각이라 하자. $\widetilde{\mathbf{X}} = \mathbf{x}_1(\phi_0, 0)$일 때 $\widetilde{\mathbf{X}}$의 평행이동을 계산하자.

$g_{11} = 1, \quad g_{12} = g_{21} = 0, \quad g_{22} = \sin^2\phi$이므로 성질 4.5.7의 증명에서

$$\Gamma_{12}^2 = \frac{\dot{r}}{r} = \frac{\cos\phi}{\sin\phi} = \cot\phi, \quad \Gamma_{22}^1 = -r\dot{r} = -\sin\phi\cos\phi,$$
$$\Gamma_{12}^1 = \Gamma_{21}^1 = \Gamma_{11}^1 = \Gamma_{11}^2 = \Gamma_{22}^2 = 0.$$

$\gamma(t) = \mathbf{x}(\gamma_1(t), \gamma_2(t)) = \mathbf{x}(\phi_0, t)$라 하고 다음 미분방정식의 해를 구하자.

$$\frac{dX_k}{dt} + \sum_{i,j} \Gamma_{ij}^k X_i \frac{d\gamma_j}{dt} = 0.$$

$\dfrac{d\gamma_1}{dt} = 0$ 이므로

$$\begin{cases} \dfrac{dX_1}{dt} + \Gamma^1_{22} X_2 \dfrac{d\gamma_2}{dt} = 0 \\ \dfrac{dX_2}{dt} + \Gamma^2_{12} X_1 \dfrac{d\gamma_2}{dt} = 0 \end{cases}$$

또는

$$\begin{cases} \dfrac{dX_1}{dt} + (-\sin\phi\cos\phi)\, X_2 \dfrac{dt}{dt} = 0 \\ \dfrac{dX_2}{dt} + \cot\phi X_1 \dfrac{dt}{dt} = 0. \end{cases}$$

따라서

$$\begin{cases} \dfrac{dX_1}{dt} = \sin\phi\cos\phi X_2 \\ \dfrac{dX_2}{dt} = -\cot\phi X_1 \end{cases}$$

이고 $\mathbf{X}(0) = \widetilde{\mathbf{X}} = \mathbf{x}_1(\phi_0, 0)$ 이므로 $X_1(0) = 1, X_2(0) = 0$. 따라서

$$\begin{aligned} \frac{dX_2}{dt} + \cot\phi X_1 &= \frac{d}{dt}\left(\frac{1}{\sin\phi\cos\phi} \cdot \frac{dX_1}{dt}\right) + \cot\phi X_1 \\ &= \frac{1}{\sin\phi\cos\phi}\frac{d^2X_1}{dt^2} + \cot\phi X_1 = 0 \end{aligned}$$

이고

$$\frac{d^2X_1}{dt^2} + \cos^2\phi X_1 = 0$$

이므로 이것은 $y'' + a^2 y = 0$ 형태의 미분방정식이다. 이 방정식의 일반해는 임의의 실수 A, B 에 대해

$$X_1(t) = A\sin[(\cos\phi)t] + B\cos[(\cos\phi)t]$$

이라 할 수 있다. 따라서 $X_1(0) = 1$ 이므로 $B = 1$ 이다.

$$\begin{aligned} X_2 &= \frac{1}{\sin\phi\cos\phi}\frac{dX_1}{dt} \\ &= \frac{1}{\sin\phi\cos\phi}\{A\cos\phi\cos[(\cos\phi)t] - \cos\phi\sin[(\cos\phi)t]\} \\ &= \frac{1}{\sin\phi}\{A\cos[(\cos\phi)t] - \sin[(\cos\phi)t]\}. \end{aligned}$$

$X_2(0) = \dfrac{A}{\sin\phi} = 0$ 이므로 $A = 0$. 따라서

$$X_1(t) = \cos[(\cos\phi)t], \quad X_2(t) = -\frac{\sin[(\cos\phi)t]}{\sin\phi}$$

을 얻게 되어 $\widetilde{\mathbf{X}}$의 평행이동은 다음과 같다.

$$\sum X_i \mathbf{x}_i = \mathbf{X}(t) = \cos\left[(\cos\phi_0)t\right]\mathbf{x}_1 + \left[-\frac{\sin\left[(\cos\phi_0)t\right]}{\sin\phi_0}\right]\mathbf{x}_2.$$

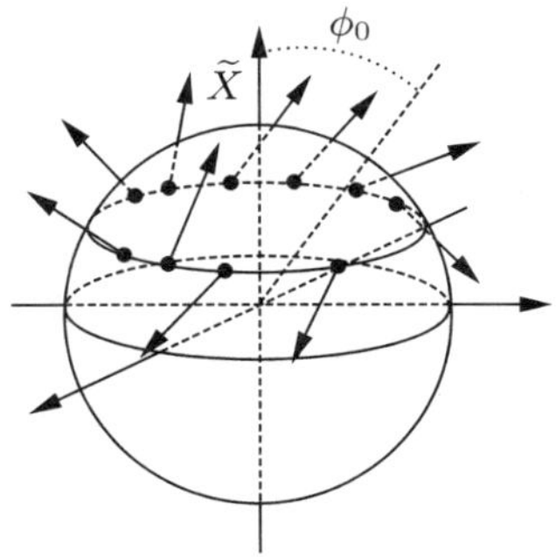

그림 4.43

성질 4.6.7

$\mathbf{X}(t), \mathbf{Y}(t)$ 가 곡면 M 위의 정칙곡선 $\boldsymbol{\gamma}$를 따라 움직일 때 평행하다고 하자. 그러면 $\langle\mathbf{X}(t), \mathbf{Y}(t)\rangle$ 는 상수이다. 특히, $|\mathbf{X}(t)|$ 는 상수이고, $\mathbf{X}(t)$ 와 $\mathbf{Y}(t)$ 의 사잇각도 상수이다.

증명 $f(t)$ 를 다음과 같이 정의하자.

$$f(t) = \langle\mathbf{X}(t), \mathbf{Y}(t)\rangle = |\mathbf{X}(t)||\mathbf{Y}(t)|\cos\theta.$$

$\mathbf{X}(t), \mathbf{Y}(t)$ 는 M 의 접벡터장이고, $\mathbf{X}(t), \mathbf{Y}(t)$ 가 M 에서 $\boldsymbol{\gamma}$를 따라 움직일 때 평행하므로

$$\frac{df(t)}{dt} = \left\langle \frac{d}{dt}\mathbf{X}(t), \mathbf{Y}(t)\right\rangle + \left\langle \mathbf{X}(t), \frac{d\mathbf{Y}(t)}{dt}\right\rangle = 0$$

따라서 f는 상수이다. 만일 $\mathbf{X} = \mathbf{Y}$이면 $\cos\theta = 1$이므로 $|\mathbf{X}(t)|$는 상수이다. 따라서 $|\mathbf{Y}(t)|$가 상수이고 θ가 상수가 된다. ■

정의 4.6.8

벡터 $\mathbf{X}(t)$는 곡선 $\gamma(t)$를 따라 움직이는 접벡터장이라 하자. 만일 $\dfrac{d\mathbf{X}(t)}{dt} = \mathbf{0}$이면 $\mathbf{X}(t)$를 Levi-Civita **평행**이라 한다.

정의 4.6.9

$\gamma(t)$는 M에 있는 정칙곡선이고 $\dfrac{d\gamma}{dt}$는 γ를 따라 평행하게 움직일 때 γ를 **최대직선** (maximally stright line)이라 한다.

성질 4.6.10

곡면 M 위의 정칙곡선 $\gamma(t)$가 최대직선일 필요충분조건은 호의 길이 s에 대해 $\dfrac{dt}{ds}$가 상수이고 $\gamma(t(s))$가 측지선인 것이다.

증명 ($\Leftarrow$) $\gamma(t(s))$가 측지선이고 $\dfrac{dt}{ds} = c$라 하자. 그러면

$$\frac{d\gamma}{dt} = \frac{d\gamma}{ds}\frac{ds}{dt} = \mathbf{T}\frac{ds}{dt} = \frac{\mathbf{T}}{c},$$
$$\frac{d^2\gamma}{dt^2} = \frac{1}{c}\frac{d}{dt}\mathbf{T} = \frac{1}{c}\frac{d}{dt}\left(\frac{d\gamma}{ds}\right) = \frac{1}{c}\frac{d}{ds}\left(\frac{d\gamma}{ds}\right)\frac{ds}{dt} = \frac{1}{c^2}\mathbf{T}'.$$

그런데 $\gamma(t(s))$가 측지선이므로 성질 4.5.4에 의해서 $\mathbf{T}' = \gamma''$은 곡면에 대한 법벡터이다. 따라서 $\dfrac{d\gamma}{dt}$는 γ를 따라 평행하므로 $\gamma(t)$는 최대직선이다.

($\Rightarrow$) $\gamma(t)$가 최대직선이면 $\dfrac{d\gamma}{dt}$는 γ를 따라 평행하다. 그러므로 $\dfrac{d^2\gamma}{dt^2}$는 M에 대한 법벡터이고

$$\frac{d\gamma}{dt} = \frac{d\gamma}{ds}\frac{ds}{dt} = \mathbf{T}\left(\frac{ds}{dt}\right).$$

$\dfrac{d\gamma}{dt}$ 가 평행하므로 성질 4.6.7에 의해서 $\left|\dfrac{d\gamma}{dt}\right| = \left|\dfrac{ds}{dt}\right|$ 가 상수이다. $\dfrac{ds}{dt}$ 가 연속이므로 $\dfrac{ds}{dt}$ 는 0이 아닌 상수이다. 따라서 $\dfrac{dt}{ds}$ 가 상수이고

$$\frac{d\mathbf{T}}{ds} = \frac{d^2\gamma}{ds^2} = \left(\frac{d^2\gamma}{dt^2}\right)\left(\frac{dt}{ds}\right)^2 + \left(\frac{d\gamma}{dt}\right)\left(\frac{d^2t}{ds^2}\right)$$

이 된다. $\dfrac{dt}{ds}$ 가 상수이므로 $\dfrac{d^2t}{ds^2} = 0$ 이고, $\dfrac{d^2\gamma}{dt^2}$ 가 곡면에 대한 법벡터이므로 $\dfrac{d\mathbf{T}}{ds}$ 도 법벡터이다. 따라서 성질 4.5.4에 의해서 $\gamma(t(s))$ 는 측지선이다. ■

예제 4.6.6 $\boldsymbol{\alpha}, \boldsymbol{\beta}$ 을 S^2 위에서 북극점 N 과 남극점 S 을 잇는 경선이라 하자. 그리고 $\widetilde{\mathbf{X}}$ 는 N 에서 $\boldsymbol{\alpha}$ 의 단위접벡터라 하자. 만일 $\widetilde{\mathbf{X}}$ 을 $\boldsymbol{\alpha}$ 을 따라 S 까지 평행이동한 벡터를 $\widetilde{\mathbf{X}}_\alpha$ 라 하면 $\boldsymbol{\alpha}$ 가 측지선이므로 $\widetilde{\mathbf{X}}_\alpha$ 는 S 에서 접벡터이다.

$\boldsymbol{\beta}$ 가 측지선이므로 $\boldsymbol{\beta}'$ 은 $\boldsymbol{\beta}$ 를 따라 평행하게 움직이는 벡터장이다. 따라서 $\widetilde{\mathbf{X}}$ 을 $\boldsymbol{\beta}$ 를 따라 평행이동하면 모든 점에서 $\boldsymbol{\beta}'$ 과 이루는 각이 일정하다. 따라서 $\widetilde{\mathbf{X}}$ 을 $\boldsymbol{\beta}$ 를 따라 S 까지 평행이동한 벡터를 $\widetilde{\mathbf{X}}_\beta$ 라 하면 N 에서 $\widetilde{\mathbf{X}}$ 와 $\boldsymbol{\beta}'$ 사잇각과 S 에서 $\widetilde{\mathbf{X}}_\beta$ 와 $\boldsymbol{\beta}'$ 사잇각은 같다. N 에서 $\boldsymbol{\alpha}'$ 과 $\boldsymbol{\beta}'$ 사잇각을 θ 라 하자. 그러면 S 에서 $\widetilde{\mathbf{X}}_\alpha$ 와 $\boldsymbol{\alpha}'$ 사잇각과 $\widetilde{\mathbf{X}}_\beta$ 와 $\boldsymbol{\beta}'$ 사잇각은 θ 이다. 따라서 $\widetilde{\mathbf{X}}_\alpha$ 와 $\widetilde{\mathbf{X}}_\beta$ 사잇각은 2θ 이다. (그림 4.44)

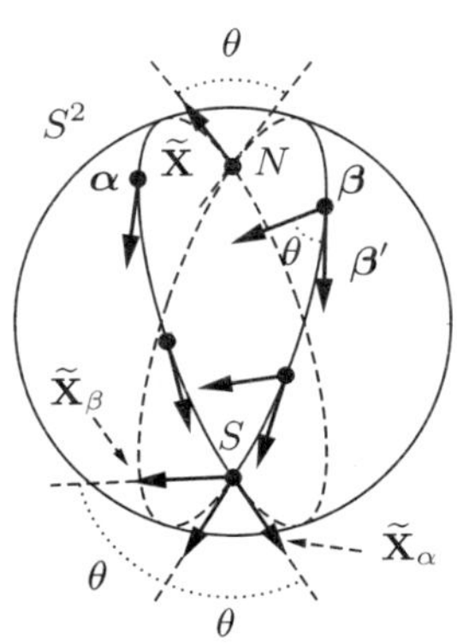

그림 4.44

연습문제 4.6

4.6.1 $\gamma(s)$는 곡면 M 위의 단위속력곡선이고 $\mathbf{w}$는 이것의 내재적 법벡터라 하자. $\mathbf{w}$가 γ를 따라 평행할 필요충분조건은 γ가 측지선임을 보여라.

4.6.2 $\mathbf{T_N}$을 곡면 M 위의 단위연결곡선 γ의 법벡터 $\mathbf{N}$의 접성분이라 하자.

(1) $\mathbf{T_N} = \mathbf{N} - < \mathbf{N}, \mathbf{n} > \mathbf{n}$이고 $\mathbf{T_N}$은 γ를 따른 벡터장임을 보여라.

(2) 다음은 동치관계임을 보여라.

(i) $\mathbf{T_N} = 0$.

(ii) γ는 측지선이다.

(iii) $\mathbf{T_N}$은 γ를 따라 평행하다.

4.6.3 $\mathbf{T_B}$를 곡면 M 위의 단위속력곡선 γ의 종법선벡터 $\mathbf{B}$의 접성분이라 하자.

(1) $\mathbf{T_B} = -\left(\frac{\kappa_n}{\kappa}\right)\mathbf{w}$임을 보여라.

(2) 다음은 동치관계임을 보여라.

(i) $\mathbf{T_B} = \mathbf{B}$.

(ii) γ는 측지선이다.

(iii) $\mathbf{T_B}$는 γ를 따라 평행하다.

제 5 장

곡면의 국소이론(II)

5.1 도함수와 공변도함수

이 장에서는 제4장의 내용에 이어 곡면 M 위의 국소적인 부분에서 좀 더 다른 곡률의 여러 가지 성질에 대하여 살펴보고 Weingarten 사상에 필요한 방향미분에 대해 알아본다.

$M \subset \mathbb{R}^3$가 열린 집합이고 $f : M \longrightarrow \mathbb{R}$을 미분가능한 함수라 하자. 그리고 $c \in \mathbb{R}$에 대해 $f^{-1}(c) \subset M$이라 하자. 만일 $P \in M$에서 어떤 벡터가 $f^{-1}(c)$에 포함되어 있는 매개곡선의 속도벡터이면 이 벡터를 등위집합 $f^{-1}(c)$의 접벡터라 한다.

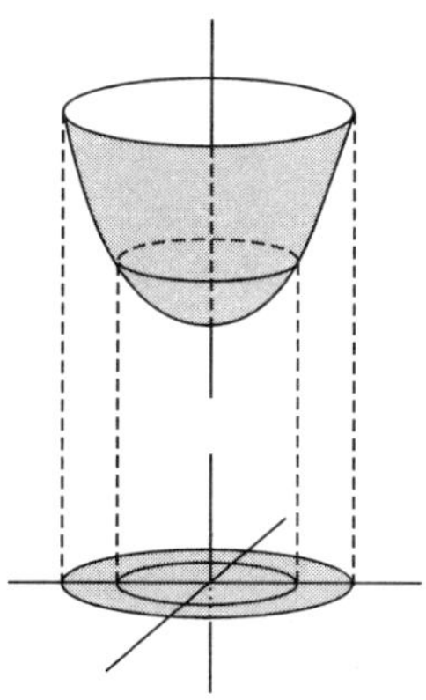

그림 5.1

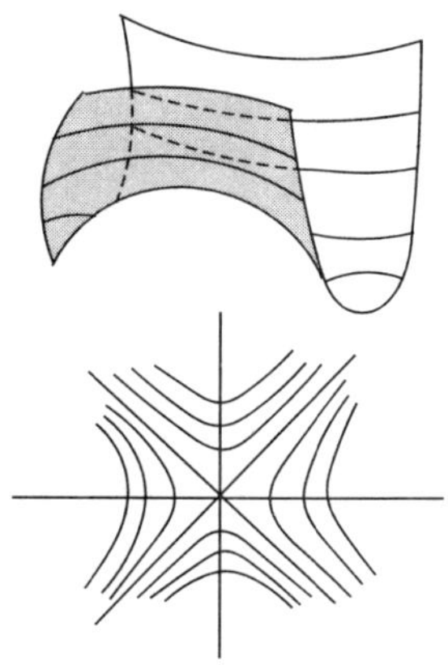

그림 5.2

그림 5.1은 $f(x,y) = x^2 + y^2$에 대한 등위집합 $f^{-1}(c) = \{(x,y) : x^2 + y^2 = c\}$

이고, 그림 5.2는 $f(x,y) = -x^2 + y^2$의 등위집합 $f^{-1}(c) = \{(x,y) : -x^2 + y^2 = c\}$을 나타낸다.

점 P에서 등위집합 $f^{-1}(c)$에 접하는 각 벡터는 $\boldsymbol{\alpha}(I) \subset f^{-1}(c)$인 어떤 미분가능한 곡선 $\boldsymbol{\alpha} : I \longrightarrow \mathbb{R}^3$에 대해 $\dot{\boldsymbol{\alpha}}(t_0)(t_0 \in I)$ 형태이다. 그런데 $t \in I$에 대해 $\boldsymbol{\alpha}(t) \in f^{-1}(c)$이므로 $f(\boldsymbol{\alpha}(t)) = c$이다. 따라서

$$0 = \frac{d}{dt}(f \circ \boldsymbol{\alpha})(t_0) = \nabla f(\boldsymbol{\alpha}(t_0)) \boldsymbol{\cdot} \dot{\boldsymbol{\alpha}}(t_0) = \nabla f(P) \boldsymbol{\cdot} \dot{\boldsymbol{\alpha}}(t_0)$$

이다.

보조정리 5.1.1

$P \in f^{-1}(c)$에서 f의 그래디언트 벡터는 P에서 $f^{-1}(c)$에 접하는 모든 벡터와 수직이다.

M이 곡면이고 $R \subset M$일 때 각 $P \in R$에 대해 $N_\varepsilon(P) \subset R$인 P의 ε-근방 $N_\varepsilon(P)$가 존재하면 R을 **열린 집합**(open set)이라 한다. 그리고 $f : R \longrightarrow \mathbb{R}$일 때 모든 C^1-급 곡선 $\boldsymbol{\alpha}(t)$ (단 $\boldsymbol{\alpha}(0) \in R$)에 대해 $\frac{d}{dt}(f \circ \boldsymbol{\alpha})(0)$가 존재하면 f를 **미분가능**이라 한다.

정의 5.1.2

f가 열린 집합 $M \subset \mathbb{R}^3$에서 정의된 매끄러운 함수이고 $\mathbf{v}$는 $\mathbb{R}^3$에서 접벡터라 하자. 그리고 $P \in M$이라 하자. $\boldsymbol{\alpha} : I \longrightarrow \mathbb{R}^3$가 M 위의 임의의 곡선이고 $\boldsymbol{\alpha}(t_0) = P$, $\dot{\boldsymbol{\alpha}}(t_0) = \mathbf{v}$ $(t_0 \in I)$일 때

$$\nabla_{\mathbf{v}} f = \frac{d}{dt}(f \circ \boldsymbol{\alpha})(t_0)$$

을 $t = t_0$에서 $\mathbf{v}$에 대한 f의 **미분**이라 한다.

만일 $\boldsymbol{\alpha}(t) = P + t\mathbf{v}$이면

$$(f \circ \boldsymbol{\alpha})(t) = f(P + t\mathbf{v})$$

이다. 따라서 $t = 0$에서 $\mathbf{v}$에 대한 f의 미분은 P가 $\mathbf{v}$ 방향으로 움직일 때 $t = 0$에서

f의 초기변화율이다. 따라서 $\nabla_{\mathbf{v}}f$는 다음과 같다.

$$\mathbf{v}_P[f] = \frac{d}{dt}f(P+t\mathbf{v})\bigg|_{t=0}.$$

참고 만일 $|\mathbf{v}|=1$이면 $\nabla_{\mathbf{v}}f$를 P에서 f의 **$\mathbf{v}$-방향미분**(directional derivative)이라 한다.

성질 5.1.3

f가 미분가능한 함수이고 임의의 곡선 $\boldsymbol{\alpha}(t)$에 대해

$$\boldsymbol{\alpha}(t_0) = P, \quad \dot{\boldsymbol{\alpha}}(t_0) = \mathbf{v} = (v_1, v_2, v_3)$$

라 하자. 그러면

$$\mathbf{v}_P[f] = \nabla_{\mathbf{v}}f = \sum v_i \frac{\partial f}{\partial x_i}$$

증명 $P=(p_1,p_2,p_3)$이면

$$P+t\mathbf{v} = (p_1+tv_1, p_2+tv_2, p_3+tv_3)$$

이고, 따라서

$$\mathbf{v}_P[f] = \frac{d}{dt}f(P+t\mathbf{v})\bigg|_{t=0} = \sum \frac{\partial f}{\partial x_i}\frac{dx_i}{dt} = \sum v_i \frac{\partial f}{\partial x_i}(P)$$

이 된다. 그리고

$$\begin{aligned}\nabla_{\mathbf{v}}f &= \nabla f(P)\cdot\mathbf{v}\\ &= \left(\frac{\partial f}{\partial x_1}(P), \frac{\partial f}{\partial x_2}(P), \frac{\partial f}{\partial x_3}(P)\right)\cdot(v_1,v_2,v_3) = \sum v_i \frac{\partial f}{\partial x_i}(P)\end{aligned}$$

이다. ■

예제 **5.1.1** $f(x,y,z)=x^2+xy+z$이고 $\boldsymbol{\alpha}(t)=(t,2t,t^2)$이라 하자. 이때 f의 미분은

$$\begin{aligned}\nabla_{\mathbf{v}}f(x,y,z) &= \nabla f(x,y,z)\cdot\mathbf{v}\\ &= \left(\frac{\partial f}{\partial x}, \frac{\partial f}{\partial y}, \frac{\partial f}{\partial z}\right)\cdot(1,2,2t) = (2x+y,x,1)\cdot(1,2,2t).\end{aligned}$$

$t=1$ 이면 $P=\boldsymbol{\alpha}(1)=(1,2,1)$ 이다. 이때

$$\nabla_{\mathbf{v}}f(1,2,1)=(4,1,1)\bullet(1,2,2)=8$$

이고, 또한

$$\frac{d(f\circ\boldsymbol{\alpha})}{dt}(1)=\frac{d}{dt}(t^2+2t^2+t^2)\Big|_{t=1}=8$$

이 됨을 알 수 있다. 한편, $t=1$ 이면 $\mathbf{v}=(1,2,2)$ 이고

$$P+t\mathbf{v}=(1,2,1)+t(1,2,2)=(1+t,2+2t,1+2t)$$

이므로

$$\mathbf{v}_P[f]=\frac{d}{dt}f(P+t\mathbf{v})\Big|_{t=0}=\frac{d}{dt}(3t^2+8t+4)\Big|_{t=0}=8$$

이다.

예제 5.1.2 $f(x,y,z)=x^2yz$ 라 하자. 그리고 $\mathbf{v}=(1,0,-3)$, $P=(1,1,0)$ 이라 하자. 그러면

$$\nabla f(x,y,z)=(2xyz,x^2z,x^2y)$$

이므로

$$\nabla_{\mathbf{v}}f(P)=\nabla f(P)\circ\mathbf{v}=(0,0,1)\bullet(1,0,-3)=-3.$$

한편, $P+t\mathbf{v}=(1+t,1,-3t)$ 이므로

$$f(P+t\mathbf{v})=(1+t)^2(-3t)$$

이고

$$\mathbf{v}_P[f]=\frac{d}{dt}f(P+t\mathbf{v})\Big|_{t=0}=-9t^2-12t-3\Big|_{t=0}=-3$$

이다.

정의 5.1.4

f는 $N_\varepsilon(P) \subset M$에서 미분가능한 함수라 하자. 그리고 $\mathbf{X}$는 단위접벡터이고 $\boldsymbol{\alpha}(t)$는 $\boldsymbol{\alpha}(0) = P$, $\dot{\boldsymbol{\alpha}}(0) = \mathbf{X}$을 만족하는 M 위의 곡선이라 하자. 이때 $\mathbf{X}$ 방향으로 f의 방향미분은

$$\nabla_{\mathbf{X}} f = \frac{d}{dt}(f \circ \boldsymbol{\alpha})(0).$$

참고 $\nabla_{\mathbf{X}} f$를 $\mathbf{X}f$로 나타내기도 한다.

예제 5.1.3 $M = S^2, P = (1,0,0), \mathbf{X} = (0,1,0)$라 하고 $f(x,y,z) = x^2 + y$라 하자. 만일 $\boldsymbol{\alpha}(s) = (\cos s, \sin s, 0)$이면 $(f \circ \boldsymbol{\alpha})(s) = \cos^2 s + \sin s$이다. 따라서

$$(f \circ \boldsymbol{\alpha})'(s) = -2\cos s \sin s + \cos s$$

이고, 따라서 $\nabla_{\mathbf{X}} f = \mathbf{X}f = (f \circ \boldsymbol{\alpha})'(0) = 1$이다.

$\mathbf{v}$을 $\nabla_{\mathbf{v}} f$로 사상하는 함수를 생각하면 이함수는 $\mathbb{R}^3$에서 $\mathbb{R}$로의 선형사상이다. 즉, 임의의 $\mathbf{v}, \mathbf{w} \in T_P\mathbb{R}^3, c \in \mathbb{R}$에 대해

$$\nabla_{\mathbf{v}+\mathbf{w}} f = \nabla_{\mathbf{v}} f + \nabla_{\mathbf{w}} f, \quad \nabla_{c\mathbf{v}} f \quad = c\nabla_{\mathbf{v}} f$$

이 성립한다.

성질 5.1.5

$\mathbf{x} : U \longrightarrow M$을 $P = \mathbf{x}(0,0)$ 근방에서 M에 대한 좌표조각이라 하자. $\mathbf{X}$는 단위접벡터이고 $\boldsymbol{\alpha}(t)$는 $\boldsymbol{\alpha}(0) = P$, $\dot{\boldsymbol{\alpha}}(0) = \mathbf{X}$을 만족하는 M 위의 곡선이라 하자. 만일 $\mathbf{X} = \sum X_i \mathbf{x}_i$이면

$$\nabla_{\mathbf{X}} f = \sum_{i=1}^{2} X_i \cdot \frac{\partial}{\partial u_i}(f \circ \mathbf{x})(0,0).$$

특히, $\nabla_{\mathbf{X}} f$는 $\boldsymbol{\alpha}(0) = P$, $\dot{\boldsymbol{\alpha}}(0) = \mathbf{X}$인 $\boldsymbol{\alpha}$의 선택에 무관하다.

증명 $\boldsymbol{\alpha}(t) = \mathbf{x}(\alpha_1(t), \alpha_2(t))$ 이면

$$(f \circ \boldsymbol{\alpha})(t) = (f \circ \mathbf{x})(\alpha_1(t), \alpha_2(t))$$

그런데 $X_i = \dfrac{d\alpha_i}{dt}(0)$ 이므로 연쇄법칙에 의해서

$$\nabla_{\mathbf{X}} f = \frac{d}{dt}(f \circ \boldsymbol{\alpha})(t) = \sum \frac{\partial(f \circ \mathbf{x})}{\partial u_i} \cdot \frac{d\alpha_i}{dt}$$

이 성립한다. ■

$\mathbf{X}$가 곡면 M 위의 벡터장이고 $\mathbf{v}$는 $\dot{\boldsymbol{\alpha}}(t_0) = \mathbf{v}$ 인 M 위의 접벡터라 하자. 그러면 미분 $\nabla_{\mathbf{v}}\mathbf{X}$도 성질 5.1.5와 마찬가지 방법으로 정의할 수 있다.

정의 5.1.6

곡면 M 위의 벡터장 $\mathbf{X}$의 $\mathbf{v}$에 대한 미분은 다음과 같이 정의한다.

$$\nabla_{\mathbf{v}}\mathbf{X} = \frac{d}{dt}(\mathbf{X} \circ \boldsymbol{\alpha})(t_0)$$

즉,

$$\begin{aligned}\nabla_{\mathbf{v}}\mathbf{X} &= \left(\frac{d}{dt}(X_1 \circ \boldsymbol{\alpha}), \frac{d}{dt}(X_2 \circ \boldsymbol{\alpha}), \frac{d}{dt}(X_3 \circ \boldsymbol{\alpha})\right)\bigg|_{t=t_0} \\ &= (\nabla_{\mathbf{v}}X_1, \nabla_{\mathbf{v}}X_2, \nabla_{\mathbf{v}}X_3).\end{aligned}$$

특히 $|\mathbf{v}| = 1$ 이면 $\nabla_{\mathbf{v}}\mathbf{X}$을 $\mathbf{v}$ 방향으로 $\mathbf{X}$의 **방향미분**(directional derivative)이라 한다.

성질 5.1.7

$\mathbf{X}, \mathbf{Y}$는 $\mathbb{R}^3$에서 벡터장이고 $a, b \in \mathbb{R}$라 하자. 그리고 f는 곡면 $M \subset \mathbb{R}^3$에서 정의된 미분가능한 함수라 하자. 이때 $\mathbb{R}^3$의 접벡터 $\mathbf{v}, \mathbf{w}$에 대해 다음이 성립한다.

(1) $\nabla_{a\mathbf{v}+b\mathbf{w}}\mathbf{X} = a\nabla_{\mathbf{v}}\mathbf{X} + b\nabla_{\mathbf{w}}\mathbf{X}$

(2) $\nabla_{\mathbf{v}}(a\mathbf{X} + b\mathbf{Y}) = a\nabla_{\mathbf{v}}\mathbf{X} + b\nabla_{\mathbf{v}}\mathbf{Y}$

(3) $\nabla_{\mathbf{v}}(f\mathbf{X})(P) = (\nabla_{\mathbf{v}}f)\mathbf{X}(P) + f(P)\nabla_{\mathbf{v}}\mathbf{X}$

(4) $\nabla_{\mathbf{v}}(\mathbf{X} \cdot \mathbf{Y}) = (\nabla_{\mathbf{v}}\mathbf{X}) \cdot \mathbf{Y}(P) + \mathbf{X}(P) \cdot (\nabla_{\mathbf{v}}\mathbf{Y})$

증명 $\mathbf{X}, \mathbf{Y}$가 열린 집합 $R \subset M$에서 미분가능한 벡터장이고 $f : R \longrightarrow \mathbb{R}$이 미분가능한 함수이면 $\mathbf{X}+\mathbf{Y}$도 R에서 매끈한 벡터장이고

$$(\mathbf{X}+\mathbf{Y})(P) = \mathbf{X}(P)+\mathbf{Y}(P)\ (P \in R).$$

함수 f와 벡터장 $\mathbf{X}$의 곱은

$$(f\mathbf{X})(P) = f(P)\mathbf{X}(P)$$

이고 벡터장 $\mathbf{X}$와 $\mathbf{Y}$의 내적은

$$(\mathbf{X} \cdot \mathbf{Y})(P) = \mathbf{X}(P) \cdot \mathbf{Y}(P)(P \in R)$$

이다. 뿐만 아니라 $\mathbf{v}$을 $\nabla_{\mathbf{v}}\mathbf{X}$로 사상하는 함수는 $T_P(\mathbb{R}^3)$에서 $T_P(\mathbb{R}^3)$으로 사상하는 선형사상이다. ■

공변미분에 대해 살펴보자. $\mathbf{X} \in T_PM$이고 $\boldsymbol{\alpha}(t)$는 M 위의 곡선이라 하자. 만일 $\mathbf{X}(t)$가 곡선 $\boldsymbol{\alpha}(t)$ 위에 정의된 벡터장이면 $\dfrac{d\mathbf{X}}{dt} = \nabla_{\mathbf{v}}\mathbf{X}$는 $\boldsymbol{\alpha}(t)$를 따라 움직이는 또 다른 벡터장이다. 그러나 일반적으로 $\dfrac{d\mathbf{X}}{dt}$는 M의 접벡터장은 아니다.

$\dfrac{d\mathbf{X}}{dt}$를 접공간 T_PM으로 정사영한 것을 $\dfrac{D\mathbf{X}}{dt}$라 하자. 그러면 $\dfrac{D\mathbf{X}}{dt}$는 $\dfrac{d\mathbf{X}}{dt}$의 접성분이고

$$\frac{D\mathbf{X}}{dt} = \frac{d\mathbf{X}(t)}{dt} - \left\langle \frac{d\mathbf{X}}{dt}, \mathbf{n} \right\rangle \mathbf{n}$$

이다. 속도벡터 $\mathbf{v} \in T_PM$에 대해

$$\left\langle \frac{D\mathbf{X}}{dt}, \mathbf{v} \right\rangle = \left\langle \frac{d\mathbf{X}}{dt}, \mathbf{v} \right\rangle$$

이므로

$$\frac{D\mathbf{X}}{dt} = \left\langle \frac{D\mathbf{X}}{dt}, \mathbf{v} \right\rangle \mathbf{v} = \left\langle \frac{d\mathbf{X}}{dt}, \mathbf{v} \right\rangle \mathbf{v}$$

이다.

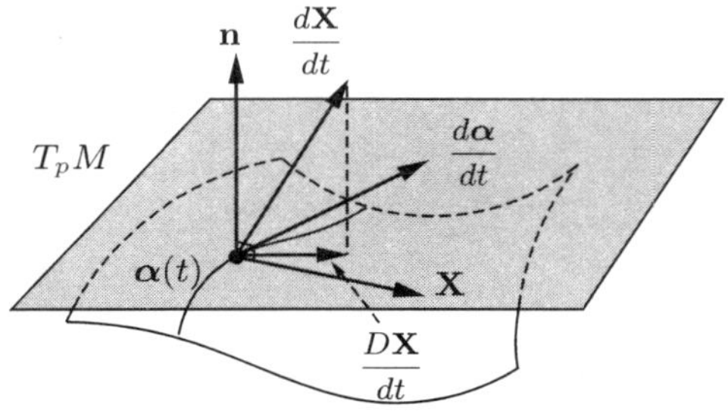

그림 5.3

정의 5.1.8

다음과 같이 정의된 $\dfrac{D\mathbf{X}}{dt}$를 곡선 $\boldsymbol{\alpha}(t)$를 따라 움직이는 M 위에서 접벡터장 $\mathbf{X}$의 **공변미분**(covariant derivative)이라 한다.

$$\frac{D\mathbf{X}}{dt} = \nabla_{\mathbf{v}}\mathbf{X} - \langle \nabla_{\mathbf{v}}\mathbf{X}, \mathbf{n}\rangle\, \mathbf{n}$$

이제부터 $\dfrac{D\mathbf{X}}{dt}$는 $D_{\mathbf{v}}\mathbf{X}$로, $\dfrac{d\mathbf{X}}{dt}$는 $\nabla_{\mathbf{v}}\mathbf{X}$로 나타내기로 하자.

$D_{\mathbf{v}}\mathbf{X}$는 $\mathbf{n}$ 대신 $-\mathbf{n}$을 대입해도 공식에 영향이 없으므로 $\mathbf{n}$의 선택에 무관하다. 특히, $\boldsymbol{\alpha} : I \longrightarrow M$가 $\dot{\boldsymbol{\alpha}} = \mathbf{v}$인 M에서 임의의 매개변수곡선이면 $\nabla_{\mathbf{v}}\mathbf{X}$의 법성분은 0이다. 따라서

$$D_{\mathbf{v}}\mathbf{X} = \nabla_{\mathbf{v}}\mathbf{X}.$$

참고 $\dfrac{D\mathbf{X}}{dt} = 0$이면 $\boldsymbol{\alpha}(t)$를 따라 움직이는 벡터장 $\mathbf{X}$는 **상수** 또는 **평행**이 된다.

f의 방향미분 $\nabla_{\mathbf{v}}f$에서 f 대신 벡터장 $\mathbf{X}$를 대입하면 다음을 얻는다.

$$\nabla_{\mathbf{v}}\mathbf{X} = \frac{d}{dt}\mathbf{X}(P + t\mathbf{v})\bigg|_{t=0}.$$

예제 5.1.4 $P = (2,1,0), \mathbf{X} = (x^2, 0, yz), \mathbf{v} = (-1,0,2)$라 하자. $P + t\mathbf{v} = (2-t, 1, 2t)$이므로

$$\mathbf{X}(P + t\mathbf{v}) = \left((2-t)^2, 0, 2t\right).$$

따라서 $\mathbf{X}$의 미분은

$$\frac{d}{dt}\mathbf{X}(P+t\mathbf{v})\bigg|_{t=0} = (-4,0,2).$$

한편,

$$\begin{aligned} D_{\mathbf{v}}\mathbf{X} &= \nabla_{\mathbf{v}}\mathbf{X} \\ &= (\nabla_{\mathbf{v}}X_1, \nabla_{\mathbf{v}}X_2, \nabla_{\mathbf{v}}X_3) = (-2x,0,2y)(P) = (-4,0,2) \end{aligned}$$

이다. 따라서 같은 결과를 얻는다.

예제 5.1.5 $M = \mathbb{R}^2$이고 $\boldsymbol{\alpha}(t) = (\cos t, \sin t)$ $(0 < t < 2\pi)$, $\mathbf{Y} = (y, -x)$라 하자. 그러면 $\boldsymbol{\alpha}(t)$의 접벡터는

$$\mathbf{T} = \mathbf{X} = (-\sin t, \cos t)$$

이고, 따라서

$$\begin{aligned} \nabla_{\mathbf{X}}\mathbf{Y} &= \frac{d}{dt}\left(\mathbf{Y}\circ\boldsymbol{\alpha}\right)(t) \\ &= \frac{d}{dt}(\sin t, -\cos t) = (\cos t, \sin t) \end{aligned}$$

이다.

예제 5.1.6 두 벡터 $\mathbf{T}, \mathbf{w} \in T_PM$와 단위속력곡선 $\boldsymbol{\gamma}(s)$에 대해서

$$\boldsymbol{\gamma}''(s) = \mathbf{T}'(s) = \kappa_n(s)\mathbf{n}(s) + \kappa_g(s)\mathbf{w}(s)$$

이므로 $\kappa_g\mathbf{w}$는 $\mathbf{w}$ 방향의 $\mathbf{T}$의 공변미분이고 $D_{\mathbf{w}}\mathbf{T} = \nabla_{\mathbf{w}}\mathbf{T}$이 될 것이다.

성질 5.1.9

$\mathbf{X}, \mathbf{Y}, \mathbf{Z} \in T_PM$일 때 벡터장의 미분에 대해 다음 성질이 성립한다.

(1) $\nabla_{\mathbf{X}}(\mathbf{Y}+\mathbf{Z}) = \nabla_{\mathbf{X}}\mathbf{Y} + \nabla_{\mathbf{X}}\mathbf{Z}$

(2) $\nabla_{\mathbf{X}}(f\mathbf{Y}) = (\nabla_{\mathbf{X}}f)\,\mathbf{Y}(P) + f(P)\,(\nabla_{\mathbf{X}}\mathbf{Y})$

(3) $\nabla_{\mathbf{X}}(\mathbf{Y}\cdot\mathbf{Z}) = (\nabla_{\mathbf{X}}\mathbf{Y})\cdot\mathbf{Z}(P) + \mathbf{Y}(P)\,(\nabla_{\mathbf{X}}\mathbf{Z})$

증명 성질 5.1.7을 이용하면 쉽게 보일 수 있다. ■

참고 C^∞-급 벡터장 $\mathbf{X}, \mathbf{Y}$에 대하여

$$[\mathbf{X}, \mathbf{Y}] = \nabla_{\mathbf{X}}\mathbf{Y} - \nabla_{\mathbf{Y}}\mathbf{X}$$

로 정의하고 $[\mathbf{X}, \mathbf{Y}]$을 벡터 $\mathbf{X}$와 $\mathbf{Y}$에 대한 Lie **괄호**(Lie bracket)라 한다. Lie 괄호는 Riemann 다양체(Riemann manifold)의 개념을 이해하는 도구로 사용한다.

연습문제 5.1

5.1.1 f와 g를 $\mathbb{R}^3$에서 정의된 함수이고 $\mathbf{v}_P, \mathbf{w}_P$는 P에서 접벡터라 하자. 다음을 보여라.

(1) $(a\mathbf{v}_P + b\mathbf{w}_P)[f] = a\mathbf{v}_P[f] + \mathbf{w}_P[f]$

(2) $\mathbf{v}_P[af + bg] = a\mathbf{v}_P[f] + b\mathbf{v}_P[g]$

(3) $\mathbf{v}_P[fg] = \mathbf{v}_P[f] \cdot g(P) + f(P) \cdot \mathbf{v}_P[g]$

5.1.2 접벡터 $\mathbf{v} = (2, -1, 3)$과 점 $P = (2, 0, -1)$에 대해 f의 방향미분을 계산하라.

(1) $f(x, y, z) = y^2 z$

(2) $f(x, y, z) = x^2$

(3) $f(x, y, z) = e^x \cos y$

5.1.3 $\boldsymbol{\alpha}(t) = \left(\dfrac{\sqrt{2}}{2}\cos\sqrt{2}t, \dfrac{\sqrt{2}}{2}\sin\sqrt{2}t, \dfrac{\sqrt{2}}{2}\right)$는 S^2 위의 곡선이다. $t = 0$에서 다음을 계산하라.

(1) 곡률

(2) 측지곡률

(3) 법곡률

(4) $\mathbf{X} = (x^2, xy, xz)$의 공변미분

5.1.4 접벡터 $\mathbf{v} = (2, 1, -1)$과 점 $P = (1, 3, 2)$에 대해 다음 벡터장의 공변미분을 계산하라.

(1) $\mathbf{X} = (x, 0, yz)$

(2) $\mathbf{X} = (xy, x^2, z^2)$

5.2 제2기본형식과 Weingarten 사상

앞 절에서 곡면 M 위에 있는 곡선 $\boldsymbol{\gamma}(s)$의 측지곡률 κ_g에 관한 여러 가지 개념에 대해 알아보았다. 지금부터는 곡선의 법곡률에 대해 알아보자.

곡면 M 상에 있는 법벡터에 대한 법곡률의 가장 중요한 역할 중 하나는 M이 $\mathbf{T}$ 방향으로 얼마나 굽어있는 지를 알 수 있는 도구가 된다는 것이다. 어떤 점에서 방향에 관계없이 M이 얼마나 굽어있는가를 알기 위해서 Weingarten 사상을 정의하게 되는데 이 사상은 법벡터 방향으로의 방향미분이다.

앞 장에서 $\mathbf{X} = \sum X_i \mathbf{x}_i$, $\mathbf{Y} = \sum Y_j \mathbf{x}_j$일 때 제2기본형식은 다음과 같이 정의했음을 상기하자. 즉,

$$\mathrm{II}(\mathbf{X}, \mathbf{Y}) = \sum L_{ij} X_i X_j$$

이라 했고, 이때 $L_{ij} = <\mathbf{x}_{ij}, \mathbf{n}>$이다.

성질 5.2.1

M을 곡면이라 하자.

(1) II는 $T_P M$에서 대칭겹선형형식 (symmetric bilinear form) 이다.

(2) $\boldsymbol{\gamma}$가 단위속력곡선이고 $\mathbf{T}$가 접벡터이면 $\kappa_n = \mathrm{II}(\mathbf{T}, \mathbf{T})$이다.

증명 $\mathbf{X}, \mathbf{Y}, \mathbf{Z} \in T_P M$ 이고 $r \in \mathbb{R}$ 이라 하자.

(1) $\mathbf{X} = \sum X_i \mathbf{x}_i$, $\mathbf{Y} = \sum Y_i \mathbf{x}_i$, $\mathbf{Z} = \sum Z_i \mathbf{x}_i$ 이면

$$\mathrm{II}(\mathbf{X}+\mathbf{Y}, r\mathbf{Z}) = \sum r L_{ij}(X_i + Y_i) Z_j = r\mathrm{II}(\mathbf{X}, \mathbf{Z}) + r\mathrm{II}(\mathbf{Y}, \mathbf{Z})$$

이다. 그리고 $L_{ij} = \langle \mathbf{x}_{ij}, \mathbf{n} \rangle = \langle \mathbf{x}_{ji}, \mathbf{n} \rangle = L_{ji}$ 이므로

$$\mathrm{II}(\mathbf{X}, \mathbf{Y}) = \sum L_{ij} X_i Y_j = \sum L_{ji} X_j Y_i = \mathrm{II}(\mathbf{Y}, \mathbf{X}).$$

(2) 보조정리 4.4.7에 의해

$$\kappa_n = \sum L_{ij} \gamma_i' \gamma_j' = \mathrm{II}(\boldsymbol{\gamma}', \boldsymbol{\gamma}') = \mathrm{II}(\mathbf{T}, \mathbf{T})$$

이다. ■

성질 5.2.2

$\boldsymbol{\alpha}(t), \boldsymbol{\beta}(t)$ 는 $\boldsymbol{\alpha}(0) = \boldsymbol{\beta}(0)$ 인 정칙곡선이고 $t = 0$ 에서 각 속도벡터가 일차종속이라 하자. 그러면 $t = 0$ 에서 $\boldsymbol{\alpha}$ 와 $\boldsymbol{\beta}$ 의 법곡률은 같다.

증명 $\mathbf{T}$ 와 $\widetilde{\mathbf{T}}$ 을 각각 $\boldsymbol{\alpha}(0) = \boldsymbol{\beta}(0)$ 에서 $\boldsymbol{\alpha}$ 와 $\boldsymbol{\beta}$ 의 접벡터라 하고 κ_n 과 $\widetilde{\kappa}_n$ 을 각각 $t = 0$ 에서 $\boldsymbol{\alpha}$ 와 $\boldsymbol{\beta}$ 의 법곡률이라 하자. $\dot{\boldsymbol{\alpha}}$ 와 $\dot{\boldsymbol{\beta}}$ 가 일차종속이므로 $\mathbf{T} = \pm\widetilde{\mathbf{T}}$ 이다. 따라서 $t = 0$ 에서

$$\kappa_n = \mathrm{II}(\mathbf{T}, \mathbf{T}) = \mathrm{II}\left(\pm\widetilde{\mathbf{T}}, \pm\widetilde{\mathbf{T}}\right) = \widetilde{\kappa}_n$$

이 성립한다. ■

정리 5.2.3

$\boldsymbol{\gamma}(t) = \mathbf{x}(u_1(t), u_2(t))$ 는 좌표조각 $\mathbf{x}$ 위에 있는 정칙곡선이라 하자. 그리고 $t = t(s)$ 라 하자. 그러면 법곡률은

$$\kappa_n = \frac{\mathrm{II}}{\mathrm{I}}.$$

증명 $\gamma'' = \kappa_n \mathbf{n} + \kappa_g \mathbf{w}$으로 부터 $\kappa_n = \langle \gamma'', \mathbf{n} \rangle$이다. 그런데 $< \mathbf{x}_i, \mathbf{n} >= 0$이므로 $< \mathbf{x}_{ij}, \mathbf{n} > + < \mathbf{x}_i, \mathbf{n}_j >= 0$. 따라서 $- < \mathbf{x}_i, \mathbf{n}_j >=< \mathbf{x}_{ij}, \mathbf{n} >= L_{ij}$ 임을 알 수 있다. 그러므로

$$\begin{aligned}
\kappa_n &= \langle \gamma'', \mathbf{n} \rangle = - \langle \gamma', \mathbf{n}' \rangle \\
&= - \left\langle \left(\mathbf{x}_1 \frac{du_1}{dt} + \mathbf{x}_2 \frac{du_2}{dt} \right) \frac{dt}{ds}, \left(\mathbf{n}_1 \frac{du_1}{dt} + \mathbf{n}_2 \frac{du_2}{dt} \right) \frac{dt}{ds} \right\rangle \\
&= \left[- < \mathbf{x}_1, \mathbf{n}_1 > \left(\frac{du_1}{dt} \right)^2 - < \mathbf{x}_1, \mathbf{n}_2 > \frac{du_1}{dt}\frac{du_2}{dt} - < \mathbf{x}_2, \mathbf{n}_1 > \frac{du_2}{dt}\frac{du_1}{dt} \right. \\
&\qquad \left. - < \mathbf{x}_2, \mathbf{n}_2 > \left(\frac{du_2}{dt} \right)^2 \right] \left(\frac{dt}{ds} \right)^2 \\
&= \left[L_{11} \left(\frac{du_1}{dt} \right)^2 + 2L_{12} \frac{du_1}{dt}\frac{du_2}{dt} + L_{22} \left(\frac{du_2}{dt} \right)^2 \right] \Big/ \left(\frac{ds}{dt} \right)^2 \\
&= \left[L_{11} \left(\frac{du_1}{dt} \right)^2 + 2L_{12} \frac{du_1}{dt}\frac{du_2}{dt} + L_{22} \left(\frac{du_2}{dt} \right)^2 \right] \Big/ \left(\sqrt{\sum g_{ij} \frac{du_i}{dt}\frac{du_j}{dt}} \right)^2 \\
&= \left[\sum L_{ij} \frac{du_i}{dt}\frac{du_j}{dt} \right] \Big/ \left[\sum g_{ij} \frac{du_i}{dt}\frac{du_j}{dt} \right] = \frac{\mathrm{II}}{\mathrm{I}}
\end{aligned}$$

이 성립한다. ■

예제 5.2.1 $\mathbf{x}(\theta, \phi) = (r\cos\theta\cos\phi, r\sin\theta\cos\phi, r\sin\phi)$라 하자. 그러면 $\mathbf{x}$는 단위구 S^2이다. 이때

$$\begin{aligned}
\mathbf{x}_\theta &= r(-\sin\theta\cos\phi, \cos\theta\cos\phi, 0), \\
\mathbf{x}_\phi &= r(-\cos\theta\sin\phi, -\sin\theta\sin\phi, \cos\phi), \\
\mathbf{x}_{\theta\theta} &= r(-\cos\theta\cos\phi, -\sin\theta\cos\phi, 0), \\
\mathbf{x}_{\theta\phi} &= r(\sin\theta\sin\phi, -\cos\theta\sin\phi, 0) = \mathbf{x}_{\phi\theta}, \\
\mathbf{x}_{\phi\phi} &= r(-\cos\theta\cos\phi, -\sin\theta\cos\phi, -\sin\phi) \\
\mathbf{n} &= (\cos\theta\cos\phi, \sin\theta\cos\phi, \sin\phi)
\end{aligned}$$

이고

$$\begin{aligned}
&g_{11} = E = r^2\cos^2\phi, \quad g_{12} = F = g_{21} = 0, \quad g_{22} = G = r^2, \\
&L_{11} = e = -r\cos^2\phi, \quad L_{12} = L_{21} = f = 0, \quad L_{22} = g = -r.
\end{aligned}$$

따라서 $\kappa_n = \dfrac{\mathrm{II}}{\mathrm{I}} = -\dfrac{1}{r}$ 이다.

예제 5.2.2 Monge 조각 $\mathbf{x}(u,v) = (u, v, u^2 - v^2)$ 에서 법곡률에 대해 알아보자.

$$\mathbf{x}_u = (1, 0, 2u), \quad \mathbf{x}_v = (0, 1, -2v)$$

이므로

$$g_{11} = 1 + 4u^2, \quad g_{12} = g_{21} = -4uv, \quad g_{22} = 1 + 4v^2, \quad \mathbf{n} = \frac{(-2u, 2v, 1)}{\sqrt{4u^2 + 4v^2 + 1}}$$

이다. 그리고

$$\mathbf{x}_{uu} = (0, 0, 2), \quad \mathbf{x}_{uv} = \mathbf{x}_{vu} = (0, 0, 0), \quad \mathbf{x}_{vv} = (0, 0, -2)$$

이므로

$$L_{11} = \frac{2}{\sqrt{4u^2 + 4v^2 + 1}}, \quad L_{12} = L_{21} = 0, \quad L_{22} = -\frac{2}{\sqrt{4u^2 + 4v^2 + 1}}$$

이다. 따라서

$$\begin{aligned}
\kappa_n &= \frac{\mathrm{II}}{\mathrm{I}} \\
&= \frac{\sum L_{ij} \dfrac{du}{dt} \dfrac{dv}{dt}}{\sum g_{ij} \dfrac{du}{dt} \dfrac{dv}{dt}} \\
&= \frac{\dfrac{2}{\sqrt{4u^2 + 4v^2 + 1}} \left[\left(\dfrac{du}{dt} \right)^2 - \left(\dfrac{dv}{dt} \right)^2 \right]}{\left[(1 + 4u^2) \left(\dfrac{du}{dt} \right)^2 - 4uv \dfrac{du}{dt} \dfrac{dv}{dt} + (1 + 4v^2) \left(\dfrac{dv}{dt} \right)^2 \right]}.
\end{aligned}$$

만일 $\boldsymbol{\gamma}(t) = \mathbf{x}(u(t), v(t))$ 가 정칙곡선이면 $\boldsymbol{\gamma}(0) = \mathbf{x}(0,0) = (0,0,0)$ 에서 법곡률은

$$\kappa_n = \frac{2 \left(\left(\dfrac{du}{dt} \right)^2 - \left(\dfrac{dv}{dt} \right)^2 \right)}{\left(\dfrac{du}{dt} \right)^2 + \left(\dfrac{dv}{dt} \right)^2}$$

이다.

성질 5.2.4

$\gamma(s)$는 곡면 M 위의 단위속력곡선이고 이것의 법곡률을 κ_n이라 하자. 그리고 Π을 P을 지나고 $\mathbf{n}, \gamma'$에 의해 생성된 평면이고 $\overline{\gamma}$을 M과 Π가 교차해서 만들어진 평면곡선이라 하고 이것의 곡률을 $\overline{\kappa}$라 하자. (그림 5.4) 그러면 $|\kappa_n| = \overline{\kappa}$이다.

증명 $\overline{\kappa}_n$이 $\overline{\gamma}$의 법곡률이면 성질 5.2.2에 의해 $\kappa_n = \overline{\kappa}_n$이다. $\overline{\gamma}$는 P에서 법벡터가 $\pm\mathbf{n}$인 평면곡선이다. 즉, $\overline{\gamma}$의 단위법벡터를 $\overline{\mathbf{N}}$이라 하면 $\overline{\mathbf{N}} = \pm\mathbf{n}$이다. 그런데 $\overline{\kappa}_g$을 $\overline{\gamma}$의 측지곡률이라 하면

$$\overline{\kappa}\overline{\mathbf{N}} = \overline{\kappa}_n\mathbf{n} + \overline{\kappa}_g\mathbf{w} = \overline{\kappa}_g\mathbf{n}$$

이므로 $\overline{\kappa}_g = 0$이고 $\overline{\kappa} = \pm\overline{\kappa}_n$이다. 그러므로 만일 $\widetilde{\kappa}$가 이 평면곡선의 평면곡률이면 $|\widetilde{\kappa}| = \overline{\kappa}$이고 $\widetilde{\kappa} = \pm\overline{\kappa}_n$이다. 따라서 $\widetilde{\kappa} = \pm\overline{\kappa}_n = \pm\kappa_n$이고, $|\kappa_n| = |\overline{\kappa}_n| = |\widetilde{\kappa}| = \overline{\kappa}$이 성립한다. ■

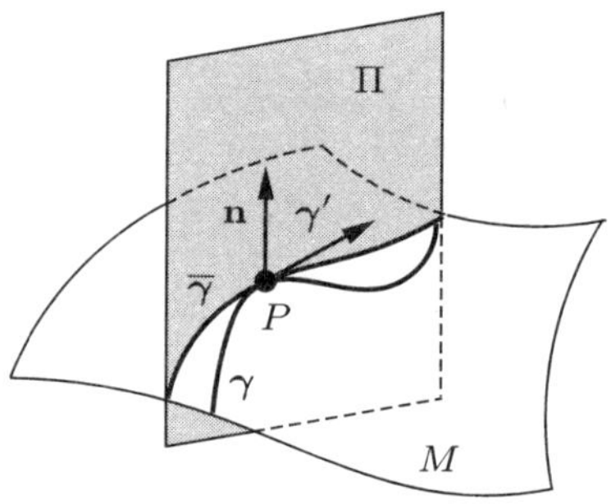

그림 5.4

참고 곡면 M 위의 점 P를 지나고 법벡터 $\mathbf{n}$을 포함하는 평면과 교차해서 만들어지는 평면곡선을 P에서 M의 **법단면**(normal section)이라 한다. P에서 법단면의 단위법벡터가 $\pm\mathbf{n}$이므로 P에서 법단면의 곡률과 법단면의 법곡률의 절대값은 같다.

유향곡면 M 위의 법벡터 $\mathbf{n}$ 방향으로 변화율에 대해 알아보자.

정의 5.2.5

각 $P \in M$와 $\mathbf{X} \in T_PM$에 대해 $L(\mathbf{X}) = -\nabla_{\mathbf{X}}\mathbf{n}$으로 정의된 함수 $L : T_PM \longrightarrow \mathbb{R}^3$을 Weingarten **사상**이라 한다.

Weingarten 사상에서 음의 부호는 편리를 위해 붙인 것이다. Weingarten 사상 L은 $\boldsymbol{\alpha}$를 따라 P를 지날 때 $\mathbf{n}$의 변화율을 측정한다. $\mathbf{n}$이 T_PM에 수직인 벡터이므로 $\mathbf{n}$이 변함에 따라 T_PM도 같이 변한다. 따라서 L은 $\boldsymbol{\alpha}$를 따라서 변하는 접공간의 회전의 정도를 설명할 수 있다. 그러므로 L은 M의 형태에 대한 정보를 제공한다. 이런 이유 때문에 L을 P에서 M의 **형태연산자**(shape operator)라 부른다.

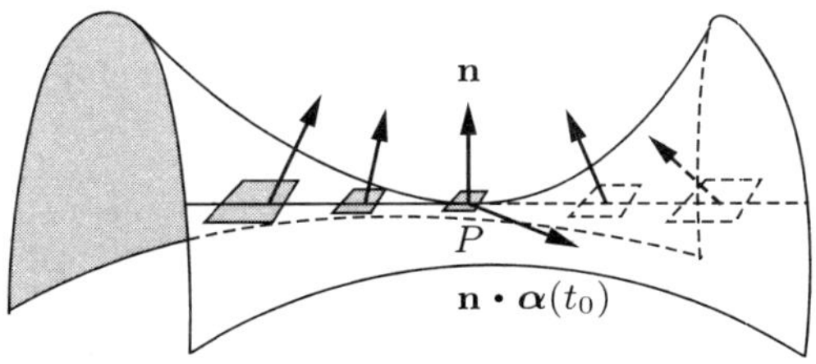

그림 5.5

성질 5.2.6

M을 곡면이라 하자. 그러면 다음과 같은 성질을 만족한다.

(1) $L : T_PM \longrightarrow T_PM$은 선형사상이다.

(2) 만일 $L(\mathbf{x}_k) = \sum L_k^\ell \mathbf{x}_\ell$이면

$$L_k^\ell = \sum L_{ik} g^{i\ell}.$$

증명 (1) $\nabla_{a\mathbf{v}+b\mathbf{w}}\mathbf{X} = a\nabla_{\mathbf{v}}\mathbf{X} + b\nabla_{\mathbf{w}}\mathbf{X}$이므로

$$L(a\mathbf{X} + b\mathbf{Y}) = aL(\mathbf{X}) + bL(\mathbf{Y})$$

이 되어서 L은 선형사상이다.

각 $\mathbf{X} \in T_PM$에 대해 $L(\mathbf{X}) \in T_PM$임을 보이자. L이 선형변환이므로 기저

$\{\mathbf{x}_1, \mathbf{x}_2\}$ 에 대해 조사하면 된다.

$\boldsymbol{\alpha}_i$ 을 P 점을 지나는 u_i-곡선이라 하자. 그러면

$$L(\mathbf{x}_i) = -\nabla_{\mathbf{x}_i}\mathbf{n} = -\frac{d}{du_i}(\mathbf{n} \circ \boldsymbol{\alpha}_i) = -\frac{\partial \mathbf{n}}{\partial u_i} = -\mathbf{n}_i \tag{5.1}$$

이고, $< \mathbf{n}_i, \mathbf{n} >= 0$ 이므로 $\mathbf{n}_i \in T_P M$ 이고 $L(\mathbf{x}_i) \in T_P M$ 이다.

(2) $\mathbf{x}_i$ 가 M 에 접벡터이므로 $< \mathbf{n}, \mathbf{x}_i >= 0$. 따라서

$$\begin{aligned} 0 = \frac{\partial}{\partial u_k} < \mathbf{n}, \mathbf{x}_i > &= \left\langle \frac{\partial \mathbf{n}}{\partial u_k}, \mathbf{x}_i \right\rangle + < \mathbf{n}, \mathbf{x}_{ik} > \\ &= -\langle L(\mathbf{x}_k), \mathbf{x}_i \rangle + L_{ik} \\ &= L_{ik} - \left\langle \sum L_k^j \mathbf{x}_j, \mathbf{x}_i \right\rangle = L_{ik} - \sum L_k^j g_{ij} \end{aligned}$$

이다. 따라서 $L_{ik} = \sum L_k^j g_{ij}$ 이므로

$$\sum L_{ik} g^{i\ell} = \sum L_k^j g_{ji} g^{i\ell} = \sum L_k^j \delta_j^\ell = L_k^\ell$$

이 성립한다. ■

예제 5.2.3 $M = S^2$ 라 하고 $\mathbf{n}$을 외향법벡터라 하자. 그리고 $\mathbf{X} \in T_P S^2$ 이고 M 위의 곡선 $\boldsymbol{\alpha}(t) = (x(t), y(t), z(t))$ 는 $\boldsymbol{\alpha}(0) = P$, $\dot{\boldsymbol{\alpha}}(0) = \mathbf{X}$ 을 만족한다고 하자. $\boldsymbol{\alpha}(t)$ 에서 $\mathbf{n} = \boldsymbol{\alpha}(t)$ 이므로

$$\begin{aligned} L(\mathbf{X}) &= -\nabla_{\mathbf{X}}\mathbf{n} = -(\nabla_{\mathbf{X}}x, \nabla_{\mathbf{X}}y, \nabla_{\mathbf{X}}z) \\ &= -(\dot{x}(0), \dot{y}(0), \dot{z}(0)) = -\dot{\boldsymbol{\alpha}}(0) = -\mathbf{X}. \end{aligned}$$

즉, L은 $\mathbf{X}$를 $-\mathbf{X}$로 사상한다. 그러나 만일 $\mathbf{n}$이 내향법벡터이면 L은 항등사상이다.

다음 정리는 L이 대칭선형사상(symmertic linear transformtion) 임을 보여준다.

보조정리 5.2.7

$P \in M$ 이고 $\mathbf{X}, \mathbf{Y} \in T_P M$ 이면

$$\mathrm{II}(\mathbf{X}, \mathbf{Y}) = \langle L(\mathbf{X}), \mathbf{Y} \rangle = \langle \mathbf{X}, L(\mathbf{Y}) \rangle .$$

증명 $\mathbf{X} = \sum X_i \mathbf{x}_i, \mathbf{Y} = \sum Y_j \mathbf{x}_j$ 라 하면

$$\mathrm{II}(\mathbf{X}, \mathbf{Y}) = \sum L_{ij} X_i Y_j$$

이고

$$\begin{aligned}\langle L(\mathbf{X}), \mathbf{Y}\rangle &= \left\langle L\left(\sum_i X_i \mathbf{x}_i\right), \mathbf{Y}\right\rangle \\ &= \left\langle \sum_{i,k} X_i \left(L_i^k \mathbf{x}_k\right), \sum_j Y_j \mathbf{x}_j\right\rangle \\ &= \sum_{i,k,j} L_i^k < \mathbf{x}_k, \mathbf{x}_j > X_i Y_j = \sum_{i,k,j,\ell} L_{\ell i} g^{\ell k} g_{kj} X_i Y_j \\ &= \sum_{i,j,\ell} L_{\ell i} \delta_{\ell j} X_i Y_j = \sum_{i,j} L_{ij} X_i Y_j = \langle \mathbf{X}, L(\mathbf{Y})\rangle\end{aligned}$$

이 된다. ■

연습문제 5.2

5.2.1 원기둥 $M = S^1 \times (0,1)$을 $\mathbf{x}(\theta, t) = (\cos\theta, \sin\theta, t)$로 정의할 때 L은 $\begin{pmatrix} 1 & 0 \\ 0 & 0 \end{pmatrix}$로 나타낼 수 있음을 보여라.

5.2.2 다음 곡면에 대해 L을 구하여라.

(1) 토러스

(2) 회전면

5.2.3 $f : V \longrightarrow U$을 좌표변환이라 하자. $\overline{L}_\beta^\alpha$와 L_j^i 사이에 어떤 관계가 있는가?

5.2.4 $\boldsymbol{\gamma}(s) = \mathbf{x}(\gamma_1(s), \gamma_2(s))$을 곡면 M 위의 단위속력곡선이라 하자. 이때 $\{\mathbf{T}, \mathbf{w}, \mathbf{n}\}$은 각 점에서 $\mathbb{R}^3$의 우향직교기저이다. $\mathbf{n}$을 $\mathbf{n}(s) = \mathbf{n}(\gamma_1(s), \gamma_2(s))$로 나타내고 Frenet-Serret 방정식과 비슷한 다음 방정식을 증명하라.

(1) $\mathbf{T}' = \mathrm{II}(\mathbf{T}, \mathbf{T})\mathbf{n} + \kappa_g \mathbf{w}$

(2) $\mathbf{w}' = -\kappa_g \mathbf{T} + \mathrm{II}(\mathbf{T}, \mathbf{w})\mathbf{n}$

(3) $\mathbf{n}' = -\mathrm{II}(\mathbf{T}, \mathbf{T})\mathbf{T} - \mathrm{II}(\mathbf{T}, \mathbf{w})\mathbf{w}$

5.2.5 $\dot{\alpha}(t_0) = \mathbf{v}$ 일 때 $\ddot{\alpha}(t_0) \cdot \mathbf{n} = L(\mathbf{v}) \cdot \mathbf{v}$ 임을 보여라.

5.3 주곡률, Gauss 곡률, 평균곡률과 법곡률

이 절에서는 곡면의 형태를 측정하는 문제에 대해 알아보기로 하자. 곡면이 어떻게 굽어있는가를 측정하는 데는 두 가지 방법이 있다.

첫 번째 방법은 곡선의 법곡률로 측정하는 것이다. 이것은 곡면을 무한히 많은 곡선으로 잘라서 생각해야 하기 때문에 바람직하지 못하다.

두 번째 방법은 일차선형변환 L 에 의하여 얻어지는 법벡터나 법곡률의 변화되는 값에 의하여 아는 방법이다.

P 에서 곡선 γ 의 법곡률은 P 에서 γ 의 단위접벡터에만 의존한다. 만일 P 에서 법곡률 κ_n 이 취할 수 있는 모든 값을 알 수 있다면 M 이 얼마나 굽어있는지 알 것이다.

이 방법에서 첫 번째 목표는 κ_n 이 취할 수 있는 최대값과 최소값을 찾는 것이다. 즉, $\mathbf{X}$ 가 $T_P M$ 에서 임의의 단위벡터일 때 $\mathrm{II}(\mathbf{X}, \mathbf{X})$ 의 최대값과 최소값을 결정하는 것이다. 이것은 $< \mathbf{X}, \mathbf{X} >= 1$ 로 제한했을 때 $\mathbf{X}$ 에 의존하는 $\mathrm{II}(\mathbf{X}, \mathbf{X})$ 의 최대값과 최소값을 찾는 것을 의미한다.

P 에서 다음 함수의 임계값을 구하기 위해 Lagrange 승수법을 이용할 수 있다.

$\mathbf{X} = \sum X_i \mathbf{x}_i$ 일 때

$$\begin{aligned} f(\mathbf{X}, \lambda) &= \mathrm{II}(\mathbf{X}, \mathbf{X}) - \lambda\,(< \mathbf{X}, \mathbf{X} > -1) \\ &= \langle L(\mathbf{X}), \mathbf{X} \rangle - \lambda < \mathbf{X}, \mathbf{X} > + \lambda = \langle L(\mathbf{X}) - \lambda \mathbf{X}, \mathbf{X} \rangle + \lambda \end{aligned}$$

라 하자. 이것을 정리하면

$$\begin{aligned} f(\mathbf{X}, \lambda) &= \langle L(\mathbf{X}), \mathbf{X} \rangle - \lambda < \mathbf{X}, \mathbf{X} > + \lambda \\ &= \lambda + \sum L_j^i X_j X_k g_{ik} - \lambda \sum \delta_{ij} X_j X_k g_{ik} \end{aligned}$$

이다. 따라서

$$f(X_1, X_2, \lambda) = \lambda + \sum_{i,j,k} \left(L_j^i - \lambda\delta_{ij}\right) X_j X_k g_{ik}.$$

Lagrange 승수법을 이용하기 위해 다음 방정식을 풀어야 한다.

$$\frac{\partial f}{\partial X_1} = 0, \quad \frac{\partial f}{\partial X_2} = 0, \quad \frac{\partial f}{\partial \lambda} = 0. \tag{5.2}$$

$\dfrac{\partial f}{\partial \lambda} = 0$ 이면 $< \mathbf{X}, \mathbf{X} >= 1$ 이다. 그리고

$$\begin{aligned}\frac{\partial f}{\partial X_\ell} &= \frac{\partial}{\partial X_\ell}\left[\lambda + \sum \left(L_j^i - \lambda\delta_{ij}\right) X_j X_k g_{ik}\right] \\ &= \sum \left(L_j^i - \lambda\delta_{ij}\right)\left(\frac{\partial X_j}{\partial X_\ell} X_k + \frac{\partial X_k}{\partial X_\ell} X_j\right) g_{ik} \\ &= 2\sum \left(L_j^i - \lambda\delta_{ij}\right) X_j g_{i\ell} = 0\end{aligned}$$

이다. 따라서 모든 $\mathbf{Y} = \sum Y_i \mathbf{x}_i$ 에 대해

$$\begin{aligned}\sum \left(L_j^i - \lambda\delta_{ij}\right) X_j Y_\ell g_{i\ell} &= \sum L_{j\ell} X_j Y_\ell - \lambda \sum X_j Y_\ell g_{j\ell} \\ &= \langle L(\mathbf{X}) - \lambda\mathbf{X}, \mathbf{Y}\rangle = 0\end{aligned}$$

를 얻게되어 $L(\mathbf{X}) = \lambda\mathbf{X}$ 이 된다. 여기서 $\mathbf{X}$ 는 L 의 고유벡터, λ 는 L 의 고유값이다. 그리고 $\mathrm{II}(\mathbf{X}, \mathbf{X})$ 가 최대값과 최소값을 가지므로 방정식 (5.2)는 해를 가진다.

또한 L 의 고유값 λ 는 방정식

$$\begin{aligned}0 = \det\left(L - \lambda I\right) &= \lambda^2 - \left(L_1^1 + L_2^2\right)\lambda + L_1^1 L_2^2 - L_1^2 L_2^1 \\ &= \lambda^2 - (\mathrm{trace} L)\,\lambda + \det L\end{aligned} \tag{5.3}$$

의 해이고 L 이 대칭행렬이므로 방정식 (5.3)의 실수해가 존재한다. 이 해를 κ_1, κ_2 $(\kappa_1 \geq \kappa_2)$ 라 하자.

보조정리 5.3.1

$P \in M$ 이고 $\lambda, \mathbf{X}$ 을 각각 P 에서 L 의 고유값, 고유벡터라 하자. 그리고 $\mathbf{Y} \in T_PM$ 을 $< \mathbf{X}, \mathbf{Y} >= 0$ 인 단위벡터라 하자. 그러면 $\mathbf{Y}$ 는 고유벡터이다.

증명 $< \mathbf{X}, \mathbf{Y} >= 0$ 이므로 $\{\mathbf{X}, \mathbf{Y}\}$ 는 T_PM 의 기저이다. 그리고

$$0 =< \lambda\mathbf{X}, \mathbf{Y} >=< L(\mathbf{X}), \mathbf{Y} >=< \mathbf{X}, L(\mathbf{Y}) > .$$

따라서 $L(\mathbf{Y}) \perp \mathbf{X}$ 이고 $\mathbf{Y} \perp \mathbf{X}$ 이므로 어떤 $\mu \in \mathbb{R}$ 에 대해 $L(\mathbf{Y}) = \mu\mathbf{Y}$ 이다. ■

성질 5.3.2

각 점 $P \in M$ 에서 법곡률 κ_n 이 한 방향으로 최대가 되고 다른 방향으로 최소가 되는 수직인 두 방향 $\mathbf{X}_{(1)}, \mathbf{X}_{(2)}$ 가 존재한다.

증명 κ_i 을 L 의 단위고유벡터 $\mathbf{X}_{(i)}$ 에 대응하는 고유값이라 하자. 그러면

$$\mathrm{II}\left(\mathbf{X}_{(i)}, \mathbf{X}_{(i)}\right) = \left\langle L\left(\mathbf{X}_{(i)}\right), \mathbf{X}_{(i)}\right\rangle = \kappa_i \left\langle \mathbf{X}_{(i)}, \mathbf{X}_{(i)}\right\rangle = \kappa_i$$

가 되므로 κ_1 은 κ_n 의 최대값이고 κ_2 는 κ_n 의 최소값이라 할 수 있다.

만일 $\kappa_1 \neq \kappa_2$ 이면

$$\begin{aligned}\kappa_1 \left\langle \mathbf{X}_{(1)}, \mathbf{X}_{(2)}\right\rangle &= \left\langle L\left(\mathbf{X}_{(1)}\right), \mathbf{X}_{(2)}\right\rangle \\ &= \left\langle \mathbf{X}_{(1)}, L\left(\mathbf{X}_{(2)}\right)\right\rangle = \kappa_2 \left\langle \mathbf{X}_{(1)}, \mathbf{X}_{(2)}\right\rangle .\end{aligned}$$

따라서 $\left\langle \mathbf{X}_{(1)}, \mathbf{X}_{(2)}\right\rangle = 0$. 즉, $\mathbf{X}_{(1)}$ 과 $\mathbf{X}_{(2)}$ 는 수직이다.

만일 $\kappa_1 = \kappa_2$ 이면 보조정리 5.3.1에 의해 $\mathbf{X}_{(1)}$ 에 수직인 단위벡터도 고유벡터이다. 따라서 $\mathbf{X}_{(1)}$ 에 수직인 단위벡터를 $\mathbf{X}_{(2)}$ 로 택하면 된다. ■

정의 5.3.3

$P \in M$ 에서 L 의 고유값 κ_1, κ_2 을 P 에서 M 의 **주곡률**(principal curvature)이라 하고 주곡률에 대응하는 고유벡터를 P 에서 **주방향**(principal direction)이라 한다.

예제 5.3.1 M 을 쌍곡면 $-x^2 + y^2 + z^2 = 1$ 이라 하자. $P = (x, y, z) \in M$ 에서 단위법벡터는

$$\mathbf{n} = \left(-\frac{x}{|P|}, \frac{y}{|P|}, \frac{z}{|P|}\right)$$

이다. $P=(0,0,1)$ 이고 $T_PM=\{(x,y,0):x,y\in\mathbb{R}\}$ 이라 두자. 만일 $\mathbf{X}=(x,y,0)$ 이고 $|\mathbf{X}|=1$ 이면 $\mathbf{n}=(-x,y,0)$ 이다. 그러나 $L(\mathbf{X})\in T_PM$ 이므로

$$L(\mathbf{X})=-\nabla_{\mathbf{X}}\mathbf{n}=-\mathbf{n}=(x,-y,0)$$

이다. 따라서 $|\mathbf{X}|=1$ 일 때

$$\kappa_n=\langle L(\mathbf{X}),\mathbf{X}\rangle=x^2-y^2$$

이 되고, κ_n 은 $\mathbf{X}=(\pm1,0,0)$ 에서 최대값 1, $\mathbf{X}=(0,\pm1,0)$ 에서 최소값 -1 을 가진다. 그러므로 P 에서 주곡률은 $\kappa_1=1,\kappa_2=-1$ 이다.

정의 5.3.4

$\kappa_1=\kappa_2$ 인 점을 **배꼽점**(umbilic point)이라 한다.

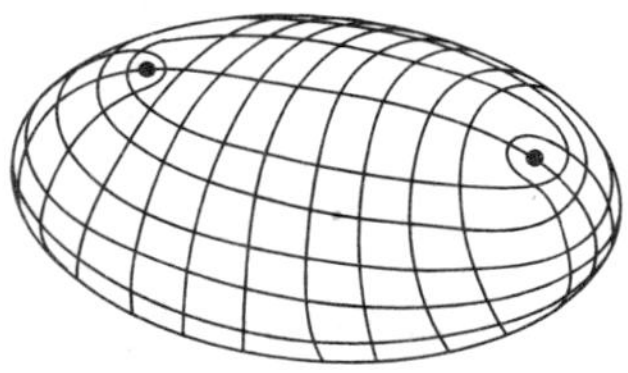

그림 5.6

예제 5.3.2 S^2 나 $\mathbb{R}^2$ 의 모든 점은 배꼽점이다.

정의 5.3.5

각 점에서 접벡터가 그 점에서 주방향인 곡선을 곡면 M 에서 **곡률선**(line of curvature)이라 한다.

예제 5.3.3 $\mathbf{x}(u,v)=(u,v,u^2-v^2)$ $(u^2+v^2<1)$ 은 Monge 조각이다. 이때 곡선 $u=0$ 과 $v=0$ 은 곡률선임을 보이자. (그림 5.7)

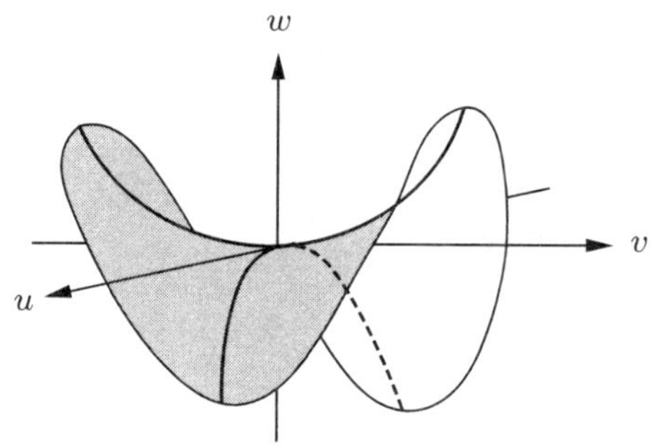

그림 5.7

$\gamma(t) = \mathbf{x}(u(t), v(t))$ 라 하면 예제 5.2.2에서 $\gamma(0) = (0,0,0)$ 에서 법곡률은

$$\kappa_n = \frac{\mathrm{II}}{\mathrm{I}} = \frac{2\left[\left(\frac{du}{dt}\right)^2 - \left(\frac{dv}{dt}\right)^2\right]}{\left(\frac{du}{dt}\right)^2 + \left(\frac{dv}{dt}\right)^2}$$

이고 γ 가 단위속력곡선이면

$$\left(\frac{du}{dt}\right)^2 + \left(\frac{dv}{dt}\right)^2 = 1$$

이므로 κ_n 의 최대값은 2, 최소값은 -2 이다. 따라서 $\gamma(0)$ 에서 $u = 0$ 과 $v = 0$ 은 곡률선이다.

예제 5.3.4 회전면의 경선와 위선은 곡률선이다.

성질 5.3.6

$\{\mathbf{x}_1, \mathbf{x}_2\}$ 가 점 P 에서 주방향의 단위벡터이면 L 은 다음과 같다.

$$L = \begin{pmatrix} \kappa_1 & 0 \\ 0 & \kappa_2 \end{pmatrix}$$

증명 식 (5.1)에 의해서 $L(\mathbf{x}_i) = \kappa_i \mathbf{x}_i = -\mathbf{n}_i$ 이고 $< \mathbf{x}_i, \mathbf{n} >= 0$ 이므로

$$< \mathbf{x}_{ij}, \mathbf{n} > + < \mathbf{x}_i, \mathbf{n}_j >= 0$$

이다. 따라서

$$L_{ij} =< \mathbf{x}_{ij}, \mathbf{n} >= - < \mathbf{x}_i, \mathbf{n}_j >=< \mathbf{x}_i, -\mathbf{n}_j >$$

이 되고, $L_k^\ell = \sum L_{ik} g^{i\ell}$ 이므로

$$\begin{aligned} L &= \begin{pmatrix} L_1^1 & L_2^1 \\ L_1^2 & L_2^2 \end{pmatrix} \\ &= \begin{pmatrix} L_{11}g^{11} + L_{21}g^{21} & L_{12}g^{11} + L_{22}g^{12} \\ L_{11}g^{12} + L_{21}g^{22} & L_{12}g^{12} + L_{22}g^{22} \end{pmatrix} \\ &= \begin{pmatrix} < \mathbf{x}_1, -\mathbf{n}_1 > g^{11} & < \mathbf{x}_1, -\mathbf{n}_2 > g^{11} \\ < \mathbf{x}_2, -\mathbf{n}_1 > g^{22} & < \mathbf{x}_2, -\mathbf{n}_2 > g^{22} \end{pmatrix} \\ &= \begin{pmatrix} < \mathbf{x}_1, \kappa_1\mathbf{x}_1 > g^{11} & < \mathbf{x}_1, \kappa_2\mathbf{x}_2 > g^{11} \\ < \mathbf{x}_2, \kappa_1\mathbf{x}_1 > g^{22} & < \mathbf{x}_2, \kappa_2\mathbf{x}_2 > g^{22} \end{pmatrix} = \begin{pmatrix} \kappa_1 & 0 \\ 0 & \kappa_2 \end{pmatrix} \end{aligned}$$

이다. ■

정리 5.3.7 **Euler**

$\mathbf{X}$를 점 P에서 곡면 M에 접하는 단위벡터라 하자. 그러면

$$\kappa_n = \mathrm{II}(\mathbf{X}, \mathbf{X}) = \kappa_1 \cos^2\theta + \kappa_2 \sin^2\theta.$$

여기서 θ는 $\mathbf{X}$와 κ_1에 대응하는 주방향 $\mathbf{X}_{(1)}$과 이루는 각이다.

증명 κ_2에 대응하는 주방향을 $\mathbf{X}_{(2)}$라 하자. 그러면 성질 5.3.2에 의해 $\mathbf{X}_{(1)}, \mathbf{X}_{(2)}$는 정규직교기저이고 $L\left(\mathbf{X}_{(i)}\right) = \kappa_i \mathbf{X}_{(i)}$ 이므로 $\mathbf{X}_{(1)}, \mathbf{X}_{(2)}$에 대해

$$\mathbf{X} = \cos\theta \mathbf{X}_{(1)} + \sin\theta \mathbf{X}_{(2)}$$

이고, 제2기본형식은

$$\begin{aligned} \mathrm{II}(\mathbf{X}, \mathbf{X}) &= \langle L(\mathbf{X}), \mathbf{X} \rangle \\ &= \left\langle L(\cos\theta\mathbf{X}_{(1)} + \sin\theta\mathbf{X}_{(2)}), \cos\theta\mathbf{X}_{(1)} + \sin\theta\mathbf{X}_{(2)} \right\rangle \\ &= \left\langle \kappa_1\cos\theta\mathbf{X}_{(1)} + \kappa_2\sin\theta\mathbf{X}_{(2)}, \cos\theta\mathbf{X}_{(1)} + \sin\theta\mathbf{X}_{(2)} \right\rangle \\ &= \kappa_1\cos^2\theta + \kappa_2\sin^2\theta \end{aligned}$$

이다. ■

정리 5.3.7은 법곡률을 계산할 때 이용되어진다.

예제 5.3.5 $\kappa_1 = \dfrac{1}{r_1}$, $\kappa_2 = \dfrac{1}{r_2}$ $(r_1, r_2 > 0)$ 이고

$$\kappa_1 x^2 + \kappa_2 y^2 = 1 \tag{5.4}$$

이라 하자. (그림 5.8)

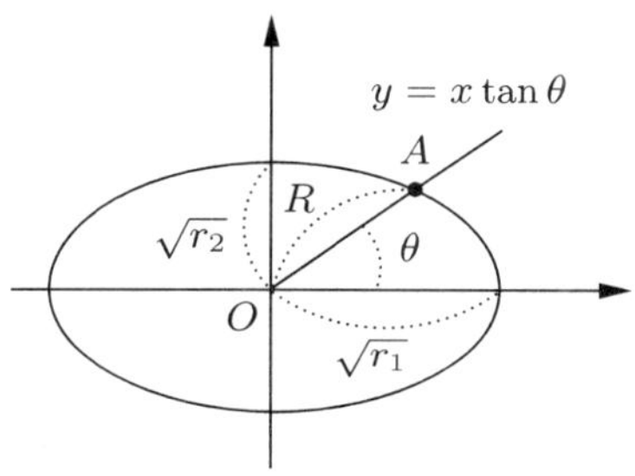

그림 5.8

그러면 원점을 지나는 직선 $y = \tan\theta x$와 식 (5.4)에 주어진 타원은 점 $A(x, y)$에서 만난다. 이때

$$x = \pm\sqrt{\frac{1}{\kappa_1 + \kappa_2 \tan\theta}} = \pm\frac{\cos\theta}{\sqrt{\kappa_1 \cos^2\theta + \kappa_2 \sin^2\theta}},$$
$$y = \pm\frac{\sin\theta}{\sqrt{\kappa_1 \cos^2\theta + \kappa_2 \sin^2\theta}}$$

이고 원점을 O라 하면

$$\overline{OA} = R = \sqrt{x^2 + y^2} = \frac{1}{\sqrt{\kappa_1 \cos^2\theta + \kappa_2 \sin^2\theta}}$$

이 된다. 따라서

$$\frac{1}{\overline{OA}^2} = \frac{1}{R^2} = \kappa_n = \kappa_1 \cos^2\theta + \kappa_2 \sin^2\theta$$

인 식을 얻을 수 있다. 여기서 R은 x축과 이루는 각이 θ이고 원점을 지나는 반직선과 타원이 만나는 점에서 (법)곡률반경이다.

정의 5.3.8

곡면 M 위의 점 P에서의 주곡률을 κ_1, κ_2이라 할 때

$$K = \kappa_1\kappa_2 = \det(L), \quad H = \frac{1}{2}(\kappa_1 + \kappa_2) = \frac{1}{2}\mathrm{trace}(L)$$

라 하자. 이때 K을 P에서 Gauss **곡률**(Gaussian curvature)이라 하고, L을 P에서 **평균곡률**(mean curvature)이라 한다. 그리고 모든 P에서 $H = 0$이면 M을 **최소곡면**(minimal surface)이라 한다.

정리 5.3.9

$\mathbf{x} : U \longrightarrow \mathbb{R}^3$을 좌표조각이면 Gauss 곡률과 평균곡률은 다음과 같다.

$$K = \frac{\det(L_{ij})}{\det(g_{ij})} = \frac{eg - f^2}{EG - F^2}, \quad H = \frac{Eg - 2Ff + Ge}{2(EG - F^2)}.$$

증명 행렬 L의 성분은 다음과 같다.

$$L_1^1 = L_{11}g^{11} + L_{12}g^{12} = e\frac{g_{22}}{g} - f\frac{g_{21}}{g} = \frac{eG - fF}{EG - F^2},$$
$$L_2^1 = \frac{fG - gF}{EG - F^2}, \quad L_1^2 = \frac{fE - eF}{EG - F^2}, \quad L_2^2 = \frac{gE - fF}{EG - F^2}.$$

따라서 Gauss 곡률은

$$\begin{aligned} K = \det(L) &= \det\begin{pmatrix} L_1^1 & L_2^1 \\ L_1^2 & L_2^2 \end{pmatrix} \\ &= \frac{eG - fF}{EG - F^2}\cdot\frac{gE - fF}{EG - F^2} - \frac{fG - gF}{EG - F^2}\cdot\frac{fE - eF}{EG - F^2} \\ &= \frac{eg - f^2}{EG - F^2} = \frac{\det(L_{ij})}{\det(g_{ij})} \end{aligned}$$

이 되고, 평균곡률은

$$\begin{aligned} H &= \frac{1}{2}\mathrm{trace}(L) \\ &= \frac{1}{2}\left(\frac{eG - fF}{EG - F^2} - \frac{gE - fF}{EG - F^2}\right) = \frac{Eg - 2Ff + Ge}{2(EG - F^2)} \end{aligned}$$

이 된다. ■

곡면 M 위의 점 P에서의 법곡률 κ_n과 Gauss 곡률 K는 다음과 같이 정리할 수 있다.

$$\kappa_n = \frac{\mathrm{II}}{\mathrm{I}} = \frac{\sum L_{ij}X_iY_j}{\sum g_{ij}X_iY_j},$$
$$K = \frac{\det(L_{ij})}{\det(g_{ij})} = \det(L).$$

여기서 만일 $\mathbf{x} = \mathbf{x}(u_1, u_2)$가 M의 좌표조각이고 $\boldsymbol{\alpha}(t) = \mathbf{x}(u_1(t), u_2(t))$가 $\boldsymbol{\alpha}(0) = P$인 정칙곡선이면

$$X_i = \frac{du_i}{dt} \ (i = 1, 2)$$

이다.

참고 Gauss 곡률의 정의에서

$$\det(L_{ij}) = \det\left(L_j^k g_{ik}\right) = \det\left(L_j^k\right)\det(g_{ik}) = Kg.$$

따라서

$$K = \frac{\det(L_{ij})}{\det(g_{ij})} = \frac{eg - f^2}{EG - F^2}$$

임을 알 수 있다. 그리고 주곡률 κ_1, κ_2는 방정식

$$x^2 - 2Hx + K = 0$$

의 해이다. 즉, 방정식

$$(EG - F^2)x^2 - (Eg - 2Ff + Ge)x + (eg - f^2) = 0 \tag{5.5}$$

의 해이다.

예제 5.3.6 토러스 T^2가

$$\mathbf{x}(u, v) = ((a + r\cos u)\cos v, (a + r\cos u)\sin v, r\sin u)\ (0 < u < 2\pi, 0 < v < 2\pi)$$

로 매개화되어 있을 때 Gauss 곡률을 계산하자.

$$\begin{aligned}
\mathbf{x}_u &= (-r\sin u\cos v, -r\sin u\sin v, r\cos u),\\
\mathbf{x}_v &= (-(a+r\cos u)\sin v, (a+r\cos u)\cos v, 0),\\
\mathbf{x}_{uu} &= (-r\cos u\cos v, -r\cos u\sin v, -r\sin u),\\
\mathbf{x}_{uv} &= (r\sin u\sin v, -r\sin u\cos v, 0) = \mathbf{x}_{vu},\\
\mathbf{x}_{vv} &= (-(a+r\cos u)\cos v, -(a+r\cos u)\sin v, 0)
\end{aligned}$$

따라서

$$E = r^2, \quad F = 0, \quad G = (a+r\cos u)^2$$

이고

$$\mathbf{x}_u \times \mathbf{x}_v = -r\left(\cos u(a+r\cos u)\cos v, \cos u(a+r\cos u)\sin v, \sin u(a+r\cos u)\right),$$

$$|\mathbf{x}_u \times \mathbf{x}_v| = \sqrt{EG-F^2} = r(a+r\cos u)$$

이므로

$$\begin{aligned}
e &= L_{11} = \langle \mathbf{x}_{uu}, \mathbf{n}\rangle = \frac{[\mathbf{x}_u, \mathbf{x}_v, \mathbf{x}_{uu}]}{\sqrt{EG-F^2}} = r,\\
f &= \frac{[\mathbf{x}_u, \mathbf{x}_v, \mathbf{x}_{uv}]}{r(a+r\cos u)} = 0,\\
g &= \frac{[\mathbf{x}_u, \mathbf{x}_v, \mathbf{x}_{vv}]}{r(a+r\cos u)} = \cos u(a+r\cos u)
\end{aligned}$$

이 된다. 따라서

$$\begin{aligned}
K &= \frac{eg-f^2}{EG-F^2} = \frac{\cos u}{r(a+r\cos u)},\\
H &= \frac{Eg-2Ff+Ge}{2(EG-F^2)} = \frac{a+2r\cos u}{2r(a+r\cos u)}.
\end{aligned}$$

예제 5.3.7 나선면(helicoid)은 원나선 $(\cos v, \sin v, bv)(0 < v < 2\pi, b \neq 0)$의 각 점에서 중심축과 만나면서 xy 평면에 평행한 직선으로 이루어진 곡면이다. (그림 5.10) 이때 곡면은

$$\mathbf{x}(u,v) = (u\cos v, u\sin v, bv)\ (0 < v < 2\pi, -\infty < u < \infty)$$

으로 매개화할 수 있다. 따라서

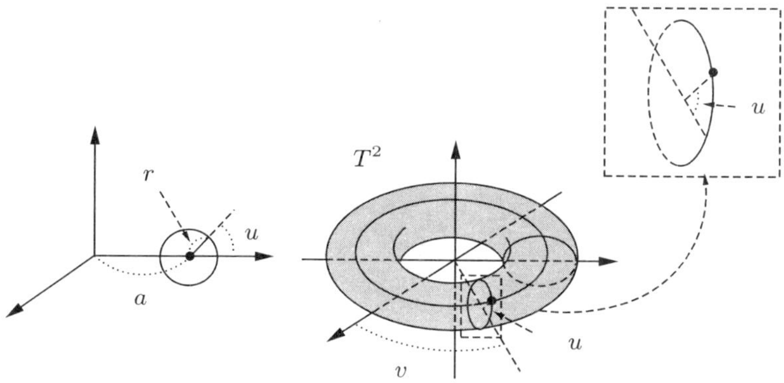

그림 5.9

$$\mathbf{x}_u = (\cos v, \sin v, 0), \quad \mathbf{x}_v = (-u \sin v, u \cos v, b),$$

$$\mathbf{x}_{uu} = (0, 0, 0), \quad \mathbf{x}_{uv} = (-\sin v, \cos v, 0), \quad \mathbf{x}_{vv} = (-u \cos v, -u \sin v, 0),$$

$$\mathbf{n} = \frac{\mathbf{x}_u \times \mathbf{x}_v}{|\mathbf{x}_u \times \mathbf{x}_v|} = \frac{(b \sin v, -b \cos v, u)}{\sqrt{b^2 + u^2}}$$

이 되고

$$E = 1, \quad F = 0, \quad G = b^2 + u^2, \quad e = 0, \quad f = -\frac{b}{\sqrt{b^2 + u^2}}, \quad g = 0$$

이 된다. 따라서

$$K = \frac{eg - f^2}{EG - F^2} = -\frac{b^2}{(b^2 + u^2)^2},$$
$$H = \frac{Ge + Eg - 2Ff}{2(EG - F^2)} = 0$$

이다.

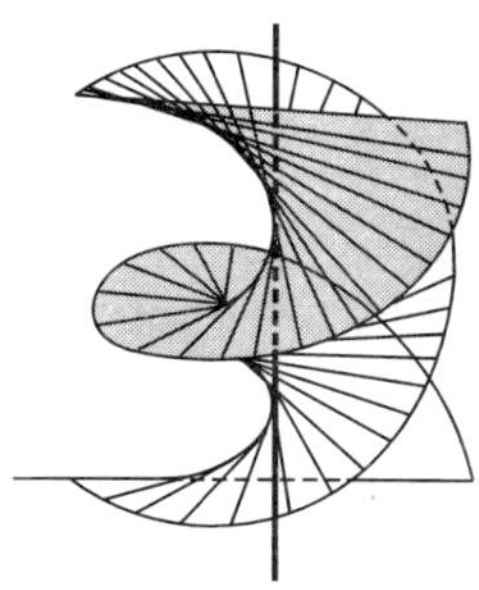

그림 5.10

예제 5.3.8 Monge 조각 $\mathbf{x}(u,v)=(u,v,uv)$에 대해

$$\mathbf{x}_u=(1,0,v), \mathbf{x}_v=(0,1,u),$$
$$\mathbf{x}_{uu}=(0,0,0), \mathbf{x}_{uv}=(0,0,1), \mathbf{x}_{vv}=(0,0,0),$$
$$\mathbf{n}=\frac{(-v,-u,1)}{\sqrt{1+u^2+v^2}}$$

이므로

$$E=1+v^2,\quad F=uv,\quad G=1+u^2,\quad e=0,\quad f=\frac{1}{\sqrt{1+u^2+v^2}},\quad g=0$$

이고, 따라서

$$K=-\frac{1}{(1+u^2+v^2)^2},\quad H=\frac{-uv}{(1+u^2+v^2)^{\frac{3}{2}}}$$

이다.

따름정리 5.3.10

만일 $\mathbf{x}_u, \mathbf{x}_v$가 좌표조각 $\mathbf{x}(u,v)$의 주방향이고 수직이면 다음이 성립한다.

$$\kappa_1=\frac{e}{E},\quad \kappa_2=\frac{g}{G},\quad K=\frac{eg}{EG},\quad H=\frac{1}{2}\left(\frac{eG+gE}{EG}\right)$$

증명 $F=<\mathbf{x}_u, \mathbf{x}_v>=0, L_2^1=L_1^2=0$이므로

$$L=\begin{pmatrix}\dfrac{eG-fF}{EG-F^2} & 0\\ 0 & \dfrac{gE-eF}{EG-F^2}\end{pmatrix}=\begin{pmatrix}\dfrac{e}{E} & 0\\ 0 & \dfrac{g}{G}\end{pmatrix}$$

성질 5.3.6에 의해 $\kappa_1=\dfrac{e}{E}, \kappa_2=\dfrac{g}{G}$이고

$$K=\frac{eg}{EG},\quad H=\frac{1}{2}\left(\frac{eG+gE}{EG}\right)$$

가 성립한다. ■

Weingarten 사상 L의 기하학적 의미는 L의 대각합과 행렬식으로 설명했다. 제2 기본형식에 대한 다른 기하학적 의미를 알아보자. 각 점 $P\in M$에 대해 $\mathrm{II}(\mathbf{X},\mathbf{Y})$는 T_PM에서 대칭적 겹선형형식이라는 것을 알고 있다.

만일 II을 벡터의 길이를 일반화한 것으로 생각하면 벡터가 II에 대해 "일반화된 길이" +1과 −1을 가지는 것은 어떤 것인가 질문할 수 있다. 이러한 질문의 답으로 Dupin **지시곡선** (Dupin indicartrix)이라는 것을 생각할 수 있다. 이것은 $P \in M$ 근방에서 곡면 M에 대한 기하학적인 정보를 제공한다.

정의 5.3.11

다음과 같이 주어진 T_PM의 부분집합

$$D = \{\mathbf{X} \in T_PM : \mathrm{II}(\mathbf{X}, \mathbf{X}) = 1\} \cup \{\mathbf{X} \in T_PM : \mathrm{II}(\mathbf{X}, \mathbf{X}) = -1\}$$

을 P에서 M의 Dupin의 지시곡선이라 한다.

만일

$$D^+ = \left\{\sum X_i \mathbf{x}_i : \sum L_{ij} X_i X_j = 1\right\},$$
$$D^- = \left\{\sum X_i \mathbf{x}_i : \sum L_{ij} X_i X_j = -1\right\}$$

이면 $D = D^+ \cup D^-$로 나타낼 수 있다.

D^+와 D^-는 $\{\mathbf{x}_1, \mathbf{x}_2\}$을 기저로 하는 접평면 T_PM 위에서 원뿔곡선

$$L_{11}X_1^2 + 2L_{12}X_1X_2 + L_{22}X_2^2 = \pm 1$$

이다. 따라서 Dupin 지시곡선은 타원, 쌍곡선, 한 쌍의 평행한 직선 또는 공집합일 수 있다. 여기서 $\{\mathbf{x}_1, \mathbf{x}_2\}$는 직교기저가 아닐 수 있다.

성질 5.3.12

K를 곡면 M의 점 P에서 정의된 Gauss 곡률이라 하자.

(1) $K > 0$이면 D는 타원이다. (그림 5.11)

(2) $K < 0$이면 D는 쌍곡선이다. (그림 5.12)

(3) $K = 0$이면 D는 한 쌍의 평행한 직선이거나 공집합이다.

만일 $\kappa_1 \neq 0, \kappa_2 = 0$ 또는 $\kappa_1 = 0, \kappa_2 \neq 0$이면 D는 평행선이다. (그림 5.13) 만일 $\kappa_1 = \kappa_2 = 0$이면 D는 공집합이다. (그림 5.14)

P를 $K > 0$이면 **타원점**(elliptic point), $K < 0$이면 **쌍곡점**(hyprbolic point), κ_1, κ_2 중 하나만 0이면 **포물점**(parabolic point), $\kappa_1 = \kappa_2 = 0$인 점을 M의 **평탄점**(planer point)이라 한다.

Dupin의 지시곡선을 이용해서 점 P 근방에서 곡면 M의 기하학적 형태를 설명할 수 있다. P에서 접평면은 곡면의 법방향으로 평행이동하여 곡면과 만나서 만들어지는 곡선은 Dupin의 지시곡선과 비슷하다는 방식으로 설명한다. 예를 들어 원숭이 안장(monkey saddle)

$$\mathbf{x}(u, v) = (u, v, u^3 - 3uv^2)$$

의 중심점 $P = (0, 0, 0)$은 평탄점이다. 왜냐하면 P에서 제2기본형식의 계수는

$$L_{11} = L_{12} = L_{22} = 0$$

이 되어 평탄점이 된다. 그림 5.14에서 보는 것처럼 세 개의 언덕과 계곡이 만난다.

그림 5.11, 그림 5.12, 그림 5.13은 각각 타원점, 쌍곡점, 포물점 근방을 보여준다.

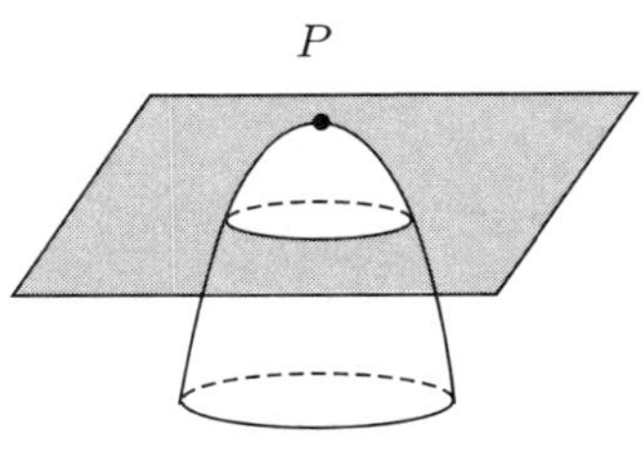

그림 5.11

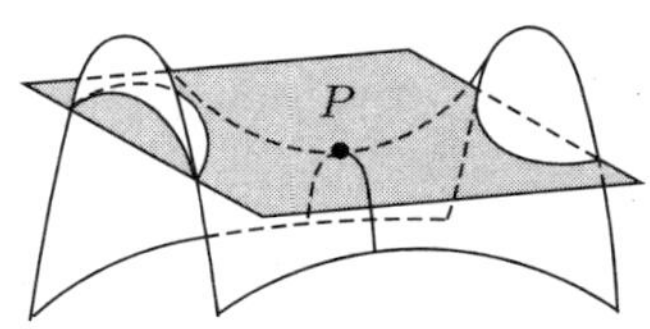

그림 5.12

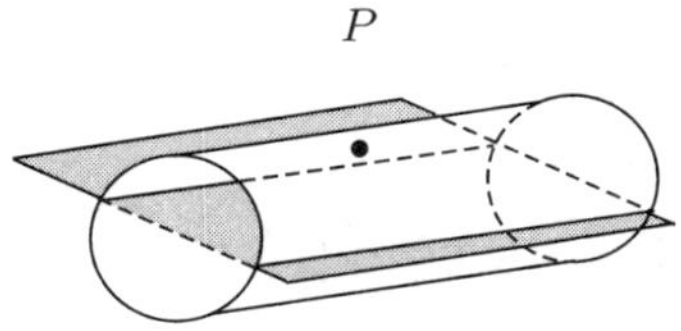

그림 5.13

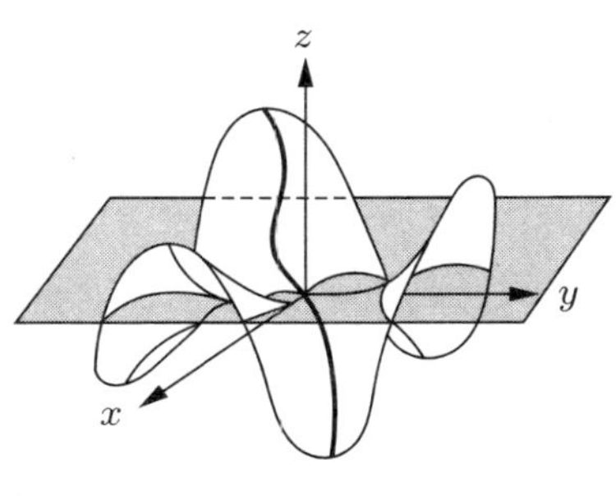

그림 5.14

정의 5.3.13

만일 두 벡터 $\mathbf{X} \neq \mathbf{0}, \mathbf{Y} \neq \mathbf{0}$ 이고

$$\mathrm{II}(\mathbf{X}, \mathbf{Y}) = 0$$

이면 $\mathbf{X}$와 $\mathbf{Y}$를 **결레방향**(conjugate direction)이라 부른다.

정의 5.3.14

$P \in M$에서 접벡터 $\mathbf{X}$가 $\mathrm{II}(\mathbf{X}, \mathbf{X}) = 0$을 만족하면 $\mathbf{X}$를 **점근방향**(aymptotic)이라 부른다. 각 점에서 접벡터가 점근방향인 곡선을 **점근곡선**(asymptotic curve)이라 부른다.

예제 5.3.9 $\mathbf{x}$를 Monge 조각 $\mathbf{x}(u, v) = (u, v, u^2 - 2v^2)$ 이라 하자. 그러면

$$\begin{aligned}
\mathbf{x}_1 &= (1, 0, 2u), \mathbf{x}_2 = (0, 1, -4v), \\
\mathbf{x}_{11} &= (0, 0, 2), \mathbf{x}_{12} = (0, 0, 0), \mathbf{x}_{22} = (0, 0, -4), \\
\mathbf{n} &= \frac{(-2u, 4v, 1)}{\sqrt{1 + 4u^2 + 16v^2}}, \\
L_{11} &= < \mathbf{x}_{11}, \mathbf{n} > = \frac{2}{\sqrt{1 + 4u^2 + 16v^2}}, \\
L_{12} &= < \mathbf{x}_{12}, \mathbf{n} > = L_{21} = 0, \\
L_{22} &= < \mathbf{x}_{22}, \mathbf{n} > = -\frac{4}{\sqrt{1 + 4u^2 + 16v^2}}.
\end{aligned}$$

$(u, v) = (0, 0)$에서 $< \mathbf{x}_1, \mathbf{x}_2 > = 0$이므로 $\mathbf{x}_1 \perp \mathbf{x}_2$이고

$$E = 1, \quad F = 0, \quad G = 1, \quad e = 2, \quad f = 0, \quad g = -4$$

이므로

$$K = \frac{eg - f^2}{EG - F^2} = -8 < 0$$

이다.

그런데 Dupin의 지시곡선이

$$\sum L_{ij} X_i X_j \Big|_{(0,0)} = \pm 1$$

이므로

$$\frac{2}{\sqrt{1+4u^2+16v^2}} (X_1)^2 - \frac{4}{\sqrt{1+4u^2+16v^2}} (X_2)^2) \Big|_{(0,0)} = 2(X_1)^2 - 4(X_2)^2 = \pm 1$$

이 된다. 따라서 Dupin의 지시곡선은 두 쌍의 쌍곡선으로 이루어져 있다. 그리고 점근방향은

$$\mathrm{II}(\mathbf{X}, \mathbf{X}) = 2(X_1)^2 - 4(X_2)^2 = 0$$

이므로 $X_1 = \pm\sqrt{2} X_2$ 이 된다. (그림 5.15)

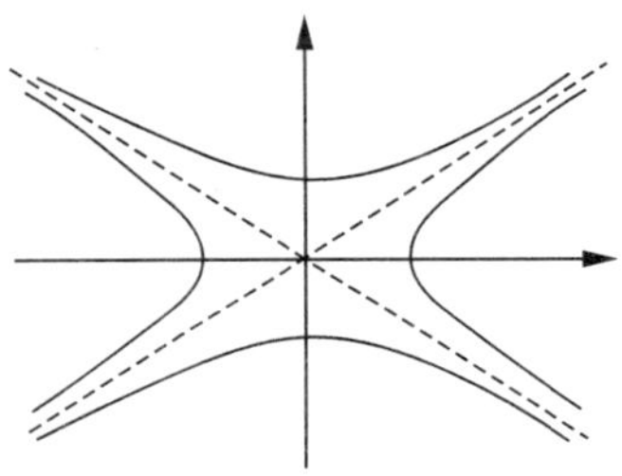

그림 5.15

만일 임의의 벡터 $\mathbf{Y} = \sum Y_i \mathbf{x}_i$ 가 $\mathbf{X} = \sum X_i \mathbf{x}_i$ 의 켤레방향이면 $(u, v) = (0, 0)$ 에서

$$\begin{aligned} 0 &= \sum L_{ij} X_i Y_j \\ &= L_{11} X_1 Y_1 + L_{12} X_1 Y_2 + L_{21} X_2 Y_1 + L_{22} X_2 Y_2 \\ &= 2X_1 Y_1 - 4X_2 Y_2 \end{aligned}$$

이다. 여기서 $X_1 = X_2 = 1$ 이라 가정하자. 그러면 $Y_1 = 2Y_2$ 이다. 따라서 $\mathbf{X} = \mathbf{x}_1 + \mathbf{x}_2$ 의 켤레방향은

$$\mathbf{Y} = 2\mathbf{x}_1 + \mathbf{x}_2$$

인 벡터를 얻을 수 있다.

연습문제 5.3

5.3.1 예제 5.3.3에서 $(u, v) = (0, 0)$ 일 때 다음을 구하여라.

(1) 주곡률

(2) 평균곡률

(3) Gauss 곡률

5.3.2 다음과 같이 매개화된 곡면

$$\mathbf{x}(u, v) = \left(u - \frac{u^2}{3} + uv^2, v - \frac{v^3}{3} + vu^2, u^2 - v^2\right)$$

을 Enneper**의 곡면**이라 부른다. 이때 다음을 보여라.

(1) 제1기본형식의 계수는 다음과 같다.

$$E = G = (1 + u^2 + v^2)^2, F = 0.$$

(2) 제2기본형식의 계수는 다음과 같다.

$$e = 2, g = -2, f = 0.$$

(3) 주곡률은 다음과 같다.

$$\kappa_1 = \frac{2}{(1 + u^2 + v^2)^2}, \quad \kappa_2 = -\frac{2}{(1 + u^2 + v^2)^2}.$$

(4) 곡률선은 좌표곡선이다.

(5) Gauss 곡률과 평균곡률을 구하여라.

5.3.3 다음 타원면의 배꼽점을 구하여라.

$$\frac{x^2}{a^2} + \frac{y^2}{b^2} + \frac{z^2}{c^2} = 1.$$

5.3.4 곡면 $z = axy$ 위의 점 $(0, 0, 0)$ 에서 $K = -a^2$ 이고 $H = 0$ 임을 보여라.

5.4 곡면의 면적과 부피

이 절에서는 면적의 정의에 대한 기하학적 타당성에 대해 설명할 것이다. 즉, 면적을 기하학적으로 정의하고 이러한 정의를 이용해서 정칙곡면 위의 유계영역의 면적에 대한 공식을 유도할 것이다.

$\Delta\Omega$는 좌표조각 $\mathbf{x}: U \longrightarrow \mathbb{R}^3$에 포함되어 있고 네 개의 매개곡선

$$u_1 = a, \quad u_1 = a + \Delta u_1, \quad u_2 = b, \quad u_2 = b + \Delta u_2$$

로 둘러 싸여있다고 하자. $\mathbf{x}(a,b)$에서 접평면에 $\Delta u_1 \mathbf{x}_1$와 $\Delta u_2 \mathbf{x}_2$로 만들어진 평행사변형 $T(\Delta\Omega)$가 존재한다. 만일 $\Delta u_1 \to 0, \Delta u_2 \to 0$이면, 즉 $\Delta u_1, \Delta u_2$가 충분히 작으면 $\Delta\Omega$의 면적은 평행사변형 $T(\Delta\Omega)$의 면적과 비슷해질 것이다. (그림 5.16)

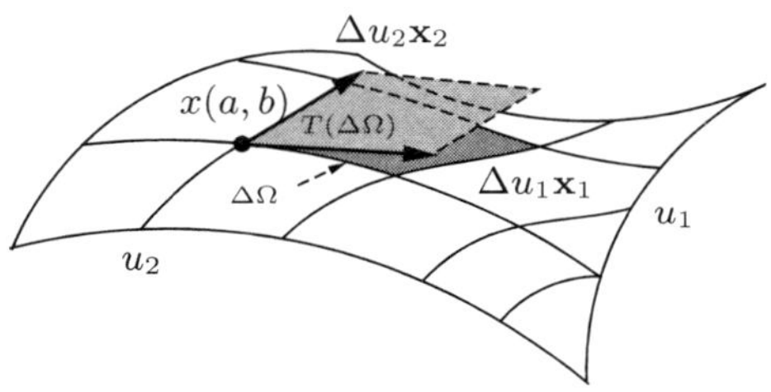

그림 5.16

따라서 평행사변형 $T(\Delta\Omega)$의 면적은

$$|\Delta u_1 \mathbf{x}_1 \times \Delta u_2 \mathbf{x}_2| = (\Delta u_1)(\Delta u_2)[\mathbf{x}_1, \mathbf{x}_2, \mathbf{n}] = \Delta u_1 \Delta u_2 |\mathbf{x}_1 \times \mathbf{x}_2| = \Delta u_1 \Delta u_2 \sqrt{g}$$

와 같이 주어지므로 다음과 같은 정의를 할 수 있다.

정의 5.4.1

만일 $\mathbf{x}: U \longrightarrow \mathbb{R}^3$가 매개곡면이면 $\mathbf{x}(U)$의 부분집합 Ω의 면적은

$$\iint_{x^{-1}(\Omega)} [\mathbf{x}_1, \mathbf{x}_2, \mathbf{n}] du_1 du_2 = \iint_{x^{-1}(\Omega)} \sqrt{g} du_1 du_2$$

이다. 이때 $\sqrt{g} du_1 du_2 = dA$를 **면적소**(area element)라 한다.

"평균곡률"이란 법곡률의 평균을 의미한다. 평균곡률 H가 0인 곡면을 **최소곡면** (minimal surface)이라 한다. 최소곡면은 만일 그 곡면의 작은 영역이 경계선을 바꾸지 않고 가볍게 변형하면 영역의 면적이 증가하는 국소적인 성질을 가진다. 즉, 최소곡면은 같은 경계를 가지는 영역 중 면적이 최소이다.

예제 5.4.1 곡선 $(r(t), z(t))$로 만들어진 회전면 M의 부분영역 Ω의 면적을 구하자. (그림 4.19) M은 $\mathbf{x}(t,\theta) = (r(t)\cos\theta, r(t)\sin\theta, z(t))$과 같이 매개화할 수 있다. 그런데

$$g = \det(g_{ij}) = \det\begin{pmatrix} 1 & 0 \\ 1 & r^2 \end{pmatrix} = r^2$$

이므로 영역 $\Omega \subset M$의 면적은

$$A(\Omega) = \iint_{x^{-1}(\Omega)} r\,dt\,d\theta$$

이 된다.

예제 5.4.2 단위구 S^2의 상반구는 다음과 같이 매개화할 수 있다.

$$\mathbf{x}(u,v) = (u, v, f(u,v)) = (u, v, \sqrt{1-u^2-v^2})\ (u^2+v^2<1).$$

따라서

$$f_u = -\frac{u}{\sqrt{1-u^2-v^2}}, \quad f_v = -\frac{v}{\sqrt{1-u^2-v^2}}$$

이고

$$\sqrt{g} = \sqrt{1+f_u^2+f_v^2} = \sqrt{\frac{1}{1-u^2-v^2}}$$

이 되므로 상반구의 면적은

$$\begin{aligned}\iint_{x^{-1}(\Omega)} \frac{1}{\sqrt{1-u^2-v^2}}dudv &= \int_{-1}^{1}\int_{-\sqrt{1-v^2}}^{\sqrt{1-v^2}} \frac{1}{\sqrt{1-u^2-v^2}}dudv \\ &= \int_{-1}^{1}\left[\sin^{-1}\frac{u}{\sqrt{1-v^2}}\right]_{-\sqrt{1-v^2}}^{\sqrt{1-v^2}} dv \\ &= \int_{-1}^{1}\left[\frac{\pi}{2} - \left(-\frac{\pi}{2}\right)\right] dv = 2\pi.\end{aligned}$$

예제 5.4.3 토러스 T^2의 면적을 구하자. 좌표조각

$$\mathbf{x}(u,v) = ((a + r\cos u)\cos v, (a + r\cos u)\sin v, r\sin u)(0 < u < 2\pi, 0 < v < 2\pi)$$

은 토러스에서 한 개의 경도$(v = 0)$와 평행선$(u = 0)$을 제거한 부분을 덮는다. 이때 제1기본형식의 계수가 $g_{11} = r^2$, $g_{12} = g_{21} = 0$, $g_{22} = (r\cos u + a)^2$ 이므로 $\sqrt{g} = r(r\cos u + a)$ 이고 토러스 T^2의 면적은

$$\begin{aligned} A(T^2) &= \iint_{x^{-1}(T^2)} r(r\cos u + a)dudv \\ &= \int_0^{2\pi} (r^2\cos u + ra)du \int_0^{2\pi} dv = 4\pi^2 ra \end{aligned}$$

가 된다.

예제 5.4.4 유사구면(pseduo-sphere) M의 면적을 구하자. (성질 5.7.3을 참고하라.) 예제 5.4.1에 의하면 모든 회전면에 대해 $E = 1, F = 0, G = r^2$ 이다. 따라서 $g = r^2$ 이고, 평면 $u = a$와 $u = b$의 사이의 M의 부분영역 Ω의 면적은

$$A(\Omega) = \int_a^b \int_0^{2\pi} rdudv = 2\pi \int_a^b rdu$$

이다. (그림 5.17)

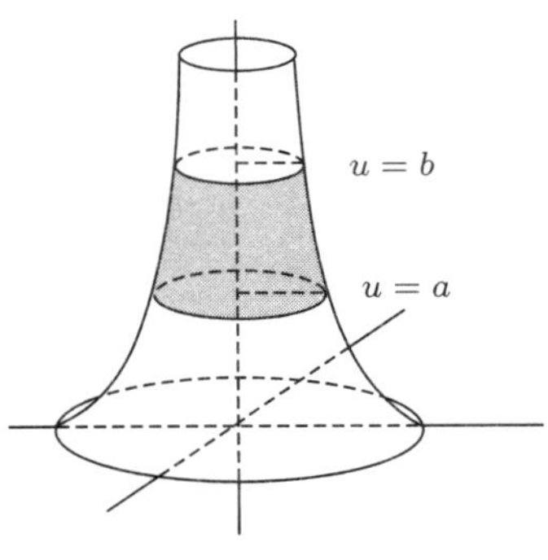

그림 5.17

만일 추적선(tractrix)의 방정식이 $r(u) = ce^{-\frac{u}{c}}$로 주어지면

$$A(\Omega) = 2\pi c \int_a^b e^{-\frac{u}{c}} du = 2\pi c^2 \left(e^{-\frac{a}{c}} - e^{-\frac{b}{c}}\right)$$

을 얻을 수 있다.

$\mathbf{n}(P)$는 곡면 M 위에 있는 점 P에서 미분가능한 단위법벡터장이라 하자. 그리고 $\mathcal{N} : M \longrightarrow S^2$은 P에서 단위법벡터를 단위구 S^2로 보내는 사상이라 하자. 그러면 이때 $\mathcal{N}$를 M의 Gauss **사상**이라 한다. (그림 5.18)

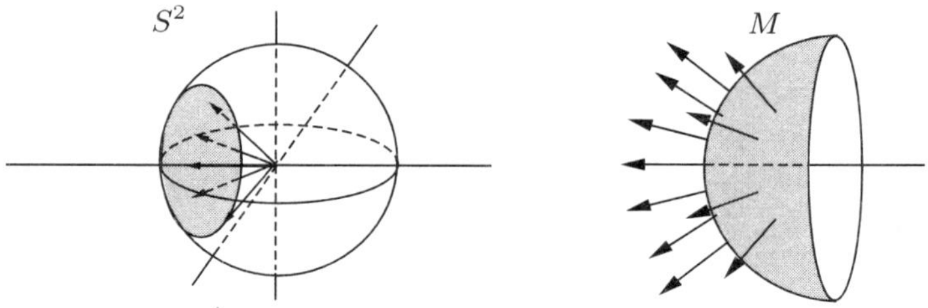

그림 5.18

여기서 Gauss 곡률의 기하학적 의미를 좀더 알아보기 위해서 곡면적분에 대한 개념을 이용하여 다음 성질을 증명하자.

성질 5.4.2

P에서 Gauss 곡률은 P를 포함하는 영역 Ω가 점 P로 줄어들 때 $\dfrac{A(\mathcal{N}(\Omega))}{A(\Omega)}$의 극한이다. 즉,

$$K = \lim_{\Omega \to P} \frac{A(\mathcal{N}(\Omega))}{A(\Omega)}$$

이다. 여기서 $\mathcal{N}(\Omega)$는 Gauss 사상 $\mathcal{N}$에 대한 Ω의 상이다.

증명 함수 $\mathbf{n} : x^{-1}(\Omega) \longrightarrow S^2$는 상이 $\mathcal{N}(\Omega)$이고, 이 상은 매개곡면인데 정칙이 아닐 수 있다. 그러나 $\mathcal{N}(\Omega)$의 면적의 절대값에 영향을 주지는 않는다. 여기서

$$\mathbf{m} = \frac{\mathbf{n}_1 \times \mathbf{n}_2}{|\mathbf{n}_1 \times \mathbf{n}_2|} = \pm \mathbf{n}$$

이라 두자. 이때 $\mathcal{N}$이 방향을 보존하면 $\mathbf{m} = \mathbf{n}$이고 반대방향이면 $\mathbf{m} = -\mathbf{n}$이다.

한편, $\mathcal{N}(\Omega)$의 면적은

$$|A(\mathcal{N}(\Omega))| = \int_{x^{-1}(\Omega)} [\mathbf{n}_1, \mathbf{n}_2, \mathbf{m}] du_1 du_2$$

이다. 따라서 $\mathcal{N}(\Omega)$의 부호가 붙은 면적(signed area)은

$$A(\mathcal{N}(\Omega)) = \iint_{x^{-1}(\Omega)} [\mathbf{n}_1, \mathbf{n}_2, \mathbf{n}] du_1 du_2$$

이다. 그리고 Ω의 면적은

$$A(\Omega) = \iint_{x^{-1}(\Omega)} [\mathbf{x}_1, \mathbf{x}_2, \mathbf{n}] du_1 du_2 = \iint_{x^{-1}(\Omega)} \sqrt{g} du_1 du_2$$

이고, $L(\mathbf{x}_i) = \kappa_i \mathbf{x}_i$ 이므로

$$\begin{aligned} [\mathbf{n}_1, \mathbf{n}_2, \mathbf{n}] &= < \mathbf{n}_1 \times \mathbf{n}_2, \mathbf{n} > \\ &= \langle (-L(\mathbf{x}_1)) \times (-L(\mathbf{x}_2)), \mathbf{n} \rangle \\ &= \langle \kappa_1 \mathbf{x}_1 \times \kappa_2 \mathbf{x}_2, \mathbf{n} \rangle = \kappa_1 \kappa_2 [\mathbf{x}_1, \mathbf{x}_2, \mathbf{n}]. \end{aligned}$$

따라서 Ω가 P로 줄어들면 적분의 평균값 정리에 의해서

$$\lim_{\Omega \to P} \frac{A(\mathcal{N}(\Omega))}{A(\Omega)} = \frac{[\mathbf{n}_1, \mathbf{n}_2, \mathbf{n}]}{[\mathbf{x}_1, \mathbf{x}_2, \mathbf{n}]} = \frac{K[\mathbf{x}_1, \mathbf{x}_2, \mathbf{n}]}{[\mathbf{x}_1, \mathbf{x}_2, \mathbf{n}]} = K$$

가 된다. (그림 5.19) ■

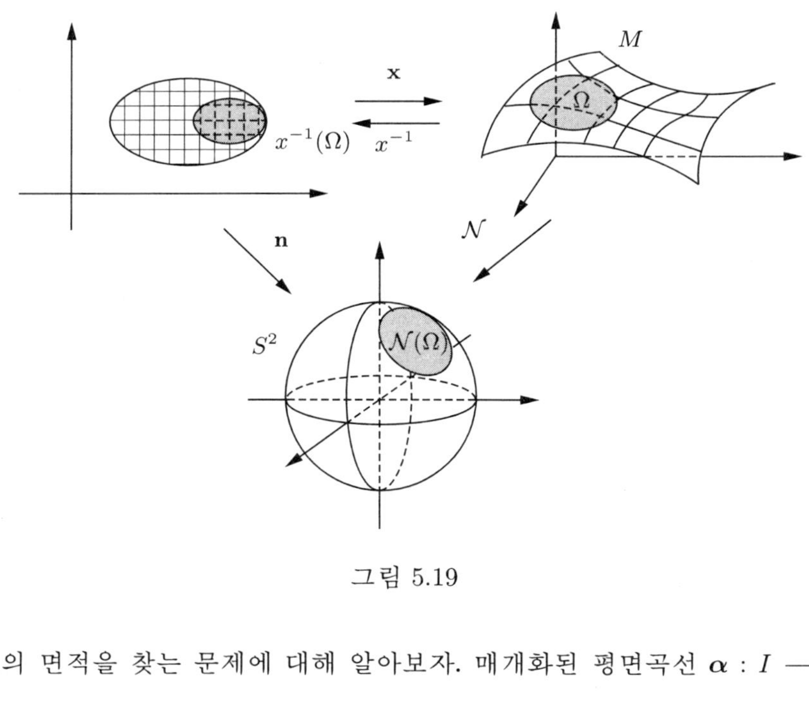

그림 5.19

곡면의 면적을 찾는 문제에 대해 알아보자. 매개화된 평면곡선 $\boldsymbol{\alpha} : I \longrightarrow \mathbb{R}^2$의

호의 길이는

$$s(t)=\int_a^t \left|\frac{d\boldsymbol{\alpha}}{d\sigma}\right| d\sigma$$

이다. 만일 $\boldsymbol{\alpha}$가 정칙이면 속도벡터장 $\dot{\boldsymbol{\alpha}}$는 단지 $\mathbb{R}^2$의 매개화된 평면곡선 $\mathbf{x}(t)=\boldsymbol{\alpha}(t)$을 따라 움직이는 좌표벡터장 $\mathbf{x}_1$이고 직교행렬의 행렬식이 ± 1이므로

$$\begin{aligned}|\dot{\boldsymbol{\alpha}}| &= |\mathbf{x}_1(t)| \\ &= |\mathbf{x}_1(t)|\det\begin{pmatrix}\dfrac{\mathbf{x}_1(t)}{|\mathbf{x}_1(t)|}\\ \mathbf{n}(t)\end{pmatrix} = \det\begin{pmatrix}\mathbf{x}_1\\ \mathbf{n}\end{pmatrix}.\end{aligned}$$

따라서 $\boldsymbol{\alpha}$의 길이는 다음과 같이 나타낼 수 있다.

$$s(t)=\int_a^t \det\begin{pmatrix}\mathbf{x}_1\\ \mathbf{n}\end{pmatrix} d\sigma.$$

비슷하게 곡면의 면적은 다음과 같이 정의한다.

정의 5.4.3

곡면 $\mathbf{x}:U\longrightarrow\mathbb{R}^3$의 면적 $A(\mathbf{x}(U))$은 다음과 같이 정의한다.

$$A(\mathbf{x}(U))=\iint_U \det\begin{pmatrix}\mathbf{x}_1\\ \mathbf{x}_2\\ \mathbf{n}\end{pmatrix} dudv.$$

$\{\mathbf{x}_1,\mathbf{x}_2,\mathbf{n}\}$이 우향벡터이므로 $\det\begin{pmatrix}\mathbf{x}_1\\ \mathbf{x}_2\\ \mathbf{n}\end{pmatrix}>0$이다.

정리 5.4.4

곡면 $\mathbf{x}:U\longrightarrow\mathbb{R}^3$의 면적 $A(\mathbf{x}(U))$는

$$A(\mathbf{x}(U))=\iint_U \sqrt{\det(\mathbf{x}_i\cdot\mathbf{x}_j)}=\iint_U \sqrt{g}\,dudv$$

이다.

증명

$$\left[\det\begin{pmatrix}\mathbf{x}_1\\ \mathbf{x}_2\\ \mathbf{n}\end{pmatrix}\right]^2 = \det\begin{pmatrix}\mathbf{x}_1\\ \mathbf{x}_2\\ \mathbf{n}\end{pmatrix}\det\begin{pmatrix}\mathbf{x}_1\\ \mathbf{x}_2\\ \mathbf{n}\end{pmatrix}^t$$

$$= \det\begin{pmatrix}\mathbf{x}_1\\ \mathbf{x}_2\\ \mathbf{n}\end{pmatrix}\begin{pmatrix}\mathbf{x}_1\\ \mathbf{x}_2\\ \mathbf{n}\end{pmatrix}^t = \det\left[\begin{pmatrix}\mathbf{x}_1\\ \mathbf{x}_2\\ \mathbf{n}\end{pmatrix}\begin{pmatrix}\mathbf{x}_1^t & \mathbf{x}_2^t & \mathbf{n}^t\end{pmatrix}\right]$$

$$= \det\begin{pmatrix}\mathbf{x}_1\cdot\mathbf{x}_1 & \mathbf{x}_1\cdot\mathbf{x}_2 & \mathbf{x}_1\cdot\mathbf{n}\\ \mathbf{x}_2\cdot\mathbf{x}_1 & \mathbf{x}_2\cdot\mathbf{x}_2 & \mathbf{x}_2\cdot\mathbf{n}\\ \mathbf{n}\cdot\mathbf{x}_1 & \mathbf{n}\cdot\mathbf{x}_2 & \mathbf{n}\cdot\mathbf{n}\end{pmatrix}$$

$$= \begin{pmatrix}g_{11} & g_{12} & 0\\ g_{21} & g_{22} & 0\\ 0 & 0 & 1\end{pmatrix} = g_{11}g_{22} - g_{12}^2 = g.$$

$\det\begin{pmatrix}\mathbf{x}_1\\ \mathbf{x}_2\\ \mathbf{n}\end{pmatrix} > 0$ 이므로 $\det\begin{pmatrix}\mathbf{x}_1\\ \mathbf{x}_2\\ \mathbf{n}\end{pmatrix} = \sqrt{g}$ 이다. ■

정리 5.4.4의 곡면의 면적에 대한 공식으로부터 다음 정의를 유도할 수 있다.

정의 5.4.5

$U \subset \mathbb{R}^3$ 가 열린 집합이고 $\mathbf{x} : U \longrightarrow \mathbb{R}^3$ 가 C^1-급 변환일 때 $\mathbf{x}(U)$ 의 부피 $V(\mathbf{x}(U))$ 는 다음과 같이 정의한다.

$$V(\mathbf{x}(U)) = \iint_U \sqrt{\det(\mathbf{x}_i\cdot\mathbf{x}_j)}du_1du_2du_3.$$

여기서 u_1, u_2, u_3 는 U 의 좌표이다.

예제 5.4.5 $U = \{(r,\theta,\phi) : 0 < r < a, 0 < \theta < 2\pi, 0 < \phi < \pi\}$ 이고 $\mathbf{x} : U \longrightarrow \mathbb{R}^3$ 을 매개곡면

$$\mathbf{x}(r,\theta,\phi) = (r\cos\theta\sin\phi, r\sin\theta\sin\phi, r\cos\phi)$$

이라 하자. 그러면

$$\mathbf{x}_1 = (\cos\theta\sin\phi, \sin\theta\sin\phi, \cos\phi),$$

$$\mathbf{x}_2 = (-r\sin\theta\sin\phi, r\cos\theta\sin\phi, 0),$$

$$\mathbf{x}_3 = (r\cos\theta\cos\phi, r\sin\theta\cos\phi, -r\sin\phi).$$

따라서

$$\begin{aligned} V(\mathbf{x}(U)) &= \iiint_U \sqrt{\det(\mathbf{x}_i\cdot\mathbf{x}_j)}du_1du_2du_3 \\ &= \int_0^{\pi}\int_0^{2\pi}\int_0^{a} \begin{vmatrix} 1 & 0 & 0 \\ 0 & r^2\sin^2\phi & 0 \\ 0 & 0 & r^2 \end{vmatrix}^{\frac{1}{2}} drd\theta d\phi \\ &= \int_0^{\phi}\int_0^{2\pi}\int_0^{a} (r^2\sin\phi)drd\theta d\phi = \frac{4}{3}\pi a^3 \end{aligned}$$

이다.

연습문제 5.4

5.4.1 $\mathbb{R}^2, S^2$, 토러스 T^2의 Gauss 곡률과 평균곡률을 구하여라.

5.4.2 $\mathbf{X}$와 $\mathbf{Y}$을 P에서 서로 수직인 단위벡터라 하자.

$$H = \frac{1}{2}(\mathrm{II}(\mathbf{X},\mathbf{X}) + \mathrm{II}(\mathbf{Y},\mathbf{Y}))$$

임을 보여라.

5.4.3 u_i-곡선이 곡률선일 필요충분조건은 $g_{12} = L_{12} = 0$임을 보여라.

5.4.4 회전면의 위선과 경선은 곡률선임을 보여라.

5.4.5 $\mathbf{n}_1 \times \mathbf{n}_2 = K\sqrt{g}\mathbf{n}$ 임을 보여라.

5.4.6 회전면의 주곡률을 구하여라.

5.4.7 곡면 M_1, M_2에 대해 곡선 $\boldsymbol{\gamma} \in M_1 \cap M_2$이고 κ을 $\boldsymbol{\gamma}$의 곡률이라 하자. 그리고 $(\kappa_n)_i$을 M_i에서 $\boldsymbol{\gamma}$의 법곡률이라 하고, M_1과 M_2의 법벡터 사이의 각을 θ라 하자. 이때

$$\kappa^2 \sin^2\theta = (\kappa_n)_1^2 + (\kappa_n)_2^2 - 2(\kappa_n)_1(\kappa_n)_2 \cos\theta$$

임을 보여라.

5.4.8 (Catenoid) M을 단위속력곡선이 아닌 $\boldsymbol{\alpha}(t) = \left(\dfrac{1}{a}\cosh(at+b), t\right)$을 회전하여 얻은 회전면이라 하자. 이때 M은 최소곡면, 즉 $H = 0$임을 보여라.

5.4.9 (Helicoid) 곡면 M이 $\mathbf{x}(u,v) = (v\cos u, v\sin u, pu)$로 주어지면 M은 최소곡면임을 보여라.

5.4.10 M이 최소곡면일 필요충분조건은

$$g_{11}L_{22} - 2g_{12}L_{12} + g_{22}L_{11} = 0$$

인 것임을 보여라.

5.4.11 Monge 조각 $\mathbf{x}(u,v) = (u, v, u^2+v^2)$의 각 점을 타원점, 쌍곡점, 포물점, 평탄점으로 분류하라.

5.4.12 쌍곡점에서 주방향은 점근방향을 이등분함을 보여라.

5.4.13 매개곡선이 점근곡선일 필요충분조건은 $L_{11} = L_{22} = 0$인 것임을 보여라.

5.4.14 $\boldsymbol{\gamma}$를 곡면 M 위에서 곡선이라 하자. 그리고 $\boldsymbol{\gamma}$의 곡률 κ가 0이 아니라 하자. 이때 $\boldsymbol{\gamma}$가 점근곡선일 필요충분조건은 B가 이 곡면의 법벡터인 것임을 보여라.

5.4.15 $\boldsymbol{\gamma}$가 곡면 M 위에서 직선일 때 $\boldsymbol{\gamma}$는 점근선임을 보여라.

5.4.16 Monge 조각 $\mathbf{x}(u,v) = \left(u, v, \dfrac{u^2}{4} - v^2\right)$에 대해 모든 점근곡선은 직선임을 보여라.

5.4.17 측지선이 점근곡선일 필요충분조건은 측지선이 직선인 것임을 보여라.

5.4.18 가전면 위의 모든 점에서 Gauss 곡률이 0임을 보여라.

5.5 Riemann 곡률과 Gauss의 위대한 정리

이 절에서는 Gauss의 방정식과 Codazzi-Mainardi 방정식에 대해 알아보고, 이 방정식을 이용하여 Gauss 곡률이

$$\sum R^{\ell}_{121}\frac{g_{\ell 2}}{g}$$

로 주어지고 내재적임을 증명할 것이다. 먼저 Riemann 곡률텐서 R^{ℓ}_{ijk}을 정의하자.

정의 5.5.1

i, j, k, ℓ $(1 \leq i, j, k, \ell \leq 2)$에 대해

$$R^{\ell}_{ijk} = \frac{\partial \Gamma^{\ell}_{ik}}{\partial u_j} - \frac{\partial \Gamma^{\ell}_{ij}}{\partial u_k} + \sum \left(\Gamma^{p}_{ik}\Gamma^{\ell}_{pj} - \Gamma^{p}_{ij}\Gamma^{\ell}_{pk}\right)$$

을 Riemann **곡률텐서**(Riemann curvature tensor)라 한다.

Riemann 곡률텐서의 정의는 기호가 너무 복잡하여 기하학적 의미를 상실한 것처럼 보이기 때문에 R^{ℓ}_{ijk}을 좀 더 기하학적으로 정의하기 위해서 공변미분을 이용하여 훨씬 더 추상적으로 접근해야 한다.

성질 5.5.2

모든 i, j, k, ℓ $(1 \leq i, j, k, \ell \leq 2)$에 대해

(1) Gauss 방정식:

$$R^{\ell}_{ijk} = L_{ik}L^{\ell}_{j} - L_{ij}L^{\ell}_{k} \tag{5.6}$$

(2) Codazzi-Mainardi 방정식:

$$\frac{\partial L_{ij}}{\partial u_k} - \frac{\partial L_{ik}}{\partial u_j} = \sum \left(\Gamma^{\ell}_{ik}L_{\ell j} - \Gamma^{\ell}_{ij}L_{\ell k}\right) \tag{5.7}$$

증명 Gauss 공식

$$\mathbf{x}_{ij} = L_{ij}\mathbf{n} + \sum \Gamma^{\ell}_{ij}\mathbf{x}_{\ell}$$

과 성질 5.2.6의 결과

$$\mathbf{n}_k = -L(\mathbf{x}_k) = -\sum_{\ell} L_k^{\ell}\mathbf{x}_{\ell}$$

를 이용하면

$$\begin{aligned}
\mathbf{x}_{ijk} &= \frac{\partial}{\partial u_k}\left(L_{ij}\mathbf{n} + \sum \Gamma_{ij}^{\ell}\mathbf{x}_{\ell}\right) \\
&= \frac{\partial L_{ij}}{\partial u_k}\mathbf{n} + L_{ij}\left(-\sum L_k^{\ell}\mathbf{x}_{\ell}\right) + \sum \frac{\partial \Gamma_{ij}^{\ell}}{\partial u_k}\mathbf{x}_{\ell} + \sum \Gamma_{ij}^{\ell}\mathbf{x}_{\ell k} \\
&= \frac{\partial L_{ij}}{\partial u_k}\mathbf{n} - \sum L_{ij}L_k^{\ell}\mathbf{x}_{\ell} + \sum \frac{\partial \Gamma_{ij}^{\ell}}{\partial u_k}\mathbf{x}_{\ell} + \sum \Gamma_{ij}^{\ell}\left(L_{\ell k}\mathbf{n} + \sum \Gamma_{\ell k}^{m}\mathbf{x}_m\right) \\
&= \left(\frac{\partial L_{ij}}{\partial u_k} + \sum \Gamma_{ij}^{\ell}L_{\ell k}\right)\mathbf{n} + \sum\left(\frac{\partial \Gamma_{ij}^{\ell}}{\partial u_k} - L_{ij}L_k^{\ell} + \sum \Gamma_{ij}^{p}\Gamma_{pk}^{\ell}\right)\mathbf{x}_{\ell}
\end{aligned}$$

이다. j와 k를 교환하여 마찬가지 방법으로 계산하면

$$\mathbf{x}_{ikj} = \left(\frac{\partial L_{ik}}{\partial u_j} + \sum \Gamma_{ik}^{\ell}L_{\ell j}\right)\mathbf{n} + \sum\left(\frac{\partial \Gamma_{ik}^{\ell}}{\partial u_j} - L_{ik}L_j^{\ell} + \sum \Gamma_{ik}^{p}\Gamma_{pj}^{\ell}\right)\mathbf{x}_{\ell}$$

을 얻게 되고 $\mathbf{x} \in C^3$ 이고 $\mathbf{x}_{ikj} = \mathbf{x}_{ijk}$ 이므로

$$\begin{aligned}
0 &= \mathbf{x}_{ijk} - \mathbf{x}_{ikj} \\
&= \left(\frac{\partial L_{ij}}{\partial u_k} - \frac{\partial L_{ik}}{\partial u_j} + \sum \Gamma_{ij}^{\ell}L_{\ell k} - \sum \Gamma_{ik}^{\ell}L_{\ell j}\right)\mathbf{n} \\
&\quad + \left[\left(\frac{\partial \Gamma_{ij}^{\ell}}{\partial u_k} - \frac{\Gamma_{ik}^{\ell}}{\partial u_j} + \sum \Gamma_{ij}^{p}\Gamma_{pk}^{\ell} - \sum \Gamma_{ik}^{p}\Gamma_{pj}^{\ell}\right) + \left(L_{ik}L_j^{\ell} - L_{ij}L_k^{\ell}\right)\right]\mathbf{x}_{\ell}
\end{aligned}$$

이 된다. $\mathbf{n}$과 $\mathbf{x}_{\ell}$ 이 일차독립이므로

$$\frac{\partial L_{ij}}{\partial u_k} - \frac{\partial L_{ik}}{\partial u_j} = \sum\left(\Gamma_{ik}^{\ell}L_{\ell j} - \Gamma_{ij}^{\ell}L_{\ell k}\right)$$

이 되고, 정의 5.5.1과 같이

$$R_{ijk}^{\ell} = \frac{\partial \Gamma_{ik}^{\ell}}{\partial u_j} - \frac{\partial \Gamma_{ij}^{\ell}}{\partial u_k} + \sum \Gamma_{ik}^{p}\Gamma_{pj}^{\ell} - \sum \Gamma_{ij}^{p}\Gamma_{pk}^{\ell}$$

이라 놓으면

$$R_{ijk}^{\ell} = L_{ik}L_j^{\ell} - L_{ij}L_k^{\ell}$$

이 성립한다. ■

참고 Riemann 곡률텐서는 식 (5.6)에 의해 내재적으로 정의되어 있는 점이 중요하다. 그리고 Gauss 방정식은 제2기본형식과 Weingarten 사상의 항에 의하여 외재적(extrinsic)으로 표현되었다.

정리 5.5.3 **Gauss의 위대한 정리**

곡면의 Gauss 곡률 K는 내재적이다.

증명 Gauss 방정식 $R^{\ell}_{ijk} = L_{ik}L^{\ell}_{j} - L_{ij}L^{\ell}_{k}$과

$$\sum_{\ell} L^{\ell}_{j} g_{\ell m} = \sum_{\ell}\Big(\sum_{i} L_{ij} g^{i\ell}\Big) g_{\ell m} = L_{mj},$$

$$\sum_{\ell} L^{\ell}_{k} g_{\ell m} = L_{mk}.$$

으로 부터

$$\sum_{\ell} R^{\ell}_{ijk} g_{\ell m} = L_{ik}L_{mj} - L_{ij}L_{mk}$$

이 된다. 여기서 $i = k = 1$이고 $j = m = 2$라 하자. 그러면

$$\begin{aligned}\sum R^{\ell}_{121} g_{\ell 2} &= L_{11}L_{22} - L_{12}L_{21} = \det(L_{ij})\\ &= \det\big(L^{k}_{j}\big)\det(g_{ik}) = Kg.\end{aligned}$$

따라서

$$K = \frac{\det(L_{ij})}{g} = \frac{\sum R^{\ell}_{121} g_{\ell 2}}{g} \tag{5.8}$$

이고, 제1기본량에만 의존하므로 내재적이다. ■

참고 Gauss 곡률 K는 국소적 등거리사상에 의해 보존된다. 자세한 것은 정리 5.6.7을 참고하라.

Gauss는 이 정리가 매우 놀랍기 때문에 "위대한(egregium)" 정리라 불렀다. K는 외재적인 **n** 또는 L의 항으로 정의되었다. 그러나 K는 내재적이다.

다른 좌표조각을 이용하면 성질 4.3.5로 부터 다음 관계를 얻을 수 있다.

$$R^{\ell}_{ijk} = \sum \overline{R}^{\delta}_{\alpha\beta\gamma} \frac{\partial v_{\alpha}}{\partial u_{i}} \frac{\partial u_{\ell}}{\partial u_{\delta}} \frac{\partial v_{\beta}}{\partial u_{j}} \frac{\partial v_{\gamma}}{\partial u_{k}}$$

이것을 이용하면

$$R(\mathbf{X},\mathbf{Y})\mathbf{Z} = \sum R^{\ell}_{ijk} X_j Y_k Z_i \mathbf{x}_\ell$$

로 정의된 **삼겹선형사상** (trilinear) $T_PM \times T_PM \times T_PM \longrightarrow T_PM$ 이 존재한다. 이러한 식으로 부터

$$\frac{\langle R(\mathbf{x}_2,\mathbf{x}_1)\mathbf{x}_1,\mathbf{x}_2\rangle}{|\mathbf{x}_1 \times \mathbf{x}_2|^2} = K$$

이라는 관계식을 얻을 수 있다.

만일 $\mathbf{X}$와 $\mathbf{Y}$가 정규직교하면 $\langle R(\mathbf{X},\mathbf{Y})\mathbf{Y},\mathbf{X}\rangle$ 을 **단면곡률** (sectional curvature)이라 부른다. 단면곡률은 M의 기하학적 성질을 나타내는데 중요한 역할을 한다. 자세한 것은 참고문헌 [5]를 참고하라.

연습문제 5.5

5.5.1 $M = \mathbb{R}^2$ 이면 모든 $i,j,k\ell(1 \le i,j,k,\ell \le 2)$ 에 대해 $R^{\ell}_{ijk} = 0$ 임을 보여라.

5.5.2 Riemann 곡률텐서가 다음과 같이 대칭적 성질을 가짐을 보여라.

(1) $R^{\ell}_{ijk} = -R^{\ell}_{ikj}$. 따라서 $R^{\ell}_{ijj} = 0$.

(2) $R^{\ell}_{ijk} + R^{\ell}_{jki} + R^{\ell}_{kij} = 0$.

(3) $R_{imjk} = -R_{mijk}$.

(4) $R_{imjk} = R_{jkim}$.

5.5.3 다음 주어진 곡면에 대한 R^{ℓ}_{ijk} 을 계산하라.

(1) 토러스 T^2.

(2) 회전면 $S^1 \times (0,1)$.

5.5.4 좌표조각 $\mathbf{x}$에서 벡터장을 다음과 정의하자.

$$\nabla_{\mathbf{X}}\mathbf{Y} = \sum X_i \left(\frac{\partial Y_k}{\partial u_i} + \sum \Gamma_{ij}^k Y_j \right) \mathbf{x}_k$$

이때 다음을 보여라.

$$\nabla_{\mathbf{X}}\mathbf{Y} - \nabla_{\mathbf{Y}}\mathbf{X} - [\mathbf{X}, \mathbf{Y}] = 0.$$

5.5.5 $\mathbf{X}, \mathbf{Y}, \mathbf{Z}$는 곡면 M 위에서 벡터장이라 하자. 이때

$$[\mathbf{X} + \mathbf{Y}, \mathbf{Z}] = [\mathbf{X}, \mathbf{Z}] + [\mathbf{Y}, \mathbf{Z}]$$

가 성립함을 보여라.

5.5.6 다음을 보여라.

$$\langle R(\mathbf{X}, \mathbf{Y})\mathbf{Y}, \mathbf{X} \rangle = |\mathbf{X} \times \mathbf{Y}|^2 K$$

5.5.7 다음을 증명하라.

(1) $\nabla_{\mathbf{X}}(\mathbf{Y} + \mathbf{Z}) = \nabla_{\mathbf{X}}\mathbf{Y} + \nabla_{\mathbf{X}}\mathbf{Z}$

(2) $\nabla_{\mathbf{X}+\mathbf{Y}}\mathbf{Z} = \nabla_{\mathbf{X}}\mathbf{Z} + \nabla_{\mathbf{Y}}\mathbf{Z}$

(3) $\nabla_{f\mathbf{X}}\mathbf{Y} = f\nabla_{\mathbf{X}}\mathbf{Y}$

(4) $\nabla_{\mathbf{X}}(f\mathbf{Y}) = \mathbf{X}(f)\mathbf{Y} + f\nabla_{\mathbf{X}}\mathbf{Y}$

5.6 등거리변환과 등각사상

평면기하에서 친숙한 성질들을 상기해 보자. 먼저 한 삼각형을 다른 삼각형으로 옮기는 **강체운동**(rigid motion), 즉 회전변환과 평행이동의 합성이 존재하면 두 삼각형을 **합동**이라 한다. 합동인 삼각형에서는 대응하는 각, 대응하는 변의 길이, 삼각형으로 둘러싸인 영역의 면적 등이 같다.

이 절에서는 주어진 두 곡면이 기하학적으로 동일하기 위한 조건은 어떤 것인가에 대하여 논의할 것이다. 그것을 위해서는 다음 두 가지 개념이 필요하다.

1. 기하학의 내재적 성질인 등거리변환
2. 기하학의 내재적이고 외재적 성질인 강체운동

2인 경우는 만일 공간에서 단지 위치만 다른 곡면이라면 두 곡면은 동일한 것으로 여길 것이다.

예를 들어 두 개의 구 $\{\mathbf{x} \in \mathbb{R}^3 : |\mathbf{x}| = 1\}$, $\{\mathbf{x} \in \mathbb{R}^3 : |\mathbf{x} - (1,0,0)| = 1\}$은 위치만 다를 뿐 같은 곡면이다.

정의 5.6.1

$f : M \longrightarrow N$을 두 곡면 M과 N 사이의 함수라 하자. 각 $P \in M$에 대해 $y^{-1} \circ f \circ \mathbf{x} : U \longrightarrow V$가 미분가능한 이변수함수가 되는 P와 $f(P)$ 근방에서 정의된 미분가능한 좌표조각 $\mathbf{x} : U \longrightarrow M$, $\mathbf{y} : V \longrightarrow N$이 존재하면 f는 **미분가능**이라 한다.

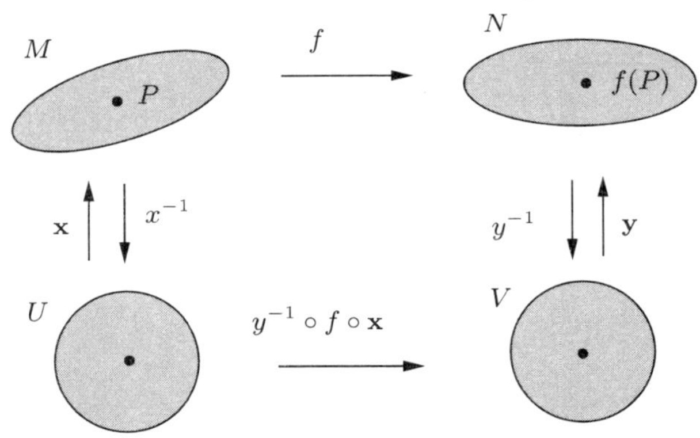

그림 5.20

예제 5.6.1 M을 회전면

$$\mathbf{x}(u,\theta) = (\cosh u \cos\theta, \cosh u \sin\theta, u) \ (-\sinh^{-1}(1) < u < \sinh^{-1}(1), 0 < \theta < 2\pi)$$

라 하자. (그림 5.21) 그리고 N은 나선면

$$\mathbf{y}(v,\phi) = (v\cos\phi, v\sin\phi, \phi) \ (-1 < v < 1, 0 < \phi < 2\pi)$$

라 하자. (그림 5.22) 그러면

$$y^{-1} \circ f \circ \mathbf{x}(u,\theta) = (\sinh u, \theta)$$

은 미분가능한 함수이다. 따라서 $f(\mathbf{x}(u,\theta)) = \mathbf{y}(\sinh u, \theta)$로 정의된 함수 $f : M \longrightarrow N$은 미분가능하다.

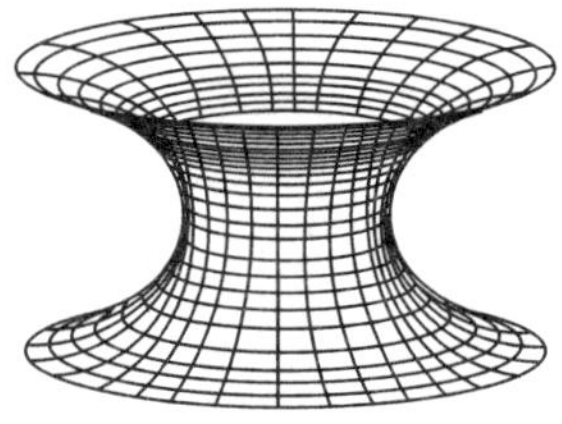

그림 5.21

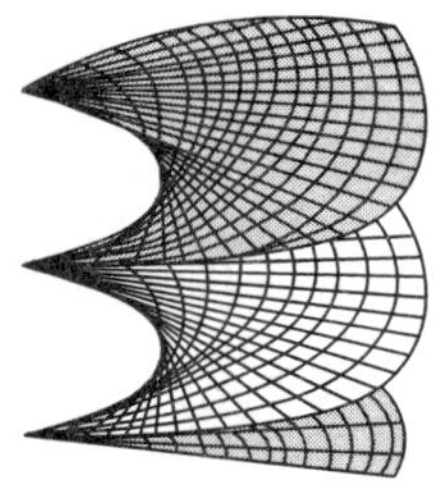

그림 5.22

참고 이들 함수는 일대일 대응이다. M의 경선은 N 위의 직선으로 사상하고 M의 위선은 N의 나선으로 사상한다.

정의 5.6.2

두 곡면 M, N 사이의 함수 $f : M \longrightarrow N$이 일대일대응이고 미분가능하다고 하자. 만일 임의의 곡선 $\gamma : [c,d] \longrightarrow M$에 대해 γ의 길이와 $f\circ\gamma$의 길이가 같으면 f를 M에서 N으로 **등거리변환**(isometry)이라 한다. 만일 M과 N 사이에 등거리변환이 존재하면 M과 N은 **등거리**(isometric)라 한다.

예제 5.6.2 M과 N을 예제 5.6.1에 주어진 곡면이라 하자. 그러면 f는 등거리변환이다. 이것을 보이자.

좌표 (u,θ)에 대해 M의 거리행렬은 다음과 같다.

$$(g_{ij}) = \begin{pmatrix} <\mathbf{x}_u, \mathbf{x}_u> & <\mathbf{x}_u, \mathbf{x}_\theta> \\ <\mathbf{x}_\theta, \mathbf{x}_u> & <\mathbf{x}_\theta, \mathbf{x}_\theta> \end{pmatrix} = \begin{pmatrix} \sinh^2 u + 1 & 0 \\ 0 & \cosh^2 u \end{pmatrix}.$$

좌표 (v, ϕ)에 대해 N의 거리행렬은 다음과 같다.

$$(h_{ij}) = \begin{pmatrix} <\mathbf{y}_v, \mathbf{y}_v> & <\mathbf{y}_v, \mathbf{y}_\phi> \\ <\mathbf{y}_\phi, \mathbf{y}_v> & <\mathbf{y}_\phi, \mathbf{y}_\phi> \end{pmatrix} = \begin{pmatrix} 1 & 0 \\ 0 & v^2 + 1 \end{pmatrix}.$$

만일 $\boldsymbol{\gamma} : [c, d] \longrightarrow M$이 $\boldsymbol{\gamma}(t) = \mathbf{x}(u(t), \theta(t))$로 주어지면

$$\begin{aligned} \left|\frac{d\boldsymbol{\gamma}}{dt}\right| &= \left|\frac{d\mathbf{x}}{du}\frac{du}{dt} + \frac{d\mathbf{x}}{d\theta}\frac{d\theta}{dt}\right| \\ &= \sqrt{\cosh^2 u(t) \left(\frac{du}{dt}\right)^2 + \cosh^2 u(t) \left(\frac{d\theta}{dt}\right)^2} = \cosh u(t) \sqrt{\dot{u}^2 + \dot{\theta}^2}. \end{aligned}$$

그리고

$$(f \circ \boldsymbol{\gamma})(t) = \mathbf{y}(\sinh u(t), \theta(t)) = (\sinh u(t) \cos\theta(t), \sinh u(t) \sin\theta(t), \theta(t))$$

이므로

$$\begin{aligned} \left|\frac{d}{dt}(f \circ \boldsymbol{\gamma})\right| &= \left|\frac{d\mathbf{y}}{du}\frac{du}{dt} + \frac{d\mathbf{y}}{d\theta}\frac{d\theta}{dt}\right| \\ &= \sqrt{\cosh^2 u(t) \left(\frac{du}{dt}\right)^2 + (\sinh^2 u(t) + 1) \left(\frac{d\theta}{dt}\right)^2} \\ &= \cosh u(t) \sqrt{\dot{u}^2 + \dot{\theta}^2} \end{aligned}$$

이다. 따라서 $\boldsymbol{\gamma}$와 $f \circ \boldsymbol{\gamma}$의 길이는 같고 f는 등거리변환이다.

성질 5.6.3

$f : M \longrightarrow N$이 등거리변환이고 $\boldsymbol{\gamma} : [c, d] \longrightarrow M$을 정칙곡선이라 하자. 그러면 $\dfrac{d\boldsymbol{\gamma}}{dt}$와 $\dfrac{d(f \circ \boldsymbol{\gamma})}{dt}$는 각 점 $t \in [c, d]$에서 길이가 같은 벡터이다.

증명 f가 등거리변환이므로 각 $t^* \in (c, d)$에 대해 두 곡선

$$\boldsymbol{\gamma} : [c, t^*] \longrightarrow M, \quad f \circ \boldsymbol{\gamma} : [c, t^*] \longrightarrow N$$

의 길이는 같다. 따라서

$$\int_c^{t^*} \left|\frac{d\gamma}{dt}\right| dt = \int_c^{t^*} \left|\frac{d(f\circ\gamma)}{dt}\right| dt$$

이라 할 수 있고, 양변을 t^*에 대해 미분하고 $t^* = t$라고 하면

$$\left|\frac{d\gamma}{dt}\right| = \left|\frac{d(f\circ\gamma)}{dt}\right|$$

가 성립한다. ■

두 곡면 M, N 사이의 함수 $f : M \longrightarrow N$이 미분가능하고 $P \in M$에 대해 $\mathbf{X} \in T_PM$이라 하자. 그러면 어떤 양수 ε에 대해 $\dot{\gamma}(0) = \mathbf{X}$인 미분가능한 곡선 $\boldsymbol{\gamma} : (-\varepsilon, \varepsilon) \longrightarrow M$이 존재하면 $f\circ\boldsymbol{\gamma} : (-\varepsilon, \varepsilon) \longrightarrow N$도 미분가능한 N 위의 곡선이다. 이때 $f^* : T_PM \longrightarrow T_{f(P)}N$을

$$f^*(\mathbf{X}) = \frac{d}{dt}(f\circ\gamma)(0)$$

로 정의하고 f의 **미분**이라 한다.

만일 $f : M \longrightarrow N$이 등거리변환이면 접벡터의 길이를 보존하고 f^*가 선형변환이므로 임의의 접벡터 $\mathbf{X}, \mathbf{Y} \in T_PM$에 대해

$$\begin{aligned}
&2 < \mathbf{X}, \mathbf{Y} > \\
&=< \mathbf{X}+\mathbf{Y}, \mathbf{X}+\mathbf{Y} > - < \mathbf{X}, \mathbf{X} > - < \mathbf{Y}, \mathbf{Y} > \\
&=< f^*(\mathbf{X}+\mathbf{Y}), f^*(\mathbf{X}+\mathbf{Y}) > - < f^*(\mathbf{X}), f^*(\mathbf{X}) > - < f^*(\mathbf{Y}), f^*(\mathbf{Y}) > \\
&= 2 < f^*(\mathbf{X}), f^*(\mathbf{Y}) >
\end{aligned}$$

이 된다. 따라서

$$< \mathbf{X}, \mathbf{Y} >= \langle f^*(\mathbf{X}), f^*(\mathbf{Y})\rangle$$

이 성립한다.

정의 5.6.4

두 곡면 M, N과 각 점 $P \in M$에 대해 P를 포함하는 열린 집합 $U' \subset M$과 $V' \subset N$ 사이에 등거리변환 $f : U' \longrightarrow V'$이 존재하면 M과 N은 **국소적으로 등거리**(locally isometric)라 한다. 그리고 f는 **국소적 등거리변환**(local isometry)이라 한다.

예제 5.6.3 예제 5.6.1에서 $0 \le \theta \le 2\pi$이면 M은 회전면 전체이고, $-\infty < \phi < \infty$이면 N은 무한계단(infinite staircase)이다. 따라서 $f : M \longrightarrow N$은 국소적 등거리변환이다.

그러나 M을 피복하는 다른 좌표조각을 택하면 M에서 N으로의 새로운 등거리변환을 정의할 수 있다. 따라서 M과 N은 국소적으로 등거리이다.

M의 면적은 유한하고 N의 면적은 유한하지 않다. 성질 5.6.5에 의하면 등거리변환은 면적을 보존한다. 따라서 M과 N은 대역적인 면에서 등거리는 아니다.

성질 5.6.5

두 곡면 M과 N이 국소적으로 등거리일 필요충분조건은 각 점 $P \in M$에 대해 열린 집합 $U \subset \mathbb{R}^2$와 $P \in \mathbf{x}(U)$인 좌표조각 $\mathbf{x} : U \longrightarrow M$, $\mathbf{y} : U \longrightarrow N$가 존재하고 $\mathbf{x}$와 $\mathbf{y}$의 거리계수가 같다는 것이다.

증명 $f : U' \longrightarrow V'$이 국소적 등거리변환이고 $P \in U'$이라 하자. 그리고 $\mathbf{x} : U \longrightarrow M$는 $\mathbf{x}(U) \subset U'$인 P 근방의 좌표조각이라 하자. 그러면

$$\mathbf{y} = f \circ \mathbf{x} : U \longrightarrow N$$

은 $f(P)$ 근방의 좌표조각이다. 이때 모든 $(a, b) \in U$에 대해 $\mathbf{x}$의 거리계수 g_{ij}와 $\mathbf{y}$의 거리계수 h_{ij}가 같다는 것, 즉 모든 $(a, b) \in U$에 대해 $g_{ij}(a, b) = h_{ij}(a, b)$임을 보이자.

(i) $\gamma(t) = \mathbf{x}(a+t, b)$라 하자. 그러면 γ는 u_1-곡선이다. 성질 5.6.3에 의하면 모든 t에 대해 $|\dot{\gamma}(t)| = \left|(f \dot{\circ} \gamma)(t)\right|$이고 $\dot{\gamma}(0) = \mathbf{x}_1(a, b)$, $(f \dot{\circ} \gamma)(0) = \mathbf{y}_1(a, b)$이므로 $|\mathbf{x}_1(a, b)| = |\mathbf{y}_1(a, b)|$이 된다. 따라서 $g_{11}(a, b) = h_{11}(a, b)$이다.

(ii) 마찬가지 방법으로 u_2-곡선 $\gamma(t) = \mathbf{x}(a, b+t)$에 대해서도 $|\mathbf{x}_2(a, b)| = |\mathbf{y}_2(a, b)|$이 된다. 따라서 $g_{22}(a, b) = h_{22}(a, b)$이다.

(iii) $\gamma(t) = \mathbf{x}(a+t, b+t)$라 하자. f가 국소적으로 등거리변환이고

$$\dot{\gamma}(0) = \mathbf{x}_1(a, b) + \mathbf{x}_2(a, b), \quad (f \dot{\circ} \gamma)(0) = \mathbf{y}_1(a, b) + \mathbf{y}_2(a, b)$$

이므로 다음을 얻는다.

$$\langle \mathbf{x}_1 + \mathbf{x}_2, \mathbf{x}_1 + \mathbf{x}_2 \rangle = \langle \mathbf{y}_1 + \mathbf{y}_2, \mathbf{y}_1 + \mathbf{y}_2 \rangle .$$

따라서

$$g_{11} + 2g_{12} + g_{22} = h_{11} + 2h_{12} + h_{22}, \quad g_{12}(a,b) \quad = h_{12}(a,b)$$

이 되므로 $(g_{ij}) = (h_{ij})$ 이다.

역으로 U가 열린 집합이고 $\mathbf{x} : U \longrightarrow M, \mathbf{y} : U \longrightarrow N$이 같은 거리계수를 가지는 좌표조각이라 하자. 그리고 $U' = \mathbf{x}(U), V' = \mathbf{y}(U)$ 이고 $f : U' \longrightarrow V'$을 $f(\mathbf{x}(u_1, u_2)) = \mathbf{y}(u_1, u_2)$로 정의하자. 그러면 $y^{-1} \circ f \circ \mathbf{x}(u_1, u_2) = (u_1, u_2)$는 일대일대응이고 미분가능하다.

만일 곡선 $\boldsymbol{\gamma} : [c,d] \longrightarrow \mathbf{x}(U)$에 대해 $\boldsymbol{\gamma}(t) = \mathbf{x}(\gamma_1(t), \gamma_2(t))$ 이면 $(f \circ \boldsymbol{\gamma})(t) = \mathbf{y}(\gamma_1(t), \gamma_2(t))$ 이다. 그리고 $(g_{ij}) = (h_{ij})$ 이므로 $\boldsymbol{\gamma}$와 $f \circ \boldsymbol{\gamma}$는 같은 길이

$$\int_c^d \sqrt{g_{ij}\dot{\gamma_i}\dot{\gamma_j}}dt = \int_c^d \sqrt{h_{ij}\dot{\gamma_i}\dot{\gamma_j}}dt$$

를 갖는다. 따라서 f는 국소적 등거리변환이다. ■

참고 위 성질에 의하면 국소적 등거리변환은

$$(g_{ij}) = \begin{pmatrix} E & F \\ F & G \end{pmatrix} = \begin{pmatrix} \overline{E} & \overline{F} \\ \overline{F} & \overline{G} \end{pmatrix} = (h_{ij})$$

을 의미한다.

정리 5.6.6

M과 N을 상수곡률 $K = c$를 가지는 곡면이라 하자. 이때 각 $P \in M, \mathbf{X} \in T_P M$과 각 $Q \in N, \mathbf{Y} \in T_Q N$인 단위벡터 $\mathbf{X}$와 $\mathbf{Y}$에 대해 $f(P) = Q$이고 $f \circ \boldsymbol{\alpha} = \boldsymbol{\gamma}$인 국소적 등거리변환 f가 존재한다. 여기서 $\boldsymbol{\alpha}$는 P를 지나는 $\mathbf{X}$ 방향의 유일한 측지선이고 $\boldsymbol{\gamma}$는 Q를 지나는 $\mathbf{Y}$ 방향의 유일한 측지선이다.

증명 증명은 참고문헌 [5]를 참고하라. ■

정리 5.6.7

두 개의 곡면이 국소적으로 등거리이면 대응하는 점에서 Gauss 곡률은 같다. 그러나 평균곡률은 다를 수 있다.

증명 증명은 참고문헌 [5]를 참고하라. ■

정의 5.6.8

$n \times n$ 행렬 A가 $A^t = A^{-1}$이고 $|A| = 1$이면 A를 **특수직교행렬**(special orthogonal matrix)라 한다.

만일 특수직교행렬 A가 선형변환 $f : \mathbb{R}^n \longrightarrow \mathbb{R}^n$을 나타내는 행렬이면 f를 **회전변환**(rotation)이라 한다.

예제 5.6.4 2×2 행렬 $A = \begin{pmatrix} a & b \\ c & d \end{pmatrix}$에 대해

$$A^{-1} = \frac{1}{\det A} \begin{pmatrix} d & -b \\ -c & a \end{pmatrix} \quad (\det A \neq 0)$$

만일 $A^t = A^{-1}$이면 $a = d, b = -c$이다. 그리고 $\det(A) = 1$이면

$$1 = \det(A) = ad - bc = a^2 + b^2 = d^2 + c^2$$

이 된다. 여기서 $a = d = \cos\phi,\ b = -c = -\sin\phi\ (0 \leq \phi \leq 2\pi)$라 하자. 그러면

$$A = \begin{pmatrix} \cos\phi & -\sin\phi \\ \sin\phi & \cos\phi \end{pmatrix}$$

가 되고, 만일 $\mathbf{v} = \begin{pmatrix} r\cos\theta \\ r\sin\theta \end{pmatrix} \in \mathbb{R}^2$이면

$$A\mathbf{v} = \begin{pmatrix} \cos\phi & -\sin\phi \\ \sin\phi & \cos\phi \end{pmatrix} \begin{pmatrix} r\cos\theta \\ r\sin\theta \end{pmatrix} = \begin{pmatrix} r\cos(\phi+\theta) \\ r\sin(\phi+\theta) \end{pmatrix}$$

가 된다. 따라서 특수직교행렬 A는 $\mathbb{R}^2$을 ϕ만큼 회전시키는 변환이다.

정의 5.6.9

$\mathbb{R}^n$ 에서 회전변환 A와 벡터 $\mathbf{b} \in \mathbb{R}^n$ 에 대해 $f(\mathbf{v}) = A\mathbf{v} + \mathbf{b}$ 이면 $f : \mathbb{R}^n \longrightarrow \mathbb{R}^n$ 을 **강체운동**(rigid motion)이라 한다.

정의 5.6.10

M, N 이 곡면일 때 $f(M) = N$ 인 강체운동 $f : \mathbb{R}^3 \longrightarrow \mathbb{R}^3$ 가 존재하면 M과 N은 **엄밀하게 상등**(rigidly equivalence)이라 한다.

강체운동은 회전변환과 평행이동의 합성이다. 회전변환과 평행이동은 길이를 보존하므로 강체운동은 거리와 곡선의 길이를 보존한다. 따라서 강체운동을 M 에서 제한하면 이것은 M 에서 $f(M)$ 으로의 등거리변환이다.

등거리변환은 두 곡면의 거리성질에 대해 자연스러운 상등의 개념이다. 따라서 등거리 곡면들은 거리관점에서 보면 같다.

곡면의 연구에서 그 이상의 상등의 형태를 정의할 수 있다. (국소적)등거리변환보다 더 특별한 형태의 사상이 존재한다. 이것은 앞으로 논의하게 될 **등각상등**(conformal equivalence)을 도입하는데 중요하다.

정의 5.6.11

M, N은 곡면이고 $f : M \longrightarrow N$은 미분가능한 함수라 하자. $P \in M$와 모든 $\mathbf{X} \in T_P M$ 에 대해

$$|f_P^*(\mathbf{X})| = \lambda(P)|\mathbf{X}| \tag{5.9}$$

인 M 에서 실함수 $\lambda > 0$가 존재하면 f를 **등각사상**(conformal mapping)이라 한다. 그리고 λ을 f의 **축척성분**(scale factor)이라 한다.

참고 1. $\mathbf{X}, \mathbf{Y} \in T_P M$ 이면 식 (5.9) 에서

$$\langle f_P^*(\mathbf{X}), f_P^*(\mathbf{Y})\rangle = \lambda^2(P) < \mathbf{X}, \mathbf{Y} >$$

이 성립한다.

2. 만일 $\lambda = 1$ 이면 f 는 국소적으로 등거리변환이다.

예제 5.6.5 P 을 중심이 O 이고 반지름이 r 인 원 $(O)_r$ 의 중심이 아닌 내점이라 하자. 그리고 $\overrightarrow{OP} = \mathbf{X}$ 라 하고 f 을 다음과 같이 정의하자.

$$f(\mathbf{X}) = \frac{r^2}{|\mathbf{X}|^2} \cdot \mathbf{X}.$$

그러면 $|\mathbf{X}| \cdot |f(\mathbf{X})| = r^2$ 을 만족한다. P' 은 중심 O 와 P 을 지나는 직선 위에 있고 $\overrightarrow{OP'} = f(\mathbf{X})$ 인 $(O)_r$ 의 외부의 점이라 하자. 이때 P 을 P' 으로 사상하는 변환을 **반전변환**(inversion)이라 한다. (그림 5.23)

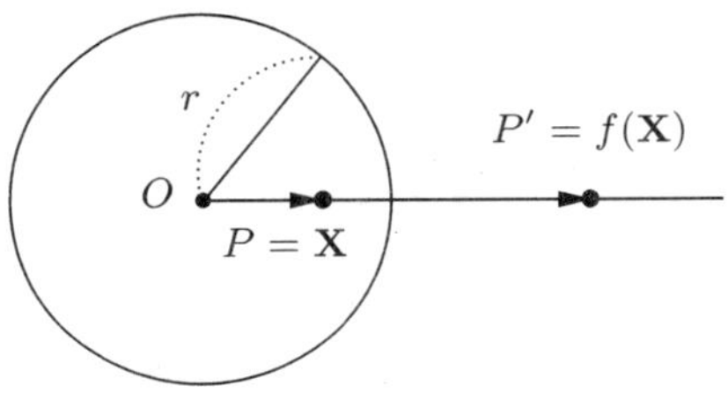

그림 5.23

등각사상은 각의 크기를 보존하는 사상이다. 그러나 길이는 보존하지 않을 수 있다.

성질 5.6.12

등각사상은 두 접벡터의 사잇각을 보존한다.

증명 등각사상 f 에 대해 θ 을 접벡터 $\mathbf{X}$ 와 $\mathbf{Y}$ 의 사잇각이라 하고 θ^* 를 $f^*(\mathbf{X})$ 와 $f^*(\mathbf{Y})$ 의 사잇각이라 하자. 그러면

$$\cos\theta = \frac{< \mathbf{X}, \mathbf{Y} >}{|\mathbf{X}||\mathbf{Y}|} \ (0 < \theta < \pi)$$

이고, 따라서

$$\cos\theta^* = \frac{\langle f^*(\mathbf{X}), f^*(\mathbf{Y})\rangle}{|f^*(\mathbf{X})||f^*(\mathbf{Y})|} = \frac{\lambda^2 < \mathbf{X}, \mathbf{Y} >}{\lambda^2|\mathbf{X}||\mathbf{Y}|} = \cos\theta$$

이다. ■

$P \in M$과 P의 근방 U에 대해 $f : U \longrightarrow V$가 등각사상이 되는 $f(P)$의 근방 $V \subset N$이 존재하면 f를 P에서 **국소적 등각사상**이라 한다. 만일 각 $P \in M$에 대해 P에서 국소적 등각사상이 존재하면 M과 N을 **국소적으로 등각**이라 한다.

곡선이론에서 곡선에 대한 기본정리는 곡률과 열률은 위치를 제외한 공간곡선을 결정한다. 즉, 곡률과 열률이 같은 곡선은 강체운동에 의해 포갤 수 있다. 이와 비슷한 곡면에 대한 기본성질을 증명없이 알아보자.

정리 5.6.13 **곡면에 대한 기본정리**

$U \subset \mathbb{R}^2$는 열린 집합이고 U에 있는 임의의 두 점은 곡선으로 연결할 수 있다고 하자. 그리고 $i, j (1 \le i, j \le 2)$에 대해 $L_{ij} : U \longrightarrow \mathbb{R}$와 $g_{ij} : U \longrightarrow \mathbb{R}$은 다음을 만족하는 미분가능한 함수라 하자.

(1) $L_{12} = L_{21}, g_{12} = g_{21}, g_{11} > 0, g_{22} > 0, \det(g_{ij}) > 0.$

(2) L_{ij}, g_{ij}는 Gauss 방정식과 Codazzi-Maindardi 방정식을 만족한다. 여기서 Γ_{ij}^k는 성질 5.5.2 (2)의 방정식에 의해서 결정된다.

이때 $P \in U$이면 P을 포함하는 열린 집합 $V \subset U$와 $(g_{ij}), (L_{ij})$가 각각 제1기본형식과 제2기본형식의 행렬이 되는 단순곡면 $\mathbf{x} : V \longrightarrow \mathbb{R}^3$가 존재한다. 뿐만 아니라 $\mathbf{y} : V \longrightarrow \mathbb{R}^3$가 제1기본형식과 제2기본형식의 행렬이 각각 (g_{ij})와 (L_{ij})인 단순곡면이면 $\mathbf{y}(V)$와 $\mathbf{x}(V)$는 엄밀하게 상등이다.

연습문제 5.6

5.6.1 $f_\theta : S^2 \longrightarrow S^2$을 다음과 같이 정의하자.

$$f_\theta(x, y, z) = \begin{pmatrix} \cos\theta & -\sin\theta & 0 \\ \sin\theta & \cos\theta & 0 \\ 0 & 0 & 1 \end{pmatrix} \begin{pmatrix} x \\ y \\ z \end{pmatrix}$$

(1) $f_\theta(0,0,1) = (0,0,1)$ 이고 f_θ 는 z-축을 중심으로 θ 만큼 회전하는 회전변환임을 보여라.

(2) f_θ 가 등거리변환임을 보여라.

5.6.2 $S^2(r) = \{\mathbf{X} \in \mathbb{R}^3 : |\mathbf{X}| = r\}$ 이고 $f : S^2 \longrightarrow S^2(r)$ 을 $f(\mathbf{X}) = r\mathbf{X}$ 로 정의하자. 이때 f 는 일대일대응이지만 등거리변환이 아님을 보여라.

5.6.3 $f : M \longrightarrow N$ 은 등거리변환이고 $\boldsymbol{\gamma}$ 는 M 위에서 측지선이면 $f \circ \boldsymbol{\gamma}$ 는 N 위에서 측지선임을 보여라.

5.6.4 $f : M \longrightarrow N$ 이 등거리변환일 때 역변환 f^{-1} 도 등거리변환임을 보여라.

5.6.5 $f : M \longrightarrow N$ 과 $g : N \longrightarrow Q$ 가 등거리변환일 때 $g \circ f : M \longrightarrow Q$ 도 등거리변환임을 보여라.

5.6.6 다음이 성립하지 않는 예를 구하여라.

> "만일 M 과 N 이 국소적 등거리이면 대응하는 점에서 M 의 평균곡률과 N 의 평균곡률이 같다."

5.6.7 M 을 다음과 같이 주어진 회전면이라 하자.

$$\mathbf{x}(t,\theta) = (t\cos\theta, t\sin\theta, \log t) \ (0 < t, 0 < \theta < 2\pi)$$

그리고 N 은 나선면(helicoid)

$$\mathbf{y}(t,\theta) = (t\cos\theta, t\sin\theta, \theta) \ (0 < t, 0 < \theta < 2\pi)$$

라 하자.

(1) M 과 N 의 거리텐서가 각각 다음과 같음을 보여라.

$$\begin{pmatrix} \dfrac{t^2+1}{t^2} & 0 \\ 0 & t^2 \end{pmatrix}, \quad \begin{pmatrix} 1 & 0 \\ 1 & 1+t^2 \end{pmatrix}$$

따라서 $f = \mathbf{y} \circ x^{-1}$ 은 국소적 등거리변환이 아니다.

(2) (t,θ) 에서 M, N 의 Gauss 곡률은 $K = -\dfrac{1}{(1+t^2)^2}$ 임을 보여라.

5.6.8 $\mathbb{R}^3$ 에서 강체운동은 $\mathbb{R}^2 = \{(x, y, z) \in \mathbb{R}^2 : z = 0\}$ 에서 등거리변환임을 보여라.

5.6.9 미분가능한 함수 $f : M \longrightarrow N$ 이 모든 $P \in M$ 과 모든 $\mathbf{X}, \mathbf{Y} \in T_P M$ 에 대해

$$\cos(\mathbf{X}, \mathbf{Y}) = \cos\left(f^*(\mathbf{X}), f^*(\mathbf{Y})\right)$$

이면 f 는 각을 보존한다고 한다. 여기서 $(\mathbf{X}, \mathbf{Y})$ 는 $\mathbf{X}$ 와 $\mathbf{Y}$ 의 사잇각이다.

f 가 국소적 등각사상일 필요충분조건은 그것이 각을 보존하는 것임을 보여라.

5.6.10 $S^2 = \{(x, y, z) \in \mathbb{R}^3 : x^2 + y^2 + (z-1)^2 = 1\}$ 이라 하자. 그리고 $\Pi : S^2 - \{(0,0,1)\} \longrightarrow \mathbb{R}^2$ 을 $(x, y, z) \in S^2 - \{(0,0,1)\}$ 을 xy-평면으로 사상하는 극사영이라 하자. 그리고 $\Pi(x, y, z) = (u, v) \in \mathbb{R}^2$ 라 하자. (제4장 연습문제 4.5.1을 보라.)

(1) $\Pi^{-1} : \mathbb{R}^2 \longrightarrow S^2$ 는 다음과 같이 주어짐을 보여라.

$$\Pi^{-1} : \begin{cases} x = \dfrac{4u}{u^2 + v^2 + 4}, \\ y = \dfrac{4v}{u^2 + v^2 + 4}, \\ z = \dfrac{2(u^2 + v^2)}{u^2 + v^2 + 4}. \end{cases}$$

(2) 극사영을 이용하여 두 개의 좌표근방으로 S^2 을 피복할 수 있음을 보여라. (그림 5.24)

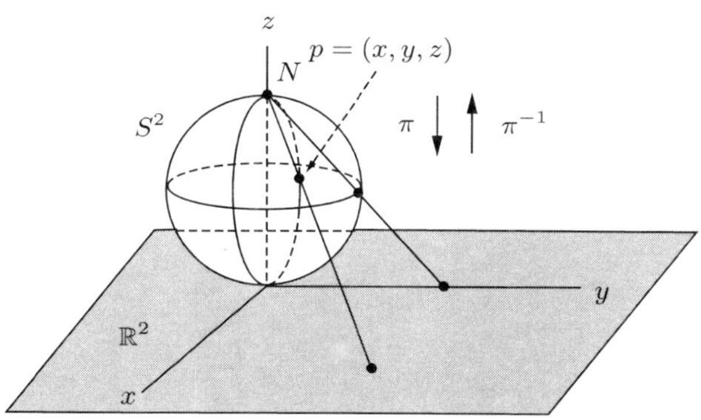

그림 5.24

5.6.11 미분가능한 함수 $f: M \longrightarrow N$이 일대일대응이고 $f^{-1}: N \longrightarrow M$이 미분가능하면 f를 **미분동형사상**(diffeomorphism)이라 한다. f가 미분동형사상이고 임의의 영역 $\Omega \subset M$에 대해 Ω의 면적과 $f(\Omega)$의 면적이 같으면 f는 면적을 보존하는 사상이라 한다. 만일 f가 면적을 보존하는 등각사상이면 f는 등거리변환임을 보여라.

5.6.12 문제 5.6.11에서 S^2는 평면과 국소적으로 등각(locally conformal) 임을 보여라.

5.7 곡률이 상수인 곡면

이 절에서는 Gauss 곡률이 상수가 되는 곡면에 대하여 살펴보기로 하자. 실제로 Gauss 곡률이 상수가 되는 대표적인 곡면은 회전면이다. 따라서 Gauss 곡률이 상수인 곡면을 결정하기 위해 회전면에 대한 간단한 몇 가지 성질을 상기하자.

$\boldsymbol{\alpha}(s) = (r(s), z(s))$는 어떤 구간 (s_0, s_1)에서 정의된 단위속력곡선이고 $r(s) > 0$이라 하자. 그리고

$$M = \{(r(s)\cos\theta, r(s)\sin\theta, z(s)) : 0 \le \theta \le 2\pi, s \in (s_0, s_1)\}$$

이라 하자. 그러면 $\mathbf{x}(s, \theta) = (r(s)\cos\theta, r(s)\sin\theta, z(s))$는 M의 좌표조각이다. 그리고 s와 θ에 대한 거리행렬은 다음과 같다. (제4장 연습문제 4.3.1)

$$(g_{ij}) = \begin{pmatrix} (r')^2 + (z')^2 & 0 \\ 0 & r^2 \end{pmatrix} = \begin{pmatrix} 1 & 0 \\ 0 & r^2 \end{pmatrix}$$

이다. 한편, 제2기본형식의 계수행렬은

$$(L_{ij}) = \begin{pmatrix} r'z'' - z'r'' & 0 \\ 0 & rz' \end{pmatrix}$$

이다. 그러므로 이들 식으로 부터 M에서 Gauss 곡률 K에 대한 공식을 유도할 수 있다. 즉, $(r')^2 + (z')^2 = 1$이므로 $z'z'' = -r'r''$이고, 따라서

$$K = \frac{\det(L_{ij})}{\det(g_{ij})} = \frac{rr'z'z'' - rr''z'z'}{r^2}$$
$$= \frac{-(r')^2r'' - r''(z')^2}{r} = -\frac{r''}{r}.$$

여기서 상수곡률을 갖는 모든 회전면을 찾기 위해 $K>0, K=0, K<0$ 인 세 가지 경우로 나누어서 살펴보기로 하자.

경우 1) $K = a^2 > 0 (a > 0)$

$K = -\dfrac{r''}{r} = a^2$ 이므로 이 미분방정식을 풀면

$$r(s) = a_1 \cos(as) + a_2 \sin(as) = A\cos(as+b) \tag{5.10}$$

이다. $r(s)>0$ 이므로 $A>0, |s|<\dfrac{\pi}{2a}$ 이고 $\boldsymbol{\alpha}$가 단위속력곡선이므로 $(z')^2+(r')^2=1$ 이고, 따라서 $z' = \pm\sqrt{1-(r')^2}$ 이므로 다음 결과를 얻는다.

성질 5.7.1

M 이 단위속력곡선 $\boldsymbol{\alpha}(s) = (r(s), z(s))$ $(r(s)>0)$를 회전하여 얻은 회전면이고 M 의 Gauss 곡률이 상수 $K=a^2>0$ 이면

$$\begin{aligned} r(s) &= A\cos(as), \\ z(s) &= \pm\int_0^s \sqrt{1-a^2A^2\sin^2(at)}dt + C \quad \left(|s|<\frac{\pi}{2a}\right) \end{aligned} \tag{5.11}$$

이다. 여기서 $A>0$ 이고 C는 상수이다.

만일 $A \neq \dfrac{1}{a}$ 이면 $z(s)$는 타원적분이므로 $z(s)$를 기초함수로 나타낼 수 없다.

(i) $A = \dfrac{1}{a}$ 일 때:

$$\begin{aligned} r(s) &= A\cos as, \\ z(s) &= \pm\int_0^s \cos(at)dt + c = \pm A\sin(as) + C. \end{aligned}$$

$r(s)>0, |r'(s)|<1$ 이므로 $r(s), z(s)$는 $\left(-\dfrac{\pi}{2a}, \dfrac{\pi}{2a}\right)$ 에서 정의된 반경이 $A=\dfrac{1}{a}$ 인 원의 일부이다. 따라서 M 은 반경이 $A=\dfrac{1}{a}$ 인 구의 일부이다. (그림 5.25)

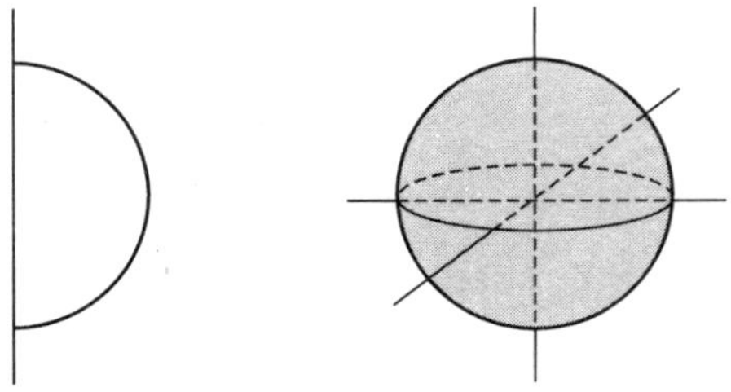

그림 5.25

(ii) $0 < A < \dfrac{1}{a}$ 일 때: 구간 $\left(-\dfrac{\pi}{2a}, \dfrac{\pi}{2a}\right)$ 에서 $r(s) > 0, |r'(s)| < 1$ 이므로 $r(s), z(s)$ 가 잘 정의된다.

$$r(0) = A, \quad r\left(\pm\frac{\pi}{2a}\right) = 0, \quad z(0) = 0,$$
$$a^* = z\left(\frac{\pi}{2a}\right) = \int_0^{\frac{\pi}{2a}} \sqrt{1 - a^2A^2\sin^2(at)}dt > \int_0^{\frac{\pi}{2a}} \sqrt{1 - \sin^2(at)}dt = \frac{1}{a}.$$

따라서 곡선 $(r(s), z(s))$ 는 (i)의 경우보다 더 낮게 구부러진 곡선이다. $a^* > \dfrac{1}{a} > A$ 이므로 $0 < A < \dfrac{1}{a}$ 일 때 곡선이 $A = \dfrac{1}{a}$ 일 때보다 더 납작하다. 그러나 곡선의 길이는 $A < \dfrac{1}{a}$ 일 때나 $A = \dfrac{1}{a}$ 일 때나 같다. 실제로 $A < \dfrac{1}{a}$ 일 때 호의 길이를 ℓ 이라 하면

$$\ell = 2\int_0^{\frac{\pi}{2a}} \sqrt{(r')^2 + (z')^2}dt = 2 \times \frac{\pi}{2a} = \frac{\pi}{a}.$$

$r(s), z(s)$ 가 정의된 구간에는 점 $\left(\pm z\left(\dfrac{\pi}{2a}\right), 0\right)$ 을 포함하지 않는다. 이러한 곡선으로 만들어진 회전면 M 은 럭비공과 비슷하다. (그림 5.26)

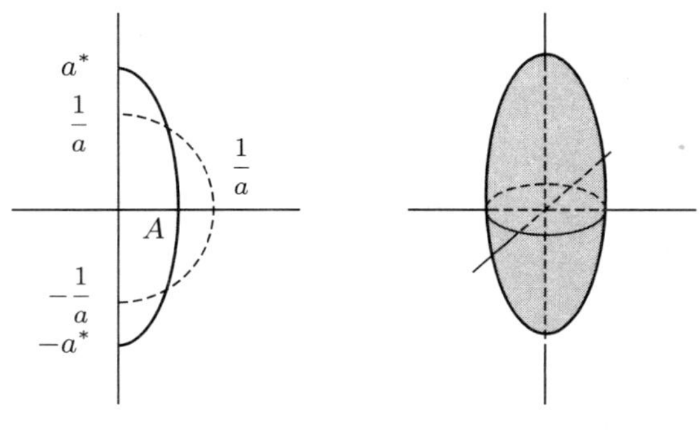

그림 5.26

(iii) $A > \frac{1}{a}$ 일 때: $z(s)$는

$$|s| < \frac{1}{a}\sin^{-1}\left(\frac{1}{aA}\right)$$

에서만 정의된다. 그런데 $\sin^{-1}\left(\frac{1}{aA}\right) < \sin^{-1}(1) = \frac{\pi}{2}$ 이므로

$$|s| < \frac{1}{a}\sin^{-1}\left(\frac{1}{aA}\right) < \frac{\pi}{2a}.$$

따라서 이 경우 $z(s)$가 정의되는 구간은 $\left(-\frac{\pi}{2a}, \frac{\pi}{2a}\right)$ 보다 줄어든다. 그리고

$$r\left(\pm\frac{1}{a}\sin^{-1}\left(\frac{1}{aA}\right)\right) = \sqrt{A^2 - \frac{1}{a^2}}$$

이므로 $s \in \left(-\frac{1}{a}\sin^{-1}\left(\frac{1}{aA}\right), \frac{1}{a}\sin^{-1}\left(\frac{1}{aA}\right)\right)$ 이면

$$r(s) \geq \sqrt{A^2 - \frac{1}{a^2}}$$

이다. 따라서 이 경우 회전면은 원환면의 바깥 반쪽처럼 보인다. (그림 5.27)

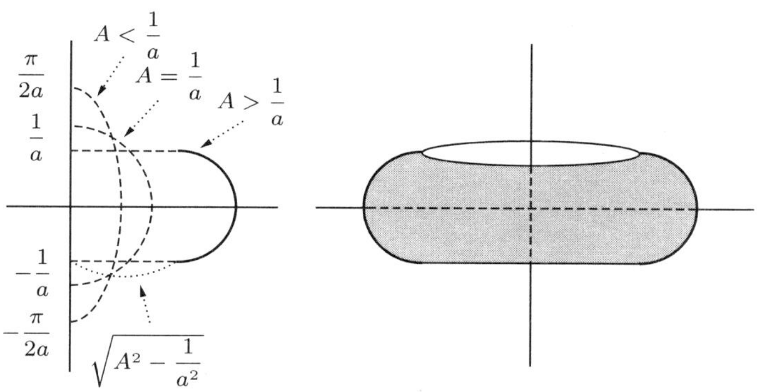

그림 5.27

성질 5.7.2

M_1, M_2을 각각 단위속력곡선 $\boldsymbol{\alpha}_1, \boldsymbol{\alpha}_2$의 회전면이라 하자. 만일 M_1, M_2의 Gauss 곡률이 상수 $K > 0$이면 M_1과 M_2는 국소적으로 등거리이다.

증명 식 (5.11)과 같은 형태의 곡선에 대한 모든 회전면의 거리행렬이

$$(g_{ij}) = \begin{pmatrix} 1 & 0 \\ 0 & r^2 \end{pmatrix} = \begin{pmatrix} 1 & 0 \\ 0 & \dfrac{1}{a^2}\cos^2(as) \end{pmatrix}$$

와 같은 형태가 되도록 하는 좌표변환이 존재함을 보이면 성질 5.6.5에 의해 Gauss 곡률이 같은 모든 회전면은 국소적으로 등거리임을 보이는 것이 된다.

좌표 (s,θ)에 대한 거리행렬은

$$(g_{ij}) = \begin{pmatrix} 1 & 0 \\ 0 & r^2 \end{pmatrix} = \begin{pmatrix} 1 & 0 \\ 0 & A^2\cos^2(as) \end{pmatrix} \quad \text{(연습문제 4.3.1)}$$

이다. $\phi = aA\theta$ 이면 새로운 좌표 (s,ϕ)에 대한 거리행렬은 이 변환에 대한 야코비 행렬이

$$J = \begin{pmatrix} \dfrac{\partial s}{\partial s} & \dfrac{\partial s}{\partial \phi} \\ \dfrac{\partial \theta}{\partial s} & \dfrac{\partial \theta}{\partial \phi} \end{pmatrix} = \begin{pmatrix} 1 & 0 \\ 0 & \dfrac{\partial}{\partial \phi}\left(\dfrac{\phi}{aA}\right) \end{pmatrix}$$

이므로 (s,ϕ)에 대한 거리행렬은

$$\begin{aligned} J\,(g_{ij})\,J^t &= \begin{pmatrix} 1 & 0 \\ 0 & \dfrac{1}{aA} \end{pmatrix} \begin{pmatrix} 1 & 0 \\ 0 & A^2\cos^2(as) \end{pmatrix} \begin{pmatrix} 1 & 0 \\ 0 & \dfrac{1}{aA} \end{pmatrix} \\ &= \begin{pmatrix} 1 & 0 \\ 0 & \dfrac{1}{a^2}\cos^2(as) \end{pmatrix} = (h_{ij}). \end{aligned}$$

따라서 $(g_{ij}) = (h_{ij})$ 이 되므로 성질 5.6.5에 의해 M_1과 M_2는 국소적으로 등거리이다. ■

참고 곡률이 상수 $K = a^2\ (a > 0)$ 인 모든 회전면은 반경이 $\dfrac{1}{a}$ 인 구와 국소적으로 등거리이다. 그러나 이것들의 대역적인 성질은 다를 수 있다. (그림 5.28, 그림 5.29)

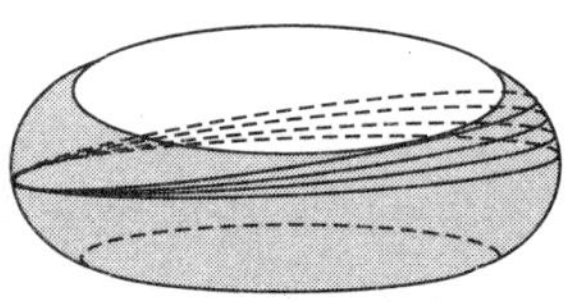

그림 5.28

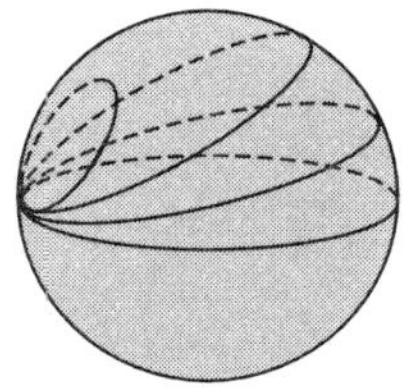

그림 5.29

경우 2) $K = 0$

성질 5.7.3

M은 단위속력곡선 $\boldsymbol{\alpha}$를 회전하여 얻은 회전면이고 M의 곡률이 $K=0$이면 M은 다음 중 하나다.

(1) 원통형의 일부(그림 5.30)

(2) 평면의 일부(그림 5.31)

(3) 원뿔의 일부(그림 5.32)

뿐만 아니라 이들 곡면은 국소적으로 등거리이다.

증명 $K = -\dfrac{r''}{r} = 0$이므로 $r' = c$ (c는 상수)이다. 따라서 어떤 실수 a, b에 대하여 $r = as + b$이다. 그리고 $z' = \pm\sqrt{1-(r')^2}$이므로

$$z(s) = \pm\sqrt{1-a^2}s + d$$

이 된다. 따라서 $\boldsymbol{\alpha}(s) = (r(s), z(s))$는 다음과 같이 주어지는 직선이다.

$$\boldsymbol{\alpha}(s) = (as+b, cs+d)\ (a^2+c^2=1)$$

(1) 만일 $a=0$이면 $r = b \in \mathbb{R}$이므로

$$M = \{(b\cos\theta, b\sin\theta, cs+d) \in \mathbb{R}^3 : 0 \le \theta \le 2\pi, s \in (s_0, s_1)\}$$

이 되어 원통의 일부이다.

(2) 만일 $c=0$이면 z는 상수이고

$$M = \{(r(s)\cos\theta, r(s)\sin\theta, d) \in \mathbb{R}^3 : 0 \le \theta \le 2\pi, s \in (s_0, s_1)\}$$

은 평면의 일부이다.

(3) $ac \ne 0$이면 $\boldsymbol{\alpha}$는 r-축과 z-축에 평행하지 않고

$$M = \{(r(s)\cos\theta, r(s)\sin\theta, cs+d) \in \mathbb{R}^3 : 0 \le \theta \le 2\pi, s \in (s_0, s_1)\}$$

는 원뿔의 일부이다. ■

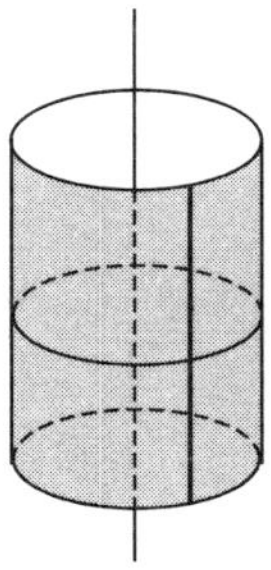

그림 5.30

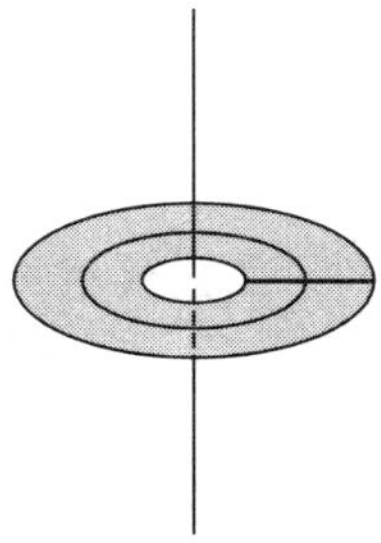

그림 5.31

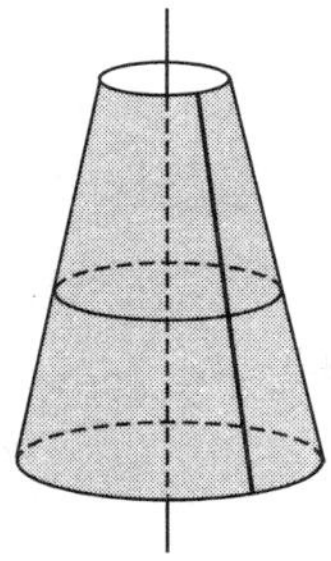

그림 5.32

경우 3) $K = -a^2 < 0, a > 0$

$K = -\dfrac{r''}{r} = -a^2$ 이므로 $r'' - a^2 r = 0$ 이고 이 미분방정식의 일반해는

$$r(s) = c_1 \cosh(as) + c_2 \sinh(as)$$

이다. 이것은 적당한 실수 B, b, C, c에 대해 다음과 같이 나타낼 수 있다.

$$r(s) = \begin{cases} B\cosh(as+b), & c_1 > c_2, \\ Ae^{as}, & c_1 = c_2 = A, \\ C\sinh(as+c), & c_1 < c_2. \end{cases}$$

여기서 $b = c = 0$이라 가정해도 되므로 $z' = \pm\sqrt{1-(r')^2}$ 으로부터

$$z(s) = \pm\int_0^s \sqrt{1-(r')^2}dt$$

이고, 따라서 다음과 같은 세 개의 기본적인 곡면을 얻을 수 있다.

$$(1) \begin{cases} r(s) = Ae^{as}, \\ z(s) = \pm\displaystyle\int_0^s \sqrt{1-a^2A^2e^{2at}}dt + D. \end{cases}$$

$$(2) \begin{cases} r(s) = B\cosh(as), \\ z(s) = \pm\displaystyle\int_0^s \sqrt{1-a^2B^2\sinh^2(at)}dt + D. \end{cases}$$

$$(3) \begin{cases} r(s) = C\sinh(as), \\ z(s) = \pm\displaystyle\int_0^s \sqrt{1-a^2c^2\cosh^2(at)}dt + D. \end{cases}$$

(1)에서 z가 정의되기 위해서는 $1-a^2A^2e^{2as}>0$이어야 하므로 $s<\frac{1}{a}\ln\left(\frac{1}{aA}\right)$을 만족해야 한다. $aAe^{at}=\sin\phi$라 하면 $z(s)$를 나타내는 적분을 계산할 수 있다. 여기서 ϕ는 $\boldsymbol{\alpha}$에 대한 접벡터와 z-축 사이의 각이다.

(1)로 주어진 곡선을 **추적선**(tractrix) 또는 **견인곡선**(drag curve)이라 부른다. 그리고 추적선에 의해 만들어진 회전면을 **유사구면**(pseudo-sphere) 또는 반경이 $\frac{1}{a}$인 **나팔면**(bugle surface)이라 부른다.

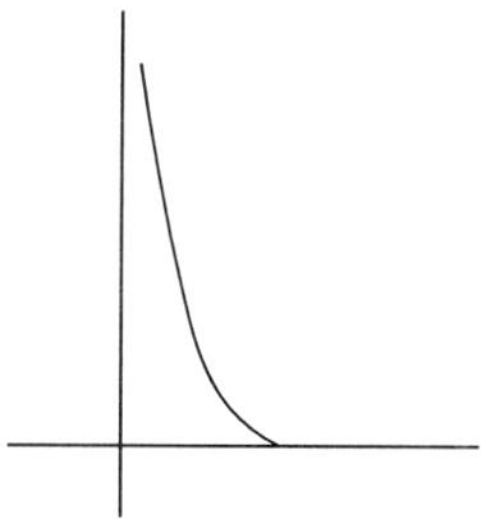

그림 5.33

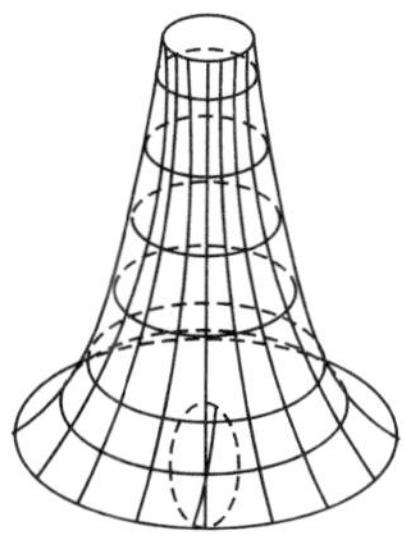

그림 5.34

참고 유사구면은 비유클리 기하의 첫 번째 모형 중 하나로 유사구면 위에서 K-모형(K-model)을 생각할 수 있다. (그림 5.34의 점선원의 내부) 이 구면은 E. Beltrami(1868)에 의해 발견되었다.

곡선 (2)가 정의되기 위해서는 $|s|<\frac{1}{a}\sinh^{-1}\left(\frac{1}{aB}\right)$을 만족해야 한다. 그리고 이것이 나타내는 곡면은 그림 5.35와 같은 모양이다.

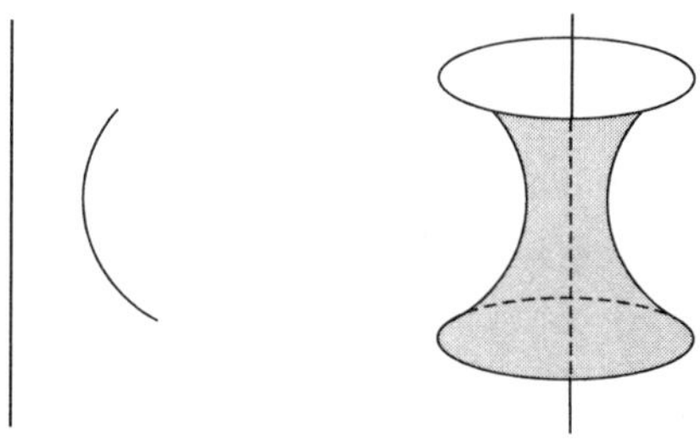

그림 5.35

$s\to\pm\frac{1}{a}\sinh^{-1}\frac{1}{aB}$ 일 때 **극한접평면**(limiting tangent plane)은 회전축에 수직이다.

곡면 (3)이 정의되기 위해서는 $0 < aC < 1$을 만족해야 한다. 따라서 $0 < s < \frac{1}{a}\cosh^{-1}\left(\frac{1}{aC}\right)$이다.

이 곡면은 그림 5.36과 같은 모양이다. 이때 극한접평면은 회전축에 수직이다.

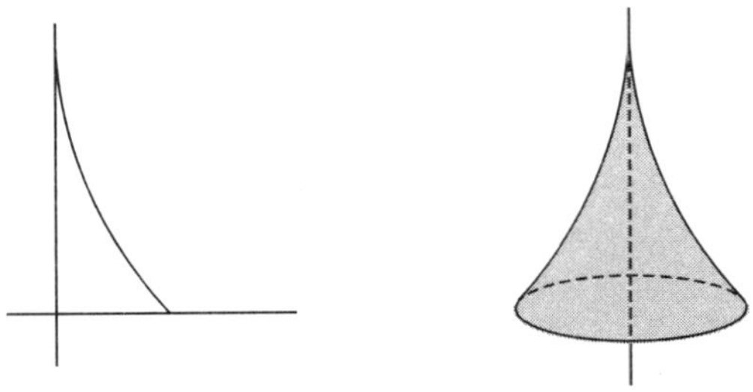

그림 5.36

참고 양의 상수곡률을 가지는 경우와 비슷하게 곡률이 $-a^2 < 0$인 곡면도 반경이 $\frac{1}{a}$인 유사구면과 국소적으로 등거리이다. 이 결과에 대한 자세한 것은 정리 6.2.3에서 다룰 것이다.

연습문제 5.7

5.7.1 M은 단위속력곡선 $\boldsymbol{\alpha}(s) = (r(s), z(s))$로 만들어진 회전면이라 하자. 이때 $K = -\frac{r''}{r}$임을 보여라. (힌트: 먼저 $K = \frac{z'(z'' - r' - r''z')}{z}$임을 보이고 나서 $<\boldsymbol{\alpha}', \boldsymbol{\alpha}'>= 1$을 미분하여 얻은 관계식을 이용하라.)

5.7.2 $aAe^{at} = \sin\phi$라 두고 적분

$$\int_0^s \sqrt{1 - a^2A^2e^{2at}}\,dt$$

를 계산하라. 그리고 추적선을 ϕ의 함수로 매개화하라.

5.7.3 $K = -a^2$ 이면 미분방정식 $K = -\dfrac{r''}{r}$ 의 일반해가

$$r(s) = c_1 \cosh(as) + c_2 \sinh(as)$$

임을 보여라.

5.7.4 $r(s) = c_1 \cosh(as) + c_2 \sinh(as)$ 로 부터 다음 식을 유도하라.

$$r(s) = \begin{cases} B\cosh(as+b), & c_1 > c_2, \\ Ae^{at}, & c_1 = c_2 = A, \\ C\sinh(as+c), & c_1 < c_2. \end{cases}$$

5.7.5 경우 $1(K = a^2 > 0)$ 과 경우 $3(K = -a^2 < 0)$ 에 주어진 곡면의 면적을 임의의 상수항으로 나타내어라.

제 6 장

곡선과 곡면의 대역적 이론

제3장에서 평면곡선의 대역적 이론에 대해 알아보았고, 제4장, 제5장에서 곡면의 국소적 성질에 대해 알아보았다.

이 장에서는 공간곡선에 대한 회전수 정리, 전곡률, 전열률에 대해 알아보자. 그리고 Euler 표수를 정의하고 Gauss-Bonnet 정리에 대해 알아보자.

6.1 Fenchel 정리

정의 6.1.1

$\boldsymbol{\alpha} : [0, L] \longrightarrow \mathbb{R}^3$ 가 정칙곡선일 때

$$\int_0^L \kappa ds = \int_0^L |\mathbf{T}'| \, ds$$

를 $\boldsymbol{\alpha}$ 의 **전곡률**(total curvature)이라 한다.

즉, $\boldsymbol{\alpha}$ 의 전곡률은 단위구 위의 곡선 $\mathbf{T} : [0, L] \longrightarrow S^2$ 의 길이다.

공간곡선의 전곡률에 대한 Fenchel 정리를 증명하기 위해 구면곡선에 대한 몇 가지 결과가 필요하다.

$P, Q \in S^2$ 일 때 $\widehat{PQ}$ 를 P 와 Q 를 지나는 가장 짧은 측지선을 따라서 측정한 P 에서 Q 까지 거리라 하자.

정의 6.1.2

$\left\{\mathbf{X} \in S^2 : \widehat{\mathbf{NX}} < \frac{\pi}{2}\right\}$을 극이 $\mathbf{N}$인 열린 반구 (open hemisphere) 라 하고 $\left(\overline{S^2}\right)$로 나타낸다. $\left\{\mathbf{X} \in S^2 : \widehat{\mathbf{NX}} \leq \frac{\pi}{2}\right\}$을 극이 $\mathbf{N}$인 닫힌 반구 (closed hemisphere) 라 하고 $\left[\overline{S^2}\right]$로 나타낸다.

만일 S^2가 단위벡터들의 집합이면 극이 $\mathbf{N}$인 열린 반구는

$$\{\mathbf{X} \in S^2 :< \mathbf{N}, \mathbf{X} >> 0\} = \left\{\mathbf{X} \in S^2 : 0 \leq \measuredangle(\mathbf{N}, \mathbf{X}) < \frac{\pi}{2}\right\}$$

이고, 극이 $\mathbf{N}$인 닫힌 반구는

$$\{\mathbf{X} \in S^2 :< \mathbf{N}, \mathbf{X} >\geq 0\} = \left\{\mathbf{X} \in S^2 : 0 \leq \measuredangle(\mathbf{N}, \mathbf{X}) \leq \frac{\pi}{2}\right\}$$

이다. 여기서 $\measuredangle(\mathbf{N}, \mathbf{X})$는 $\mathbf{N}$과 $\mathbf{X}$ 사이의 각이다.

정의 6.1.3

$P, Q \in S^2$이고 $\widehat{PQ} = \pi$이면 P와 Q를 원점에 **대칭점** (antipodal point)이라 한다.

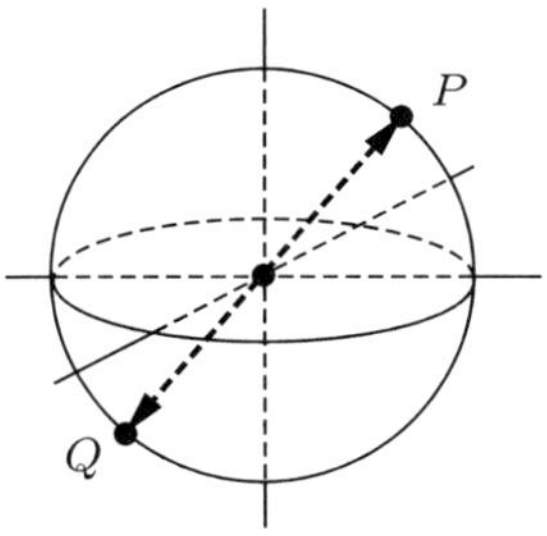

그림 6.1

보조정리 6.1.4

$\boldsymbol{\alpha}$가 닫힌 정칙곡선이면 이것의 접구상 (tangent spherical image)은 임의의 열린 반구 $\left(\overline{S^2}\right)$에 놓이지 않는다.

증명 접구상이 극이 $\mathbf{N}$ 인 열린 반구 $\left(\overline{S^2}\right)$ 에 놓였다고 가정하자. 그러면 $< \mathbf{N}, \mathbf{T} >> 0$ 이다. 그런데 $\mathbf{N}' = \mathbf{0}$ 이므로

$$
\begin{aligned}
0 < \int_0^L < \mathbf{N}, \mathbf{T} > ds = \int_0^L < \mathbf{N}, \boldsymbol{\alpha}' > ds \\
= < \mathbf{N}, \boldsymbol{\alpha} > \Big|_0^L - \int_0^L < \mathbf{N}', \boldsymbol{\alpha} > ds \\
= < \mathbf{N}, \boldsymbol{\alpha} > \Big|_0^L = 0.
\end{aligned}
$$

따라서 모순이다. (그림 6.2) ■

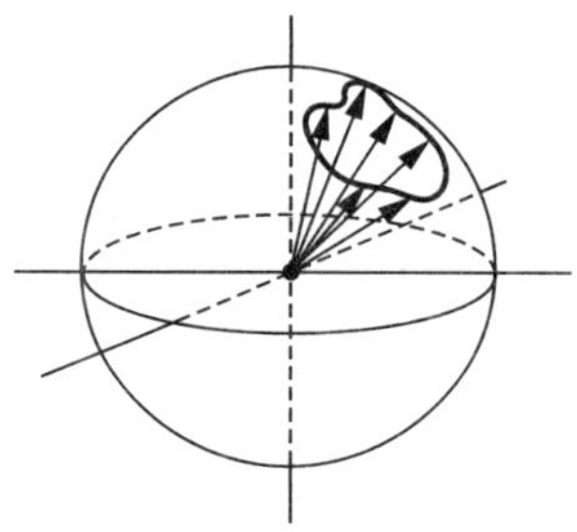

그림 6.2

따름정리 6.1.5

정칙인 닫힌 곡선의 접구상은 반구의 경계인 대원에 놓이지 않는다면 이 곡선은 어떤 닫힌 반구에도 놓이지 않는다.

다음 보조정리는 $\boldsymbol{\gamma}$가 정칙이라는 조건을 요구하지 않는다. 증명없이 결과만 언급하자.

보조정리 6.1.6

$\boldsymbol{\gamma}(t)$는 단위구 S^2 위의 닫힌 C^1-곡선이라 하자. 만일 다음 두 가지 조건 중 어느 하나를 만족하면 $\boldsymbol{\gamma}$의 상은 열린 반구에 포함된다.

(1) $\boldsymbol{\gamma}$의 길이 ℓ이 2π보다 작거나 또는,

(2) $\ell = 2\pi$이고 $\boldsymbol{\gamma}$의 상은 두 개의 대반원의 합집합은 아니다.

증명 증명은 참고문헌 [5]를 참고하라. ■

정리 6.1.7 **Fenchel, 1929**

닫힌 공간곡선 $\boldsymbol{\alpha}$의 전곡률은 2π보다 크거나 같다. 그리고 전곡률이 2π일 필요 충분조건은 $\boldsymbol{\alpha}$가 평면 볼록곡선인 것이다.

증명 $\boldsymbol{\gamma}$를 $\boldsymbol{\alpha}$의 접구상이라 하자. 그러면 $\boldsymbol{\gamma}$의 길이는

$$\ell = \int_0^s \left|\frac{d\gamma}{dt}\right| dt = \int_0^L \kappa ds$$

이다. 만일 $\ell < 2\pi$이면 보조정리 6.1.6 (1)에 의해서 $\boldsymbol{\gamma}$의 상은 $\left(\overline{S^2}\right)$에 놓이고 이것은 보조정리 6.1.4에 모순이다. 따라서

$$\ell = \int_0^L \kappa ds \geq 2\pi.$$

$\ell = 2\pi$라 하면 보조정리 6.1.6 (2)에 의해 $\boldsymbol{\gamma}$는 2개의 대반원의 합집합이다. (만일 2개의 대반원의 합집합이 아니면 $\boldsymbol{\gamma}$는 열린 반구에 포함되어 모순이다.)

만일 $\boldsymbol{\gamma}$가 하나의 대원이 아니면 $\boldsymbol{\gamma}$의 상은 $\left[\overline{S^2}\right]$에 놓이지만 경계전체는 아니다. 이것은 따름정리 6.1.5에 모순이다. 따라서 $\boldsymbol{\gamma}$는 하나의 대원이고 $\boldsymbol{\alpha}$는 평면곡선이다. (연습문제 2.4.5)

$\int_0^L \kappa ds$는 매개화된 곡선 $\boldsymbol{\gamma}$의 길이고 한 번 이상 중복되는 원의 부분은 적당한 중복도를 가지고 계산한다. $\boldsymbol{\gamma}$의 상은 길이가 2π인 대원이므로 중복되어지는 원의 부분은 없거나 또는 $\int_0^L \kappa ds > 2\pi$이다.

만일 $\boldsymbol{\alpha}$의 평면곡률 $\tilde{\kappa} = \dfrac{d\theta}{ds}$가 음과 양의 값을 모두 가진다면 접원상의 어떤 부분은 적어도 두 번 겹치는데, 이것은 모순이다. 따라서 $\tilde{\kappa}$의 부호는 바뀌지 않고, 그러므로 $\boldsymbol{\alpha}$는 볼록집합이다. ■

예제 6.1.1 C가 타원

$$\boldsymbol{\alpha}(t) = (2\cos t, \sin t, 0)(0 \leq t \leq 2\pi)$$

인 특별한 경우에 대해 Fenchel 정리를 증명하자.

만일 s가 C의 호의 길이면 타원의 대칭성에 의해

$$\int_C \kappa ds = \int_0^{2\pi} \kappa(s(t))\frac{ds}{dt}dt = 4\int_0^{\frac{\pi}{2}} \kappa(s(t))\frac{ds}{dt}dt$$

이다. 그런데

$$\frac{ds}{dt} = |\dot{\boldsymbol{\alpha}}| = \sqrt{4\sin^2 t + \cos^2 t},$$
$$\kappa = \frac{|\dot{\boldsymbol{\alpha}} \times \ddot{\boldsymbol{\alpha}}|}{|\dot{\boldsymbol{\alpha}}|^3} = \frac{2}{\left(\sqrt{4\sin^2 t + \cos^2 t}\right)^3}$$

이므로

$$\begin{aligned}\int_0^L \kappa ds &= 4\int_0^{\frac{\pi}{2}} \frac{2}{\left(\sqrt{4\sin^2 t + \cos^2 t}\right)^3} \times \sqrt{4\sin^2 t + \cos^2 t}dt \\ &= 4\int_0^{\frac{\pi}{2}} \frac{2}{4\sin^2 t + \cos^2 t}dt \\ &= 4\int_0^{\frac{\pi}{2}} \frac{2\sec^2 t}{1 + 4\tan^2 t}dt\end{aligned}$$

이다. $u = 2\tan t$라 하면

$$\int_0^L \kappa ds = 4\int_0^\infty \frac{1}{1+u^2}du = \left[4\tan^{-1} u\right]_0^\infty = 2\pi$$

이다.

정의 6.1.8

$\boldsymbol{\alpha} : [0, L] \longrightarrow \mathbb{R}^3$가 정칙곡선일 때 $\int_0^L \tau ds$를 **전열률**(total torsion)이라 한다.

정리 6.1.9

S^2 위의 단위속력곡선 $\boldsymbol{\alpha}(s)$의 전열률은 0이다.

증명 증명은 참고문헌 [5]를 참고하라. ■

정의 6.1.10

$\overline{B_r} = \{P \in \mathbb{R}^3 : |P| \le r\}$ 이고 $M \subset \mathbb{R}^3$ 라 하자. 만일 $M \subset \overline{B_r}$ 인 $r > 0$ 이 존재하면 M 을 **유계**(bounded)라 한다. 그리고 M 에서 수렴하는 임의의 수열 $\{P_n\}$ 에 대해 $\lim_{n\to\infty} P_n = P \in M$ 이면 M 을 **닫힌 집합**(closed set)이라 한다.

정의 6.1.11

$M \subset \mathbb{R}^3$ 가 유계이고 닫힌 집합이면 M 을 **컴팩트 집합**(compact set)이라 한다.

정리 6.1.12

M 이 $\mathbb{R}^3$ 에서 컴팩트 집합이면 Gauss 곡률이 양인 점 $P \in M$ 가 존재한다.

증명 증명은 참고문헌 [5]를 참고하라. ■

만일 M 이 컴패트 집합이 아니면 정리 6.1.12는 성립하지 않는다. 예를 들어 $M = \mathbb{R}^2 \subset \mathbb{R}^3$ 이면 모든 점에서 Gauss 곡률은 0이다.

연습문제 6.1

6.1.1 α 가 닫힌 공간곡선이라 하자. 그리고 어떤 양의 실수 $R > 0$ 에 대해 $0 \le \kappa \le \frac{1}{R}$ 이라 가정하자. 이때 α 의 길이는 적어도 $2\pi R$ 이 됨을 보여라.

6.1.2 예제 6.1.1에 주어진 타원에 대한 접구상을 계산하라. Fenchel 정리의 증명은 이 상에 대해 무엇을 알려주는가?

6.2 측지좌표조각

이 절에서는 곡면 M의 임의의 점은 측지좌표조각이라 불리는 특별한 종류의 좌표조각에 포함된다는 것을 보일 것이다. 측지좌표조각은 Gauss-Bonnet 정리를 증명하는데 매우 유용하다.

정의 6.2.1

$\mathbf{x} : U \longrightarrow \mathbb{R}^3$가 $E = 1, F = 0$인 좌표조각이면 $\mathbf{x}$을 **측지좌표조각**(geodesic coordinate patch)이라 한다. 이때 $\boldsymbol{\gamma}([a, b]) \subset \mathbf{x}(U)$이고 $\boldsymbol{\gamma}$가 u_1-곡선 또는 u_2-곡선이 되는 곡선 $\boldsymbol{\gamma}$가 존재하면 $\mathbf{x}$을 $\boldsymbol{\gamma}$를 따르는 측지좌표조각(geodesic coordinate patch along $\boldsymbol{\gamma}$)이라 한다.

따라서 $\mathbf{x}$가 측지좌표조각이면 u_1-곡선과 u_2-곡선은 수직이다.

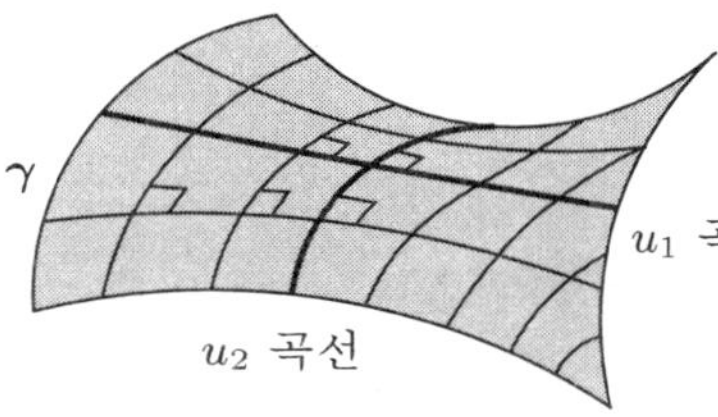

그림 6.3

성질 6.2.2

M은 곡면이고 $\boldsymbol{\alpha} : [a, b] \longrightarrow M$을 닫힌 곡선이 아닌 단순정칙곡선이라 하자. 그러면 $\boldsymbol{\alpha}$를 따르는 M의 측지좌표조각 $\mathbf{x} : U \longrightarrow \mathbb{R}^3$가 존재한다.

증명 $\boldsymbol{\alpha}$는 (c, d)에서 정의되어 있고 $c < a \leq b < d$라 하자. 그리고 $c < e < a \leq b < f < d$인 $e, f \in \mathbb{R}$을 택하자.

각 t에 대해 $\mathbf{X}(t) = -\mathbf{w}$라 하자. 여기서 $\mathbf{w} = \mathbf{n} \times \mathbf{T}$이고 $\mathbf{n}$은 $\boldsymbol{\alpha}$를 따라 움직이는 M의 단위법벡터이다. 각 $t \in [e, f]$에 대해 $\boldsymbol{\alpha}_t(r)$은

$$\boldsymbol{\alpha}_t(0) = \boldsymbol{\alpha}(t), \quad \left(\frac{d\boldsymbol{\alpha}_t}{dr}\right)(0) = \mathbf{X}(t)$$

을 만족하는 유일한 측지선이라 하자.(정리 4.5.8에 의해 이런 측지선이 존재한다.) 그리고 $\mathbf{x}(r,t) = \boldsymbol{\alpha}_t(r)$ 이라 하자. 매끈하게 변하는 매개변수 t에 대한 미분방정식의 해가 매끈하므로 $\mathbf{x} \in C^3$ 이다. (측지선은 제4장 방정식 (4.15)를 만족하고 제 1장에서 특별한 언급이 없으면 정칙곡선은 C^3-급 곡선으로 가정했다.)

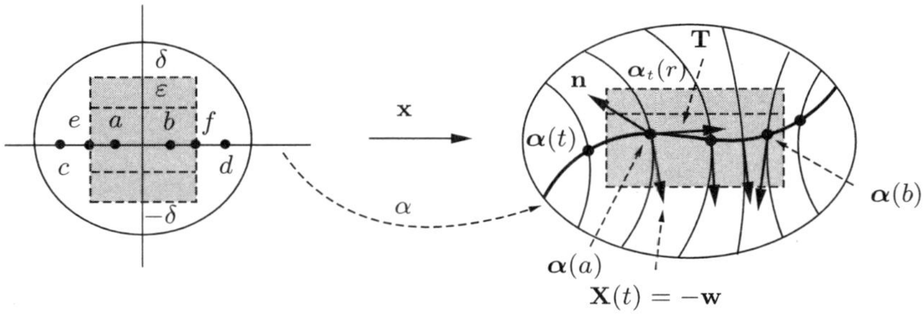

그림 6.4

$[e,f]$가 폐구간이므로 $[-\delta,\delta] \times [e,f]$에서 $\mathbf{x}$가 일대일이 되도록 하는 양수 δ가 존재한다.

$$\mathbf{x}_1(0,t) = \mathbf{X}(t), \quad \mathbf{x}_2(0,t) = \frac{d\boldsymbol{\alpha}}{dt}.$$

$\mathbf{X}$와 $\dfrac{d\boldsymbol{\alpha}}{dt}$가 수직이고 영벡터가 아니므로 $(\mathbf{x}_1 \times \mathbf{x}_2)(0,t) \neq \mathbf{0}$이다. 따라서 $[-\varepsilon,\varepsilon] \times [e,f]$에서 $\mathbf{x}_1 \times \mathbf{x}_2 \neq \mathbf{0}$인 양수 $\varepsilon \leq \delta$가 존재한다. 이때 $\mathbf{x} : (-\varepsilon,\varepsilon) \times (e,f) \longrightarrow \mathbb{R}^3$는 $\boldsymbol{\alpha}([a,b])$을 포함하는 C^3-급 좌표조각이다. $\boldsymbol{\alpha}_t$가 $\mathbf{x}_1 = \dfrac{\partial \boldsymbol{\alpha}_t}{\partial r}$이고 호의 길이가 r인 측지선이므로 $g_{11} = \langle \mathbf{x}_1, \mathbf{x}_1 \rangle = 1$이다. 그리고

$$\begin{aligned} \frac{\partial g_{12}}{\partial r} &= \frac{\partial}{\partial r} \langle \mathbf{x}_1, \mathbf{x}_2 \rangle = \langle \mathbf{x}_{11}, \mathbf{x}_2 \rangle + \langle \mathbf{x}_1, \mathbf{x}_{21} \rangle \\ &= \langle \mathbf{x}_{11}, \mathbf{x}_2 \rangle + \langle \mathbf{x}_1, \mathbf{x}_{12} \rangle. \end{aligned} \tag{6.1}$$

$\boldsymbol{\alpha}_t$가 측지선이므로 $\mathbf{x}_{11} = \dfrac{\partial^2 \boldsymbol{\alpha}_t}{\partial r^2}$는 M에 수직이다. 그러므로 $\langle \mathbf{x}_{11}, \mathbf{x}_2 \rangle = 0$이다.

$\langle \mathbf{x}_1, \mathbf{x}_1 \rangle = 0$이므로 $2\langle \mathbf{x}_{12}, \mathbf{x}_1 \rangle = 0$이고 식 (6.1)에서 $\dfrac{\partial g_{12}}{\partial r} = 0$. 따라서 g_{12}는 r에 대해 상수이다. 따라서 $r=0$에서

$$g_{12}(0,t) = \langle \mathbf{x}_1(0,t), \mathbf{x}_2(0,t) \rangle = \left\langle \mathbf{X}(t), \frac{d\boldsymbol{\alpha}_t}{dr} \right\rangle = 0$$

이 되고 $g_{12} = \langle \mathbf{x}_1, \mathbf{x}_2 \rangle = 0$ 이 되어 $\mathbf{x}$는 $u_1 = r, u_2 = t$ 인 측지좌표조각이다. $\boldsymbol{\alpha}(a) = \boldsymbol{\alpha}_a(0) = \mathbf{x}(0, a)$ 을 지나는 u_2-곡선은

$$\mathbf{x}(0, a+t) = \boldsymbol{\alpha}_{a+t}(0) = \boldsymbol{\alpha}(a+t).$$

즉, $\boldsymbol{\alpha}$ 이다. ■

$h = |\mathbf{x}_2|$ 라 하자. 그러면 측지좌표조각 $\mathbf{x}$의 제1기본형식은 다음과 같다.

$$\begin{pmatrix} E & F \\ F & G \end{pmatrix} = \begin{pmatrix} 1 & 0 \\ 0 & h^2 \end{pmatrix}.$$

$\boldsymbol{\alpha}$가 성질 6.2.2에 주어진 (단위속력)측지선인 특별한 경우에는 함수 $h = |\mathbf{x}_2|$는 중요한 두 가지 성질을 가진다.

첫 번째 성질은

$$h(0, u_2) = |\mathbf{x}_2(0, u_2)| = |\boldsymbol{\alpha}'(u_2)| = 1$$

이다. 두 번째 성질은 $\boldsymbol{\alpha}$가 측지선이므로 $\mathbf{x}_{22}(0, u_2) = \boldsymbol{\alpha}''(u_2)$는 곡면의 법벡터이다. 그리고 $< \mathbf{x}_1, \mathbf{x}_2 >= 0$ 이므로

$$\begin{aligned} \frac{\partial}{\partial u_1} h^2 &= \frac{\partial}{\partial u_1} \langle \mathbf{x}_2, \mathbf{x}_2 \rangle \\ &= 2\langle \mathbf{x}_{21}, \mathbf{x}_2 \rangle = 2\langle \mathbf{x}_{12}, \mathbf{x}_2 \rangle = -2\langle \mathbf{x}_1, \mathbf{x}_{22} \rangle \end{aligned}$$

이다. 따라서 $u_1 = 0$ 에서는 다음이 성립한다.

$$\frac{\partial}{\partial u_1} h^2(0, u_2) = 0, \quad \frac{\partial}{\partial u_1} h(0, u_2) = 0.$$

$\boldsymbol{\alpha}$가 측지선일 때 $h(0, u_2) = 1, \dfrac{\partial h}{\partial u_1}(0, u_2) = 0$ 라는 결과는 측지좌표조각의 응용에 중요한 다음 정리를 증명하는데 매우 유용하다.

정리 6.2.3

Gauss 곡률이 $K = c$(상수) 인 두 곡면은 국소적으로 등거리이다.

증명 M과 N을 Gauss 곡률이 $K = c$ 인 곡면이라 하자. 그리고 $P \in M, Q \in N$ 에 대해

$\mathbf{X} \in T_PM$, $\mathbf{Y} \in T_QN$은 단위벡터라 하고 $\boldsymbol{\alpha} : (-\lambda, \lambda) \longrightarrow M$, $\boldsymbol{\gamma} : (-\lambda, \lambda) \longrightarrow N$은

$$\boldsymbol{\alpha}(0) = P, \quad \boldsymbol{\alpha}'(0) = \mathbf{X}, \quad \boldsymbol{\gamma}(0) = Q, \quad \boldsymbol{\gamma}'(0) = \mathbf{Y}$$

인 유일한 측지선이라 하자. (정리 4.5.8에서 이런 측지선이 유일하게 존재한다.)

각각 $\boldsymbol{\alpha}$와 $\boldsymbol{\gamma}$를 따르는 측지좌표조각

$$\mathbf{x} : (-\varepsilon, \varepsilon) \times (-\lambda, \lambda) \longrightarrow M,$$

$$\mathbf{y} : (-\varepsilon, \varepsilon) \times (-\lambda, \lambda) \longrightarrow N$$

을 만들고 $(-\varepsilon, \varepsilon)$에서 매개변수는 t, $(-\lambda, \lambda)$에서 매개변수는 s라 하자. 그러면 $\mathbf{X}$와 $\mathbf{Y}$에 대한 거리행렬은 각각

$$(g_{ij}) = \begin{pmatrix} 1 & 0 \\ 0 & e^2 \end{pmatrix}, \quad (h_{ij}) = \begin{pmatrix} 1 & 0 \\ 0 & f^2 \end{pmatrix}$$

이다. 여기서 e와 f는 다음을 만족한다. 즉,

$$e(0, s) = f(0, s) = 1, \quad \frac{\partial e}{\partial t}(0, s) = \frac{\partial f}{\partial t}(0, s) = 0.$$

연습문제 6.2.3에 의해 $\mathbf{x}$와 $\mathbf{y}$에 대한 Gauss 곡률은 각각

$$K = \left(-\frac{\partial^2 e}{\partial t^2}\right)\frac{1}{e}, \quad K = \left(-\frac{\partial^2 f}{\partial t^2}\right)\frac{1}{f}$$

로 주어진다. 따라서 각 고정된 s에 대해 e와 f는 다음 초기값 문제의 해이다.

$$\begin{cases} \ddot{u} = -cu, \\ u(0) = 1, \quad \dot{u}(0) = 0. \end{cases} \tag{6.2}$$

Picard 정리에 의해 방정식 (6.2)의 해가 유일하게 존재하는데, 이 해는 다음과 같다.

$$u(t) = \begin{cases} \cosh(\sqrt{c}t), & c > 0, \\ 1, & c = 0, \\ \cosh(\sqrt{-c}t), & c < 0. \end{cases}$$

특히, 두 곡면의 Gauss 곡률이 같고 상수이므로 $e = f$, $(g_{ij}) = (h_{ij})$인 좌표조각

$$\mathbf{x} : U \longrightarrow M, \quad \mathbf{y} : U \longrightarrow N$$

이 존재한다. 따라서 M과 N은 국소적으로 등거리이다. ■

지수함수와 측지극좌표를 도입해보자. 그러면 정칙곡면 M 위의 점 P와 영벡터가 아닌 벡터 $\mathbf{v} \in T_P M$에 대해 $\boldsymbol{\gamma}(0) = P, \boldsymbol{\gamma}'(0) = \mathbf{v}$인 매개화된 측지선 $\boldsymbol{\gamma} : (-\varepsilon, \varepsilon) \longrightarrow M$이 유일하게 존재한다.

정의 6.2.4

$\Gamma = \{\mathbf{v} \in T_P M : 1 \in \text{domain}(\boldsymbol{\gamma}_{\mathbf{v}})\}$라 하고 $\exp : \Gamma \longrightarrow M$을

$$\exp_P(\mathbf{v}) = \boldsymbol{\gamma}_{\mathbf{v}}(1)$$

이라 하자. 이때 exp을 M에서 **지수함수**(exponential function)라 한다. 여기서 $\boldsymbol{\gamma}_{\mathbf{v}}$는 $\boldsymbol{\gamma}_{\mathbf{v}}(0) = P, \boldsymbol{\gamma}'_{\mathbf{v}}(0) = \mathbf{v}$이고 $\boldsymbol{\gamma}_{\mathbf{v}}(1)$이 정의되는 측지선이다.

γ가 측지선이므로 성질 4.6.7과 성질 4.6.10에 의하면 $\gamma(t)$ 위에서 $\left|\dfrac{d\gamma}{dt}\right|$는 상수이다. 따라서

$$\left|\frac{d\gamma}{dt}\right| = \left|\frac{d\gamma}{dt}(0)\right| = |\mathbf{v}|$$

이고

$$\int_0^1 \left|\frac{d\gamma}{dt}\right| dt = \int_0^1 |\mathbf{v}| dt = |\mathbf{v}|.$$

즉, 지수함수는 점 P에서의 접벡터 $\mathbf{v}$를 P을 지나고 방향이 $\mathbf{v}$이며 길이가 $|\mathbf{v}|$인 측지선 위의 점에 대응시키는 함수이다.

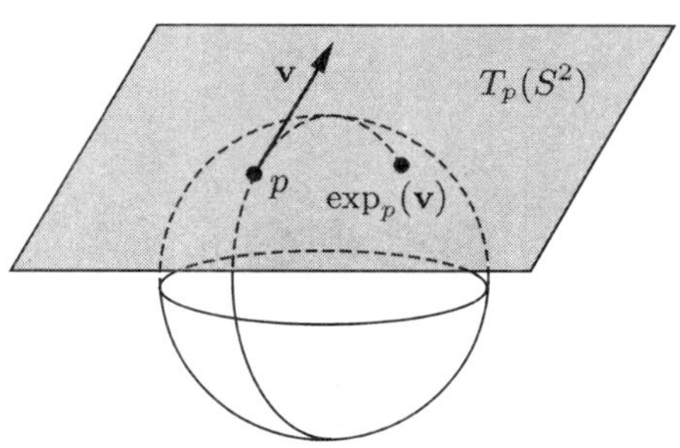

그림 6.5

예제 6.2.1 모든 $\mathbf{v} \in T_P(S^2)$에 대해 $\exp_P(\mathbf{v})$는 단위구 S^2 위에서 정의된다. $\exp_P$에 의해 크기가 $\pi, 3\pi, \ldots, (2n+1)\pi$인 벡터는 점 P와 원점에 대칭인 점 Q에 대응하고, 크기가 $2\pi, 4\pi, \ldots, 2n\pi$인 벡터는 점 P에 대응한다.

$P \in M$과 접평면 T_PM에 대해 극좌표계 (ρ, θ)을 택하자. 여기서 ρ는 극반경이고 θ는 $0 < \theta < 2\pi$인 극동경이다. 그러면 정규직교단위벡터 $\mathbf{e}_1, \mathbf{e}_2 \in T_PM$에 대해 P에서 접벡터가 $(\cos\theta)\mathbf{e}_1 + (\sin\theta)\mathbf{e}_2$인 측지선 $\mathbf{x}(\rho, \theta) = \exp_P(\rho, \theta)$가 유일하게 존재하는데 이러한 측지선을 **방사측지선**(radial geodesic)이라 한다. 그리고 좌표 (ρ, θ)을 **측지극좌표**(geodesic polar coordinate)라 하고, 반지름이 ρ인 원을 **측지원**(geodesic circle)이라 한다. (그림 6.6)

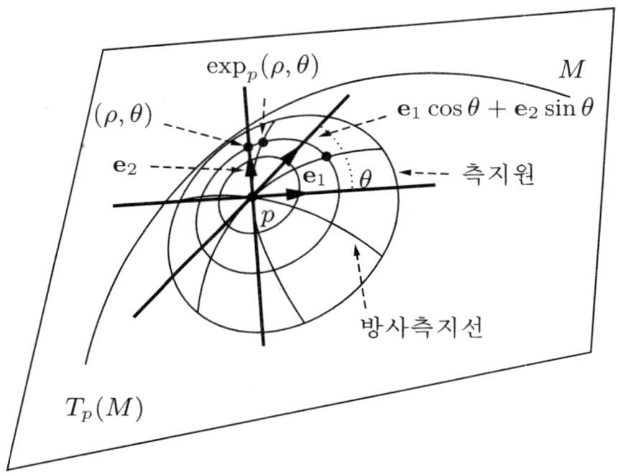

그림 6.6

연습문제 6.2

6.2.1 회전면의 표준적인 매개화는 위선을 따른 측지좌표조각임을 보여라.

6.2.2 성질 6.2.2에 주어진 $\boldsymbol{\alpha}$를 측지선이라 가정하자. 이 곡선을 따라 $(g_{ij}) = (\delta_{ij})$임을 보여라.

6.2.3 $\mathbf{x}$을

$$(g_{ij}) = \begin{pmatrix} 1 & 0 \\ 0 & h^2 \end{pmatrix}$$

인 측지좌표조각라 하고 $h > 0$이라 하자. 다음을 보여라.

(1) $\Gamma_{12}^2 = \Gamma_{21}^2 = \dfrac{h_1}{h}$

(2) $\Gamma_{22}^1 = -hh_1$

(3) $\Gamma_{22}^2 = \dfrac{h_2}{h}$

(4) 그 외는 모드 $\Gamma_{ij}^k = 0$

(5) $K = -\dfrac{h_{11}}{h}$. 여기서 $h_i = \dfrac{\partial h}{\partial u_i}$

6.2.4 (쌍곡반평면) $U = \{(x, y) \in \mathbb{R}^3 : y > 0\}$ 일 때 $\mathbf{x} : U \longrightarrow \mathbb{R}^3$는 다음을 만족하는 단순곡면이라 하자.

$$(g_{ij}) = \begin{pmatrix} \dfrac{1}{y^2} & 0 \\ 0 & \dfrac{1}{y^2} \end{pmatrix}.$$

다음을 보여라.

(1) $\Gamma_{11}^2 = -\Gamma_{12}^1 = -\Gamma_{22}^2 = \dfrac{1}{y}$

(2) 나머지 모두 $\Gamma_{ij}^k = 0$

(3) Gauss 곡률 K를 구하여라.

6.2.5 (Poincare 원판) $U = \{(x, y) \in \mathbb{R}^2 : x^2 + y^2 < 1\}$ 일 때 $\mathbf{x} : U \longrightarrow \mathbb{R}^3$는 다음을 만족하는 단순곡면이라 하자.

$$(g_{ij}) = \begin{pmatrix} \dfrac{4}{(1-x^2-y^2)^2} & 0 \\ 0 & \dfrac{4}{(1-x^2-y^2)^2} \end{pmatrix}.$$

다음을 보여라.

(1) $\Gamma_{22}^2 = \Gamma_{12}^1 = -\Gamma_{11}^2 = \dfrac{2y}{1-x^2-y^2}$

(2) $\Gamma^1_{11} = \Gamma^2_{12} = -\Gamma^1_{22} = \dfrac{2x}{1-x^2-y^2}$

(3) Gauss 곡률 K를 구하여라.

6.3 Gauss-Bonnet 정리와 Euler 표수

정의 6.3.1

곡면 M 위의 모든 점 $P \in M$에 대하여 $\mathcal{N}(P) = \mathbf{n}$가 P에서 M의 법벡터가 되는 연속함수 $\mathcal{N} : M \longrightarrow S^2$가 존재하면 M을 **가향곡면**(orientable surface)이라 한다.

따라서 가향곡면에서 Gauss 사상은 전체곡면에서 정의된다.

예제 6.3.1 단위구 S^2에 대해 $\mathcal{N}(P) = \mathbf{n}$ $(P \in S^2)$을 P에서 외향단위법벡터로 정의하자. 그러면 $\mathcal{N} : S^2 \longrightarrow S^2$는 연속이고 S^2는 가향곡면이다.

예제 6.3.2 토러스 T^2에 대해 $\mathcal{N}(P)$을 P에서 외향단위법벡터로 정의하면 $\mathbf{n}$은 연속이다. 따라서 T^2는 가향곡면이다. (그림 6.7)

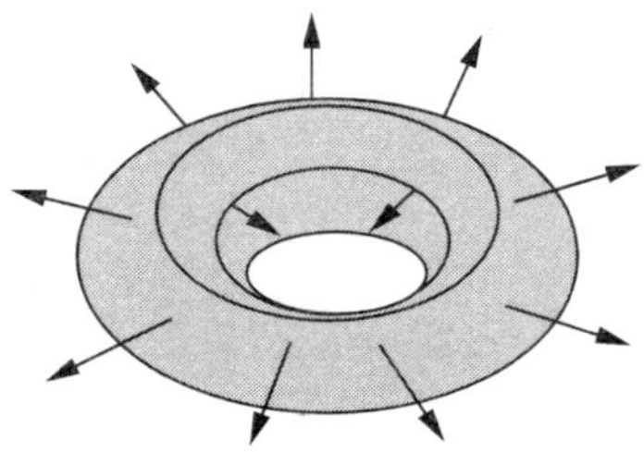

그림 6.7

Klein은 Mäbius 띠를 이용해서 타원 기하학의 성질을 설명했다. Mäbius 띠는 한쪽 면만을 갖는 단순곡면의 중요한 예이다. 중심선은 단순폐곡선이고 임의의 두 직선은

한 점에서 만난다. (그림 6.8) 따라서 만일 타원체의 점과 선을 택하면 Mäbius 띠는 단순 타원 기하학에 대한 적당한 모형이 된다.

$\mathbf{x} : U \longrightarrow M$ 을 Mäbius 띠에 대한 좌표계라 하면

$$\mathbf{x}(u,v) = \left(\left(2 - v\sin\frac{u}{2}\right)\sin u, \left(2 - v\sin\frac{u}{2}\right)\cos u, v\cos\frac{u}{2}\right)$$

와 같이 주어진다. 여기서 $0 < u < 2\pi, -1 < v < 1$ 이다.

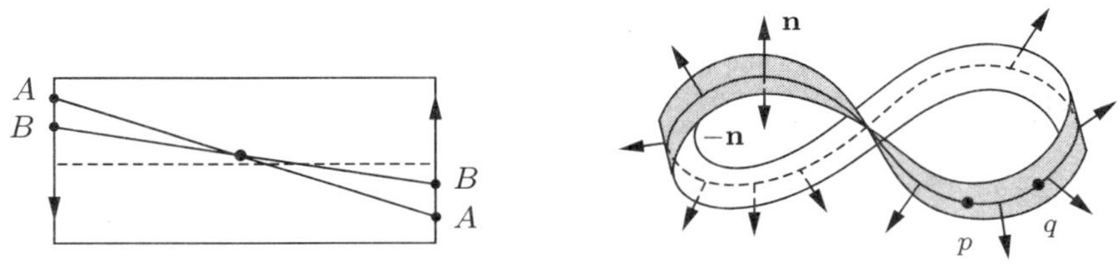

그림 6.8

예제 6.3.3 Mäbius 띠는 가향곡면이 아니다.

Mäbius 띠가 정칙이고 가향이 아니라는 것은 기하학적으로 명백하다. 사실 M 이 가향곡면이면 단위법벡터로 사상하는 미분가능한 법벡터장 $\mathbf{n} : M \longrightarrow \mathbb{R}^3$ 가 존재한다. 곡면을 따라 이러한 벡터장을 택하면 시작점에서 벡터 $\mathbf{n}$ 이 띠를 한 바퀴 돌고 난 후 그 점에서 $-\mathbf{n}$ 으로 바뀐다. 따라서 모순이다.

단순곡면의 다른 예로서 그림 6.9와 같은 Klein 병을 들 수 있다.

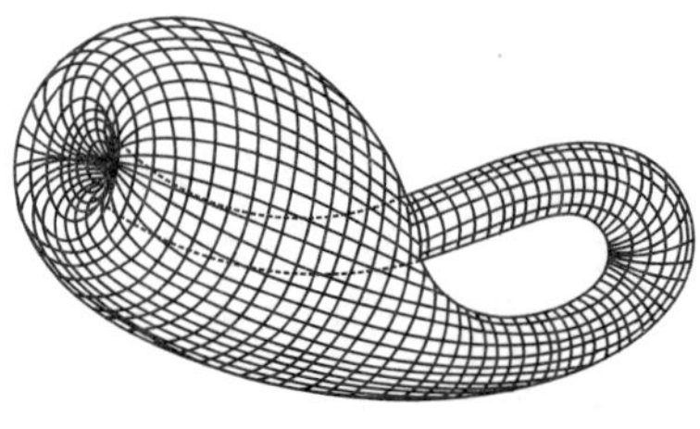

그림 6.9

예제 6.3.4 $f : \mathbb{R}^3 \longrightarrow \mathbb{R}$ 은 미분가능한 함수이고

$$\nabla f(P) = (f_x(P), f_y(P), f_z(P))\ (P \in \mathbb{R}^3)$$

을 P에서 f의 그래디언트라 하자. 만일 모든 $P \in M = \{P \in \mathbb{R}^3 : f(P) = 0\}$에 대해 $\nabla f(P) \neq \mathbf{0}$이면 M은 곡면임을 이미 언급했다. 이때 M을 **등위면**(level surface)이라 한다. 만일 $P \in M$에 대해

$$\mathbf{n}(P) = \frac{\nabla f(P)}{|\nabla f(P)|}$$

로 정의하면 $\mathbf{n} : M \longrightarrow S^2$가 연속이므로 등위면 M은 항상 가향곡면이다.

정리 6.3.2

$\mathbb{R}^3$에서 모든 컴팩트 곡면은 가향곡면이다.

증명 자세한 증명은 참고문헌 [9]를 참고하라. ■

Gauss-Bonnet 정리를 증명하기 위해 몇 가지 성질을 알아보자.

u-곡선과 v-곡선 방향의 단위벡터를

$$\mathbf{e}_1 = \mathbf{e}_1(u(s_1), v(s_1)), \quad \mathbf{e}_2 = \mathbf{e}_2(u(s_2), v(s_2))$$

라 하고 $(\kappa_g)_1$와 $(\kappa_g)_2$을 각각 u-곡선과 v-곡선의 측지곡률이라 하자.

성질 6.3.3

$\mathbf{x}(u, v)$을 직교좌표조각이라 하자. 그러면

$$\langle \mathbf{x}_{uu}, \mathbf{x}_v \rangle = -\frac{1}{2}E_v, \quad \langle \mathbf{x}_{vv}, \mathbf{x}_u \rangle = -\frac{1}{2}G_u.$$

증명 $\mathbf{x}$가 직교좌표조각이면 $F = 0$이므로

$$E_v = \langle \mathbf{x}_u, \mathbf{x}_u \rangle_v = 2\langle \mathbf{x}_u, \mathbf{x}_{uv} \rangle,$$

$$G_u = \langle \mathbf{x}_v, \mathbf{x}_v \rangle_u = 2\langle \mathbf{x}_{vu}, \mathbf{x}_v \rangle,$$

$$F_u = \langle \mathbf{x}_u, \mathbf{x}_v \rangle_u = \langle \mathbf{x}_{uu}, \mathbf{x}_v \rangle + \langle \mathbf{x}_u, \mathbf{x}_{vu} \rangle = 0$$

이다. 따라서

$$\langle \mathbf{x}_{uu}, \mathbf{x}_v \rangle = -\langle \mathbf{x}_u, \mathbf{x}_{vu} \rangle = -\frac{1}{2}E_v$$

이 되고, 비슷한 방법으로

$$F_v = \langle \mathbf{x}_u, \mathbf{x}_v \rangle_v = \langle \mathbf{x}_{uv}, \mathbf{x}_v \rangle + \langle \mathbf{x}_u, \mathbf{x}_{vv} \rangle = 0$$

이 되므로

$$\langle \mathbf{x}_{vv}, \mathbf{x}_u \rangle = -\langle \mathbf{x}_{uv}, \mathbf{x}_v \rangle = -\frac{1}{2} G_u$$

이다. ■

성질 6.3.4

$\mathbf{x}(u,v)$가 직교좌표조각이면 다음이 성립한다.

$$\langle (\mathbf{e}_1)_u, \mathbf{e}_2 \rangle = -\frac{1}{2} \cdot \frac{E_v}{\sqrt{EG}}, \qquad \langle (\mathbf{e}_1)_v, \mathbf{e}_2 \rangle = \frac{1}{2} \cdot \frac{G_u}{\sqrt{EG}}.$$

증명 성질 6.3.3을 이용하면

$$\begin{aligned}
\langle (\mathbf{e}_1)_u, \mathbf{e}_2 \rangle &= \left\langle \left(\frac{\mathbf{x}_u}{\sqrt{E}} \right)_u, \frac{\mathbf{x}_v}{\sqrt{G}} \right\rangle \\
&= \left\langle \frac{\mathbf{x}_{uu}\sqrt{E}}{E} - \frac{1}{2} \frac{\mathbf{x}_u E_u}{E\sqrt{E}}, \frac{\mathbf{x}_v}{\sqrt{G}} \right\rangle \\
&= \langle \mathbf{x}_{uu}, \mathbf{x}_v \rangle \frac{1}{\sqrt{EG}} = -\frac{1}{2} E_v \cdot \frac{1}{\sqrt{EG}}, \\
\langle (\mathbf{e}_1)_v, \mathbf{e}_2 \rangle &= \left\langle \left(\frac{\mathbf{x}_u}{\sqrt{E}} \right)_v, \frac{\mathbf{x}_v}{G} \right\rangle \\
&= \langle \mathbf{x}_{uv}, \mathbf{x}_v \rangle \frac{1}{\sqrt{EG}} = \frac{1}{2} G_u \cdot \frac{1}{\sqrt{EG}}
\end{aligned}$$

임을 알 수 있다. ■

성질 6.3.5

$\mathbf{x} : U \longrightarrow M$을 직교좌표조각이라 하고 $(\kappa_g)_1$과 $(\kappa_g)_2$를 각각 u-곡선과 v-곡선의 측지곡률이라 하자. 그러면

$$(\kappa_g)_1 = -\frac{E_v}{2E\sqrt{G}}, \qquad (\kappa_g)_2 = \frac{G_u}{2G\sqrt{E}}.$$

증명 $\mathbf{x}$가 직교좌표조각이므로 $\mathbf{n} = \mathbf{e}_1 \times \mathbf{e}_2$이고

$$\mathbf{w} = \mathbf{n} \times \mathbf{e}_i = (\mathbf{e}_1 \times \mathbf{e}_2) \times \mathbf{e}_i$$

이다. 그런데 $\dfrac{ds_1}{du} = |\mathbf{x}_u|$이고 $\dfrac{ds_2}{dv} = |\mathbf{x}_v|$이므로 성질 6.3.4에 의해

$$\begin{aligned}
(\kappa_g)_1 &= \left\langle \frac{d\mathbf{e}_1}{ds_1}, \mathbf{w} \right\rangle = \left\langle \frac{d\mathbf{e}_1}{ds_1}, (\mathbf{e}_1 \times \mathbf{e}_2) \times \mathbf{e}_1 \right\rangle \\
&= \left\langle \frac{d\mathbf{e}_1}{ds_1}, \mathbf{e}_2 \right\rangle = \left\langle \frac{\partial \mathbf{e}_1}{\partial u}, \mathbf{e}_2 \right\rangle \frac{du}{ds_1} = -\frac{1}{2} \cdot \frac{E_v}{\sqrt{EG}} \cdot \frac{1}{\sqrt{E}} = -\frac{E_v}{2E\sqrt{G}}, \\
(\kappa_g)_2 &= \left\langle \frac{d\mathbf{e}_2}{ds_2}, \mathbf{w} \right\rangle = \left\langle \frac{d\mathbf{e}_2}{ds_2}, (\mathbf{e}_1 \times \mathbf{e}_2) \times \mathbf{e}_2 \right\rangle = \left\langle \frac{d\mathbf{e}_2}{ds_2}, -\mathbf{e}_1 \right\rangle = \left\langle \frac{\partial \mathbf{e}_2}{\partial v}, -\mathbf{e}_1 \right\rangle \frac{dv}{ds_2} \\
&= \left\langle \frac{\partial \mathbf{e}_1}{\partial v}, \mathbf{e}_2 \right\rangle \frac{dv}{ds_2} = \frac{1}{2} \frac{G_u}{\sqrt{EG}} \cdot \frac{1}{\sqrt{G}} = \frac{G_u}{2G\sqrt{E}}
\end{aligned}$$

이 성립한다. ■

제2종 Christoffel 기호

$$\Gamma_{ij}^{\ell} = \frac{1}{2} \sum g^{k\ell} \left(\frac{\partial g_{ik}}{\partial u_i} + \frac{\partial g_{ik}}{\partial u_j} - \frac{\partial g_{ij}}{\partial u_k} \right)$$

를 상기하자. (제4장 성질 4.4.8)

성질 6.3.6

다음이 성립한다.

$$\begin{aligned}
\Gamma_{11}^1 &= \frac{GE_u - 2FF_u + FE_v}{2g}, & \Gamma_{22}^1 &= \frac{2GF_v - GG_v - FG_v}{2g}, \\
\Gamma_{11}^2 &= \frac{2EF_u - EE_v + FE_u}{2g}, & \Gamma_{22}^2 &= \frac{EG_v - 2FF_v - FG_u}{2g}, \\
\Gamma_{12}^1 &= \frac{GE_v - FG_u}{2g}, & \Gamma_{12}^2 &= \frac{EG_u - FE_v}{2g}.
\end{aligned}$$

증명 $u_1 = u, u_2 = v$라 하면

$$\begin{aligned}
\Gamma_{11}^1 &= \frac{1}{2} \left[g^{11} \left(\frac{\partial g_{11}}{\partial u_1} \right) + g^{21} \left(\frac{\partial g_{12}}{\partial u_1} + \frac{\partial g_{12}}{\partial u_1} - \frac{\partial g_{11}}{\partial u_2} \right) \right] \\
&= \frac{1}{2} \left[\frac{G}{g} E_u - \frac{F}{g} (2F_u - E_v) \right].
\end{aligned}$$

나머지 결과도 같은 방법으로 증명하면 된다. ■

따름정리 6.3.7

$\mathbf{x}$가 직교좌표조각이면

$$\Gamma_{11}^1 = \frac{GE_u}{2g}, \quad \Gamma_{22}^1 = \frac{-GG_v}{2g}, \quad \Gamma_{11}^2 = \frac{-EE_v}{2g},$$
$$\Gamma_{22}^2 = \frac{EG_v}{2g}, \quad \Gamma_{12}^1 = \frac{GE_v}{2g}, \quad \Gamma_{12}^2 = \frac{EG_u}{2g}.$$

증명 $\mathbf{x}$가 직교좌표조각이면 $F = 0$이므로 성질 6.3.6에 의해 성립한다. ■

성질 6.3.8

$\mathbf{x} : U \longrightarrow M$을 직교좌표조각이라 하자. 그러면 Gauss 곡률 K는 다음과 같이 주어진다.

$$K = -\frac{1}{\sqrt{EG}} \left\{ \left[\frac{\left(\sqrt{G}\right)_u}{\sqrt{E}} \right]_u + \left[\frac{\left(\sqrt{E}\right)_v}{\sqrt{G}} \right]_v \right\}$$
$$= -\frac{1}{\sqrt{EG}} \left\{ \frac{\partial}{\partial u} \left(\frac{1}{\sqrt{E}} \frac{\partial \sqrt{G}}{\partial u} \right) + \frac{\partial}{\partial v} \left(\frac{1}{\sqrt{G}} \frac{\partial \sqrt{E}}{\partial v} \right) \right\}$$

증명 Riemann 곡률텐서의 정의, 따름정리 6.3.7을 이용하면

$$\begin{aligned}
R_{121}^2 g_{22} = &- \left\{ \left(\frac{EG_u}{2g} \right)_u - \left(-\frac{EE_v}{2g} \right)_v + \left(\frac{GE_v}{2g} \right) \left(-\frac{EE_v}{2g} \right) \right. \\
&\left. + \left(\frac{EG_u}{2g} \right) \left(\frac{EG_u}{2g} \right) - \left(\frac{GE_n}{2g} \right) \left(\frac{EG_u}{2g} \right) - \left(-\frac{EE_v}{2g} \right) \left(\frac{EG_v}{2g} \right) \right\} G \\
&= -\frac{1}{EG} \left\{ \frac{1}{2} EG \left(E_{vv} + G_{uu} \right) - \frac{1}{4} EE_v G_v - \frac{1}{4} F_u G G_u - \frac{1}{4} E_v E_v G \right. \\
&\left. - \frac{1}{4} EG_u G_u \right\} \\
&= -\frac{1}{2} \sqrt{EG} \left\{ \frac{1}{(EG)^{\frac{3}{2}}} \left[G_{uu} EG - \frac{1}{2} G_u \left(E_u G + EG_u \right) \right] \right. \\
&\left. + \frac{1}{(EG)^{\frac{3}{2}}} \left[E_{vv} EG - \frac{1}{2} E_v \left(E_v G + EG_v \right) \right] \right\} \\
= &- \frac{1}{2} \sqrt{EG} \left\{ \left(\frac{G_u}{\sqrt{EG}} \right)_u + \left(\frac{E_v}{\sqrt{EG}} \right)_v \right\} \\
= &- \sqrt{EG} \left\{ \frac{\partial}{\partial u} \left(\frac{1}{\sqrt{E}} \frac{\partial \sqrt{G}}{\partial u} \right) + \frac{\partial}{\partial v} \left(\frac{1}{\sqrt{G}} \frac{\partial \sqrt{E}}{\partial v} \right) \right\}
\end{aligned}$$

이다. 따라서

$$K = -\frac{1}{\sqrt{EG}}\left\{\frac{\partial}{\partial u}\left(\frac{1}{\sqrt{E}}\frac{\partial\sqrt{G}}{\partial u}\right)+\frac{\partial}{\partial v}\left(\frac{1}{\sqrt{G}}\frac{\partial\sqrt{E}}{\partial v}\right)\right\}$$

이다. ■

정의 6.3.9

$M \subset \mathbb{R}^3$ 이고 $\boldsymbol{\alpha}_0 : [0,L] \longrightarrow M, \boldsymbol{\alpha}_1 : [0,L] \longrightarrow M$ 을 $P = \boldsymbol{\alpha}_0(0) = \boldsymbol{\alpha}_1(0)$ 와 $Q = \boldsymbol{\alpha}_0(L) = \boldsymbol{\alpha}_1(L)$ 을 잇는 M 위의 곡선이라 하자. (그림 6.10) 이때 다음을 만족하는 연속함수

$$H : [0,L] \times [0,1] \longrightarrow M$$

이 존재하면 $\boldsymbol{\alpha}_0$ 와 $\boldsymbol{\alpha}_1$ 을 **호모토픽**(homotopic)이라 한다.

(1) $H(s,0) = \boldsymbol{\alpha}_0(s), H(s,1) = \boldsymbol{\alpha}_1(s)\ (s \in [0,L])$

(2) $H(0,t) = P, H(L,t) = Q\ (t \in [0,1])$

그리고 함수 H 를 $\boldsymbol{\alpha}_0$ 와 $\boldsymbol{\alpha}_1$ 사이의 **호모토피**(homotopy)라 한다.

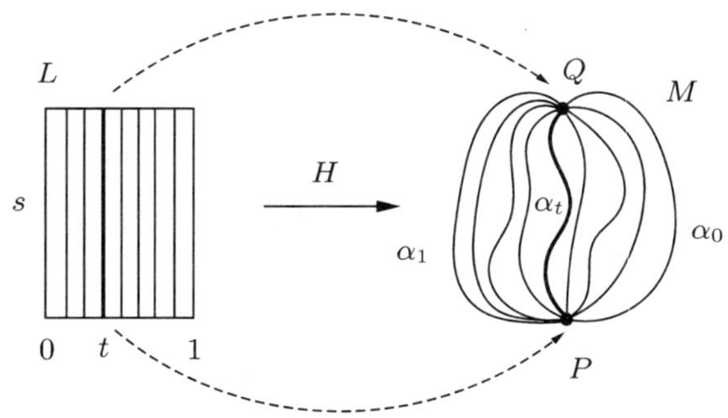

그림 6.10

정의 6.3.10

상수함수에 호모토픽한 모든 $\boldsymbol{\alpha}$ 을 0-**호모토픽**(null-homotopic)이라 한다.

예제 6.3.5 $M = \mathbb{R}^2$ 이고 $\boldsymbol{\alpha}(t) = (\cos t, \sin t)(0 \le t \le 2\pi)$ 라 하자. 그러면 $\boldsymbol{\alpha}$ 는 0-호모토픽이다. (그림 6.11)

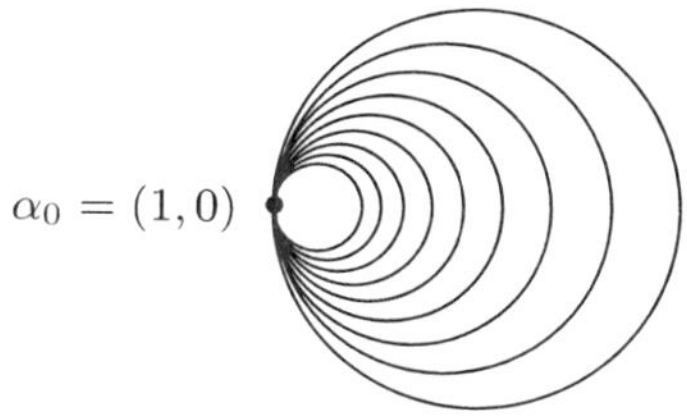

그림 6.11

정의 6.3.11

만일 곡면의 어떤 영역 내의 닫힌 곡선이 모두 0-호모토픽이면 이 영역을 **단순연결** (simply connected)이라 한다.

예제 6.3.6 S^2 는 단순연결이다.

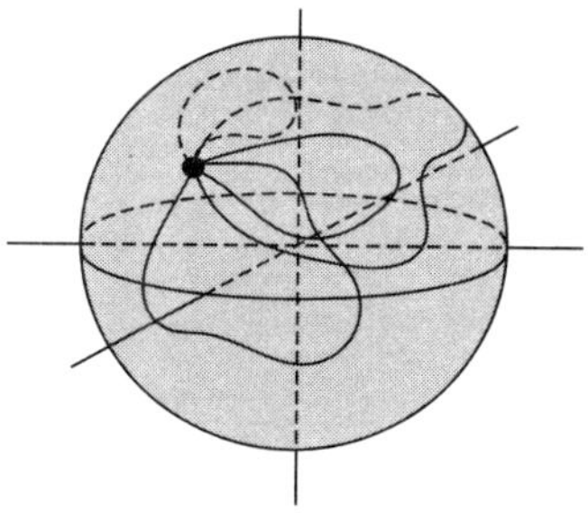

그림 6.12

예제 6.3.7 토러스 T^2 전체는 단순연결이 아니다. "구멍"을 감싸는 원은 T^2 위에서 한 점으로 연속적인 변형을 할 수 없다. 그림 6.13에서 $\boldsymbol{\alpha}$ 와 $\boldsymbol{\beta}$ 어느 것도 0-호모토픽이 아니다.

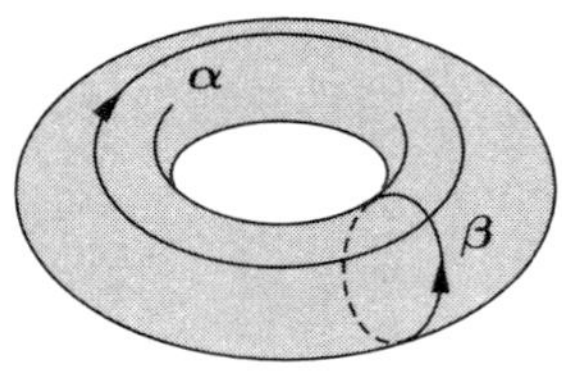

그림 6.13

지금부터 미분기하에서 가장 중요한 정리 중 하나인 Gauss-Bonnet 정리에 대해 알아보자. 국소적 형태의 Gauss-Bonnet 정리는 곡면의 한 영역에서 Gauss 곡률을 적분한 값과 그 영역의 경계에 대응하는 곡선의 측지곡률을 적분한 값의 합이 일정하다는 것을 말해준다.

C^k-급 조각적 정칙단순폐곡선 $\boldsymbol{\alpha} : [a, b] \longrightarrow \mathbb{R}^3$을 단순연결영역 Ω의 경계라 하자. 그리고 $P_i = \boldsymbol{\alpha}(s_i)$ $(a = s_0 < s_1 < s_2 < \cdots < s_n = b)$을 $\boldsymbol{\alpha}$의 접합점이라 하자. 이때 $i = 0, 1, \ldots, n-1$에 대해 접합점 P_i을 곡선 $\boldsymbol{\alpha}$의 **꼭지점**(vertex)이라 하고 $\boldsymbol{\alpha}\big|_{[s_i, s_{i+1}]}$을 **선분조각** 또는 **변**(edge)이라 한다. 그리고 $i = 1, 2, \ldots, n-1$에 대해

$$\mathbf{t}^-(s_i) = \lim_{s \to s_i^-} \boldsymbol{\alpha}'(s), \quad \mathbf{t}^+(s_i) = \lim_{s \to s_i^+} \boldsymbol{\alpha}'(s)$$

일 때 $\mathbf{t}^-(s_i)$에서 $\mathbf{t}^+(s_i)$까지 회전한 각 θ_i $(0 < |\theta_i| \le \pi)$을 P_i에서 **외각**(exterior angle)이라 하고 $\phi_i = \pi - \theta_i$을 P_i에서 $\boldsymbol{\alpha}$의 **내각**(interior angle)이라 한다. (그림 6.14)

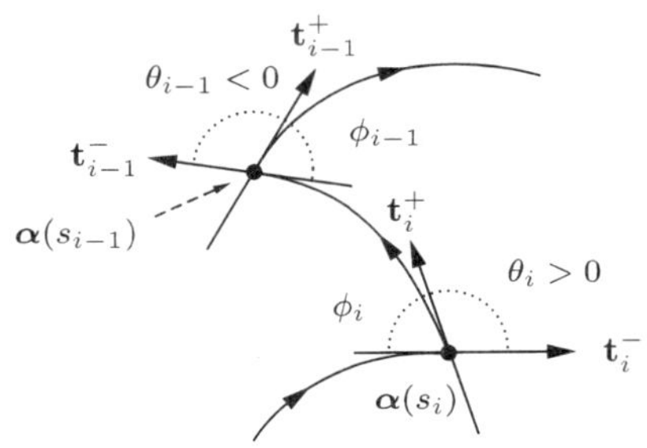

그림 6.14

만일 $|\theta_i| \neq \pi$이면 θ_i의 부호는 $[\mathbf{t}^-(s_i), \mathbf{t}^+(s_i), \mathbf{n}]$의 부호로 정의한다. 여기서 $\mathbf{n}$은 P_i에서 M에 대한 단위법벡터이다.

만일 $|\theta_i| = \pi$이면 P_i을 **뾰쪽점**(cusp)이라 한다. 이때 θ_i의 부호는 아주 작은 양수 ε

에 대해 $[\mathbf{t}(s_i-\varepsilon), \mathbf{t}(s_i+\varepsilon), \mathbf{n}]$의 부호로 정의한다. 여기서 $\boldsymbol{\alpha}$가 정칙이므로 $0<\varepsilon<\varepsilon'$이면 $[\mathbf{t}(s_i-\varepsilon), \mathbf{t}(s_i+\varepsilon), \mathbf{n}]$의 부호가 일정한 양수 ε'이 존재한다.

M을 정칙곡면이라 하자. 만일 영역 $\Omega \subset M$이 컴팩트이고 Ω의 경계 $\partial\Omega$이 서로 만나지 않는 조각적 정칙단순폐곡선의 유한집합이면 Ω을 **정칙영역**(regular region)이라 한다. 그림 6.15에서 (1)은 정칙영역이지만 (2)는 정칙영역이 아니다.

간편히 하기 위해 경계가 공집합인 컴팩트 곡면은 정칙영역으로 여길 것이다.

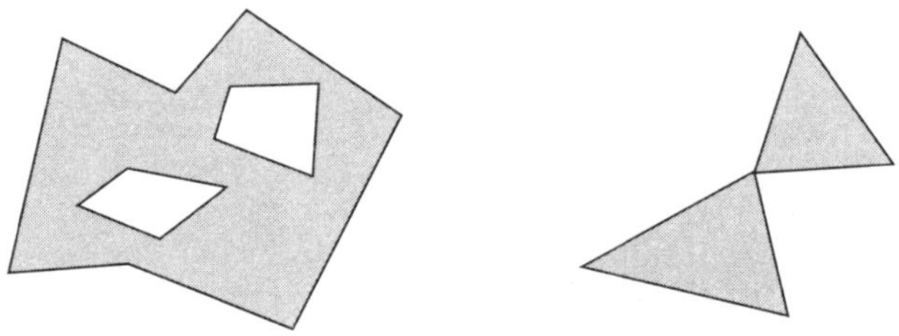

(1) (2)

그림 6.15

외각이 0이 아닌 세 개의 꼭지점만을 가지는 단순정칙영역을 **삼각형**이라 하고, 외각이 0이 아닌 네 개의 꼭지점만을 가지는 단순정칙영역을 **사각형**이라 한다. 따라서 삼각형에는 세 개의 변이 있고, 사각형에는 네 개의 변이 있다.

정리 6.3.12 (Gauss-Bonnet 공식)

γ는 단순연결인 측지좌표조각에 포함되어 있는 조각적 정칙곡선이고 이 조각 안에서 영역 Ω을 감싼다고 하자. 그리고 접합점에서 외각을 각각 $\theta_1, \ldots, \theta_n$이라 하자. 그러면

$$\iint_\Omega K\,dA + \int_\gamma \kappa_g\,ds + \sum \theta_i = 2\pi.$$

증명 $(\kappa_g)_1$과 $(\kappa_g)_2$을 각각 u-곡선과 v-곡선의 측지곡률이라 하자. 정리 4.5.6(Liouville 정리)에 의해 γ에 대한 측지곡률은

$$\kappa_g = \frac{d\theta}{ds} + (\kappa_g)_1\cos\theta + (\kappa_g)_2\sin\theta \tag{6.3}$$

이다.

식 (6.3)의 양변을 적분하면

$$\int_\gamma \kappa_g ds = \int_\gamma \frac{d\theta}{ds} ds + \int_\gamma \left[(\kappa_g)_1 \cos\theta + (\kappa_g)_2 \sin\theta \right] ds$$

이고, Liouville 정리 증명에서

$$\cos\theta = \sqrt{E}\frac{du}{ds}, \qquad \sin\theta = \sqrt{G}\frac{dv}{ds}$$

이므로 Green 정리와 성질 6.3.5, 성질 6.3.8을 이용하면

$$\begin{aligned}
\int_\gamma \kappa_g ds &= \int_\gamma d\theta + \int_\gamma \left[(\kappa_g)_1 \sqrt{E}\frac{du}{ds} + (\kappa_g)_2 \sqrt{G}\frac{dv}{ds} \right] ds \\
&= \int_\gamma d\theta + \iint_\Omega \frac{1}{\sqrt{EG}} \left[\frac{\partial}{\partial u}\left(\frac{1}{\sqrt{E}} \frac{\partial \sqrt{G}}{\partial u} \right) + \frac{\partial}{\partial v}\left(\frac{1}{\sqrt{G}} \frac{\partial \sqrt{E}}{\partial v} \right) \right] \sqrt{EG} dudv \\
&= \int_\gamma d\theta - \iint_\Omega K\sqrt{EG} dudv.
\end{aligned}$$

$\boldsymbol{\gamma}$는 Ω을 감싸고 θ는 $\boldsymbol{\gamma}$를 따른 외각이므로 회전수정리

$$\int_\gamma d\theta + \sum \theta_i = 2\pi$$

와

$$dA = \sqrt{EG} dudv$$

에 의해서 위 결과를 얻는다. ■

정리 6.3.12는 외각에 대한 표현이다. 이것을 내각에 대한 것으로 표현하면 다음과 같다.

따름정리 6.3.13

$\boldsymbol{\gamma}$의 내각 ϕ_i에 대해

$$\iint_\Omega K dA + \int_\gamma \kappa_g ds = \sum \phi_i - (n-2)\pi$$

가 성립한다.

증명 $\theta_i = \pi - \phi_i (1 \le i \le n)$ 이면 이 결과를 얻을 수 있다. ■

예제 6.3.8 γ를 S^2에서 각 변이 측지선이고 내각이 ϕ_1, ϕ_2, ϕ_3인 삼각형이라 하자. 그러면 $\theta_i = \pi - \phi_i$ 이다. 따라서 $K = 1$이고 $\kappa_g = 0$이므로

$$2\pi = \iint_\Omega K dA + \int_\gamma \kappa_g ds + \sum_{i=1}^{3} \theta_i = \Omega \text{의 면적} + 0 + 3\pi - \sum \phi_i$$

이 되어 Ω의 면적은 $\sum \phi_i - \pi$ 임을 알 수 있다.

$\sum \phi_i - \pi$을 γ의 **초과각**(angular excess)이라 한다. 예를 들면 내각이 $\phi_i = \dfrac{\pi}{2}$ 이고 측지선으로 둘러싸인 단위구 위의 삼각형 Ω의 면적은 $\dfrac{\pi}{2}$ 이다. (그림 6.16)

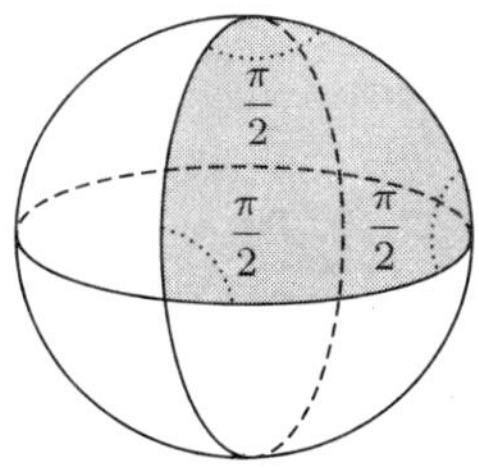

그림 6.16

예제 6.3.9 γ를 S^2에서 $\phi = \phi_0$인 위선이라 하고 Ω을 γ로 둘러싸인 영역 중 작은 부분이라 하자. 그리고 κ_g을 γ의 측지곡률, κ을 γ의 곡률이라 하자. 그러면

$$\kappa_g = \kappa \cos \psi, \quad \kappa = \frac{1}{\sin \phi_0} = \frac{1}{r}.$$

여기서 ψ는 S^2의 접평면과 γ의 접촉평면 사이의 각이고 r은 $\phi = \phi_0$인 위선의 반지름이다. 그런데 $\psi = \phi_0$이므로 성질 4.5.5에 의해

$$\kappa_g = \frac{\sqrt{1 - r^2}}{r} = \frac{\cos \phi_0}{\sin \phi_0} = \cot \phi_0$$

이고

$$\int_\gamma \kappa_g ds = \kappa_g \times \gamma \text{의 길이} = \kappa_g (2\pi \sin \phi_0) = 2\pi \cos \phi_0$$

이다. 그러나 외각이 $\theta_i = 0$ 이고 $K = 1$ 이므로

$$2\pi = \iint_\Omega K dA + \int_\gamma \kappa_g ds + \sum \theta_i = \Omega \text{의 면적} + 2\pi \cos\phi_0$$

이고, 따라서 Ω 의 면적은 $2\pi(1 - \cos\phi_0)$ 이다.

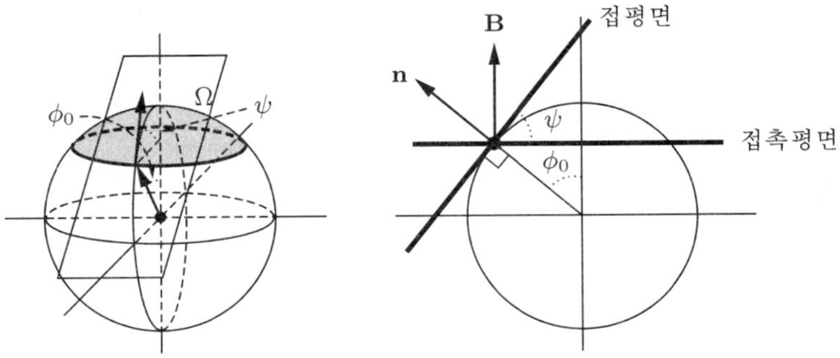

그림 6.17

> **정의 6.3.14**
>
> 선분조각이 측지선이고 단순연결영역 Ω을 감싸는 조각적 정칙곡선 γ를 곡면 M 위의 **다각형**(polygon)이라 한다.

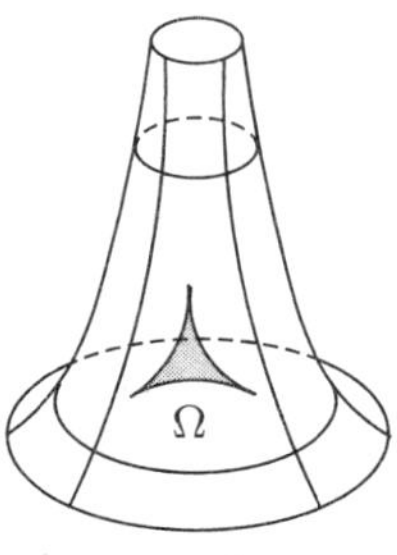

$\kappa < 0$

그림 6.18

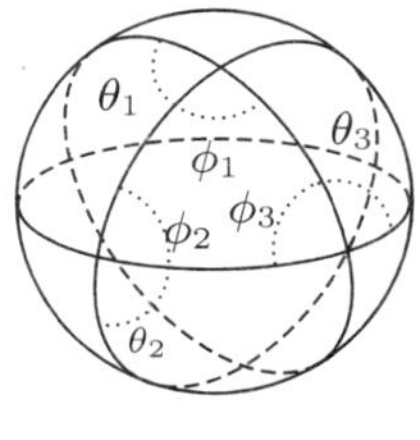

$\kappa > 0$

그림 6.19

M 을 $\mathbb{R}^3$ 에서 컴팩트 곡면이라 하자. 그리고 M 을 다각형(삼각형 또는 사각형)으로 둘러싸인 영역 $\{\Omega_i\}$ 로 분할 할 수 있고, 각 영역은 단순연결인 어떤 측지좌표조각에 포함되어진다고 하자.

정의 6.3.15

정칙영역 $\Omega \subset M$에 대해 다음을 만족하는 삼각형들의 모임 $\{\Omega_i\}$을 Ω의 **삼각형 분할**(triangulation)이라 한다.

(1) $\bigcup \Omega_i = \Omega$

(2) $\Omega_i \cap \Omega_j \neq \emptyset$이면 $\Omega_i \cap \Omega_j$는 Ω_i와 Ω_j의 공통변이나 공통꼭지점이다.

곡면 위의 어떤 영역을 감싸는 곡선의 방향을 생각하자. 이것은 곡면의 방향을 결정한다.

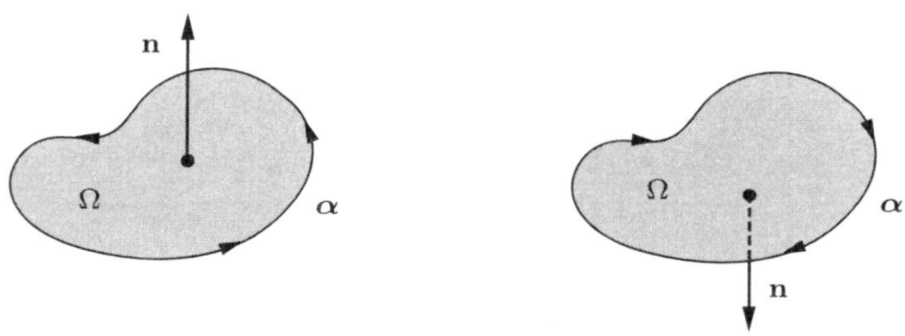

(a) 양의 방향 (b) 음의 방향

그림 6.20

직관적으로 곡선 $\boldsymbol{\alpha}$가 양의 방향을 갖는다는 것은 머리를 $\mathbf{n}$ 방향으로 향해서 $\boldsymbol{\alpha}$ 위를 따라 걸을 때 영역 Ω가 걷는 사람의 왼쪽에 놓였다는 의미이다.

성질 6.3.16

정칙곡면의 모든 영역은 정칙인 삼각형으로 분할된다. (그림 6.21)

증명 증명은 참고문헌 [1]을 참고하라. ■

성질 6.3.17

정칙곡면의 모든 영역은 정칙인 사각형으로 분할된다. (그림 6.22)

증명 증명은 참고문헌 [1]을 참고하라. ■

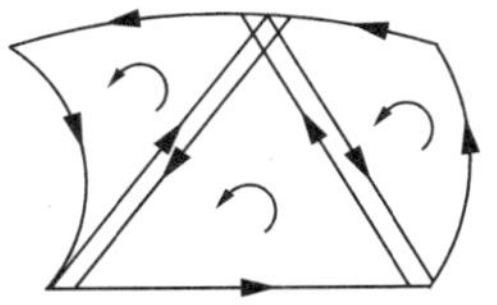

그림 6.21

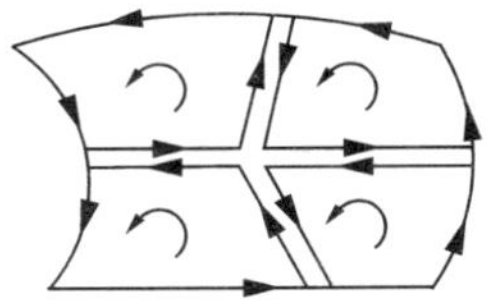

그림 6.22

예제 6.3.10 원통형의 전개도는 그림 6.23과 같다.

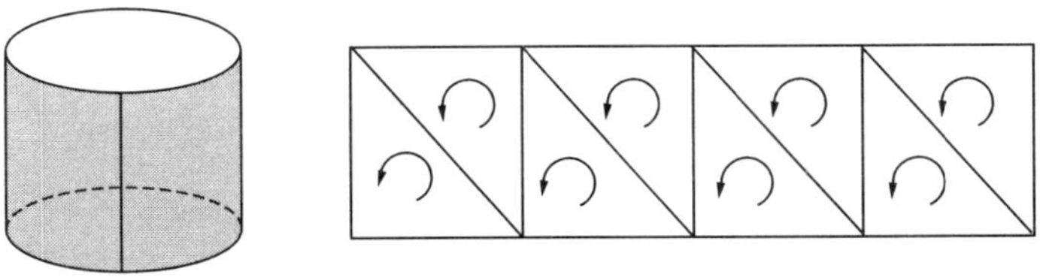

그림 6.23

성질 6.3.18

모든 컴팩트 곡면 M은 사각형 분할을 할 수 있다.

증명 증명은 참고문헌 [1]을 참고하라. ■

Ω가 컴팩트 곡면 M의 사각형 분할일 때, V, E, F를 각각 Ω에 있는 꼭지점, 변, 면의 갯수라 하자. 그러면 M의 임의의 사각형 분할에 대해 $V - E + F$는 같다. 이 정수를 M의 Euler-Poincare **표수**(Euler-Poincare characteristic)라 하고 $\chi(M)$으로 나타낸다.

예제 6.3.11 $\mathbb{R}^2$의 곡면의 Euler 표수는 $\chi = 1$이다.

예제 6.3.12 아래 그림과 같이 6면체나 5면체를 부풀리면 S^2의 다각형 분할을 얻을 수 있다.

경우 1) $\chi = V - E + F = 8 - 12 + 6 = 2$ (그림 6.24) 또는

경우 2) $\chi = V - E + F = 6 - 9 + 5 = 2$ (그림 6.25)

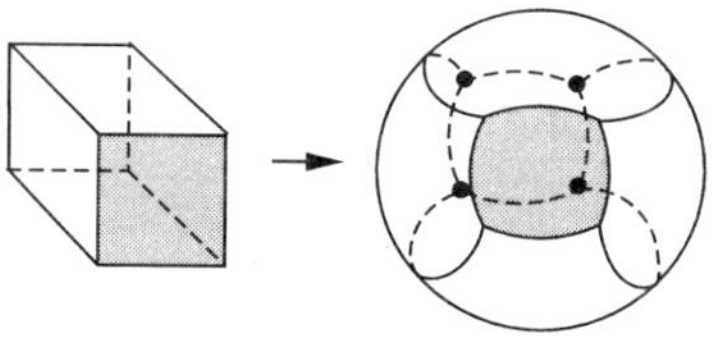

그림 6.24

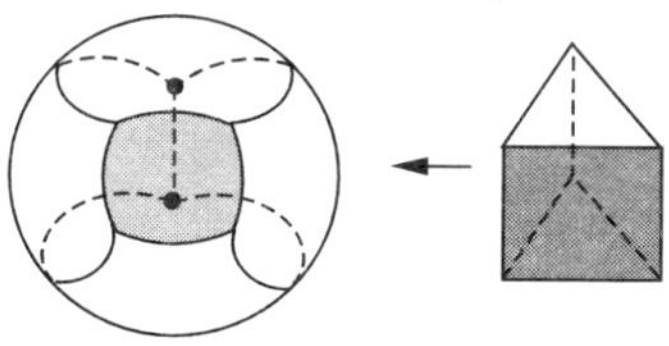

그림 6.25

참고 만일 M을 다각형으로 둘러싸인 영역으로 나누면 다각형으로 분할하는 방법에 관계없이 χ가 일정하다.

다음 정리의 증명과 "∼처럼 보인다."에 대한 정의는 참고문헌 [?]을 참고하라.

정리 6.3.19

$\mathbb{R}^3$의 모든 컴팩트 곡면 M은 손잡이가 있는 구처럼 보인다. 손잡이의 수를 M의 **기하학적 종수**(geometric genus)라 하고 h로 나타낸다. (그림 6.26)

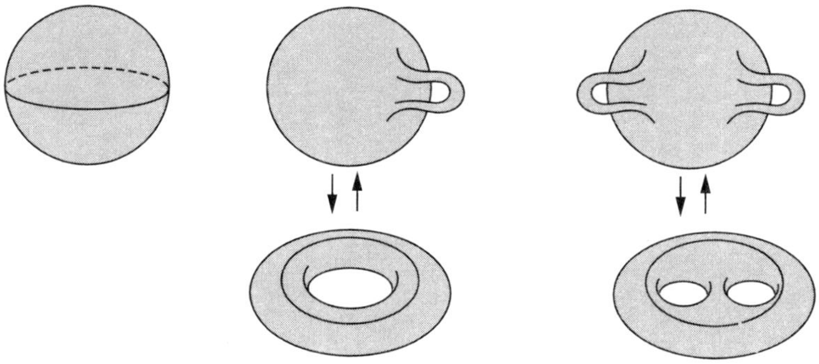

(1) $h = 0$ (2) $h = 1$ (3) $h = 2$

그림 6.26

정리 6.3.20

M이 $\mathbb{R}^3$에 있는 컴팩트 곡면이면

$$\chi(M) = 2(1 - h) \tag{6.4}$$

증명 만일 $h=0$ 이면 M은 S^2 처럼 보이는 곡면이고 $\chi\left(S^2\right)=2=2(1-0)$ 이다.

h가 n일 때 식 (6.4)가 성립한다고 가정하고 M의 종수는 $h=n+1$ 이라 가정하자. M을 면, 변, 꼭지점이 각각 F, E, V 인 다각형으로 나누자. 그러면 손잡이 하나는 그림 6.27 (1)처럼 보인다.

만일 그림 6.27 (2)처럼 세 개의 면을 제거하고, 이때 생긴 구멍을 메꾼다면 결과는 한 개의 면과 세 개의 변이 없어진다. 이 새로운 곡면의 Euler 표수 $\overline{\chi}$는 원래 곡면의 Euler 표수 χ보다 2가 크고 종수는 n이다. 귀납법 가정에 의해 $\overline{\chi}=2(1-n)$. 따라서 원래 곡면의 Euler 표수 χ는

$$\chi=\overline{\chi}-2=2(1-n)-2=2\,[1-(n+1)]=2(1-h)$$

이다. 따라서 귀납법에 의해 식 (6.4)는 모든 h에 대해서도 성립한다. ■

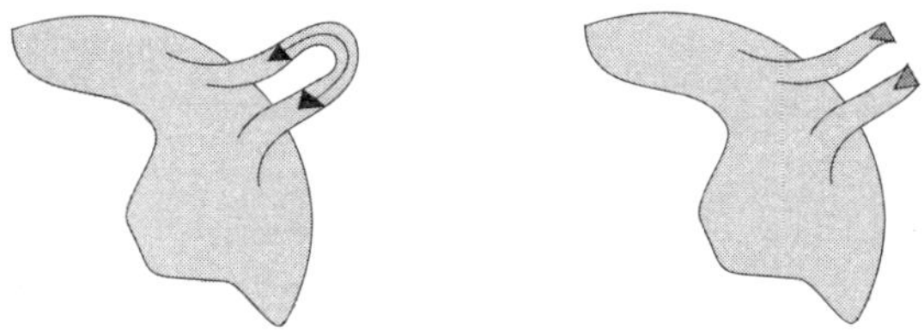

(1) (2)

그림 6.27

예제 6.3.13 컴팩트 곡면 S^2에 손잡이 하나를 추가하면 토러스처럼 보이는 곡면이 된다. 이때 Euler 표수는 2가 감소한다. (그림 6.26 (2)) 즉, $\chi\left(T^2\right)=2(1-1)=0$ 이다. 이것은 예제 6.3.12와 같이 대응하는 다면체의 다각형으로 분할하면 그림 6.28과 같이 되어 같은 결과를 얻는다.

예제 6.3.14 컴팩트 곡면 S^2에 손잡이 두 개를 추가한 곡면 M의 Euler 표수는 T^2 보다 2가 감소한다. (그림 6.26 (3)) 따라서

$$\chi(M)=2(1-2)=-2$$

이다.

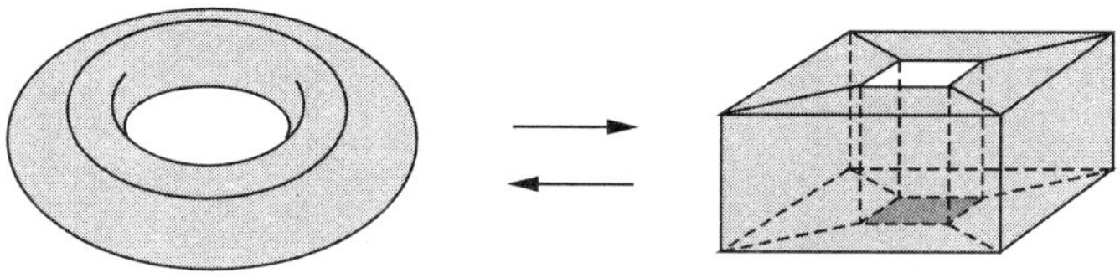

그림 6.28

참고 구에 손잡이 한 개를 추가하면 이것은 토러스 처럼 보이고, 이것의 Euler 표수는 $\chi = 0$ 이다. 만일 구에 손잡이 두 개를 추가하면 이중 토러스처럼 보이고, 이것의 Euler 표수는 $\chi = -2$ 이다. 일반적으로 구에 손잡이 n 개를 추가하면 n 중 토러스처럼 보이고, 이것의 Euler 표수는 $\chi = 2(1-n)$ 이다.

정의 6.3.21

$\iint_M KdA$ 를 M 의 **전곡률**(total curvature)이라 한다.

정리 6.3.22 **Gauss-Bonnet 정리**

만일 M 이 컴팩트 곡면이면

$$\frac{1}{2\pi}\iint_M KdA = \chi(M)$$

증명 다각형 $\{\gamma_i : 1 \le i \le F\}$ 로 둘러싸인 영역을 $\{\Omega_i : 1 \le i \le F\}$ 라 하고 $\{\phi_{ij}\}$ 는 γ_i 의 내각이라 하자. Gauss-Bonnet 공식에 의해서

$$\begin{aligned}\iint_M KdA &= \sum_{i=1}^{F}\iint_{\Omega_i} KdA \\ &= \sum_{i=1}^{F}\left(2\pi - \sum_j (\pi - \phi_{ij})\right) - \sum_{i=1}^{F}\int_{\gamma_i}\kappa_g ds.\end{aligned}$$

그런데 M 은 곡면이고 각 영역 Ω_i 는 M 과 같은 방향을 가지므로 F 개의 모든 다각형의 모든 변은 서로 반대방향으로 두 번씩 겹쳐진다. 따라서 각 변에 대한 적분의

합은 0이다, 즉,

$$\sum_{i=1}^{F} \int_{\gamma_i} \kappa_g ds = 0$$

이고

$$\iint_M K dA = 2\pi F - \sum_{i=1}^{F} \sum_{j=1} \pi + \sum_{i=1}^{F} \sum_{j} \phi_{ij}$$

이 된다. 한편

$$\sum_j \pi = \pi \times \boldsymbol{\gamma}_i \text{의 꼭지점의 수} = \pi \times \boldsymbol{\gamma}_i \text{의 변의 수}$$

이다. 그런데 각 변은 다각형 두 개에 포함되므로 $\sum_{i=1}^{F} \sum_{j} \pi = 2\pi E$ 이고, 각 내부 꼭지점 주변의 각의 합이 2π 이므로 모든 내각의 합은 $\sum_{i=1}^{F} \sum_{j} \phi_{ij} = 2\pi V$ 이다. 따라서

$$\iint_M K dA = 2\pi F - 2\pi E + 2\pi V = 2\pi \chi(M)$$

이다. ■

예제 6.3.15 Gauss-Bonnet 정리에 의해 반지름이 r 인 S^2 의 표수 χ 는

$$\chi = \frac{1}{2\pi} \iint_{S^2} K dA = \frac{1}{2\pi} \iint_{S^2} \frac{1}{r^2} dA = \frac{1}{2\pi} \times \frac{1}{r^2} \times 4\pi r^2 = 2$$

이다.

Gauss-Bonnet 정리는 M 을 다각형 영역으로 분할해서 증명했다. 이 방법을 M 안의 적당한 영역에 응용함으로서 더 일반적인 형태의 Gauss-Bonnet 정리를 얻을 수 있다.

정리 6.3.23

$\triangle$ 을 M 위에서 삼각형이면

$$\iint_{\triangle} K dA + \int_{\partial\triangle} \kappa_g ds = 2\pi - \sum_{i=1}^{3} \theta_i = \sum_{i=1}^{3} \phi_i - \pi.$$

여기서 θ_i 와 ϕ_i 는 각각 꼭지점 P_i 에서 외각과 내각이다.

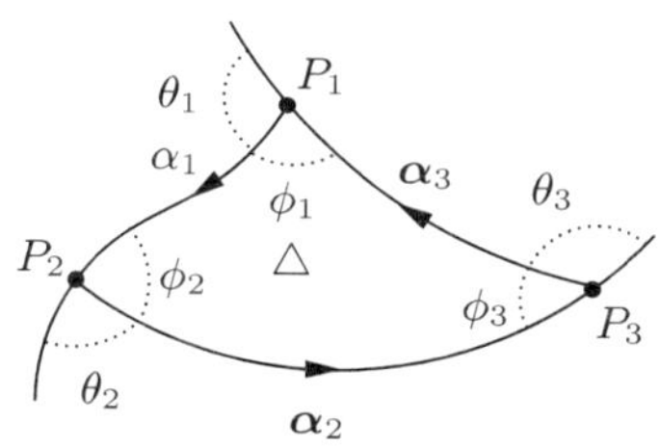

그림 6.29

증명 dA를 영역 $\triangle$에 대한 면적소라 하자. 그림 6.30과 같이 삼각형 T를 세 개의 사각형으로 분할하면 $\triangle = \mathbf{y}(T)$의 사각형 분할을 얻는다. 이때 분할되어진 영역을 $\mathbf{x}_1(\Omega_1), \mathbf{x}_2(\Omega_2), \mathbf{x}_3(\Omega_3)$으로 나타내자.

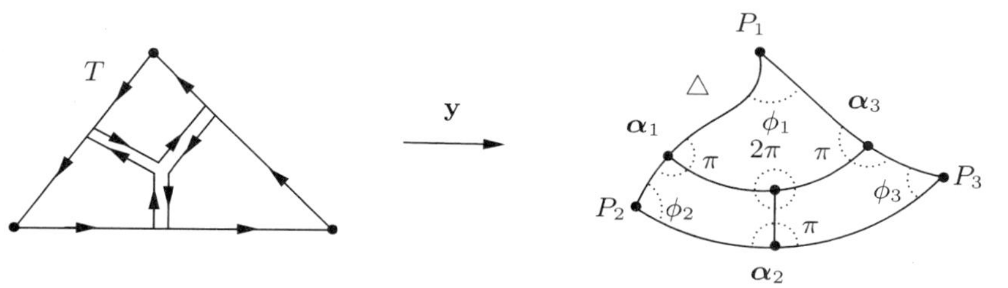

그림 6.30

각 $\mathbf{x}_i$를 양의 방향이 되도록 설정하면 내각에 대한 Gauss-Bonnet 공식에 의해 $\triangle$의 전곡률은

$$\begin{aligned}\iint_{\triangle} K dA &= \sum_{i=1}^{3} \iint_{\mathbf{x}_i(\Omega_i)} K dA \\ &= \sum_{i=1}^{3} \left(-\int_{\partial \mathbf{x}_i} \kappa_g ds + \sum_{k=1}^{3} \phi_k - 2\pi \right) \\ &= -\sum_{i=1}^{3} \int_{\partial \mathbf{x}_i} \kappa_g ds - 6\pi + \phi\end{aligned}$$

이 된다. 여기서 ϕ는 $\triangle$의 세 개의 사각형의 모든 내각의 합이다.

$\partial\mathbf{x}_1, \partial\mathbf{x}_2, \partial\mathbf{x}_3$의 12개의 변 중 각 쌍에서 내부의 6개 변은 소거된다. 각 쌍에서 나머지 6개의 변을 조합하면 $\triangle$의 경계 $\partial\triangle$을 이루는 곡선 $\boldsymbol{\alpha}_1, \boldsymbol{\alpha}_2, \boldsymbol{\alpha}_3$가 만들어진

다. 따라서

$$\sum_{i=1}^{3}\int_{\partial\mathbf{x}_i}\kappa_g ds=\int_{\partial\triangle}\kappa_g ds=\int_{\boldsymbol{\alpha}_1}\kappa_g ds+\int_{\boldsymbol{\alpha}_2}\kappa_g ds+\int_{\boldsymbol{\alpha}_3}\kappa_g ds$$

이 되고, 꼭지점 P_1, P_2, P_3에서 내각 ϕ_1, ϕ_2, ϕ_3의 합이 $\triangle$의 내각의 합과 같고 다른 네 꼭지점에서 세 개의 사각형에 대한 내각의 합이 5π이므로

$$\phi=5\pi+\sum_{i=1}^{3}\phi_i$$

이 된다. 따라서

$$\begin{aligned}\iint_{\triangle}KdA&=\sum\left(-\int_{\partial\mathbf{x}_i}\kappa_g ds+\sum_{k=1}^{3}\phi_k-2\pi\right)\\&=-\int_{\partial\triangle}\kappa_g ds+\phi-6\pi\\&=-\int_{\partial\triangle}\kappa_g ds+5\pi+\sum_{i=1}^{3}\phi_i-6\pi\end{aligned}$$

이고, 따라서

$$\iint_{\triangle}KdA+\int_{\partial\triangle}\kappa_g ds=\sum_{i=1}^{3}\phi_i-\pi$$

이다. ■

정의 6.3.24

M 위에서 변이 측지선인 삼각형 $\triangle$을 **측지삼각형**(geodesic triangle)이라 한다.

그림 6.31

예제 6.3.16 $\triangle$을 M 위에서 측지삼각형이라 하자. $\triangle$ 위에서 $\kappa_g = 0$이므로 정리 6.3.23에 의해서

$$\iint_{\triangle} K dA = \sum_{i=1}^{3} \phi_i - \pi$$

이다. 따라서 측지삼각형의 내각의 합은 다음과 같다.

(1) $K = 0$이면 $\sum_{i=1}^{3} \phi_i = \pi$: 평면(그림 6.32)

(2) $K > 0$이면 $\sum_{i=1}^{3} \phi_i > \pi$: 타원면(그림 6.33)

(3) $K < 0$이면 $\sum_{i=1}^{3} \phi_i < \pi$: 쌍곡면(그림 6.34)

즉,

(1) 평면 M 위의 삼각형의 세 내각의 합은 π이다.

(2) 타원면 M 위의 삼각형 세 내각의 합은 π보다 크다.

(3) 쌍곡면 M 위의 삼각형의 세 내각의 합은 π보다 작다.

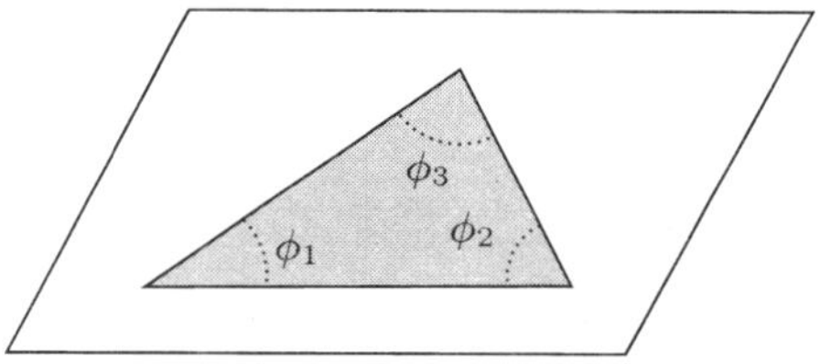

그림 6.32

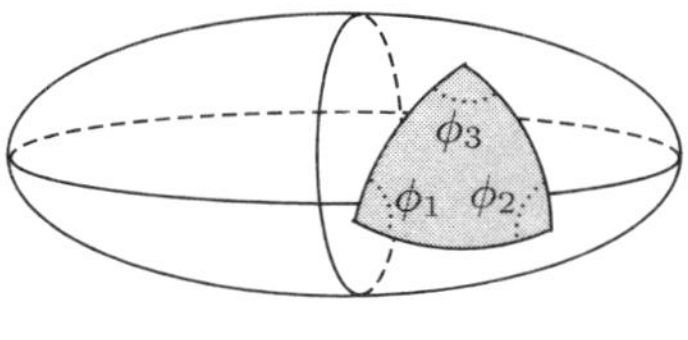

그림 6.33

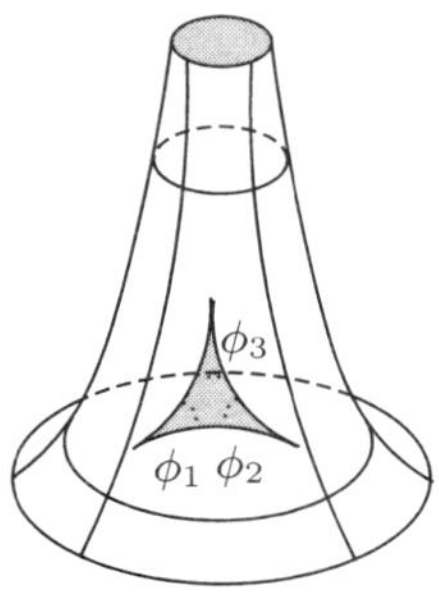

그림 6.34

참고 Gauss 곡률 K가 상수이면

$$\iint_{\triangle} K dA = K \times \triangle\text{의 면적}$$

이 되고, 따라서

$$K \times \triangle \text{의 면적} = \sum_{i=1}^{3} \phi_i - \pi$$

이 된다. 예를 들면 S^2에서 $K = 1$이므로 $\triangle$의 면적 $= \sum_{i=1}^{3} \phi_i - \pi$이다.

연습문제 6.3

6.3.1 Gauss-Bonnet 공식을 이용해서 유클리드 다각형의 외각의 합은 2π임을 보여라.

6.3.2 연습문제 6.2.4, 연습문제 6.2.5에서 $K = -1$인 곡면을 얻었다. γ를 각 곡면 위에서 측지삼각형이라 하자. 내각의 합에 대해 무엇을 이야기 할 수 있는가?

6.3.3 토러스 T^2의 Euler-Poincare 표수가 0임을 보여라.

6.3.4 다음 곡면의 Euler-Poincare 표수를 구하여라.

(1) 타원면

(2) $M = \{(x, y, z) \in \mathbb{R}^3 : x^2 + y^{10} + z^6 = 1\}$

참고 문헌

[1] L. Ahlfors, L. Sario, *Riemann Surface*, Princeton University Press, Princeton, 1960.

[2] Tom M. Apostol, *Mathematical Analysis*, Addison-Wesley Publishing Company, 1984.

[3] R. Creighton Buck, *Advanced Calculus*, McGraw-Hill, New York, 1983

[4] Manfredo P. do Carmo, *Differential Geometry of Curves and Surfaces*, Prentice-Hall, Inc., Englewood, New Jersey

[5] Richard S. Millman, George D. Parker, *Elements of Differential Geometry*, Englewood Cliffs, N.J. : Prentice-Hall, c1977.

[6] Hicks, N., *Notes on Differential Geometry*, Princeton:van Nostrand, 1965.

[7] S. Jackson, *Vertices of Plane curves*, Bulletin of the American Mathematical Society, 50(1944).

[8] Birkhoff, G. and G. Rota, *Ordinary Differential Equations*(2nd ed.). Waltham, Mass: Blaisdell, 1969.

[9] Samelson, H., *Orientability of Hypersurfaces in* $\mathbb{R}^n$, Preceedings of the American Mathematical Society, 22(1969), 301-302.

[10] 이일해, 선형대수학, 희중당, 1991.

[11] 이대호, 미분기하학, 경문사, 2000.

[12] 표용수 · 김향수, 미분기하학개론, 경문사, 2003.

찾아보기

미분기하학

지은이 현진오 · 강승필
펴낸이 박문규
펴낸곳 경문사
펴낸날 2011년 9월 1일 1판 1쇄
2013년 9월 1일 1판 2쇄
등 록 1979년 11월 9일 제313-1979-23호
주 소 121-818, 서울특별시 마포구 와우산로 174
전 화 (02) 332-2004 팩스 (02) 336-5193
이메일 kyungmoon@kyungmoon.com

값 18,000원

ISBN 978-89-6105-507-9